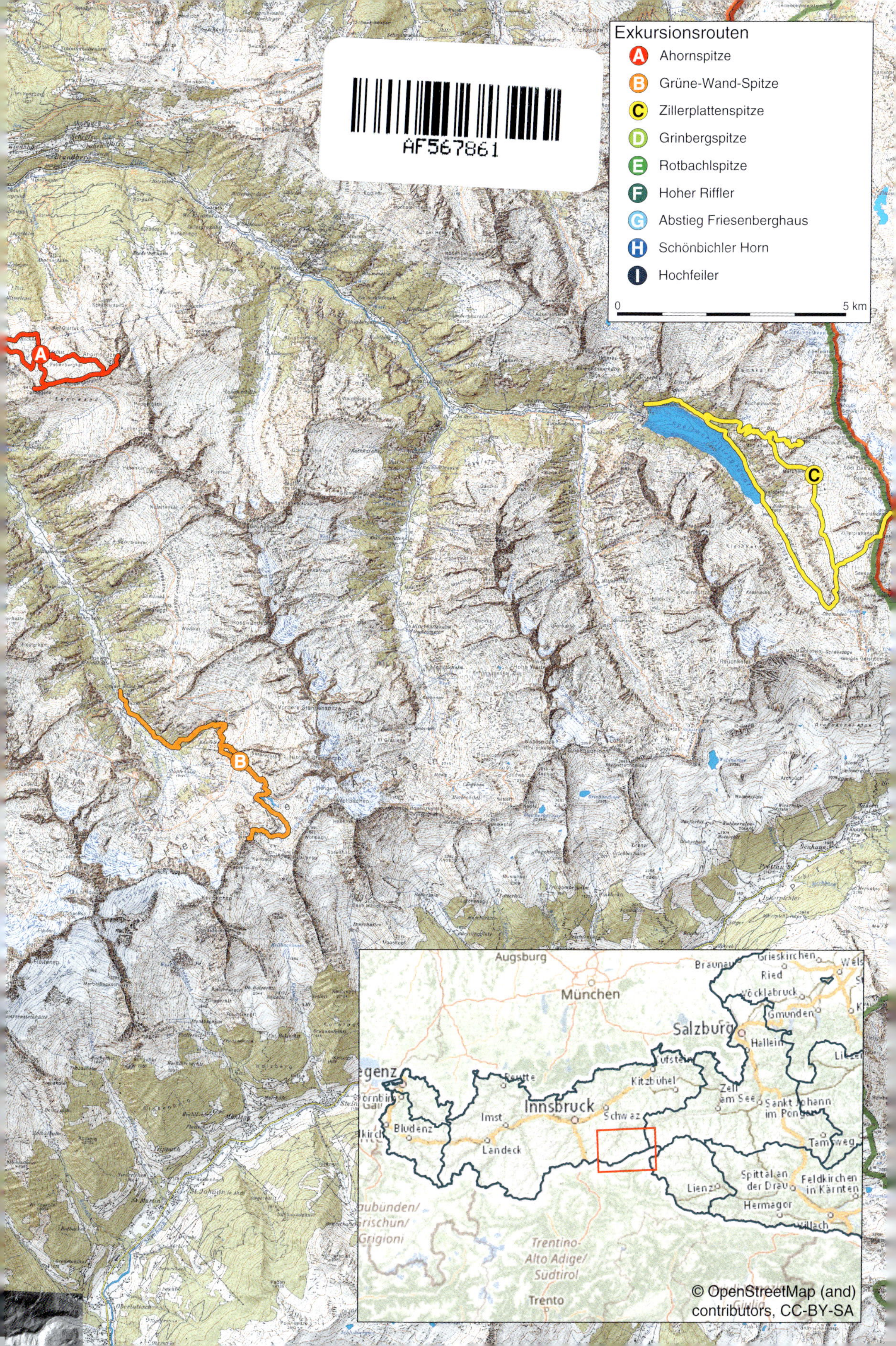

AF567861
Exkursionsrouten
A Ahornspitze
B Grüne-Wand-Spitze
C Zillerplattenspitze
D Grinbergspitze
E Rotbachlspitze
F Hoher Riffler
G Abstieg Friesenberghaus
H Schönbichler Horn
I Hochfeiler
0
5 km
Augsburg
München
Salzburg
Innsbruck
Schwaz
Kufstein
Kitzbühel
Zell am See
Sankt Johann im Pongau
Hallein
Gmunden
Vöcklabruck
Ried
Braunau
Grieskirchen
Wels
Reutte
Imst
Landeck
Bludenz
Lienz
Spittal an der Drau
Feldkirchen in Kärnten
Hermagor
Villach
Tamsweg
Trentino-Alto Adige/Südtirol
Trento
© OpenStreetMap (and) contributors, CC-BY-SA

Bibliografische Information der Deutschen Nationalbibliothek

Die Deutsche Nationalbibliothek verzeichnet diese Publikation in der Deutschen Nationalbibliografie; detaillierte bibliografische Daten sind im Internet über http://dnb.dnb.de abrufbar.

Die Drucklegung wurde unterstützt von

Geologie - Wasser - Umwelt

Ihr kompetenter Partner für Geologie, Baugrund, Wasser und Umwelt

Bayerhamerstraße 57, 5020 Salzburg, Österreich
www.gwu.at

Titelbild

Sonnenuntergang am Friesenbergsee

Das bis 3510 Meter Höhe aufstrebende Hochfeiler-Massiv ist die höchste Massenerhebung der Zillertaler Alpen und spiegelt sich zu fortgeschrittener Sommerabendstunde bei absoluter Windstille im Friesenbergsee (2443 m). Der Blick erlaubt eine beeindruckende Aussicht auf gleich mehrere übereinandergestapelte tektonische Stockwerke vom Zillertaler Kristallinkern bis hin zu penninischen Einheiten der Glockner-Decke: Die im Sonnenuntergang beschienenen abgerundeten und vergletscherten Nordwände von Hochferner und Hinterer Weißspitze beispielsweise werden von Metasedimenten und Krustenresten des Penninischen Ozeans gebildet, die mit der Wucht der Alpenauffaltung auf den europäischen Kontinentalsockel aufgeschoben wurden (Bild © Hochgebirgs-Naturpark Zillertaler Alpen).

Rückseite

Sonnenuntergang an der Planauer Hütte

Auch das gibt es gottlob (noch) in den Zillertaler Alpen. Die besonders stillen Momente zwischen Tag und Nacht, wenn sich die Sonne verabschiedet und die Berge in goldenes Licht taucht – gesehen an der Plauener Hütte im Frühherbst des Jahres 2022.

Druckvorstufe: Verlag Dr. Friedrich Pfeil, München
Lektorat: Anna-Maria Zabold
Druck: PBtisk a.s., Příbram I – Balonka

Printed in the European Union

ISBN 978-3-89937-286-1

Verlag Dr. Friedrich Pfeil, Wolfratshauser Straße 27, 81379 München
Tel.: +49 89 5528600-0 – Fax: +49 89 5528600-4 – E-Mail: info@pfeil-verlag.de – www.pfeil-verlag.de

Wanderungen in die Erdgeschichte

43

Hochgebirgs-Naturpark
Zillertaler Alpen

Eine Reise durch
700 Millionen Jahre Erdgeschichte

THOMAS HORNUNG

Erster Band zur Geologie der Zillertaler und Tuxer Alpen

Verlag Dr. Friedrich Pfeil · München 2023

Inhalt

Vorwort 5

Dank 8

Topographischer und geomorphologischer Überblick 10

Auf "Crash-Kurs" mit Europa oder:
Die Geologie der (Ost-)Alpen im Überblick. 12

700 Millionen Jahre in 7 Schritten: Ein kurzer Überblick
über die Geologie der Zillertaler Alpen und der Hohen Tauern 20

Regionale Geologie des Exkursionsgebietes (Band 43 und 44) 29

Venediger-Deckensystem 29

Modereck-Deckensystem 46

Glockner-Deckensystem 49

Das Ostalpin 50

Die Eiszeiten und der "letzte Schliff" 58

Exkursionen 74

A Der kaputte Berg: Von der Hahnpfalz mit zwei Anstiegsvarianten
über die Edelhütte auf die Ahornspitze 78

B Auf Schmugglerpfaden und Grenzgängen: Von der Grüne-Wand-Hütte über die Kasseler Hütte auf die Grüne-Wand-Spitze 99

C Im Reich der sterbenden Gletscher: Über die Plauener Hütte
zur Zillerplattenspitze und hinab nach "Klein-Tibet" 120

D Graue Wüsten, grüne Täler und fließende Steingletscher:
Von Finkenberg über die Gamshütte auf die Vordere
Grinbergspitze und über das Kreuzjoch ins Tuxertal 145

E Von grünen Steinen und rotem Wasser:
Vom Schlegeisspeicher auf die Rotbachlspitze 173

F Der lange Weg durch den Tuxer Kern:
Vom Schlegeisspeicher übers Peterskӧpfl auf den Hohen Riffler 200

G Durch das Riffler-Schönach-Becken:
Der Abstieg vom Friesenberghaus nach Ginzling 227

H Geologisches vom Berliner Höhenweg: entlang der Greiner-Synklinale
auf Schönbichler Horn und Melkerschartenkopf 242

I Der Ozean am Hochfeiler: Vom Schlegeisspeicher über das
Pfitscher Joch auf den höchsten Gipfel der Zillertaler Alpen 288

Nachwort 330

Glossar 331

Vorwort

Der Begriff "Zillertaler Alpen" hat einen besonderen Klang und genießt bei denen, die sich in den Ostalpen auskennen und dementsprechend gern dort aufhalten, einen geradezu legendären Ruf. Seien es die Alpinisten, die ihrem liebsten Hobby, dem Gipfelsammeln, frönen, die Strahler oder Mineralienliebhaber, die in den Bauch der Erde kriechen, um an die glitzernden und funkelnden Schätze der Unterwelt heranzukommen, die Skifahrer, die jeden Winter das Tal förmlich überschwemmen, oder die unzähligen Touristen, die sich die himmelhohen Zillertaler Bergriesen lieber aus den Tälern anschauen und einen saisonbedingten Beinahe-Kollaps talnaher Infrastruktur heraufbeschwören. Alpinismus, Skifahren und Tourismus allgemein – zu diesen zweifelsohne für die hiesige Wirtschaft sehr wichtigen Schlagworten gibt es unzählige Beschreibungen, Schriften, wissenschaftliche Publikationen und öffentliche Meinungen. Die Strahler hingegen dürften gemeinhin als "Narrische" gelten, denn sie begeben sich willentlich in nahezu unzugängliches und menschenfeindlich hochalpines Gebiet, um den funkelnden Spuren der Erdgeschichte in mitunter geheimniskrämerischer Form nachzugehen. Dementsprechend rar wird das, was man in geschriebener Form darüber erfahren kann. Und was ist mit der Geologie? Zwar sagen die Gelehrten, dass man sich in einem *der* geologischen Hotspots der Ostalpen schlechthin befindet, und nehmen nur Eingeweihten bekannte Schlagworte wie "Tauernfenster", "Altes Dach", "Penninikum" und "unterostalpine Decken" beinahe ehrfürchtig in den Mund. Dabei bleibt es aber auch. Nun ist die Liste der Publikationen zur Geologie der Zillertaler Alpen ellenlang, doch wie so oft liegen die Artikel im wissenschaftlichen Dornröschenschlaf in staubigen, dunklen Archiven der zuständigen Behörden oder geistern gelangweilt, halb vergessen und nur von Eingefleischten gelesen durch die digitalisierte Welt der Gegenwart. Zudem behandeln sie meist nur einen ganz speziellen Teilaspekt der regionalen Geologie und erlauben keinen Überblick. Mit anderen Worten: Es gibt bislang keinen allgemeinverständlichen Geologischen Führer zu den Zillertaler Alpen und schon gar keinen, der versucht, Alpinismus, Mineralien, Geologie und (glaziale) Geomorphologie unter einen Hut zu bringen.

Genau an diesem Punkt setzt der Grundgedanke dieses Buches an. Die Zillertaler Alpen mögen landschaftlich herausragend sein, geologisch betrachtet sind sie es jedoch auch. In ihrem Kerngebiet sind sie weitaus mehr als "nur" das westliche Tauernfenster. Dieses großtektonische Struktur-Element gibt Einsichten in tiefe, hoffnungslos verformte Bereiche des alten europäischen Kontinentalsockels, die normalerweise mehr als 20 Kilometer tief in kontinentaler Oberkruste verborgen liegen würden und für uns folglich schlicht unerreichbar wären. Sie haben gleich zwei Gebirgsbildungen erlebt: Ihre Platznahme fand während der variszischen Orogenese im jüngeren Paläozoikum statt – die Plutonite, etwa Granite, Diorite und Gabbros, wurden während der alpinen Orogenese mehr als 200 Millionen Jahre später zu Gneisen, Glimmerschiefern und Myloniten umgeformt. Doch da ist mehr, vor allem, wenn man sich den "Fensterrahmen" ansieht. Zwischen den Kristallinkernen finden sich schmale Zonen extrem stark zerscherter, beziehungsweise metamorph umgewandelter, paläozoischer Metasedimentgesteine, die noch vor der Platznahme der zentralalpinen Kerne da waren und jungproterozoisches bis altpaläozoisches, also prävariszisches Alter besitzen. Das wären die Greiner-Synklinale, das "Altkristallin" sowie das Variszische Basement (oder auch "Altes Dach"). Über den zentralalpinen Kristallinkernen finden sich sowohl autochthone, als auch allochthone Reste einst mächtiger Sedimentpakete, die teilweise vor mehr als 250 Millionen Jahren am Rande einer gewaltigen Meeresbucht namens Tethys abgelagert wurden und vor Leben nur so wimmelten. Die Sedimentgesteine wurden im Zuge der alpinen Orogenese teilweise an Ort und Stelle im direkten Kontakt mit den Kristallinkernen umgewandelt, teilweise in Deckenklippen abgeschuppt und übereinandergestapelt. Wie viele andere Gesteinsserien der Zentralalpen wurden sie durch die ungeheure Kraft gebirgsbildender Prozesse verformt und schmücken heute bereichsweise als hoch über den Tälern liegende zerfurchte Kalkklippen die Landschaft. Es gibt dunkel- und glasig-grüne Gesteine, die die Reste einstiger ozeanischer Kruste darstellen und heute obduziert rund um den höchsten Gipfel der Tuxer Alpen liegen. Wir sprechen bei den Zillertaler und den angrenzenden Tuxer Alpen von 700 Millionen Jahren Erdgeschichte, eine Zahl so groß, dass sie sich kein Mensch auch nur annähernd vorstellen kann. Und die weit mehr ist als alle Berge, Skigebiete und Touristenorte zusammengenommen. Es ist die Natur, die alles umgibt und die ein Spiegel dessen ist, was Vergangenheit, Gegenwart und Zukunft ausmacht – und genau dieser dynamischen "Erdgeschichte" versucht dieses Buch nachzugehen. Das andere Zauberwort ist: allgemeinverständlich! So mögen es mir meine "petrophilen" Fachkollegen und eingefleischten "Hardrocker" nachsehen, dass die hier beschriebenen geologischen Fakten keinen Anspruch auf Vollständigkeit erheben und nicht versuchen, tiefschürfende petrographische wie geochemische Einsichten mit dem Leser zu teilen. Natürlich wurde versucht, das Ganze auf aktuelle Beine zu stellen, und – soweit in diesem Rahmen möglich – auch neuere Literatur mit einzubeziehen. Aber es bleibt dabei: Es soll beschrieben werden, was es zu sehen gibt – die "Geologie am Wegesrand". Eines sei aber auch von vorneherein in diesem Rahmen gesagt: Auch dieses Werk wird nicht ohne zumindest einen kleinen Auszug aus dem reichhaltigen geowissenschaftlichen Fachwortschatz auskommen. Die Begriffe werden in einem kleinen Glossar am Ende des Buches nochmals kurz erklärt. Für eine weitergehende Recherche oder zusätzliche Ergänzung sei auf ein "Geologisches Wörterbuch" verwiesen.

Nun sind die Zillertaler und die benachbarten Tuxer Alpen ein riesiges Gebiet von 2600 Quadratkilometern, das auch einen ambitionierten Geologen ob fachlichem wie wissenschaftlichem Überblick schier in den Wahnsinn treiben kann. Aber es gibt einen schönen Rahmen, an dem man das nachfolgend Geschriebene aufhängen kann. Der "Hochgebirgs-Naturpark Zillertaler Alpen" bildet sozusagen den Kern des Exkursionsgebietes, aber allein für den geologischen Kontext sollten die südlichen Tuxer Alpen auf keinen Fall fehlen! Summa summarum besitzt das hier vorgestellte Gebiet eine Gesamtfläche von 700 Quadratkilometern, für die in den vergangenen Jahren eine geologische Karte im Maßstab von 1:25 000 aus bestehenden Kartenwerken kompiliert, überarbeitet und natürlich auch lokal neu aufgenommen wurde. Auf dieser geologischen Grundlage werden im Gebiet der Gemeinden Mayrhofen, Finkenberg, Tux und Brandberg 16 Exkursionen vorgeschlagen, anhand derer versucht wird, die komplexe und für interessierte Laien schwer begreifliche Geologie der Zillertaler und Tuxer Alpen zumindest ansatzweise "verstehbar" zu machen. Dabei spielen nicht nur gebirgsbildende Prozesse eine Rolle, sondern auch die Entwicklung der Landschaft, die wir heute vor uns sehen. Deswegen ist es auch wichtig, mit dem Eiszeitalter eines der jüngsten erdgeschichtlichen Kapitel mit einzubeziehen.

Eigentlich war es geplant, beide Gebirgsgruppen, die Zillertaler Alpen und die nördlich angrenzenden Tuxer Alpen, in einem einzigen "Wanderungen"-Band zusammenzufassen – jedoch wurde während des Schreibens der vielen Kapitel schnell klar, dass der Umfang den gesetzten Rahmen eines handlichen Buches schier sprengen würde und der Übersicht wegen eine Trennung angeraten schien. Deswegen werden im vorliegenden Band Exkursionen (A bis I) beschrieben, die fast ausschließlich im Gebiet des Hochgebirgs-Naturparkes Zillertaler Alpen liegen – thematisch wird damit in der Hauptsache das "Venediger-Deckensystem" sowie das überlagernde Modereck-Deckensystem (Kristallinkerne, prävariszische Metasedimentgesteine sowie permomesozoische, metasedimentäre Überdeckung) abgehandelt. Der Nachfolgeband "Tuxer Alpen" der Gemeinden Tux, Finkenberg und Brandberg widmet sich den noch höheren tektonischen Stockwerken der Unteren Schieferhülle sowie den unterostalpinen Decken und dem oberostalpinen Silvretta-Seckau-Deckensystem (Exkursionen J bis P). An den fortgeführten Exkursionsnummern ist ersichtlich, dass beide Bände zusammen eine Einheit bilden. Aus diesem Grund wurde im Nachfolgeband 44 auf einleitende Kapitel weitgehend verzichtet – sie finden sich in diesem Buch.

Alle hier vorgestellten Routen wurden in jüngster Vergangenheit (Sommer 2020 bis Herbst 2022) begangen und mit dem Team des Hochgebirgs-Naturparks Zillertaler Alpen abgestimmt. Sie alle müssen tatsächlich erwandert werden: Das eigene Auto nützt nur für den Zubringer zum Ausgangspunkt. Es wurde versucht, die Wege, die Natur und schwerpunktmäßig natürlich die "Wayside Geology" nach bestem Wissen und Gewissen in all ihren Facetten (und Tücken!) zu beschreiben, aber dennoch kann ich keine Haftung für selbst verschuldete Unfälle übernehmen. Vor allem die Exkursionen auf einige der Zillertaler Zwei- und Dreitausender sind teilweise ausgesetzt, immer steil und mitunter schwierig zu begehen. Sie sollten deswegen nur bei stabilem Wetter von ausdauernden, trittsicheren und alpin einigermaßen versierten Zeitgenossen begangen werden. Die günstigste

Ausblick vom Beginn des Anstieges zur Vorderen Grinbergspitze (Exkursion D) gegen den Zillertaler Hauptkamm.

Jahreszeit sind die Sommermonate, bei guten Verhältnissen bereits auch das späte Frühjahr sowie der zeitige, meistens "goldene" Oktober bis zum Saisonende der Schutzhütten. Gerade dann sind die Temperaturen am erträglichsten, die Farben am kräftigsten und das Wetter am stabilsten (aber auch die Tage am kürzesten). Zur Wegfindung wurden dem Buch Auszüge aus der amtlichen topographischen Karte sowie der für den Hochgebirgs-Naturpark Zillertaler Alpen neu erstellten Geologischen Karte beigelegt. Dennoch sei der besseren Übersicht wegen auf die hervorragenden Alpenvereinskarten (Blatt Zillertaler Alpen West, Mitte und Ost sowie Tuxer Alpen) in den Maßstäben 1:25000 beziehungsweise 1:50000 verwiesen.

Ich möchte Sie also einladen, mir in diesem Band auf geologischen Spuren zunächst durch den Hochgebirgs-Naturpark Zillertaler Alpen zu folgen und die Landschaft mit ganz anderen Augen zu sehen. Ich hoffe, Sie nehmen etwas mit von den unglaublichen Zeitspannen und spannenden Geschichten, die in den Gesteinen und in der Landschaft verborgen liegen.

Thomas Hornung, Salzburg und Berchtesgaden im Herbst 2022

Danksagung

Natürlich kann ein geologischer Exkursionsführer über ein so komplexes und großes Hochgebirgs-Areal kein Alleingang sein: Und so bin ich jenen zu Dank verpflichtet, die seine Entstehung von Anfang bis zum Schluss begleitet haben. Zuallererst wären wieder Dr. Fritz Pfeil und Dr. Maximilian Scheungrab vom Pfeil-Verlag in München zu nennen, die meine Text- und Bildflut gekonnt umsetzten und so erneut mehr als das Notwendige getan haben, um auch dieses Buch zu literarischem Leben zu erwecken.

Ganz besonderer Dank geht an das Team des Hochgebirgs-Naturparkes Zillertaler Alpen unter der Leitung von Dipl.-Geogr. Willi Seifert. Es ist seiner Initiative zu verdanken, dass die Zillertaler Alpen eine aktuelle geologische Karte sowie die beiden vorliegenden Geologischen Wanderführer bekommen haben. Während der dreijährigen Bearbeitungszeit fand ich in Ginzling am Naturparkhaus stets offene Türen, Kollegialität sowie Unterstützung und sogar hin und wieder "a wengerla Obäfrängisch", denn Willi und ich stammen von derselben nordbayerischen Scholle (und sind folglich per definitionem sozusagen "Flachland-Tiroler").

Dank schulde ich der Gemeinde Tux mit dem touristischen Leiter Gernot Erler, dessen Interesse an Landschaft und Geologie Tür und Tor für dieses Projekt auch im Tuxertal öffnete. Selbiges geht an die Gemeinde Brandberg und den dortigen Bürgermeister Heinz Ebenbichler, der auch als Obmann des Hochgebirgs-Naturparks Zillertaler Alpen tätig ist und dessen Initiative vor allem die Finanzierung des vorliegenden Projektes "Geologische Karte und Exkursionsführer" zu verdanken war.

Dr. Haupolter vom Amt der Tiroler Landesregierung steuerte für die Kompilation der Geologischen Karte die fundmental wichtigen digitalen Tiris-Geländedaten bei. Mag. Werner Beer von der kartographischen Abteilung des Österreichischen Alpenvereins in Innsbruck war maßgeblich und uneigennützig beim Layouten des umfangreichen GIS-Datenmaterials behilflich. Sein Input verhalf

Abendstimmung an der Reichenspitzgruppe mit Blick auf das Kuchlmooskees und die 3303 Meter hohe Reichenspitze (Bildmitte). Man beachte die sehr gut erhaltenen 1850er-Seitenmoränen der »Kleinen Eiszeit« knapp links der Bildmitte (in Exkursion C).

Vater und Tochter ganz oben (Hochfeiler, 24. August 2022).

letztlich zur hochwertigen Drucklegung der Geologischen Karte(n) der Zillertaler Alpen und südlichen Tuxer Alpen.

Ganz wichtig waren und sind meine Geologen-Kollegen in Salzburg, Innsbruck, Wien und Krakau: Dank schulde ich zuallererst Mag. ALFRED GRUBER (Kalkalpen-Kartierer der GBA Wien / Innsbruck) für seine kritischen und konstruktiven Anmerkungen zum Buchmanuskript sowie seinen Einsatz als langjähriger Wegbegleiter und Ansprechpartner für alle Belange der Ostalpen-Geologie. Dr. HANS-GEORG KRENMAYR (Leiter der Geologischen Landesaufnahme in Österreich, GeoSphere Austria) stellte "auf dem kleinen Dienstweg" geologische Daten und die Manuskriptkarte seiner Behörde bereit. Meinem Arbeitskollegen Mag. CLEMENS ASTLEITHNER danke ich für die Begleitung in schwierigem Gelände. Dr. JERZY ZASADNI (Geologisches Institut der Universität Krakau, Polen) sei herzlichst gedankt für die uneigennützige Überlassung seiner genialen quartärgeologischen Karte samt einiger wunderschöner Grafiken, diverse E-Mail-Diskussionen und für ein konstruktives Treffen vor Ort. Man darf bei all den genannten Personen nicht vergessen, dass die Corona-Pandemie zum Zeitpunkt der Geländeaufnahme und des Verfassens dieses Buches mit episodisch wiederauferstandenen Landes- und Bezirksgrenzen ein nicht gerade einfacher "Störfaktor" gewesen ist.

Besten Dank auch an Dipl.-Geogr. ANDREAS LOOK (Münchhausen) und ELISA KÖHLER (Marburg), deren zufällige Begegnung am Hochfeiler mir ein tolles Foto vom höchsten Zillertaler Berg beschert und einen zusätzlichen Geländetag erspart hat.

Ein Dank gebührt den Zillertaler HüttenwirtInnen für die täglichen Mühen und Entbehrungen für uns Bergsteiger und Wanderer – dass bei all dem Stress auch noch Zeit bleibt für ein nettes Gespräch über die Geologie und die Bergwelt der Umgebung, ist nicht selbstverständlich.

Einige meiner ArbeitskollegInnen und FreundInnen haben neben ihrem "täglich Brot" meiner Bitte des kritischen Lektorats entsprochen, da ich selbst bei der x-ten Revision des eigenen Textes den Fehlerteufel manchmal einfach nicht austricksen konnte. ALFRED GRUBER (Aldrans) und PAUL HERBST (Seekirchen) verbesserten die einleitenden Kapitel, VIKTORIA ARMINGER (Mattighofen), CLEMENS ASTLEITHNER (St. Pantaleon / Wals), VERENA FALTIS (Eugendorf), ALFRED GRUBER, BIANCA HEBERER (Anger), PAUL HERBST, FELIX HOFMAYER (Wien), HARTWIG KRAIGER (Salzburg) und SARAH STROBL (Salzburg) die nachfolgenden Exkursionen.

Ein ganz spezieller Dank gebührt zum Schluss dabei meiner langsam erwachsen werdenden und gottlob alpinistisch (immer noch) begeisterungsfähigen Tochter, die auf den meisten der hier vorgestellten langen Unternehmungen schwerpunktmäßig in ihren "Großen Ferien" dabei gewesen ist – so auf einigen Abschnitten des Berliner Höhenwegs, an der Grinbergspitze, Rotbachlspitze, Grüne-Wand-Spitze, Zillerplattenspitze, am Hohen Riffler und zweimal am Hochfeiler. Die Mühen am Berg in abertausenden von Höhenmetern und der ständige Blick des Vaters nach all den Gesteinen und Strukturen am Wegesrand sowie den umgebenden Bergen sind definitiv nicht das, wofür sich ein 15-jähriger Teenager normalerweise begeistern lässt! Zusätzlich hat sie einige Kapitel dieses Buches nochmals Korrektur gelesen. Und von alledem abgesehen haben mich meine beiden Damen – meine Frau und meine Tochter – auch oft alleine ziehen lassen, um das zu tun, was ich am liebsten mache: der Erdgeschichte zuhören!

Topographischer und geomorphologischer Überblick

Die Zillertaler Alpen sind ein Gebirge der zentralen Ostalpen und werden allzu oft nur mit dem österreichischen Bundesland Tirol assoziiert. Das Hochgebirge mit zahlreichen Gipfeln von über 3000 Meter Höhe – tatsächlich sind es deren 82 – erstreckt sich jedoch nicht nur über den gebirgigsten Teil Österreichs, sondern umfasst auch den Norden der italienischen Provinz Südtirol bis ins fast schon alpin-mediterrane Brixen sowie mit einem kleinen Teil den äußersten Westen des österreichischen Bundeslandes Salzburg. Die meisten der höchsten Zillertaler Gipfel liegen dabei aufgereiht wie an einer Perlenschnur am Alpenhauptkamm und damit an der österreichisch-italienischen Grenze: allen voran der Kulminationspunkt der Gebirgsgruppe, der Hochfeiler, der mit 3510 Meter Höhe zu den ganz großen Bergen der Ostalpen gehört. Weitere prominente, teilweise noch vergletscherte Gipfel in diesem Kammverlauf sind der Große Möseler (3480 m), der Turnerkamp (3418 m), der Schwarzenstein (3368 m), der Große Löffler (3376 m), die Wollbachspitze (3210 m), die Napfspitze (3144 m) sowie etwas weiter im Osten der schroffe, weitgehend gletscherfreie Rauhkofel (3252 m). Nach Norden sendet der Hauptkamm beinahe rechtwinklig abzweigende, kilometerlange, oft scharf zugeschnittene Seitenkämme aus. Von Westen nach Osten sind dies (jeweils mit dem Hauptgipfel): Hochstellerkamm (Hochsteller, 3097 m), Greinerkamm (Hoher Greiner, 3201 m), Igentkamm (Ochsner, 3106 m), Mörchenkamm (Großer Mörchner, 3283 m), Floitenkamm (Kleiner Löffler, 3224 m), Ahornkamm (Hintere Stangenspitze, 3225 m), Riberkamm (Hohe Warte, 3097 m) sowie Magnerkamm (Kleinspitze, 3169 m). Wie lange Finger greifen sie beinahe bis zum Hauptort Mayrhofen im hinteren Zillertal vor und lassen tiefe Täler oder – wie man hier sagt – "Gründe" zwischen sich. Hochsteller- und Greinerkamm umkränzen den Zamser Grund mit dem Schlegeisspeicher; Greiner- und Igentkamm den legendär mineralienreichen Zemmgrund mit der weithin bekannten Berliner Hütte. Die eher unbekannte Gunggl wird von Igent- und Mörchenkamm umgeben, der endlos lange und schluchtartig tiefe Floitengrund von Mörchen- und Floitenkamm. Letzterer und der bis Mayrhofen reichende Ahornkamm umgeben den Stillupgrund mit dem Speicher Stillup.

An den Ostgrenzen des Exkursionsgebietes zweigt vom Zillertaler Hauptkamm der lange Reichenspitzkamm ab, der sich nach Norden in mehrere Seitentäler auffiedert. Benannt wurde er nach der 3303 m hohen Reichenspitze. Vom Grenz- beziehungsweise Alpenhauptkamm etwas nach Norden versetzt und weitgehend parallel verläuft der Tuxer Kamm mit dem dritthöchsten Zillertaler Berg, dem formschönen Olperer (3476 m). Das westliche Ende der Gratschneide reicht mit sich allmählich verringernder Gipfelhöhe bis nach Sterzing (Südtirol). Vom Hohen Weißzint (3380 m) am Hauptkamm zweigen nach Südwesten drei gewundene Seitenkämme ab, die den Westteil der zur Gänze in Südtirol gelegenen Pfunderer Berge mit dem Hauptgipfel der Wilden Kreuzspitze (3126 m) aufspannen (Kreuzspitzkamm, Plattspitzkamm und Wurmaulkamm). Ebenfalls auf Südtiroler Seite reichen der felsige Grubachkamm mit der Hochgrubachspitze (2809 m) ostwärts bis ins Tauferer Tal sowie der grasige Mühlwalder Kamm bis zur Burg Taufers am Nadelöhr zwischen Tauferer Tal und Ahrntal. Prominentester Berg dort ist der mit 2517 Meter Höhe vergleichsweise niedrige Speikboden.

Wie bereits im Vorwort erwähnt, kann der vorliegende geologische Wanderführer die Zillertaler
Alpen mit den hier vorgestellten Exkursionsrouten nicht in ihrer Gesamtheit abdecken, und so wur-
1 de das Exkursionsgebiet dieses Bandes auf den Hochgebirgs-Naturpark Zillertaler Alpen mit einer
Gesamtfläche von circa 500 Quadratkilometern begrenzt. Dessen Südgrenze bildet der Zillertaler Hauptkamm zwischen Schrammacher (3411 m) und Hochfeiler im Westen bis zum Rauhkofel und Dreiecker (2892 m) im Osten. An Letzterem zweigt der Reichenspitzkamm ab, der die Ostgrenze zum benachbarten Salzburger Pinzgau bildet. Die Nordgrenze verläuft bis zum Schneekarkopf über dem Speicher Zillergründl, folgt dem Zillergrund bis Brandberg und Mayrhofen und weiter nach Westen über Finkenberg bis Hintertux. Da die Exkursion nach Südtirol führt, wurde auch die Region rund um den Hochfeiler geologisch erfasst: Hier gibt es hochinteressante Einblicke in die Dynamik der Geologie der zentralen Ostalpen am südwestlichen Rand des Tauernfensters.

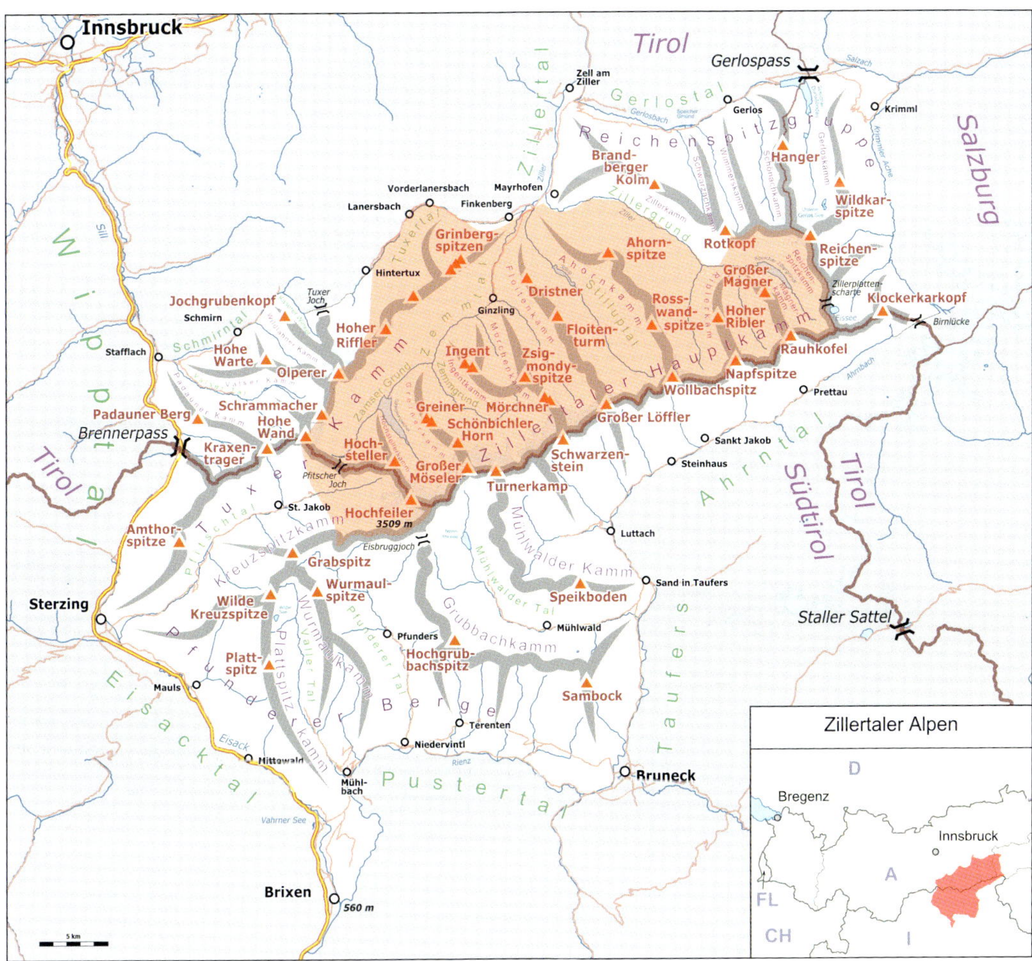

Abb. 1. Topographie der Zillertaler Alpen mit dem rot eingefärbten Anteil des Exkursionsgebietes (verändert aus: Wikimedia commons).

Nun ist die Geomorphologie auch in den Zillertaler Alpen ein Spiegel der Geologie, hervorgerufen durch die Wechselwirkungen von Witterung, Erosion und der unterschiedliche Widerstandsfähigkeit vielfältigster Lithologien. So bestehen die höchsten Zillertaler Gipfel aus drei engstehenden, jeweils tektonisch voneinander abgrenzbaren, riesigen Falten- oder Deckenstrukturen (von Süden nach Norden: Zillertaler Kern, Tuxer Kern und Ahornkern) aus weitgehend abtragsresistenten metamorphen Gesteinen, also Gneisen im weitesten Sinne. Den unmittelbaren Rahmen bildet eine etwas weichere Hülle aus Metasedimentgesteinen. Das sind einstige Ablagerungen der späteren Erdurzeit (Jungproterozoikum), des Erdaltertums (Paläozoikum) und des Erdmittelalters (Mesozoikum), die gefaltet, zerschert und tektonisch höchst beansprucht nicht nur die Umgrenzung der Kristallinkerne bilden, sondern auch fingerförmig zwischen diese hineingreifen. Dabei verwittern diese Gesteine einerseits deutlich schneller als angrenzendes Kristallin, konnten andererseits durch die schabende und schurfende Tätigkeit eiszeitlicher Gletscher leichter ausgeräumt werden und trugen so zur Talbildung (z. B. oberer Zemmgrund), sowie auch zur Anlage verhältnismäßig niedriger und breiter Einschartungen wie dem Pfitscher Joch bei. Natürlich spielt auch die Haupt-Kompressionsrichtung von SSE nach NNW im Zuge der alpinen Gebirgsbildung eine gewaltige Rolle. So zeigen – abgesehen von unterostalpinen Deckenklippen im Nordwesten des Exkursionsgebietes von Nachfolgeband 44 – alle strukturgeologischen Einheiten des vorliegend behandelten Gebietes eine ausgeprägte Orientierung längs einer Achse von WSW nach ONO – und stehen damit genau senkrecht zur orogenen Haupt-Druckrichtung.

Buchstäblich den "letzten Schliff" und die Überformung zu der Landschaft, die wir heute vor uns sehen, gaben die eiszeitlichen Gletscher des Pleistozäns und in geringerem Ausmaß auch jene des Holozäns. Besonders die holozänen Gletscherspuren mit den mächtigen "1850er-Moränen" der kleinen Eiszeit und diversen Gletscherschliffen sind ein markantes Landschaftselement. In mindestens sechs zeitlich voneinander trennbaren Epochen bildete sich während des Pleistozäns ein zusammenhängendes Eisstromnetz und lastete bis zu 2000 Meter mächtig über den heutigen Talböden. Der schürfenden und nagenden Erosion dieser Gletscher sind vor allem die tiefen "Gründe", die zahlreichen Hochkare und die damit oft drachenzahnähnlichen Kämme und Grate der Zillertaler Alpen zu verdanken.

Die Zillertaler Alpen bedecken ein Gesamtgebiet von mehr als 1500 Quadatkilometern und stellen damit eine der flächenmäßig größeren Gebirgsgruppen der Ostalpen dar (noch größer sind beispielsweise die Ötztaler und Stubaier Alpen, die Dolomiten, die Niederen Tauern sowie die Karnischen Alpen). Politisch gehört die Gebirgsgruppe auf österreichischer Seite zu den Tiroler Bezirken Schwaz und Innsbruck-Land. Auf Südtiroler Seite bewegt man sich in den Bezirksgemeinschaften Wipptal, Eisacktal und Pustertal, auf Salzburger Seite in den Gemeinden Wald im Pinzgau sowie Krimml im Oberpinzgau. Das Gesamtgebiet wird im Norden durch den Ziller, einen wichtigen Innzufluss, im Süden durch den Eisack entwässert, der südwärts in die Etsch und in die Adria fließt. Da der Inn zum Stromgebiet der Donau gehört, bildet der Zillertaler Hauptkamm eine wichtige europäische Wasserscheide zwischen Schwarzem und Adriatischem Meer.

Das Klima der Region wird entscheidend von der massigen Gebirgsflucht des Zillertaler Hauptkammes geprägt, der nicht nur als Wasser-, sondern auch als Wetterscheide fungiert. Betrachtet man die Gletscherbildungen auf der österreichischen Nord- und der italienischen Südseite in einer topografischen Übersichtskarte, fällt sofort der deutliche Unterschied in der größeren Ausdehnung der Gletscher an der wetterzugewandten Nordseite im Vergleich mit der klimabegünstigten Südseite auf. Dabei fällt in weiten Bereichen des Zillertals nicht einmal überdurchschnittlich viel Niederschlag – die atlantischen Tiefausläufer aus Nordwesten regnen sich bevorzugt im Stau der Nördlichen Kalkalpen ab. Nur der Reichenspitzkamm an der Ostgrenze der Gebirgsgruppe kann als niederschlagsreich gelten: Dort kommen auch in geringeren Höhenlagen noch durchaus größere Gletscher vor. In Ginzling jedoch fallen nicht einmal mehr 1000 Liter auf den Quadratmeter (pro Jahr im langjährigen Mittel). Das begünstigt durch den Klimawandel leider mittlerweile "nur" noch die Grundwasserneubildung und trägt seit langem nicht mehr zum Gletscherwachstum bei. Wie beinahe überall in den Alpen sind auch die Zillertaler Gletscher vom endgültigen Verschwinden bedroht und werden in wenigen Jahrzehnten nur noch eine Erinnerung sein.

Auf "Crash-Kurs" mit Europa oder: Die Geologie der (Ost-)Alpen im Überblick

Um die geologische Geschichte der alpinen Gebirgsbildung als Ganzes verstehen zu können, muss man sich gedanklich in eine Zeit knapp 330 Millionen Jahre vor heute zurückbegeben. Die Verteilung der damaligen Kontinente und Ozeane hatte nichts mit den heutigen Umrissen von Landmassen und sie umgebenden Meeren zu tun. Durch die sogenannte "variszische Orogenese", die als größte Gebirgsbildung der Erdgeschichte noch während des mittleren Erdaltertums (Paläozoikum) im Zeitraum zwischen 400 und 300 Millionen Jahren vor heute stattfand, wurden der große Südkontinent Gondwana und sein Pendant auf der Nordhalbkugel, Laurussia, quasi zusammengeschweißt. Das bedeutete, dass praktisch alle kontinentalen Landmassen zu einem "Superkontinent" vereinigt wurden,

den man bezeichnenderweise als *Pangäa*, übersetzt aus dem Altgriechischen "gesamte Erde", kennt. Umgeben war dieser Superkontinent von einem weltumspannenden Ozean namens *Panthalassa* (Altgriechisch "Allesmeer" oder "gesamtes Meer"). Mit der Abtragung des Variszischen Orogens zum Rumpfgebirge und weitreichenden sprödtektonischen Vorgängen bildeten sich im Bereich des ureuropäischen Kontinentalsockels tiefe Sedimentationsbecken (VESELÁ et al. 2008), die den Erosionsschutt des abgetragenen Gebirges teilweise aufnahmen.

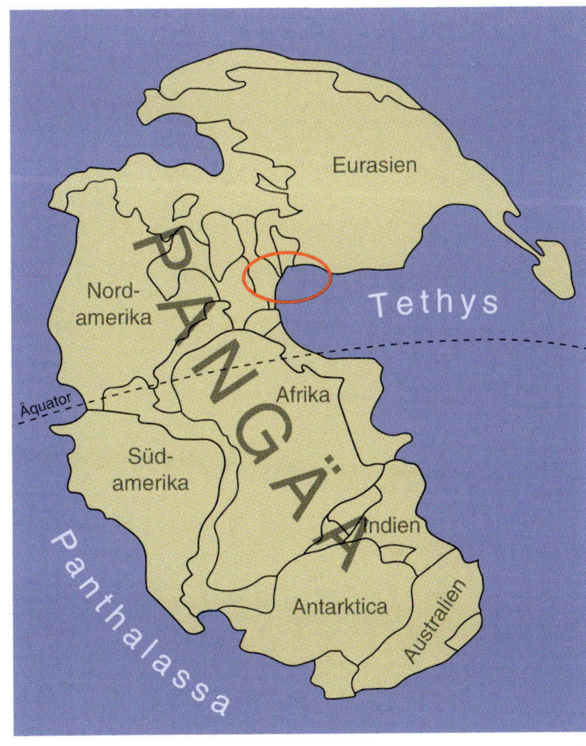

Abb. 2. Paläogeographische Rekonstruktion Pangäas zur Zeit der Unteren Trias. Im Roten Oval liegt das, was später einmal die Alpen aufbauen sollte (verändert aus: Wikimedia commons).

2 Pangäa selbst definierte nicht einfach nur eine gigantische Landmasse, sondern war bereits ab dem ausgehenden Paläozoikum durch eine gewaltige Meeresbucht von den Ausmaßen des heutigen Zentralatlantiks von Osten nach Westen in einen nördlichen und einen südlichen Block gegliedert. Dieser als Tethys bezeichnete Ozean reichte knapp nördlich des Äquators in Bereiche, die später einmal Mitteleuropa werden sollten, und deren Landmassen größtenteils durch frühere große, lange zurückliegende Gebirgsbildungen geformt wurden. Das Kaledonische Gebirge – mehr als 450 Millionen Jahre alt und längst verwittert wie eingeebnet – und nun auch das weitgehend abgetragene Variszische Gebirge bildeten quasi den Kern dessen, was wir einmal Europa nennen werden.

Da in der Erdgeschichte auch ein Superkontinent nicht unendlich währt, waren in der Oberen Trias vor knapp 220 Millionen Jahren irgendwann auch die Tage Pangäas gezählt. Die gigantische Landmasse begann an geotektonischen Schwachstellen zu zerbrechen und sich wie eine Art gewaltiger Reißverschluss ziemlich genau in seiner Mitte nahe der variszischen "Schweißnaht" zwischen dem einstigen Süd- und Nordkontinent zu öffnen: Gondwana (Afrika, Südamerika, Australien, Antarktika und Indien) spaltete sich wieder ab von der Nordamerikanischen und Eurasischen Platte im Norden, nun "Laurasia" genannt. Der Bruchvorgang ging natürlich nicht von heute auf morgen vonstatten, sondern zog sich – von Osten nach Westen fortschreitend – über viele Millionen Jahre hin. Dabei entstand ein kompliziertes Mosaik aus kleinen Ozeanbecken und Mikrokontinenten, das ein sehr dynamisches Sedimentationsgeschehen von flachmarinen Bereichen, Beckenarealen und Tiefseetrögen auf engstem Raum zur Folge hatte. Kleine Ozeane öffneten und schlossen sich, Kontinentalsplitter entstanden und vergingen.

Nun kann man sich berechtigterweise fragen, was all das bisher Gesagte in diesem Kapitel denn mit den Alpen zu tun hat. Die Lösung: Auch die Alpen sind letztendlich nichts anderes als das Ergebnis einer Kollision zwischen zwei Kontinenten. In unserem Fall sind diese das wesentlich größere "Ur-Europa" und ein kleiner Mikrokontinent namens "Adria" (grob gesagt der italienische Stiefel). Durch die Kollision – auch hier sprechen wir von vielen, vielen Jahrmillionen – wurde das vorher erwähnte komplizierte, kleinräumige Mosaik an unterschiedlichen Sedimentationsräumen tektonisch gestaucht, verfaltet, übereinander geschoben und thermisch beeinflusst. Durch die gewaltigen Kräfte wurde das Unterste nach wurden oben gestülpt und sogar alte Kristallinkerne der Erdkruste freigelegt. Das, was damals nebeneinander lag, kann heute übereinander liegen oder räumlich weit voneinander getrennt sein. Erst

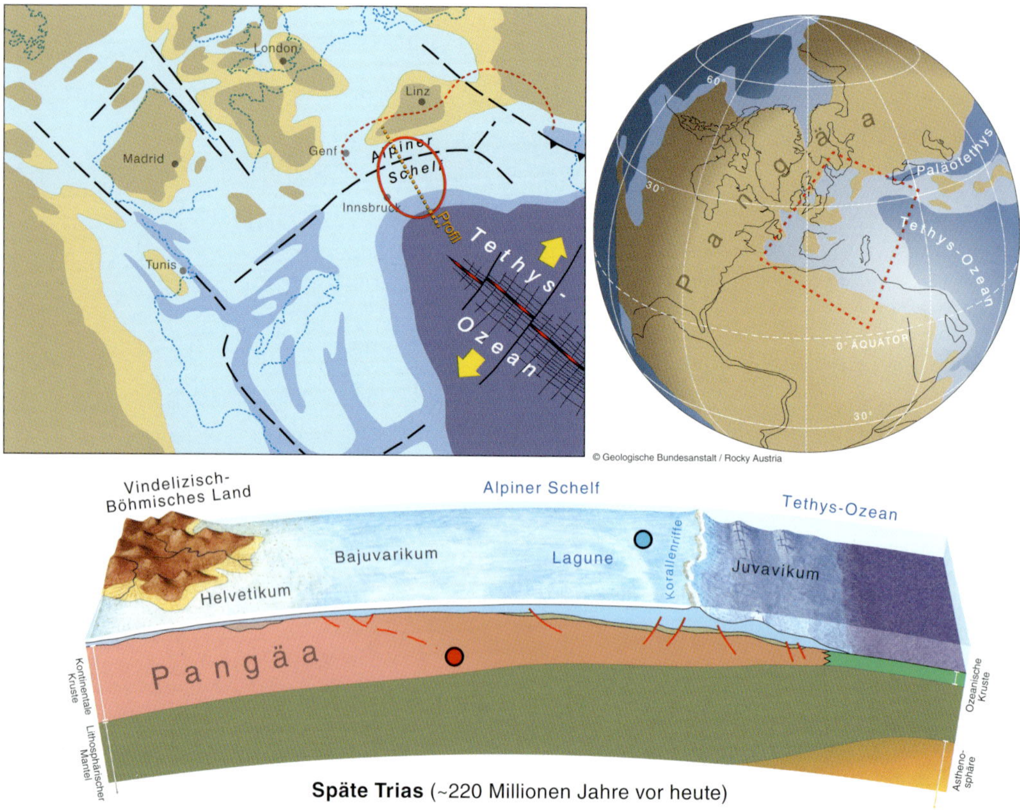

Abb. 3. Paläogeographie in der Oberen Trias mit einem entsprechenden SSO-NNW-gerichteten Profil durch die Ostalpen (verändert aus SCHUSTER *et al. 2013).* ●*, Kristallinkerne des späteren Tauernfensters;* ●*, Kalkalpin der späteren ostalpinen Decken. Legenden siehe Abbildung 8.*

durch die Kenntnis von grundlegenden geologischen Disziplinen, unter anderem 1) der Petrologie, 2) der absoluten Altersdatierung, 3) der Paläomagnetik, 4) der relativen Altersdatierung und letztendlich 5) Sedimentologie, Fazieskunde und Palökologie, war es möglich, die verwirrende Vielfalt unterschiedlicher Lithologien in einen ursprünglichen Zusammenhang zu bringen und entsprechend zu "entwirren".

Die Petrologie beschreibt kristalline und metamorphe Gesteine und versucht, ihren Ursprung sowie ihre geologisch-geochemische Evolution zu ergründen. Die absolute Altersdatierung bedient sich der Messung von natürlichen Zerfallsreihen verschiedener radioaktiver Isotope, die einer bekannten Halbwerts-Zeitreihe unterliegen. Die Paläomagnetik misst in geeigneten Gesteinen die ursprüngliche Orientierung von eisenhaltigen, magnetisierbaren Mineralphasen zum damaligen Erdmagnetfeld. Die relative Altersdatierung, auch Biostratigraphie genannt, versucht mit Hilfe von im Gelände leicht aufzufindenden, gut kenntlichen und überregional häufig vorkommenden Makro- und Mikrofossilien ("Leitfossilien") eine Korrelation zwischen Gesteinseinheiten. Die Sedimentologie, Fazieskunde oder Palökologie betrachtet die Sedimentgesteine in ihrer Gesamtheit und versucht, Lebensräume, Ablagerungsmilieu und Fossilien in ein stimmiges Bild zu bringen. Diese Teildisziplinen geben – quasi als höchstes Ziel – eine Gesamtschau der damaligen Kontinent-Ozean-Verteilung, also eine "paläogeographische" Rekonstruktion. Dabei spielen vor allem Petrologie, absolute Altersdatierung und Paläomagnetik in den Zillertaler Alpen eine Rolle – Biostratigraphie, Sedimentologie und Fazieskunde eher weniger. Aber auch hier gibt es Ausnahmen.

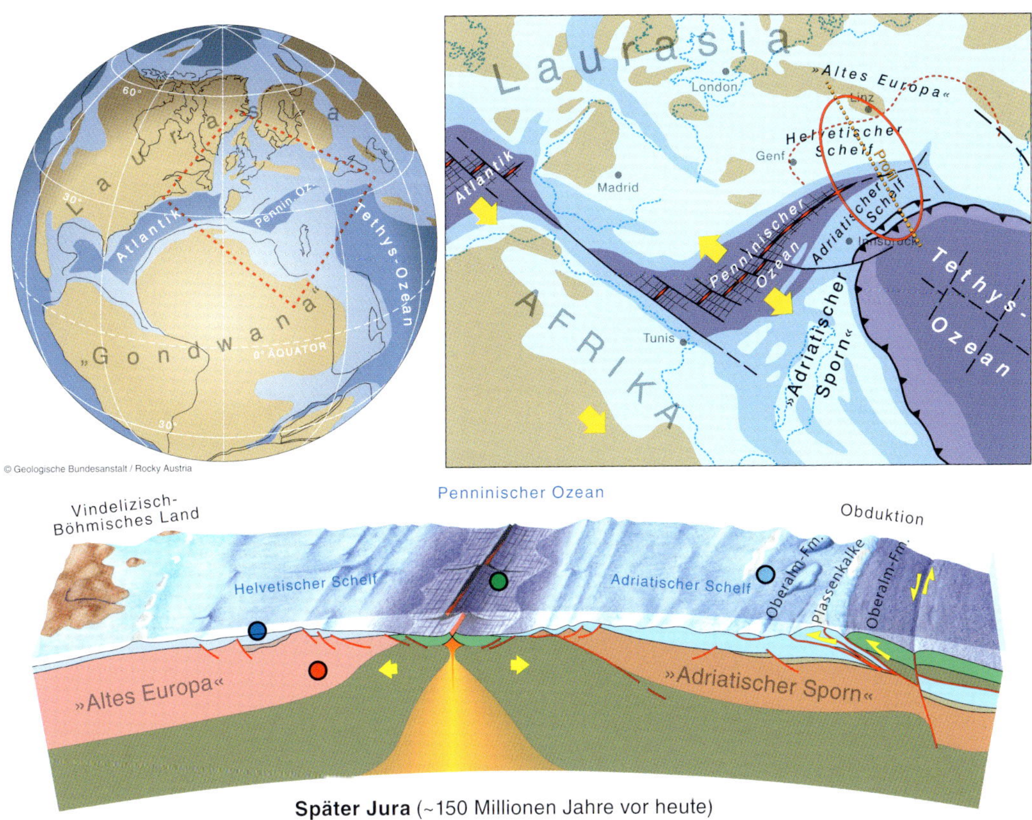

Abb. 4. Paläogeographie im Oberen Jura mit einem entsprechenden SSO-NNW-gerichteten Profil durch die Ostalpen (verändert aus Schuster et al. 2013). 🔴, *Kristallinkerne des späteren Tauernfensters;* 🔵, *kalkige Ablagerungen der späteren helvetischen Decken;* 🟢, *penninische Ablagerungen;* ⚪, *Kalkalpin der späteren ostalpinen Decken. Legenden siehe Abbildung 8.*

Um den nachfolgenden, sehr gerafft geschilderten Prozess der Alpenauffaltung besser verstehen zu können, werden in den Abbildungen die unterschiedlichen Bildungs- und Ablagerungsräume von Tiefen- beziehungsweise Sedimentgesteinen hervorgehoben. Dabei ist ein besonderes Augenmerk auf vier Teilbereiche zu legen, deren Genese und Geschichte vor allem ab Seite 29 dieses Buches eingehender beschrieben werden: 1) die alten Kristallinkerne der “helvetischen”, das heißt europäischen kontinentalen Kruste, 2) das sedimentäre Helvetikum, 3) das Penninikum und 4) das Ostalpin. Wie man sehen wird, hat sich ihre Lage in Zeit und Raum während der Orogenese maßgeblich verändert und sowohl Ostalpen als auch Zillertaler Alpen im Besonderen geprägt.

Im Einzelnen und im Schnelldurchlauf: Während der Trias herrschte auf Pangäa zunächst noch “eitel 3
Sonnenschein”, obgleich sich das Zerbrechen des Riesenkontinentes bereits abzeichnete. Auf den weitläufigen, noch ungegliederten und hunderte von Kilometern breiten Schelfbereichen lagerten sich während des gesamten Zeitalters mächtige kalkige und mergelige Sedimentschichten ab, also das, was später einmal ein Baustein der ostalpinen Decken sein würde. Jene Gesteine, die während der Alpenauffaltung im Tauernfenster als Kristallinkerne zutage treten sollten, befanden sich damals allerdings noch in deutlich mehr als 20 Kilometer Tiefe innerhalb der Erdkruste des europäischen Kontinentalsockels.

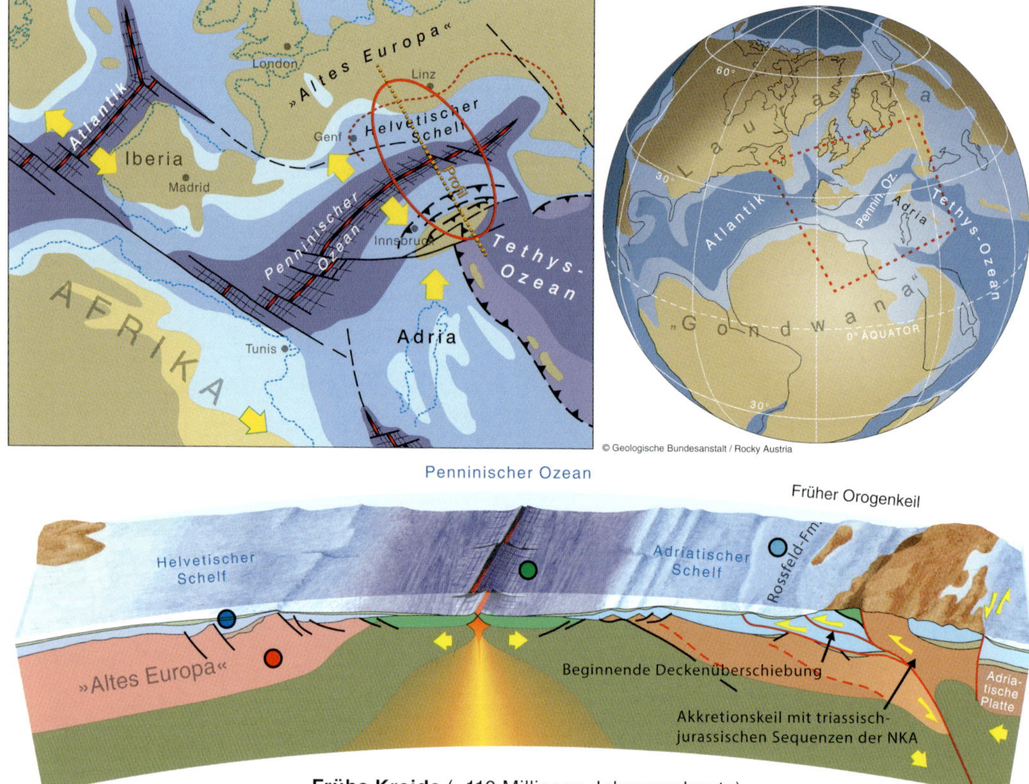

Abb. 5. Paläogeographie in der Unteren Kreide mit einem entsprechenden SSO-NNW-gerichteten Profil durch die Ostalpen (verändert aus SCHUSTER *et al. 2013).* 🔴*, Kristallinkerne des späteren Tauernfensters;* 🔵*, kalkige Ablagerungen der späteren helvetischen Decken;* 🟢*, penninische Ablagerungen;* ○*, Kalkalpin der späteren ostalpinen Decken. Legenden siehe Abbildung 8.*

4 Während des Juras begann sich die noch vereinigte Landmasse von Afrika und Südamerika (Gondwana) endgültig von Europa und Nordamerika (Laurasia) zu trennen. Im Zuge dieser Plattenbewegung öffneten sich westlich bis nördlich des ostalpinen Sedimentationsraumes der Südpenninische Ozean (FAUPL & WAGREICH 2000) und weiter westlich, entlang einer gewaltigen Seitenverschiebung der Mittelatlantik. Mit der Öffnung des Südpenninischen Ozeans wurde der vormals einheitliche alpine Schelf in einen "helvetischen" und einen "adriatischen" Anteil untergliedert. In knappen Worten: Man unterscheidet zwischen dem Helvetikum (dem "alten Europa") und dem "Adriatischen Sporn", einem kleinen , aus einem abgetrennten Teil europäischer Kontinentalkruste entstehenden Mikrokontinent. Analog hat man von diesem Zeitpunkt an zwischen den Ablagerungsräumen des Helvetikums, des Penninikums und jenen des Adriatischen Schelfs zu differenzieren.

Bereits im Oberen Jura erkennt man am südöstlichen Ende des Adriatischen Sporns große, gegen
5 Nordwesten gerichtete Überschiebungszonen, die sich ab der Unteren Kreide verstärken und einen Teil der Adriatischen Platte über die weiter gegen den Südpenninischen Ozean gelegenen Krustenteile schieben. Man spricht hier von einem "frühen Orogenkeil". Ihren Ursprung fanden diese Überschiebungszonen dadurch, dass Afrika begann, sich gegen den Uhrzeigersinn auf das "Alte Europa" zuzubewegen und den kleinen Kontinentalsplitter namens Adria zwischen sich und Europa einzuklemmen (DEWEY et al. 1989).

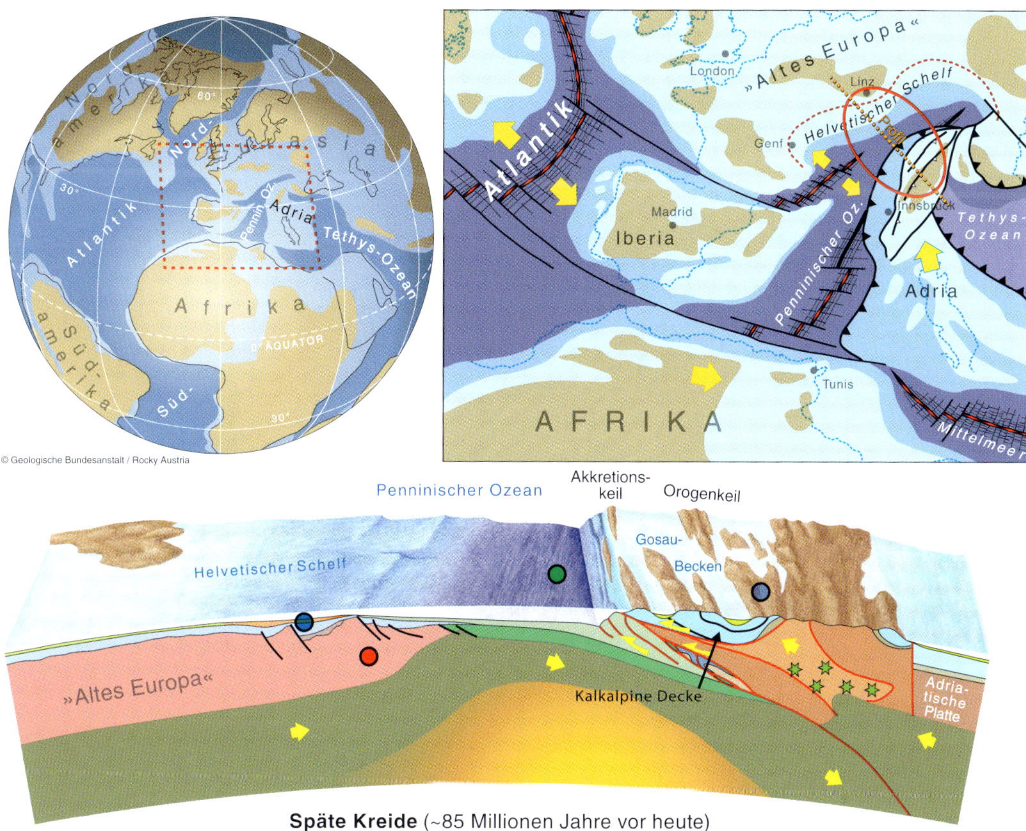

Abb. 6. Paläogeographie in der Oberen Kreide mit einem entsprechenden SO-NW-gerichteten Profil durch die Ostalpen (verändert aus Schuster et al. 2013). ●, *Kristallinkerne des späteren Tauernfensters;* ●, *kalkige Ablagerungen der späteren helvetischen Decken;* ●, *penninische Ablagerungen;* ●, *Kalkalpin der bereits initial angelegten ostalpinen Decken. Legenden siehe Abbildung. 8.*

Die eigentliche Alpenauffaltung startete mit der Verkürzung ostalpiner Sedimentationsräume, zunächst als Verfaltung und nachfolgend in Form von Deckenbildung wie im Absatz weiter unten beschrieben. Diese war in ihren Grundzügen bereits in der ausgehenden Unterkreide abgeschlossen.

In der Oberen Kreide wird die Situation noch komplexer: Nordwestlich des Penninischen Ozeans 6
öffnet sich ein weiteres marines Randbecken, der "Nordpenninische Ozean". Der zwischen beiden Meeren ("Nord-" und "Südpenninischem Ozean") gelegene Krustensporn wird folgerichtig "Mittelpenninikum" (oder "Briançonnais") genannt und lässt sich vom westlichen Europa nordostwärts bis in das Engadin verfolgen, wirkt sich allerdings strukturell nicht mehr bis in die Ostalpen aus. Jedoch kam es zwischen dem Helvetischen Schelf und der gegen das "Alte Europa" schiebenden Adriatischen Platte zu einer signifikanten Verkürzung, da nun in diesem Bereich bereits der ältere Südpenninische Ozean unter den adriatischen Akkretionskeil subduziert wurde. Von einem Hochgebirge waren diese "juvenilen Alpen" jedoch noch weit entfernt, ragten doch nur einige wenige Inseln aus einem subtropischen, archipelartigen Flachmeer. Die Bewegungen spielten sich im Untergrund ab. Das, was einst auf dem Adriatischen Schelf als Kalk abgelagert wurde, wurde von seinem kristallinen Untergrund abgeschert und nach Norden auf penninische Einheiten überschoben – ein Mechanismus, der später einmal als "Alpiner Deckenbau" erkannt werden und weltweit in anderen Gebieten Anwendung finden sollte. Dabei wurden einst nebeneinander liegende Ablagerungs- und

Krustenbereiche zunächst in weitspannigen Falten (tektonischen Sätteln und Mulden beziehungsweise Antiklinalen und Synklinalen) durch Kompressionskräfte verformt. Wurde der Druck zu groß,
7 begannen diese Strukturen durchzuscheren und sich wie die Falten eines Tischtuchs übereinander zu schieben. Durch nun entstandene, flachliegende Überschiebungsbahnen konnte der einstige Ablagerungsraum maximal eingeengt und stark verkürzt werden.

In weiterer Folge wurde der südpenninische Ozeanboden (Unterplatte) Stück für Stück unter den Adriatischen Sporn (Oberplatte) geschoben und der Ozean noch in der Kreide geschlossen. Die Sedimentgesteine des Penninikums wurden zunächst über jenen des europäischen Helvetikums gestapelt. Auf penninische Einheiten kamen vermutlich bereits die weiter südöstlich sedimentierten Flachwasser-Ablagerungen des Adriatischen Schelfs zu liegen. So kam es, dass jene Einheiten, die einst weit im Südosten am Rand eines subtropischen Meeres ablagert wurden, nach und nach über die nordwestlich gelegenen Ablagerungsräume des Penninikums und Helvetikums aufgeschoben wurden.

8 Im Laufe des Mittleren Paläogens, im Eozän, kollidierte die Adriatische Platte mit dem Südrand Europas. Das Kristallin der Kruste des "Alten Europas" – wir erinnern uns: der Bereich des späteren Tauernfensters – kam direkt in die Knautschzone zwischen beiden Kontinenten. Die Kollisionskräfte hier waren so stark, dass entsprechend Gesteinsschmelzen entlang der Nahtstelle entstanden, die aufgrund ihrer geringeren Dichte gegen die Oberfläche aufzusteigen begannen. Diese auch als "Periadriatische Plutonite" bekannten Schmelzen kristallisierten in etwa 10 bis 20 Kilometer Tiefe als Granite und Tonalite (helle, fast weißliche Granite mit dunklen Glimmer-Einsprenglingen) aus. Einer davon liegt übrigens heute südlich der Zillertaler Alpen und baut die Rieserfernergruppe in Südtirol auf. Mit der Kollision wurden helvetische, penninische und kalkalpine Decken weiter gestapelt, verschoben, dabei in höchst komplexer Form zusammengestaucht sowie quergedehnt.

Zwischen 40 und 30 Millionen Jahren vor heute riss die zum damaligen Zeitpunkt seit mehr als 100 Millionen Jahren unter der Adriatischen Platte subduzierte, das heißt abtauchende, Mantel-Lithosphäre der Europäischen Platte durch und tauchte tiefer in den zähflüssigen Erdmantel ab. Das hatte zur Folge, dass "plötzlich" Gewicht fehlte, das an der Europäischen Platte zerrte. Die Folge war ein heftiger isostatischer Ausgleich, der – zunächst von Westen nach Osten bis in etwa auf die Höhe Innsbrucks fortschreitend – die Alpen mit bis zu 5 Millimeter Hebung pro Jahr zu einem Hochgebirge heraushob. Weiter östlich befand sich noch flaches Hügelland. Dieses erfuhr aufgrund der mechanischen Stauchung eine Querdehnung (vgl. EISBACHER & BRANDNER 1996; RATSCHBACHER et al. 1991). Je höher das Gebirge stieg, desto mehr Erosionsschutt aus klimatischer Witterung fiel an. Dieser sammelte sich in einer randlichen, dem jungen Alpenorogen nördlich vorgelagerten Senke, dem Molassebecken. Dessen Südteil wurde durch weiteren Schub der alpinen Deckenfront nach außen gegen das europäische Vorland ebenfalls tektonisch deformiert (Subalpine Molasse).

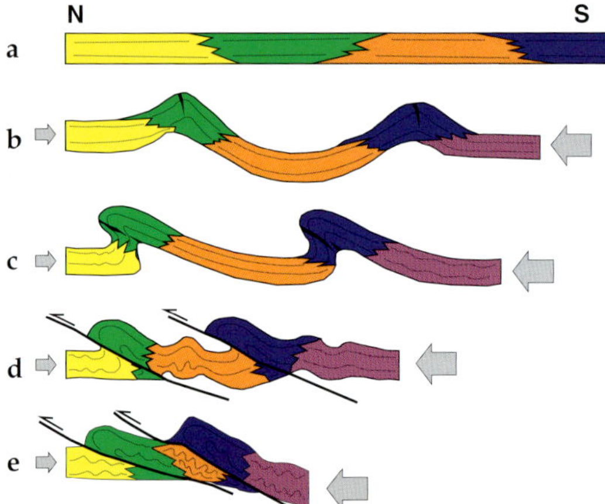

Abb. 7. Stark vereinfachte Schemazeichnung der klassischen Deckenstapelung in den Alpen – dabei wurden entsprechend der nordwärts gerichteten Hauptkompressionsrichtung die jeweils südlich gelegenen Ablagerungsräume auf die jeweils nördlich situierten überschoben. a, Ausgangssituation; b, beginnende Einengung und Anlage von Mulden- beziehungsweise Sattelstrukturen; c, fortschreitende Einengung und Anlage von stark geneigten (»vergenten«) Falten; d, Durchscheren eines Faltenschenkels aufgrund des hohen Kompressionsdruckes; e, flache Überschiebungen (»kalkalpiner Deckenbau«). Aus HORNUNG 2022.

So waren die Alpen in ihren strukturellen Grundzügen an der Wende von Paläogen und Neogen vor knapp 30 Millionen Jahren angelegt – wie

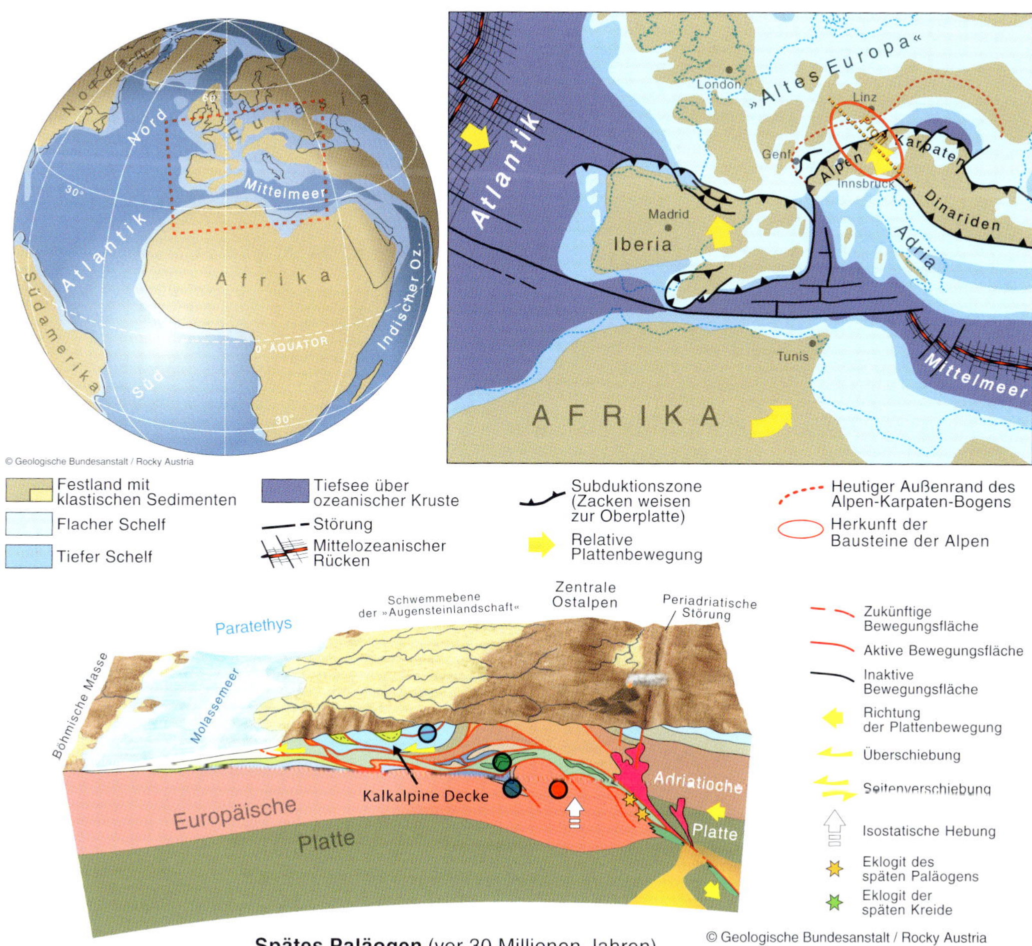

Abb. 8. Paläogeographie im Oberen Paläogen mit einem entsprechenden SO-NW-gerichteten Profil durch die Ostalpen (verändert aus SCHUSTER *et al. 2013).* 🔴*, Kristallinkerne des späteren Tauernfensters;* 🔵*, kalkige Ablagerungen der späteren helvetischen Decken;* 🟢*, penninische Ablagerungen;* ⚪*, Kalkalpin der späteren ostalpinen Decken.*

es mit der übergeordneten Geologie insbesondere des Tauernfensters und der regionalen Geologie unseres Exkursionsgebietes weitergeht, vermitteln die nachfolgenden drei Kapitel (und beispielsweise auch die sehr gute, zusammenfassende Arbeit von SCHUSTER 2015).

Weiterführende Literatur

DEWEY, J. F., M.L. HELMAN, D. H. TURCO, D. H. W. HUTTON & S. D. KNOTT (1989): Kinematics of the western Mediterranean. – In: COWARD, M. P., D. DIETRICH & R.G. PARK. (Hrsg.): Alpine Tectonics. – Geol. Soc. Spec. Publ., 45: 265–283, Oxford.

EISBACHER, G. H. & R. BRANDNER (1996): Superposed fold-thrust structures and high-angle faults, Northwestern Calcareous Alps, Austria. – Eclogae Geol. Helv., 89 (1): 553–571, Basel.

FAUPL, P. & M. WAGREICH (2000): Late Jurassic to Eocene Paleogeography and Geodynamic Evolution of the Eastern Alps. – Mitt. Österr. Geol. Ges., 92 (1999): 79–94, Wien.

HORNUNG, T. (2022): Rund um Berchtesgaden – Kalkstein, Salz, Fossilien und Eiszeiten – Wanderungen in die Erdgeschichte, Band 40, 234 pp., München (Pfeil-Verlag), ISBN 978-3-89937-255-7.

RATSCHBACHER, L., W. FRISCH, H.G. LINZER & O. MERLE (1991): Lateral extrusion in the Eastern Alps, Part 2: structural analysis. – Tectonics, 10: 257–271, Washington.

SCHUSTER, R. (2015): Zur Geologie der Ostalpen. – Abhandlungen der Geologischen Bundesanstalt, 64: 143–165, Wien.

SCHUSTER, R., A. DAURER, H. G. KRENMAYR, M. LINNER, W. G. MANDL, G. PESTAL & J. M. REITNER (2013): Rocky Austria. – Geologische Bundesanstalt, 80 pp., Wien.

VESELÁ, P., B. LAMMERER, A. WETZEL, F. SÖLLNER & A. GERDES (2008): Post-Variscan to Early Alpine sedimentary basins in the Tauern Window (eastern Alps). – In: SIEGESMUND, S., B. FÜGENSCHUH & N. FROITZHEIM (Ed.): Tectonic Aspects of the Alpine Dinaride-Carpathian System. – Geological Society, Special Publications, 298: 83–100, London.

700 Millionen Jahre in 7 Schritten: Ein kurzer Überblick über die Geologie der Zillertaler Alpen und der Hohen Tauern

Die Zillertaler Alpen sind zwar geographisch eine eigene Gebirgsgruppe, aber mit den östlich der Krimmler Ache und der Ahr angrenzenden Hohen Tauern geologisch über das Tauernfenster eng verbunden. Damit ergibt sich eines der höchsten zusammenhängenden Gebirgsmassive der Ostalpen, das vom Katschberg im Osten an der Grenze der österreichischen Bundesländer Salzburg und Kärnten westwärts bis ins Wipptal in Tirol reicht. Die eindrucksvolle und morphologisch enorm vielfältige Landschaft rund um die höchsten Gipfel wie Großglockner, Großvenediger und Hochfeiler ist letztendlich die Summe langandauernder geologischer, kinematischer und klimatischer Prozesse. Wie wir in diesem Kapitel sehen werden, ist die Alpenauffaltung nur der zentral formende Prozess, der jedoch einen Rahmen besitzt, der wesentlich weiter in die Vergangenheit zurückreicht. Unvorstellbare 700 Millionen Jahre Erdgeschichte stecken in den Bergen, Kämmen und Tälern, die quasi das Rückgrat der Ostalpen bilden. Diese Zeitspanne, die vom jüngeren Proterozoikum bis in
9 die Gegenwart reicht, kann in sieben geologischen Etappen nachvollzogen werden.

I. Jungproterozoikum und Altpaläozoikum – längst vergessene Welten

Grundlage dieses Abschnittes der Erdurzeit (Proterozoikum) und des Erdaltertums (Paläozoikum) sind alte, abgetragene Gebirge sowie ozeanische Ablagerungen der Zeitspanne zwischen 700 und circa 330 Millionen Jahren. Aus diesem Zeitbereich stammen die Habach-Formation, das Altkristallin sowie die Ausgangsgesteine des Variszischen Basements ("Altes Dach"), die alle drei zu den ältesten Anteilen des Tauernfensters gehören. Das "Alte Dach" umfasst Gesteinsserien, die wohl als prävariszisches Basement gebildet und bereits kurz nach der variszischen Orogenese metamorph umgewandelt wurden (SCHMID et al. 2013). Das Altkristallin (siehe auch Kapitel "Variszisches Basement", S. 37) beinhaltet Gesteine, die älter als 400 Millionen Jahre sind und im Zuge der kaledonischen und frühvariszischen Gebirgsbildung entstanden. Zum Verständnis: Das Kaledonische Gebirge findet sich heute beispielsweise in Schottland, Nordengland, Norwegen und Grönland und entstand vor circa 500 Millionen Jahren durch den Zusammenschluss von Ur-Nordamerika (Laurentia) und Ur-Europa (Baltica) zum Kontinent Laurussia. Das Variszische Gebirge ist das Ergebnis des Zusammenschlusses des Südkontinents Gondwana mit dem Nordkontinent Laurussia zum Riesenkontinent Pangäa vor etwa 330 Millionen Jahren. Reste von Letzterem finden sich unter anderem in den nordamerikanischen Appalachen, im Westen der Iberischen Halbinsel, in der Bretagne, im Rheinischen Schiefergebirge sowie im Böhmischen Massiv. Letztere Regionen bilden quasi den Sockel West- und Mitteleuropas. Nimmt man die erdgeschichtlich junge Alpen-Orogenese dazu, stecken in
10 einigen sehr alten Gesteinen der Zillertaler Alpen und der Hohen Tauern demnach drei der großen

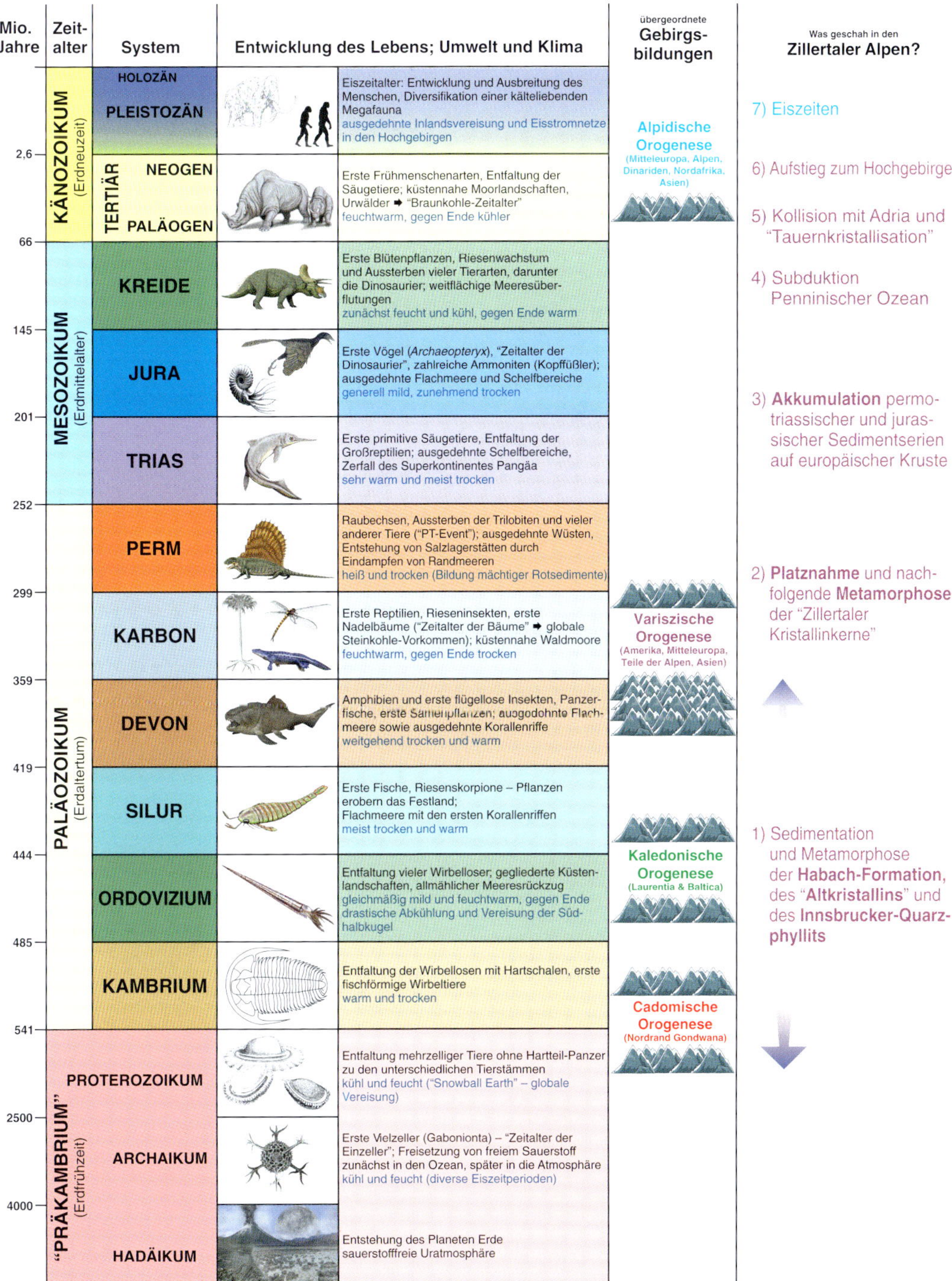

Abb. 9. Knapp gehaltener Abriss der Erdgeschichte mit Bezugnahme auf wichtige, die Zillertaler Alpen betreffende Ereignisse.

Abb. 10. Paläogeographie des Kambriums vor circa 530 Millionen Jahren (aus SCHUSTER *et al. 2013). Das rote Oval kennzeichnet die ungefähre Lage dessen, was später einmal zu den Alpen aufgefaltet werden sollte.* □, *Moldanubikum, Subpenninikum;* △, *Moravikum.*

Abb. 11. Paläogeographie des Karbons vor circa 360 Millionen Jahren (aus SCHUSTER *et al. 2013). Das rote Oval kennzeichnet die ungefähre Lage dessen, was später einmal zu den Alpen aufgefaltet werden sollte.* □, *Moldanubikum, Subpenninikum;* △, *Moravikum.*

Gebirgsbildungen, die Europa in der vergangenen halben Jahrmilliarde erfahren hat. Noch älter als das Altkristallin sind die Gesteine der Habach-Formation (siehe auch Kapitel "Greiner Scherzone", S. 38), deren Ursprünge 700 Millionen Jahre zurückreichen (Lammerer 1997) und einst als Sedimentgesteine und Vulkanite in einem weitläufigen Meer des Erdaltertums, dem sogenannten "Rheischen Ozean" zwischen dem Südkontinent Gondwana (Afrika, Südamerika, Antarktika, Australien und Indien) sowie Baltica (dem späteren Bereich Skandinaviens und Osteuropas) gebildet wurden. Kaum vorstellbar: Der Bildungsort dieser Gesteine lag unweit des damaligen geographischen Südpols!

Ähnlich lange muss man in der Zeit zurückgehen, wenn man Innsbrucker Quarzphyllit in den Tuxer Alpen (siehe Kapitel zur regionalen Geologie, S. 29 sowie Exkursionen O und P im Nachfolgeband 44) unter seinen Füßen hat. Die Ausgangsablagerungen dieser heute lithologisch variablen, in der Mehrzahl quarzitischen Gesteine stammen aus der Zeit des Kambriums und des nachfolgenden Ordoviziums (LAMMERER 1997).

II. Jungpaläozoikum – Plutonismus

Die heutigen Zentralgneise, die die Hauptmasse der Hohen Tauern ausbilden und – wenn man nur für die Zillertaler Alpen sprechen darf – das Rückgrat des Gebirges bilden, haben ihren Ursprung vor knapp 330 bis 310 Millionen Jahren, als sie im Zuge der variszischen Gebirgsbildung als Plutonite beziehungsweise Gesteinsschmelzen in den überlagernden Altbestand (Habach-Formation, "Altkristallin" sowie Ausgangsgesteine des Variszischen Basements) eindrangen. Die Umwandlung oder Metamorphose dieser erstarrten Gesteinsschmelzen zu Gneisen oder gar teilaufgeschmolzenen Migmatiten erfolgte jedoch erst im Zuge der alpidischen Orogenese, mehr als 280 Millionen Jahre nach ihrer Entstehung.

Die Welt hatte sich seit dem Kambrium stark gewandelt. Der Rheische Ozean wurde unter dem Nordkontinent Laurussia subduziert und im Zuge der variszischen Gebirgsbildung an Laurussia angefügt. Der spätere Bildungsbereich
der Alpen war von südpolaren Gefilden bis nahe 11
an den Äquator gewandert – allein das zeigt die langwährende Dynamik der Plattentektonik und die zugrundliegenden gewaltigen Zeitspannen.

III. Postvariszikum (Ob. Karbon bis Oberjura) – Akkumulation

Die Vorgänge während dieses Abschnittes, konkret zwischen Oberstem Karbon und Jura, wurden bereits im Kapitel zur Geologie der Ostalpen (S. 12) zusammengefasst. Ab dem Obersten Karbon, also jener Zeit unmittelbar nach der variszischen Orogenese, kam es auf der europäischen kontinentalen Kruste und den dort konsolidierten späteren Zillertaler Kristallinkernen infolge von spröder Dehnungstektonik zur Herausformung von tektonischen Horsten (Hochzonen) sowie Halbgräben (tiefere Beckenbereiche) und folglich zu einer verstärkten Reliefbildung. Drei dieser Beckenbereiche liegen heute im westlichen Tauernfenster und damit im Exkursionsgebiet (Veselá et al. 2008): Im "Pfitsch-Mörchner-Becken" sowie im "Riffler-Schönach-Becken" setzt die Sedimentation noch im Obersten Karbon ein, im "Kaserer-Becken" erst knapp nach der Perm-Trias-Grenze. Noch während der Trias wurden die Becken relativ zu den umgebenden Hochgebieten zur Gänze aufgefüllt und das einst bestehende Relief nivelliert: Bis zur Trias-Jura-Grenze entstand auf europäischer Kruste somit ein gewaltiges Schelfgebiet von vielen hundert Kilometern Ausdehnung.

Die Situation im Bereich der Zillertaler Alpen am Westrand des Tauernfensters zeigt die Abbildung auf der nächsten Seite: Nach der gleichförmigen Akkumulation permotriassischer Sedimentserien, *12a* kam es im Unteren Jura zu Krustendehnungen und der beginnenden Absenkung eines sich rasch vertiefenden Beckens am Südrand von Laurasia. In dieser Senkungszone erreichten die im marinen Bereich gebildeten Unterjura-Sedimentgesteine die größten Mächtigkeiten – gegen das europäische Festland kamen überwiegend siliziklastische Sedimente wie quarzreiche Feinsandsteine zur Abla- *12b* gerung. Ab dem Oberjura wandelte sich die Senkungszone zu einem kleinen, rasch eintiefenden Randozean. Dadurch kam es zu einer Separierung des einst gleichförmigen Ablagerungsraumes in einen helvetischen ("europäischen") Teil im Norden und einen adriatischen Part im Süden. Während auf den Schelfbereichen Flachwasserkarbonatserien akkumuliert wurden, sammelten sich im schnell tiefer werdenden Penninischen Ozean mächtige Tiefseeablagerungen (Flyschserien). Letztere waren charakterisiert durch eine geringe Hintergrundsedimentation, durchsetzt mit wiederholt von den Schelfbereichen abgehenden, submarinen ("untermeerischen") Schuttströmen. Im Bereich des Zentralalpins werden diese penninischen Ablagerungen zur Bündnerschiefer-Serie zusammengefasst. *12c* In sie drangen Schmelzen ozeanischer Kruste ein, sogenannte Ophiolithe.

Die Bündnerschiefer finden ihr nichtmetamorphes Pendant im Rhenodanubischen Flysch, der in einem schmalen Streifen im nördlichen Alpenvorland ansteht. Die helvetischen, flachmarinen Ablagerungen werden heute in der Hochstegen-Zone zusammengefasst – sie verzahnten ursprünglich gegen den Penninischen Ozean mit der Bündnerschiefer-Serie. *12d*

IV. Jungmesozoikum – Subduktion

Wie im Kapitel zur Geologie der Ostalpen (S. 12) beschrieben, wurde der Penninische Ozean infolge der Bewegung Afrikas gegen Europa unter den Adriatischen Mikrokontinent subduziert und schuf so den Beginn eines tektonisch äußerst komplizierten Deckenbaus. Dadurch wurden einstige Ablagerungs- und Bildungsräume gegeneinander, ineinander und übereinander geschoben (siehe die Abbildungen 5 und 6).

Speziell im Bereich des westlichen Tauernfensters äußerte sich diese Einengung ("Konvergenz") in Form nordvergenter (d. h. nach Norden geneigter), riesiger Faltenstrukturen, die – wie in Abbildung 7 skizzenhaft gezeigt – an ihrem Nordschenkel durchscherten und sich über den jeweils nördlich davor befindlichen Bereich legten. Man unterscheidet somit eine weiter nördlich situierte "Hochstegen-Zone" als autochthone sedimentäre Hülle der kristallinen Kerne und das heute allochthone Modereck-Deckensystem: Sedimentäre Abfolgen der Wolfendorn-Decke und der Seidlwinkl-Modereck-Decke wurden ursprünglich weiter südlich gegen den Penninischen Ozean hin abgelagert. Diese beiden Bereiche wurden größtenteils von ihrem kristallinen Unterlager abgeschert und legten sich deckenartig über die Hochstegen-Zone. Dasselbe geschah mit den Bündnerschiefern des Penninischen Ozeans: Sie wurden als Glockner-Decke ("Untere Penninische Decken") samt ihrer enthaltenen Ophiolithe

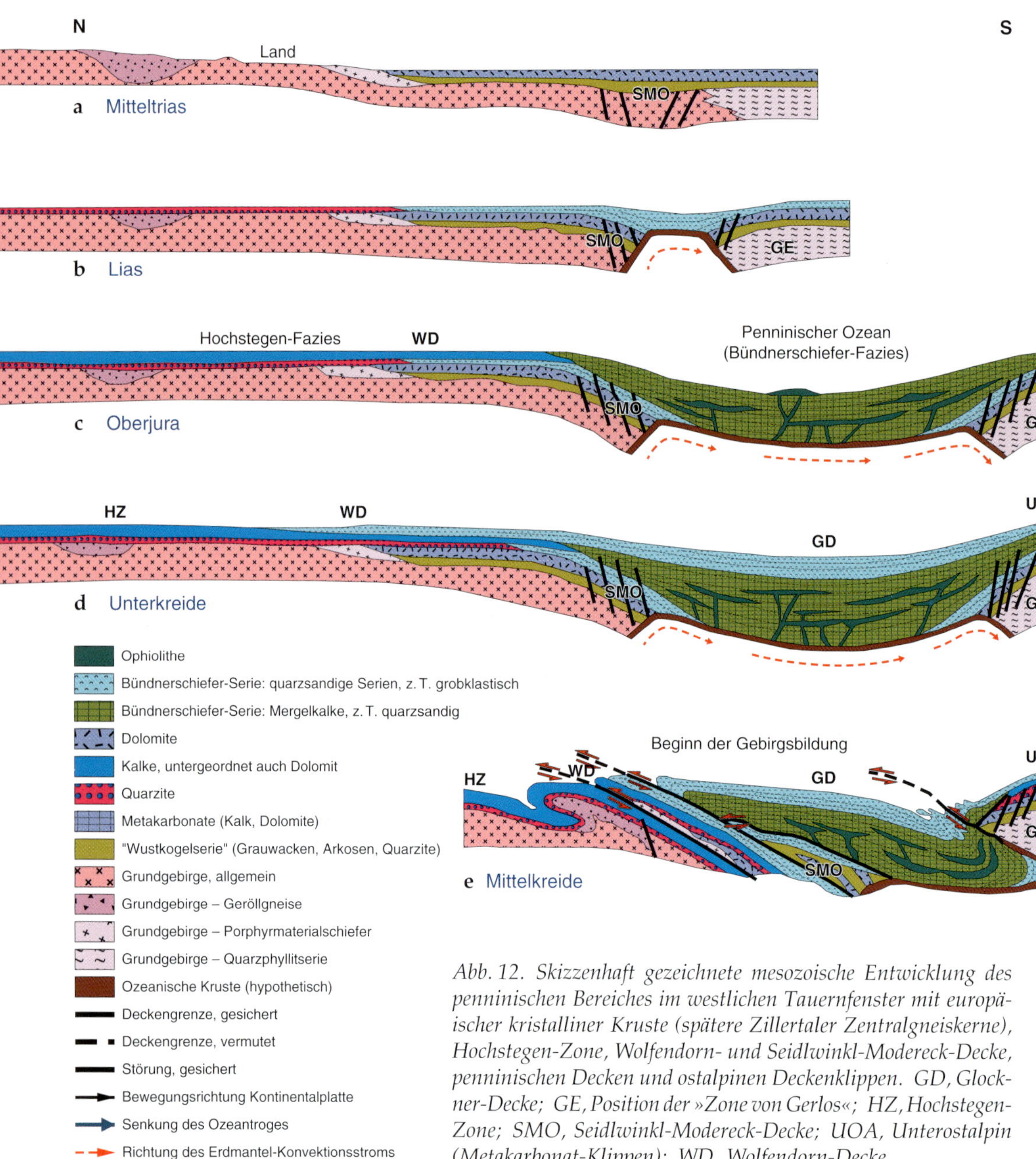

Abb. 12. Skizzenhaft gezeichnete mesozoische Entwicklung des penninischen Bereiches im westlichen Tauernfenster mit europäischer kristalliner Kruste (spätere Zillertaler Zentralgneiskerne), Hochstegen-Zone, Wolfendorn- und Seidlwinkl-Modereck-Decke, penninischen Decken und ostalpinen Deckenklippen. GD, Glockner-Decke; GE, Position der »Zone von Gerlos«; HZ, Hochstegen-Zone; SMO, Seidlwinkl-Modereck-Decke; UOA, Unterostalpin (Metakarbonat-Klippen); WD, Wolfendorn-Decke.

12e auf Seidlwinkl-Modereck-Decke, Wolfendorn-Decke und Hochstegen-Zone überschoben. Und das, was einst südlich des Penninischen Ozeans über kristallinem Basement sedimentiert worden war, wurde abgeschert und über den zuvor beschriebenen Deckenstapel transportiert. So finden sich heute die ehemals weit im Süden akkumulierten Serien als Kalkklippen (Hippold- und Reckner-Decke sowie Kalkwand-Deckenscholle) zuoberst auf penninischer Glockner-Decke und den “helvetischen” Metakarbonat-Decken.

V. Paläogen – Kollision!

Mit der Kollision von Adria und dem "Alten Europa" im Mittleren Paläogen (Eozän) wurde die im Oberen Jura begonnene Kompression zwischen Afrika und Europa fortgeführt beziehungsweise deutlich verstärkt. Neben der Stapelung und Überschiebung der Decken von Helvetikum, Penninikum und Ostalpin wurden nun auch die Kristallinkerne der europäischen Unterplatte in die Verfaltung mit einbezogen (siehe Abb. 8). Dabei wurden Teile des Penninikums und die europäische, kristalline Kruste im Bereich der Ostalpen in die Tiefe gedrückt und unterlagen der Gesteinsmetamorphose. Dieser als "Tauernkristallisation" bezeichnete Prozess wandelte Granite und Tonalite in Gneise und – sofern es zu einer kompletten Struktur- und Gefügeänderung mit Schmelzprozessen kam – auch zu Migmatiten um. Durch die thermische Umformung wurden alte Lagerstätten mobilisiert und zum Teil auch Erze angereichert. An diesem Punkt endet die allgemeine Entwicklungsgeschichte der Alpen im Kapitel zur Geologie der Ostalpen (S. 12). Es bleiben noch zwei weitere, für die Zillertaler Alpen und Hohen Tauern wesentliche Stationen, die in diesem Rahmen zu Ende erzählt werden sollen.

VI. Neogen – Aufstieg zum Hochgebirge

Zu Beginn des Neogens vor knapp 25 Millionen Jahren stieß der nördliche Abschnitt von Adria gegen Nordosten vor. Dieser auch als "Südalpen-Indenter" bekannte Keil bewirkte an seiner unmittelbaren Kollisionsstelle, insbesondere im Bereich der Zillertaler Alpen, nicht nur eine Zone maximaler Einengung um insgesamt etwa 100 Kilometer in Nord-Süd-Richtung (was schätzungsweise der Hälfte der ursprünglichen Breite entspricht), sondern auch eine Emporpressung beziehungsweise

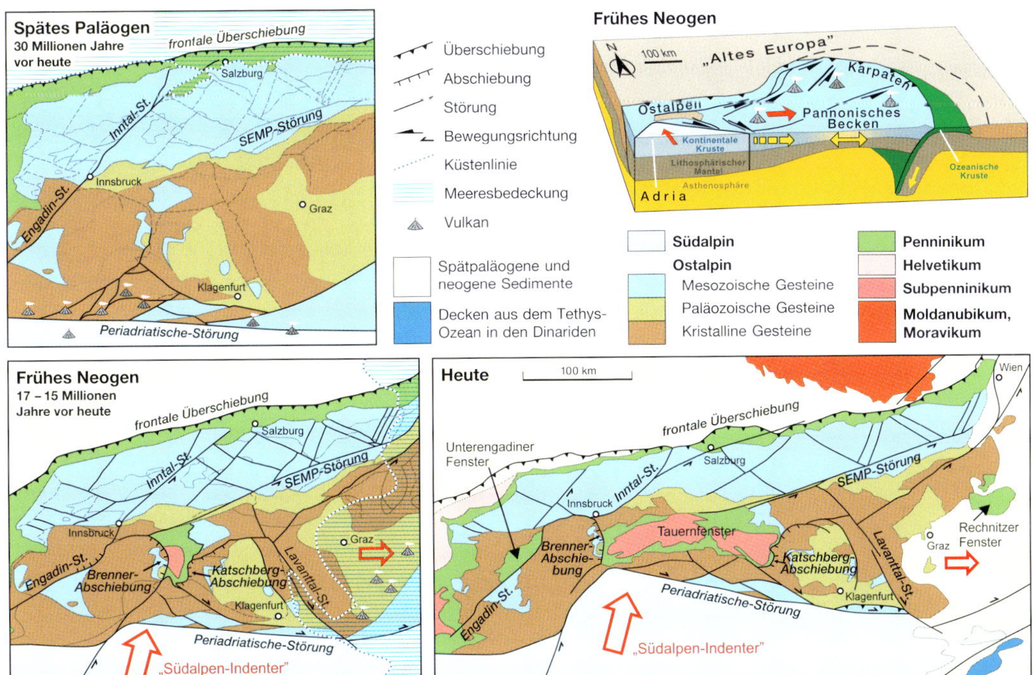

Abb. 13. Der Aufstieg der Ostalpen zum Hochgebirge ist einem nordwärtigen Vorwärtsstreben des Adriatischen Sporns (»Südalpen-Indenter«) zu verdanken. Die entsprechenden Ausgleichsbewegungen exhumierten durch west- und ostwärts gerichtete Abschiebungen das Tauernfenster und legten in linkssinnigen (sinistralen) und rechtssinnigen (dextralen) Seitenverschiebungen die großen Längstäler der Ostalpen an (entnommen und leicht verändert aus SCHUSTER *et al. 2013).*

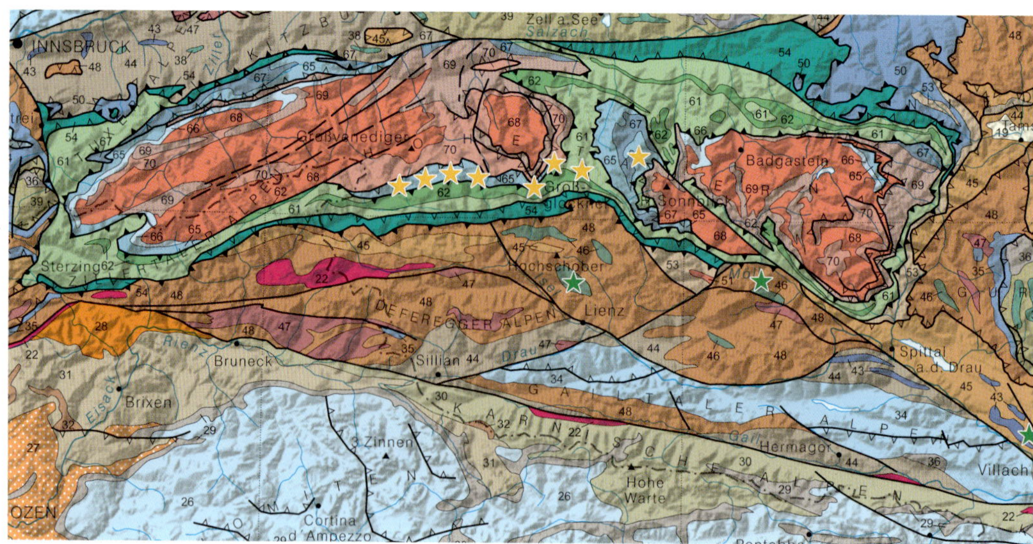

Abb. 14. Tektonische Übersichtskarte des Tauernfensters (Ausschnitt aus SCHUSTER *et al. 2013). Die hellblaue Einheit im Norden des Kartenausschnittes zeigt die kalkalpinen Decken (ohne weitere Untergliederung). Relevante Zahlenkürzel: Inneralpine Becken: 19 = Ton, Mergel, Sand, Kies, Kalk (Neogen); Periadriatische Plutonite: 22 = Rieserferner- und Rensenpluton (Tonalit, Granodiorit, Ob. Paläogen); Südalpin: 28 = Brixner Granit (Granit, Granodiorit, Perm); 31 = Quarzphyllit, Phyllonit (Neoproterozoikum bis Kambrium); 32 = Paragneis (Neoproterozoikum bis Kambrium); Oberostalpin: 34 = Kalk, Dolomit, Mergel, Tonschiefer und Sandstein (Perm bis frühe Kreide); 35 = Kalkmarmor, Dolomit, Quarzit, Konglomerat, Porphyroid (grünschieferfaziell metamorph; Perm bis Jura); 36 = Schiefer, Sandstein, Konglomerat, Karbonat (Karbon); 37 = Marmor (Ordovizium bis Devon); 38 = Grünschiefer, Diabas (Ordovizium bis Devon); 39 = Phyllit, Schiefer, Grauwacke (Kambrium bis Devon); 40 = Blasseneckprophyroid (Ordovizium); 43 = Marmor (Ordovizium bis Devon); 44 = Quarzphyllit, Glimmerschiefer, Phyllonit (Neoproterozoikum bis Devon); 45 = Paragneis (Neoproterozoikum bis Devon); 46 = Amphibolit (Neoproterozoikum bis Devon); 47 = Orthogneis (Ordovizium); 48 = Glimmerschiefer (Neoproterozoikum bis Ordovizium; Unterostalpin: 50 = Marmor, Dolomit, Quarzit, Metakonglomerat, Porphyroid (grünschieferfaziell metamorph, Perm bis Jura); 53 = Glimmerschiefer, Paragneis, Phyllit, Phyllonit (Neoproterozoikum bis Karbon); Obere Penninische Decken: 54 = verschuppte Bereiche (Melangezone) aus Ophiolith und Sedimentgesteinen (Bündnerschiefer-Gruppe, Jura bis Kreide); Untere Penninische Decken: 61 = Kalkschiefer, Kalkglimmerschiefer, Phyllit, Glimmerschiefer, Quarzit (Bündnerschiefer-Gruppe, Jura bis Eozän); 62 = Ophiolith, Serpentinit, Prasinit (Jura bis Kreide); Subpenninikum: 65 = Phyllit, Glimmerschiefer, Quarzit (Kaserer-Formation, Kreide); 66 = Marmor (Hochstegen-Kalkmarmor, Oberjura); 67 = Kalkmarmor, Dolomitmarmor, Quarzit, Arkosegneis, Gips, Glimmerschiefer (inkl. Schuppen aus Orthogneis, Karbon bis Trias); 68 = Orthogneis, Granit (»Zentralgneis, spätes Karbon bis frühes Perm) ; 69 = Phyllit, Glimmerschiefer, basischer und saurer Metavulkanit (Kambrium bis frühes Karbon); 70 = Glimmerschiefer, Paragneis, Migmatit, Amphibolit (Neoproterozoikum bis Ordovizium). ★, Eklogite Paläogen (ca. 40 Mio. Jahre); ★, Eklogite Kreide (ca. 90 Mio. Jahre).*

Aufdomung des Orogenkeils. Bei diesem Vorgang kühlte das Gestein ab, die Verformung wandelte sich von duktil (zähflüssig) zu bruchhaft spröde. Folglich entstanden im Gesteinskörper zahlreiche Klüfte und Spalten, in denen sich vielfältige Mineralien, wie beispielsweise Bergkristalle in all ihren Variationen, bildeten und unter anderem den Mineralieneichtum der Zillertaler Alpen und der Hohen Tauern begründeten.

Aufgrund der gigantischen Kräfte, die auf die mittlerweile kilometerdick übereinander gestapelten Gesteinspakete wirkten, kam es zu entsprechenden Ausgleich- beziehungsweise Entspannungsbewegungen, die als sinistrale und dextrale Seitenverschiebungen beziehungsweise gewaltige Abschiebungen angelegt wurden. Die "Brenner-Abschiebung" im Westen und die "Katschberg-Abschiebung"

im Osten nahmen nicht nur den entstehenden mechanischen Druck auf, sondern sorgten quasi für
ein Zergleiten und eine damit verbundene Längung der Ostalpen in West-Ost-Richtung. Dabei 13
wurden im Liegenden der Ostalpinen Decken (Koralpe-Wölz-Deckensystem, Silvretta-Seckau-Deckensystem) jene Gneise und Migmatite der Kruste des Alten Europas aufgerissen und exhumiert, 14
die vormals in mehr als 15 Kilometer Tiefe lagen. Auch die unmittelbar über den Kristallinkernen lagernden helvetischen Decken – nun als metamorph umgewandelte paläozoische bis mesozoische Sedimentserien – sowie Ablagerungen des Penninischen Ozeans (Glockner-Deckensystem sowie Reckner-Komplex) kamen zutage. Mit dieser riesigen Zone, die vom Katschberg im Osten bis zum Wipptal und Brennerpass im Westen reicht und eine Erstreckung von circa 160 Kilometern zeigt, war das 5600 Quadratkilometer große Tauernfenster als größte Struktur seiner Art in den gesamten Alpen geboren ("Fenster" deswegen, weil man einen "fensterartigen" Einblick in tiefere tektonische Stockwerke des Alpenbaus gewinnen kann)!

Die großen sinistralen Seitenverschiebungen, die sich von SW nach N bis ONO durch den gesamten Ostalpenkörper ziehen – beispielsweise die Engadin-Störung, die **I**nnsbruck-**S**alzburg-**Am**stetten-Störung, (kurz ISAm-Störung, siehe EGGER 1997) oder die **S**alzach-**E**nns-**M**ariazell-**P**uchberg-Störung" (kurz auch SEMP-Störung, siehe RATSCHBACHER et al. 1991 sowie DECKER et al. 1994) sind heute noch sehr gut zu sehen: Sie bilden die großen Längstäler der Ostalpen, so im Falle der SEMP-Talfurchen, die nahe Hintertux beginnen, und sich über den Gerlospass durch das obere Salzachtal (Pinzgau, Pongau) ziehen und ihre ostwärtige Verlängerung im langgestreckten Ennstal finden. Spiegelbildlich dazu wurden die ostgerichteten Ausgleichsbewegungen südlich des Alpenhauptkammes bis zur großen Periadriatischen Störung hin an NW-SO verlaufenden, rechtssinnigen Seitenverschiebungen abgebaut, denen heute zum Beispiel das Isel- oder Mölltal folgen.

Nähmen wir an, es würde weder Isostasie noch Erosion geben, so würde sich heute anstatt der
Hohen Tauern und Zillertaler Alpen ein etwa 25 Kilometer (!) hoher Dom aus einem Kristallinkern 15
und sedimentärer Überlagerung aufbauen. Jedoch haben diese beiden dynamischen Prozesse und jede Menge Zeit (immerhin 17 Millionen Jahre) diesen Kristallindom bis auf "nur" knapp 4 Kilometer Höhe abgetragen und dabei ehemals tiefe Erdkruste des Alten Europas im Tauernfenster freigelegt.

VII. Neogen und Quartär – Aufstieg zum Hochgebirge: Abtragung und Ablagerung

Die letzte Etappe der Entwicklung der Hohen Tauern samt Zillertaler Alpen gehört den Flusssystemen des Mio- und Pliozäns und insbesondere dem Eiszeitalter des Pleistozäns, die zusammen die fortschreitende Abtragung des Gebirges forcierten. Ab dem Pliozän (5,3–2,6 Ma vor heute) bis zur Gegenwart erfolgte aufgrund anhaltender Oberflächenhebung und Überprägung durch die eiszeitlichen Vergletscherungen eine verstärkte erosive Umgestaltung der Alpen zum gegenwärtigen, ausgeprägten Hochgebirge. Die durch die Erosion anfallenden, großen Schuttmassen wurden im Miozän und Pliozän von großen Flusssystemen, ab dem Pleistozän zeitweise von Gletschern in die Vorlandbecken des Nördlichen und Südlichen Alpenvorlandes verfrachtet (z. B. HINDERER 2001; FRISCH et al. 2000, 2008). Das Talsystem der Alpen war mit dem Beginn des Quartärs und des Eiszeitalters vor etwa 2,6 Millionen Jahren in seinen Grundzügen bereits angelegt.

Die Gletscher der Eiszeitepoche stellten und stellen immer noch den vorerst letzten großen landschaftsgestaltenden Faktor im Alpenraum dar. Wiederholt bildeten sich bis zu 2000 Meter mächtige Eistromnetze in den inneralpinen Tälern, die nur noch die höchsten Berggipfel als Nunatakker herausragen ließen und dem Gebirgsrelief zusätzlich einen markanten "glazialen Schliff" gaben. Der letzte dieser Eisvorstöße ist erdgeschichtlich betrachtet übrigens gerade mal einen "Wimpernschlag" alt. Erst vor etwa 11 000 Jahren zogen sich die Gletscherströme aus den Tälern in die Höhen des Gebirges zurück. Im Kapitel zu den Eiszeiten (S. 59) werden wir uns etwas genauer auf die Spuren der Vereisung in den Zillertaler Alpen begeben und bei den einzelnen Exkursionen ab Seite 78 immer wieder auf die sehr eindrucksvollen, da heute für jedermann sichtbaren, Zeugen und Spuren des Eiszeitalters zurückkommen.

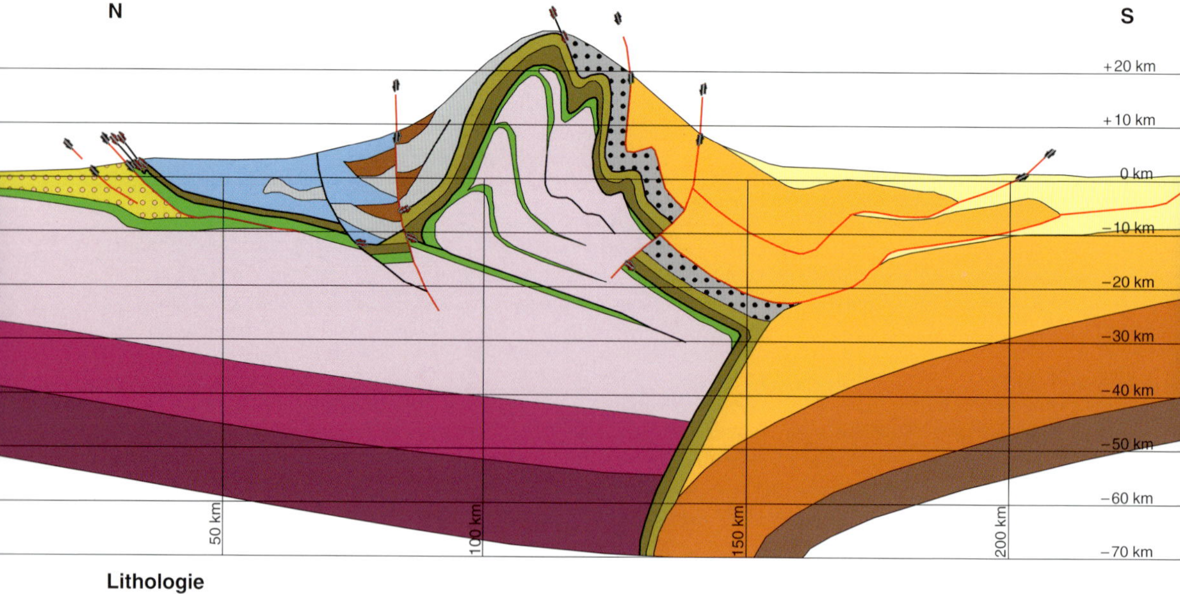

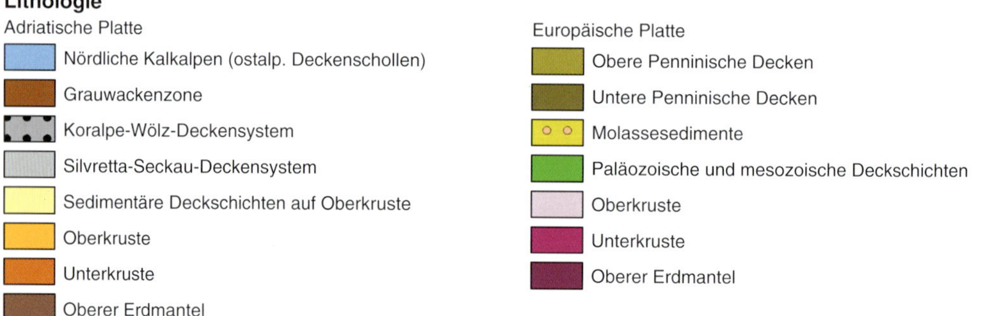

Tektonik

- Aufschiebung, gesichert
- Aufschiebung, vermutet
- Deckengrenze, gesichert
- Deckengrenze, vermutet
- Störung, gesichert
- Störung, vermutet

Abb. 15. Wenn es die Erosion beziehungsweise die Isostasie nicht gäbe, sähe das Nord-Süd-Profil von Süddeutschland bis in den Bereich der Südalpen, folgend einer Linie vom Molassebecken über das westliche Tauernfenster bis in die Dolomiten (verändert aus der TRANSALP-Profilinterpretation von Schmid *et al. 2004), in etwa so aus: Ganz im Norden liegen neogene Molasseschichten, die von steil nach Süden einfallenden, schmalen helvetischen und penninischen Decken überlagert werden. Auf diesen überschoben liegen die ostalpinen Decken mit den Nördlichen Kalkalpen und – mit der markanten Inntal-Störung – südwärts anschließend die kristallinen Dekkensysteme der Adriatischen Platte (Tuxer Alpen). Das Herz der mehr als 20 Kilometer (!) hohen Aufdomung kennzeichnen die riesigen Faltenstrukturen der Zillertaler Kristallinkerne, die gegen Süden spiegelbildlich von metasedimentären Decken der Adriatischen Platte überschoben sind.*

Weiterführende Literatur

Decker, K., H. Peresson & P. Faupl (1994): Die miozäne Tektonik der östlichen Kalkalpen: Kinematik, Paläospannungen und Deformationsaufteilung während der "lateralen Extrusion" der Zentralalpen. – Jahrbuch der Geologischen Bundesanstalt, 137: 5–18, Wien.

Egger, H. (1997): Das sinistrale Innsbruck-Salzburg-Amstetten-Blattverschiebungssystem: ein weiterer Beleg für die miozäne laterale Extrusion der Ostalpen – Jahrbuch der Geologischen Bundesanstalt, 140/1: 47–50, Wien.

FRISCH, W., B. SZÉKELY & J. KUHLEMANN(2000): Geomorphological evolution of the Eastern Alps in response to Miocene tectonics. – Zeitschrift für Geomorphologie, Neue Folge, 44/1: 103–138.

FRISCH, W., J. KUHLEMANN, I. DUNKL. I. & B. SZÉKELY (2008) Die geomorphologische Entwicklung der Ostalpen. Mitteilungen der Österr. Geographischen Gesellschaft, 150: 123–162.

HINDERER, M. (2001): Late Quaternary denudation of the Alps, valley and lake fillings and modern river loads. – Geodinamica Acta, 14: 231–263.

RATSCHBACHER, L., W. FRISCH, H.-G. LINZER & O. MERLE (1991): Lateral Extrusion in the Eastern Alps, Part 2: Structural analysis. – Tectonics, 10 (2): 257–271.

SCHMID, S. M., A. SCHARF, M. R. HANDY & C. L. ROSENBERG (2013): The Tauern Window (Eastern Alps, Austria): a new tectonic map, with cross-sections and a tectonometamorphic synthesis. – Swiss Journal of Geosciences 106: 1–32.

SCHUSTER, R., A. DAURER, H. G. KRENMAYR, M. LINNER, W. G. MANDL, G. PESTAL & J. M. REITNER (2013): Rocky Austria. – Geologische Bundesanstalt, 80 pp., Wien.

VESELÁ, P., B. LAMMERER, A. WETZEL, F. SÖLLNER & A. GERDES(2008): Post-Variscan to Early Alpine sedimentary basins in the Tauern Window (eastern Alps). – In: SIEGESMUND, S., B. FÜGENSCHUH & N. FROITZHEIM (Ed.): Tectonic Aspects of the Alpine Dinaride-Carpathian System. – Geological Society, Special Publications, 298: 83–100, London.

Regionale Geologie des Exkursionsgebietes

Um die regionale Geologie der Zillertaler Alpen und angrenzenden südlichen Tuxer Alpen im Zusammenhang zu verstehen, sollte dieses etwas ausführlichere Kapitel im Vorfeld zu den Exkursionen als Lektüre herangezogen werden. Es baut auf den beiden vorherigen Kapiteln dahingehend auf, dass dabei die einzelnen Deckensysteme mit ihren charakteristischsten Gesteinsarten kurz beschrieben werden sowie ihre strukturgeologische Stellung innerhalb des Tauernfensters beleuchtet wird. Aber selbst dieser Buchabschnitt vermag die Vielschichtigkeit der zugrundeliegenden Geologie und Mineralogie des vorgestellten Exkursionsgebietes dieses Buches sowie des Nachfolgebandes nicht in ihrer gesamten Tiefe zu erklären und ist deswegen einiges vom Anspruch auf Vollständigkeit entfernt. Aus diesem Grund sei auf die weiterführende Literatur am Ende des Kapitels verwiesen, die vielleicht die ein oder andere offen gebliebene Frage klären mag.

Die Zillertaler Alpen bilden den westlichsten Part des Tauernfensters, jener domartigen Aufwölbung, die bereits kurz im Kapitel zum Neogen (S. 27) genannt wurde und die einen Einblick in tiefer gelegene Bauelemente der Ostalpen bis auf die Zentralgneiskerne der kontinentalen, "helvetischen", europäischen Oberkruste freigibt. Diese werden von metasedimentären helvetischen sowie penninischen Decken umrahmt und liegen ihrerseits unter ostalpinen beziehungsweise "adriatischen" Einheiten mit kristallinen sowie mesozoischen, (meta-)sedimentären Bestandteilen. Die Exkursionen (ab S. 78) wurden unter anderem so gewählt, dass sie alle wichtigen Baueinheiten der Zillertaler Alpen nördlich des Alpenhauptkammes sowie der südlichen Tuxer Alpen berühren. Bei der Beschreibung 16
der Exkursionsrouten finden sich weitere lithologische, tektonische und strukturelle, oft bebilderte Details zu einzelnen Aufschlüssen, Lithologien beziehungsweise Wegpunkten und Wegabschnitten. Für grundsätzliche Erläuterungen zu geologisch-petrologisch-geomorphologischen Begriffen sei auf das Glossar im Anhang dieses Buches, zum besseren Verständnis des nachfolgend Dargelegten auf die Abbildungen 23 und 24 (S. 39–40) verwiesen.

Venediger-Deckensystem

Das Venediger-Deckensystem, benannt nach seiner Typusregion rund um den Großvenediger (3657 m) in der Venedigergruppe (westliche Hohe Tauern), bildet nicht nur das tektonisch tiefste Stockwerk des Tauernfensters, sondern auch das Rückgrat der Zillertaler Alpen sowie einen Großteil seiner

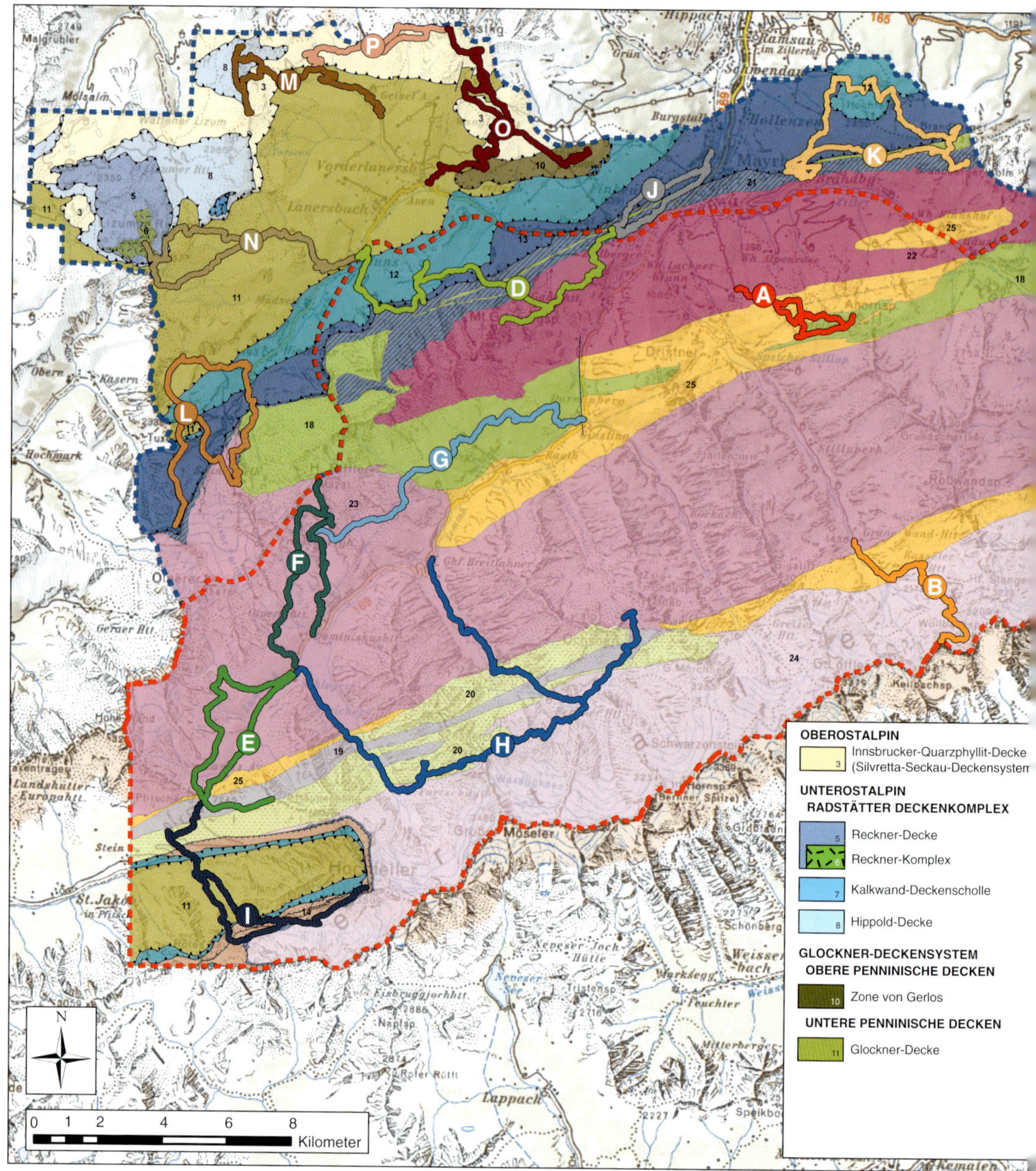

Nordabdachung vom österreichisch-italienischen Grenzkamm bis zu einer gedachten Linie durch Hintertux – Finkenberg – Mayrhofen – Brandberg. Im westlichen Tauernfenster lassen sich drei Zentralgneiskerne unterscheiden: Von Süden nach Norden sind dies der Zillertaler Kern, der Tuxer Kern und der Ahornkern. Sie werden von Hüllgesteinen des "Alten Dachs", jenen der Habachserie sowie Metasedimentgesteinen postvariszischer Sedimentationsbecken umschmiegt. Während die Zentralgneiskerne weitgehend aus Orthogneisen bestehen, also aus granitoiden Gesteinen umgewandelter Metamorphiten, zeigen sowohl das "Alte Dach" als auch die Habach-Formation heterogene Lithologien aus (migmatitischen) Paragneisen, Glimmerschiefern und Phylliten einst vielfältiger Sedi-

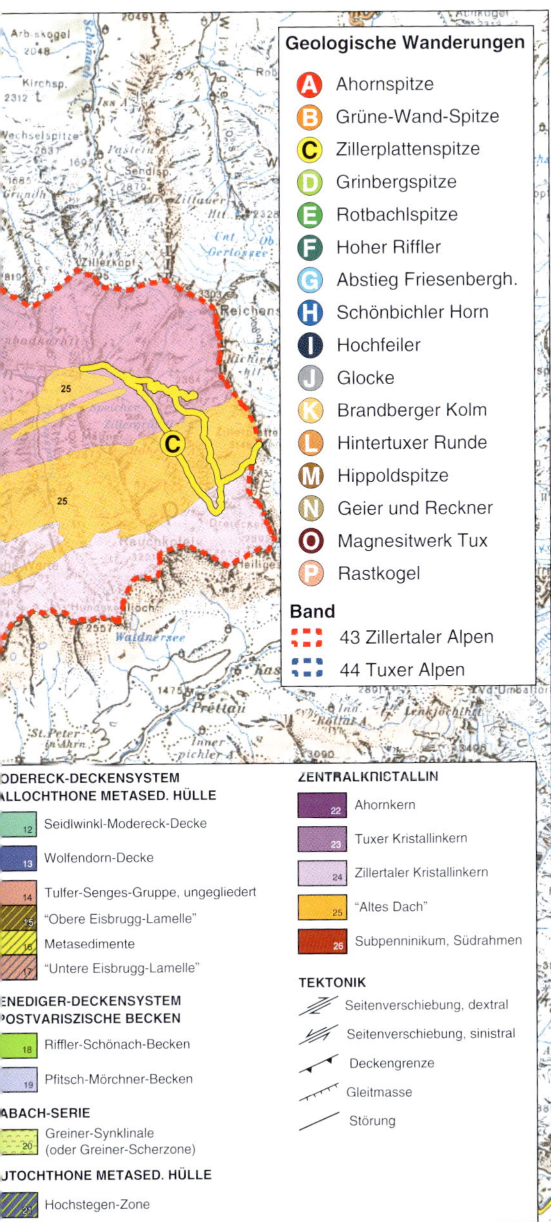

◁ *Abb. 16. Tektonische Baueinheiten der Zillertaler Alpen im westlichen Tauernfenster mit den beschriebenen Exkursionen* **A** *bis* **I** *sowie den in Nachfolgeband 44 beschriebenen Exkursionen* **J** *bis* **P**.

mentgesteine. Mit anderen Worten – während die Orthogneise tatsächlich als Teil der europäischen, kristallinen Erdkruste angesehen werden können, repräsentierten Variszisches Basement sowie Habachserie paläozoische und prävariszische Protolithe, die bereits im Zuge der variszischen Gebirgsbildung metamorph umgewandelt und überprägt wurden.

Zentralkristallin

Das gerade angesprochene "Venediger-Deckensystem" wird neuerdings als eine Duplexstruktur definiert (Schmid et al. 2013): Es kennzeichnet ein System einzelner Überschiebungen, ausgehend von einer Sohlüberschiebung, einer Dachüberschiebung sowie (mindestens zwei oder mehreren) verbindenden Zweigüberschiebungen oder Schollen. Dabei wurden, wie in Abbildung 16 ersichtlich, Teile der kontinentalen europäischen Oberkruste abgeschert und in Deckenstrukturen wie Falten eines Tischtuches übereinander gelegt. Dementsprechend lassen sich auch die Zillertaler Zentralgneiskerne als steilstehende Decken kennzeichnen, da sie sich aus dem westlichen Tauernfenster heraus strukturell – teilweise überdeckt von tektonostratigraphisch auflagernden helvetischen, penninischen und unterostalpinen Deckensystemen – über das gesamte Tauernfenster bis in seinen Ostabschnitt verfolgen lassen. 17
Damit besitzen sie eine weitaus größere Ausdehnung als hier beschrieben. So wird der Zillertaler Kern auch als "Zillertal-Riffl-Decke", der Tuxer Kristallinkern als "Tux-Granatspitz-Decke" und der Ahornkern als "Ahorn-Göß-Decke" bezeichnet (Schmid et al. 2013). Die Doppelnamen unterstreichen dabei die Erstreckung der Decken von West nach Ost (z. B. liegt die Granatspitzgruppe im zentralen Tauernfenster knapp westlich der Glocknergruppe und der Granit von Göß im Hochalmgebiet des östlichen Tauernfensters). Für unsere Belange ist die ursprüngliche Bezeichnung als Kristallinkerne völlig ausreichend, da wir mit unseren Unternehmungen im westlichen Tauernfenster bleiben.

Die drei Zillertaler Kerne lassen sich als "Zentralkristallin" mit unterschiedlichen Orthogneisen (= metamorph umgewandelte, plutonische Intrusiv- und Tiefengesteine) zusammenfassen: Diese waren einst porphyrische Granite, Tonalite, Leukogranite, Granodiorite, Diorite sowie untergeordnet Gabbros. Einst variszisch intrudiert, wurden sie im Zuge der alpidischen Gebirgsbildung in metamorphe Gesteinsserien umgewandelt. Diese werden im Folgenden schlaglichtartig und knapp beschrieben.

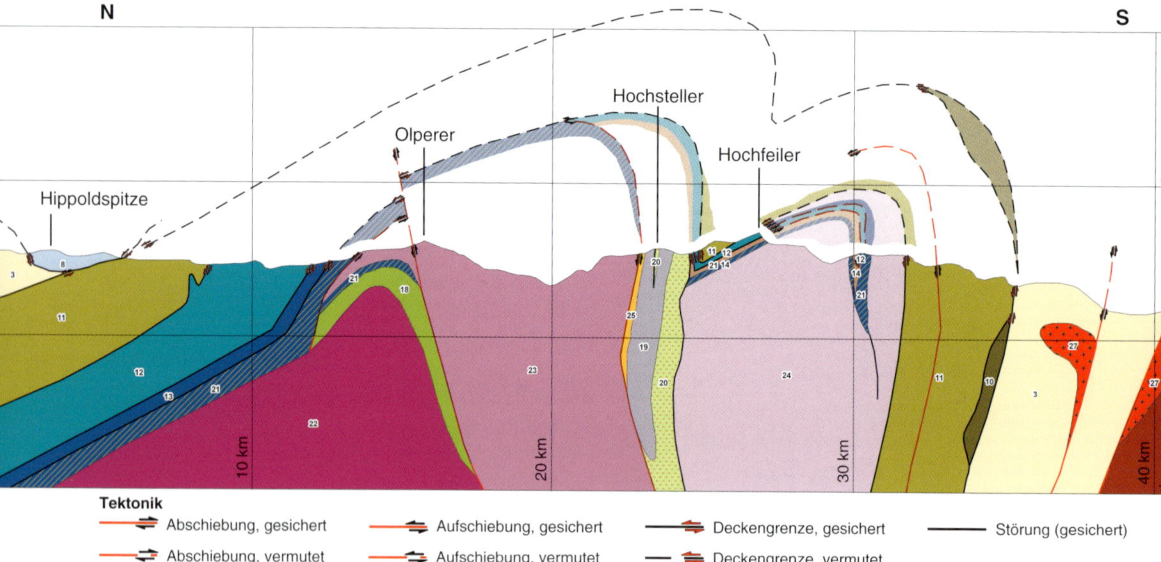

Abb. 17. Idealisiertes Nord-Süd-Profil durch den westlichsten Teil des Tauernfensters im Bereich der Zillertaler und Tuxer Alpen (vgl. Abb. 15), mit dem Verlauf entlang einer Linie vom Hochfeiler (Exkursion **I**) *bis zur Hippoldspitze (Exkursion* **M** *in Band 44). Zur besseren Orientierung wurde die Position markanter Gipfel eingezeichnet. Lithologielegende siehe Abbildung 16.*

Infokasten 1: Duplex

Von einer Duplexstruktur oder kurz "Duplex" spricht man, wenn ein Überschiebungssystem mehrere, beinahe parallele Abschiebungshorizonte hat, deren Position und Umfang etwa durch weiche Horizonte einer sedimentären Schichtenfolge gesteuert werden können. Ein Duplex besteht aus einer Reihe subparalleler Rampen, die sich – von einer flachliegenden Sohlüberschiebung ausgehend – fiederartig nach oben hin ausbreiten und sich in einer ebenfalls flachliegenden Dachüberschiebung vereinigen. Die einzelnen, tektonisch isolierten und s-förmigen Schuppen werden dabei in systematischer Weise, dachziegelartig und in Bewegungsrichtung, gestapelt.

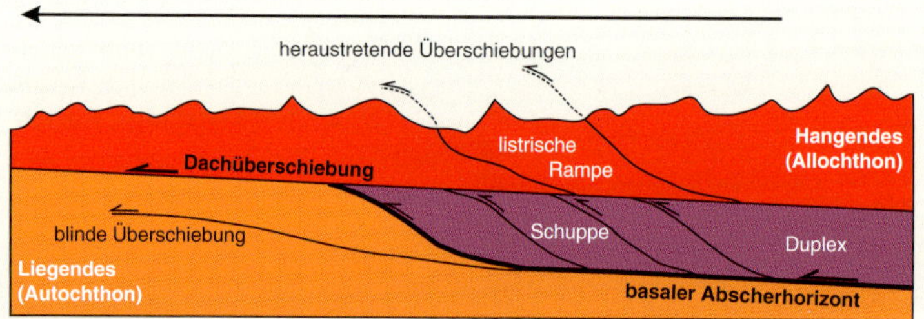

Eine Duplexstruktur wird dann initiiert, wenn die Vorwärtsausbreitung einer Überschiebung durch eine Störung oder einen sonstigen Haftpunkt behindert wird – sie wird über eine Scherrrampe auf einen höheren Abscherpunkt gezwungen. Weiterführende Spannungen sorgen für eine Wiederholung der Bewegung, was zu dem in der Abbildung gezeigten Schuppenbau führt. So bilden zum Beispiel die Zillertaler Kristallinkerne eine solche Duplexstruktur: Die Sohlfläche taucht tief in kontinentaler Ober- und Unterkruste steil nach Süden ab – die Dachüberschiebung wird dabei sowohl von permomesozoischen Metasedimentgesteinen des Modereck-Deckensystems sowie von penninischen Einheiten wie der Glockner-Decke gebildet. Die drei Zillertaler Kristallinkerne wären demnach die "Schuppen".

Zillertaler Kern

Der Zillertaler Kristallinkern nimmt den südlichsten Bereich des Exkursionsgebietes ein und trägt am österreichisch-italienischen Alpenhauptkamm vom Hohen Weißzint und Großen Möseler im Westen bis zum Rauhkofel im Osten viele der markantesten und höchsten Zillertaler Berge. Auf österreichischer Seite erstreckt sich der Zillertaler Kern vom Grenzkamm durchschnittlich noch zweieinhalb Kilometer in nordnordwestliche Richtung. Auf italienischer Seite reicht seine Ausdehnung bis in die tiefe Furche des langgestreckten Ahrntals und grenzt dort an Ophiolithe, Kalkschiefer und mesozoische Metasedimentgesteine der unteren Penninischen Decken. Die für den Zillertaler Kern charakteristische Lithologie ist der helle Granitgneis (Granit- bis Quarzdioritgneis sowie Granodiorit-Tonalitgneis), 18
der hauptsächlich den Zillertaler Hauptkamm vom Hochfeiler bis zur Wollbachspitze sowie rund um Löffelspitze und Rauhkofel aufbaut. Hierbei handelt es sich um meist fein- und mittelkörnige, seltener grobkörnige Gesteine von weißgrauer bis grauer Farbe, die sich im Modalbestand mit hauptsächlich Feldspat, Quarz und Glimmer kaum von Graniten unterscheiden, allerdings mit parallel zum schiefrigen Trennflächengefüge eingeregelten Mineralsprossungen eindeutig die metamorphe Überprägung als Gneis erkennen lassen. In gröberen Varietäten können größere Kalifeldspäte porphyrartig schwimmen und sorgen für ein ungleichförmiges Gesteinsbild (Textur). Treten die Kalifeldspäte verstärkt auf und dominieren die Gesteinstextur, spricht man von einem "Feldspatblastengneis". Diese oft in Vergesellschaftung mit Zweiglimmergneisen (Biotit- und Muskovitgneis) auftretende metamorphe Gesteinsart kommt am Hauptkamm nur an der Wollbachspitze vor, zieht sich allerdings in Form einer circa einen Kilometer breiten Zone als nördlicher Bereich des Zillertaler Kerns vom Areal rund um die Berliner Hütte nördlich des Hauptkammes bis zur Hohen Warte im Riblerkamm.

Reine Orthogneise finden sich im Zillertaler Kern rund um den Großen Mörchner, an der Greizer Spitze sowie in einem schmalen Streifen ganz im Osten des Exkursionsgebietes nahe des Heilig-Geist-Jöchls. Sie werden dort von Exkursion B berührt und lassen einen Modalbestand (quantitativ ermittelter Mineralabstand eines Gesteins) von linienförmig eingeregelten Feldspäten, Quarzen und Glimmern beobachten. Sie unterscheiden sich vom Feldspatblastengneis durch das Fehlen größerer Einsprenglinge.

Weitere, regional deutlich seltener und vorwiegend kleinräumig auftretende Gesteinstypen sind Aplitgneise sowie Leukogranite als Ganggesteine. Als Aplitgneis bezeichnet man ein metamorphes Gestein mit einem auffallend hohen Anteil an leukokraten (d. h. hellen) Mineralien wie beispielsweise Quarz oder Plagioklas (Feldspat) und einem entsprechend geringen Anteil an Mafiten (dunklen Mineralien wie Glimmer, Amphibolit, Pyroxen und Epidot) kleiner 5 Prozent. Ähnlich zeigt auch der Leukogranit beinahe ausschließlich helle Mineralbestandteile, ist allerdings etwas grobkörniger. Beide Varietäten treten in Gesteinsgefügen mit zentimeter- bis seltener meterbreiten, scharf gezogenen Gängen auf, die oft gerade oder gezackt den Gesteinskörper durchschlagen können. Es differenzierten sich helle von dunklen Mineralbestandteilen, etwa Feldspäte von dunklen Glimmern, die folglich Aplitgänge mit nur wenigen Zentimetern Durchmesser bildeten. Diese Ganggesteine können sowohl magmatischen als auch metamorphen Ursprungs sein. Der Unterschied ist im Gelände einfach festzustellen: Sind die Kanten zum umgebenden Gestein sehr scharf ausgebildet und lassen sie sich wie ein Puzzle zusammenfügen, sind die Aplite als schmelzflüssige Füllung in Dehnungsspalten des abkühlenden Plutonits eingedrungen. Trifft dieses "Puzzle-Kriterium" nicht zu, erfolgte eine Entstehung bei der Metamorphose der ehemals präalpidischen Gesteinsschmelzen im Zuge der alpidischen Orogenese. Es gab demnach keine Verschiebungen des Wirtgesteins mehr, die Bildung erfolgte durch eine chemische Reaktion direkt vor Ort.

Neben diesen sehr hellen Ganggesteinen treten vor allem innerhalb der Feldspatblastengneise an unterschiedlichen Orten dunkle Xenolithe wie Serpentinite und verstärkt Amphibolite auf. Sie können als Einsprenglinge isoliert in einer hellen Gneistextur schwimmen, aber auch als dunkle, mafische Ganggesteine vorkommen.

Strukturgeologisch ist der Zillertaler Kern als große Antiklinale ausgebildet (Pfiffner 2015). Beide Faltenschenkel sind tektonisch gekappt, sowohl im Süden, durch Ophiolithe der penninischen Glockner-Decke, als auch im Norden, durch die Greiner-Synklinale beziehungsweise den tektoni-

Abb. 18. a, Im Gebiet zwischen Wollbachspitze (rechts) und Hinterer Stangenspitze (links) sowie dem Aufnahmepunkt an der Grüne-Wand-Spitze ()Exkursion B*) treten Gneise des Zillertaler Kristallinkerns großflächig zutage, meist in b, feinkörnigen bis c, mittelkörnigen Varianten.*

schen Kontakt zum nördlich anschließenden Tuxer Kern. Nur im Bereich des Hochfeilers ist der Nordschenkel durch eine zungenartige Vorstülpung der Glockner-Decke erhalten und zeigt eine leicht südvergente Sattelstruktur (siehe auch Abbildung 17).

Der Zillertaler Kern wird von den Exkursionen B, C, G und I besucht.

Tuxer Kern

Nördlich des Zillertaler Kerns schließt der Tuxer Kristallinkern an. Er wird im westlichen Bereich durch paläozoische Metasedimentgesteine des Pfitsch-Mörchner-Beckens sowie östlich davon durch das Variszische Basement ("Alte Dach") petrographisch von seinem südlichen Nachbarn getrennt. Der Tuxer Kern nimmt innerhalb des Exkursionsgebietes die größte Fläche ein und reicht von der Hohen Wand beziehungsweise vom Olperer im Westen bis zur Reichenspitzgruppe im Osten. Die Nordgrenze verläuft in etwa entlang einer Linie vom Hohen Riffler über den Speicher Stillup bis zum Rotkopf im Mittleren Reichenspitzkamm. Die flächenmäßig dominierende Lithologie ist ein Granodioritgneis, der aufgrund seiner zahlreich enthaltenen Feldspateinsprenglinge in einer fein- bis

mittelkörnigen Matrix analog Kapitel "Zillertaler Kern" (S. 33) als Augen- und Flasergneis
19 bezeichnet wird. Er durchzieht in einem bis zu fünf Kilometer breiten Streifen das gesamte südliche Exkursionsgebiet nördlich des Zillertaler Kerns, von der Umrahmung des Schlegeisspeichers im Westen bis zur zentralen Reichenspitzgruppe im Osten. Nördlich unmittelbar daran anschließend folgen Metagranite (ähnlich den im Zillertaler Kern beschriebenen Orthograniten), die sich vom Vorderen Igentkamm im Westen bis zur Reichenspitze im Osten erstrecken. Noch weiter nördlich werden diese Gesteine von Metatonaliten umrahmt. Sowohl Metatonalite als auch Metagranite sind in der Reichenspitzgruppe nicht streng voneinander getrennt kartierbar, sondern treten nebeneinander auf. Als "Metatonalit" bezeichnet man einen metamorph umgewandelten Tonalit, einen Plutonit, der in
20 der Zusammensetzung zwischen jener eines Granits und der eines deutlich dunkleren Diorits mit verstärkt mafischen Bestandteilen liegt. Direkt nördlich folgt auf die Metatonalite und Metagranite – ebenfalls mit Erstauftreten im Igentkamm – ein Band mit feinkörnigem Granit- beziehungsweise Granodioritgneis, der oft migmatitisiert ist, das heißt schlierige Schmelzspuren zeigt.

Während diese Abfolge im östlichen Abschnitt des Exkursionsgebietes recht einheitlich bleibt, finden sich am Tuxer Kamm deutlich vielfältigere Lithologien. Die Basis der Südhänge des Kammes vom Olperer bis zur Realspitze über dem Zamser Grund wird von einer Mischzone aus Altkristallin und präalpidischen Intrusiva sowie dunklem Biotitschiefer und Bänderamphiboliten eingenommen. Das heißt, wir befinden uns hier in einem besonders alten Teil der Zillertaler Alpen (siehe Kapitel zum Jungprotozoikum und Altpaläozoikum, S. 20, und Exkursion F). Die hohen Gipfel von Schrammacher und Olperer sind aus gemischtkörnigem Zweiglimmergneis aufgebaut, der unterschiedliche Gehalte an Hell- und Dunkelglimmern (Biotit beziehungsweise Muskovit) aufweisen kann und eine lagige Textur zeigt. Gegen Osten zu den Gefrorene-Wand-Spitzen und zum Hohen Riffler hin setzen helle, gleichförmig grobkörnige und hornblendeführende Gneise ein ("Tuxer Granitgneis"), gefolgt von einem feinkörnigen

Abb. 19. a, Perfekt aufgeschlossen: Heller Granodioritgneis (»Augen- und Flasergneis«) mit steil gestellter, südfallender Schieferung steht am wild gezackten Südwestgrat der 3081 Meter hohen Zsigmondyspitze an. b, Gut zugängliche Aufschlüsse finden sich direkt gegenüber im Anstieg zur Melkerschartenspitze (Exkursion H).

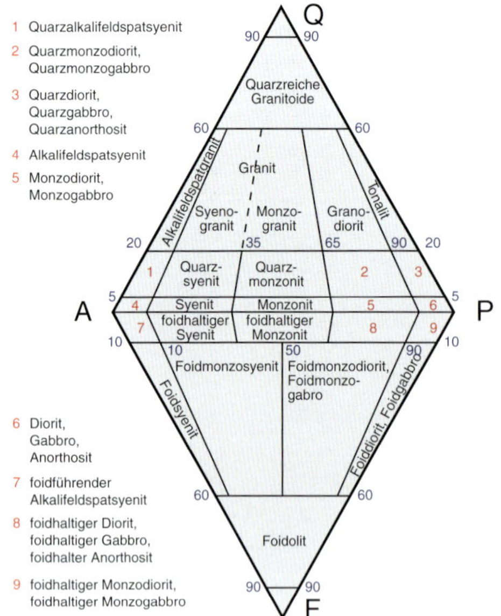

Abb. 20. Das Streckeisendiagramm (auch QAPF-Diagramm) gilt als die klassische schematische Darstellung zur Klassifizierung magmatischer Gesteine. Die Eckpunkte tragen die Abkürzungen für Quarz, Alkalifeldspäte, Plagioklas und Foide.

Leukogranitgneis. Letzterer besticht durch seine auffallend feine Textur, helle Färbung und den in der Matrix schwimmenden Kalifeldspat. Der Bereich zwischen Altkristallin und Leukogranitgneis wird vom sogenannten Ahorngranit eingenommen, einem grobkörnigen, porphyrischen Biotit-Granitgneis mit sehr häufigen, idiomorphen Kalifeldspateinsprenglingen. Weitere, deutlich kleinflächiger auftretende Gesteinsvarietäten sind feinkörnige Biotit-Hornblende-Tonalite, etwa in der oberen Südflanke der Gefrorene-Wand-Spitzen, sowie mafische und leukokrate Ganggesteine analog zum Zillertaler Kern. Dies sind in der Regel Amphibolite beziehungsweise Aplite.

Auch der Tuxer Kristallinkern ist als Sattelstruktur ausgebildet: Während der Südschenkel wie beim Zillertaler Kern nahezu senkrecht einfällt (vgl. Abb. 17), ist der Nordschenkel mit einer großen Überschiebungsbahn gegen den sich nördlich anschließenden Ahornkern abgeschnitten. Ganz im Westen des Exkursionsgebietes um das Spannagelhaus ist ein Lappen des Tuxer Kerns in Form eines nach Norden spitz zulaufenden Dreiecks über den sich weiter nördlich ausbreitenden, unterlagernden Ahornkern überschoben. Jeweils zwischen den Kristallinkernen finden sich permomesozoische Metasedimentgesteine der Hochstegen-Zone, die mit der gesamten Struktur nach Nordwesten hin abtauchen (z.B. ROCKENSCHAUB et al. 2003a, VESELÁ et al. 2008). Diese sogenannte "Höllenstein-Tauchfalte" wird näher in Exkursion L, Band 44 beschrieben.

Aufgrund absoluter Altersdatierungen weiß man recht gut über die zeitliche Entstehung des Zillertaler und des Tuxer Kristallinkerns Bescheid: Im ausgehenden Karbon zwischen 310 und 290 Millionen Jahren drangen kalkalkaline Plutonite in die obere Erdkruste ein, die im Zusammenhang mit einem kurz darauffolgenden, explosiven Vulkanismus die Grundlage für die Bildung der beiden beschriebenen Zillertaler Zentralgneiskerne waren (LAMMERER et al. 2008, BETTEN 2014). Zumindest zeigen die datierbaren mineralischen Akzessorien beider Bereiche ein beinahe identisches Bildungsalter.

Mit den Gesteinen des Tuxer Kristallinkerns befassen sich die Exkursionen C, F und H in diesem Band sowie die Exkursion L in Band 44.

Ahornkern

Der Ahornkern als nördlichster der drei Zillertaler Zentralgneiskerne zeigt nicht nur etwas andersartige Kristallingesteine, sondern ist auch der mit einigem Abstand älteste Kristallinkern des westlichen Tauernfensters. Auch hier konnten absolute Bildungsalter an mineralischen Akzessorien gemessen werden, die auf eine Entstehung vor bereits 336 Millionen Jahren zu Zeiten des Unteren Karbons hinweisen. Das Ausgangsgestein (Protolith) war ein lagenartig angeordneter Lakkolith, ein nach oben aufgewölbter, plutonischer Körper mit einer flachen Unterseite. Über einen Gang (Dyke) drang glutflüssig-zähes Tiefengestein in die Ausgangsgesteine des darüber liegenden Variszischen Basements ein (siehe Kapitel "Variszisches Basement", S. 37) und wölbte dieses entsprechend nach oben. Der Plutonit kristallisierte in nur geringer Tiefe aus und wurde infolge der alpidischen Orogenese während der Kollision von Adria mit Europa (siehe S. 12 und S. 25) metamorph umgewandelt. Während dieser bereits im Kapitel zum Paläogen (S. 25) angesprochenen Tauernkristallisation erfuhr der Ahornkern ganz ähnliche Temperatur- und Druckbedingungen von circa 550 °C und 6 bis 7 Kilo-

bar wie der Zillertaler und Tuxer Kern knapp 30 Millionen Jahre später. Dabei unterscheidet man zwischen einer Versenkung der Gesteine in die Tiefe im Zuge von Subduktion (prograder Pfad mit fortschreitender Metamorphose) und einer nachfolgenden Abkühlung und Heraushebung der Gesteine an die Oberfläche (retrograder
21 Pfad mit sich abschwächender Metamorphose).

Die Ausdehnung des Ahornkerns reicht von knapp südwestlich der Realspitze (3039 m), über die Mittlere und Vordere Grinbergspitze (Exkursion D) sowie über die Nordhänge der Ahornspitze (Exkursion A) bis knapp südlich des Brandberger Kolms (Exkursion K in Band 44). Von dort lassen sich die Orthogneise des Ahornkerns noch wenige Kilometer nach Osten verfolgen. Im Norden reicht der Kern bis in den südlichen Ortsbereich von Mayrhofen und wird dort von der Hochstegen-Zone begrenzt (siehe Exkursion J in Band 44).

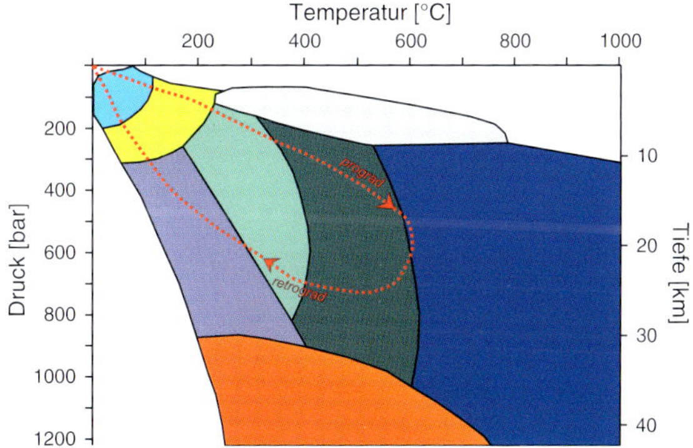

Abb. 21. Druck-Temperatur-Diagramm metamorpher Gesteine (verändert aus BETTEN *2014).* *, Anchizone; , Zeolith-Fazies; , Hornfels-Fazies; , Amphibolit-Fazies; , Grünschiefer-Fazies; , Blauschiefer-Fazies; , Eklogit-Fazies; , Granulit-Fazies.*

Die wesentlichen Gesteine des Ahornkerns sind Metagranite sowie Augen- und Flasergneise, die denen des Zillertaler Kerns in Textur und Modalbestand recht ähnlich sind und beinahe die ganze Fläche des Ahornkerns einnehmen. Metamorphe Gesteinsvarietäten wie mylonitischer Prophyrgranitgneis treten nur sehr lokal auf. Darunter versteht man einen metamorph umgewandelten, ehemals grobkörnigen Granit mit größeren Feldspateinsprenglingen.

Variszisches Basement ("Altes Dach")

Der variszischen Orogenese folgte eine Zeitspanne verstärkter Aufheizung kontinentaler Unter- und Oberkruste und daraus resultierender, weiterreichender magmatischer Aktivität (FINGER et al. 1997; SCHUSTER & STÜWE 2008). Die durch diese Vorgänge teilweise wieder aufgeschmolzenen alten Krustenbereiche gehören eigentlich zum Variszischen Basement und wurden traditionell unter dem Begriff "Altes Dach" zusammengefasst. Dieses beinhaltet helvetische Lithologien wie Biotitgneise, Bändergneise, diatektische Augengneise, Migmatite und Schollenmigmatite. Die Gesteine umfließen bereichsweise die Orthogneise der Kristallinkerne und trennen diese strukturell wie lithologisch voneinander ab. Aufgrund ihres wahrscheinlich höheren Alters, ihrer Genese noch vor der granitischen Intrusion und ihrer mehrphasigen Umwandlung sind diese Paragneise und Migmatite deswegen streng genommen von den Orthogneisen der Kristallinkerne zu trennen. Den Unterschied beleuchtet Exkursion C.

Von der Zillerplattenspitze ganz im Osten des Exkursionsgebietes zieht eine Zone aus diatektischen sowie migmatitischen Augengneisen westwärts, die Zillertaler und Tuxer Kern voneinander trennt. 22
Beide Gesteinstypen sind einander sehr ähnlich und charakterisieren Gneise mit einem feinkörnigen Gefüge, das größere Mineraleinsprenglinge wie beispielsweise Feldspäte mit einer linienhaft-flaserigen Struktur umfließt. Das Beiwort "migmatitisch" meint eine teilweise Aufschmelzung und nachfolgende Erstarrung des Mineralgefüges mit eindeutig erkennbaren Fließgefügen. Diese Gesteinsvarietät tritt im Zillertaler Kern schwerpunktmäßig im Magnerkamm rund um die Kleinspitze sowie im südlichen Reichenspitzkamm rund um die Zillerplattenspitze auf (Exkursion C). Dominiert dieses Fließgefüge, spricht man auch von gebänderten Migmatiten, wie sie in kleineren Bereichen nahe der Berliner Hütte sowie unter dem Floitenkees südlich der Greizer Hütte auftreten. Diese zwischen nur 500 Meter und bis zu knapp 2000 Meter breite Zone lässt sich nach Westen bis in die Mörchenscharte zwischen Kleinem Mörchner und Zsigmondyspitze verfolgen. Sie wird von den Exkursionen B und C berührt.

Abb. 22. Migmatitische Augengneise sind eine typische Lithologie des Variszischen Basements (»Altes Dach«). Sie treten in der Umhüllung der Zentralgneiskerne auf – so wie hier am Nordrand des Zillertaler Kristallinkerns im Anstieg zur Kasseler Hütte.

Im zentralen Bereich, der den Tuxer Kern vom Ahornkern trennt, treten als nördliche Umgrenzung des Tuxer Kerns vornehmlich Bändergneise mit Anatexiten und diskordanten Metagraniten auf. Als südliche Hülle des Ahornkerns kommen migmatitische Gneise mit Metagraniten vor. Beide Gesteinstypen sind einander sehr ähnlich und zeigen entsprechende Teilschmelzen beziehungsweise Entmischungen der Gesteinstextur mit erkennbaren Schollen metamorph umgewandelter Granitoide, werden jedoch aufgrund der Zuordnung zu den beiden unterschiedlichen Kristallinkernen differenziert. Gegen Westen und Osten geht diese Zone in die Metasedimentserien des Riffler-Schönach-Beckens über (siehe nachfolgendes Kapitel). Ihr Ausbiss erstreckt sich in einer circa zwei Kilometer breiten Zone vom Zemmgrund bei Breitlahner nach Ginzling und über den Dristner sowie den Speicher Stillup bis in den Gipfelbereich der Ahornspitze. Im Ahornkern treten nördlich dieser Zone im Zillergrund nochmals Migmatite zutage.

Ganz im Westen des Exkursionsgebietes sind es unterschiedliche Paragneise mit Serpentiniten und Amphiboliten, die als schmale, von WSW nach ONO streichende Zone knapp nördlich des Pfitscher Joches über das Hauptental und den Kleinen Hochsteller in den Zemmgrund ziehen. Im Scheibenkar unter dem Kleinen Greiner werden diese von der Greiner-Scherzone tektonisch abgeschnitten.

Greiner-Scherzone oder Greiner Schiefer ("Habachserie")

Die großen Zentralkristallinkerne werden tektonisch nicht nur durch (alt-)paläozoische Paragneise und Migmatite des Variszischen Basements ("Altes Dach") voneinander getrennt, sondern auch in einer engen Scherzone stark geschieferter Metasedimentgestein-Abfolgen. Diese als "Greiner-Scherzone" bezeichnete Struktur trennt Zillertaler von Tuxer Kern zwischen Pfitschtal im Westen und Mörchenkamm im Osten und bildet so gesehen die westwärtige Fortsetzung des "Alten Daches".

Die Greiner-Scherzone – benannt nach dem Großen Greiner (3201 m) im Greinerkamm zwischen Schlegeis- und Zemmgrund – ist in älteren geologischen Karten in soeben genannter Region zwischen Pfitscher Joch und Mörchenkamm als zusammenhängende, bis zu zwei Kilometer breite Zone

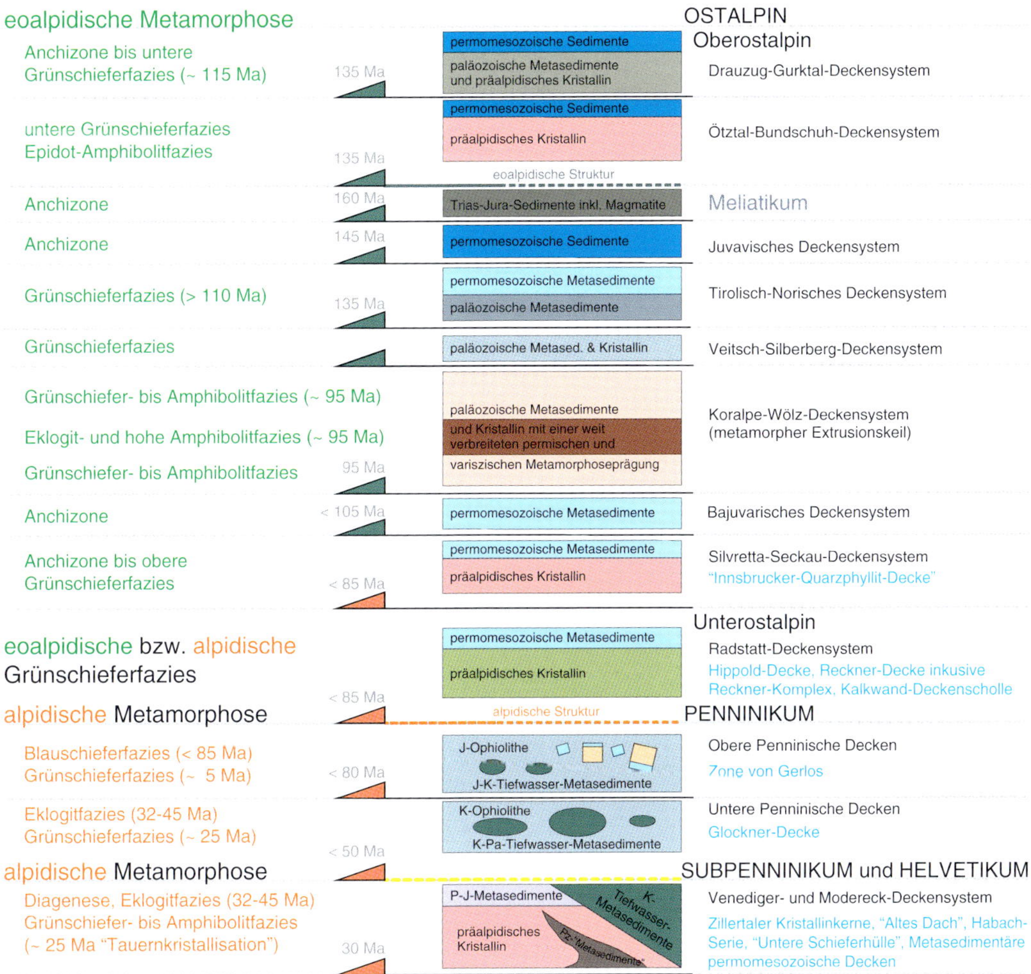

Abb. 23. Idealisierte und vereinfachte tektonostratigraphische Abfolge des Ostalpins (verändert nach SCHUSTER *2015).*

dargestellt. Nach neuerem Stand der Forschung lässt sich diese Struktur jedoch in zwei genetisch unterscheidbare Einheiten splitten: Gemäß VESELÁ et al. (2008) muss das "Pfitsch-Mörchner-Becken" als einstige postvariszische Sedimentfüllung aus der "Greiner-Synklinale" herausgenommen werden, da es durch postintrusive, terrigen-klastische Sedimentserien zu einer Zeit gefüllt wurde, als es die Vorläufer der heutigen Zillertaler Kristallinkerne bereits gab. Die "Greiner Schiefer" sind jedoch ein Sammelbegriff für unterschiedliche, meist dunkel gefärbte, teilweise amphibolitische Schiefer mit einem prä- bis frühvariszischen Bildungsalter. Sie sind demnach älter als die sie umgebenden Kristallinkerne. Diese Vermutung resultiert aus der Beobachtung (wie etwa um die Berliner Hütte), dass sich jüngere, intrudierende, eher helle und zähe granetoide Magmen, die späteren Kristallinkerne, zwischen die dunklen Schiefergneise und Amphibolite, die heutigen Greiner Schiefer, quetschten, diese losrissen und als angeschmolzene Xenolithe in ihrer hellen Textur bis heute erhalten haben. Strukturell bildeten die Greiner Schiefer – bleiben wir bei diesem Sammelbegriff – in einer Art Grabenstruktur die Basis für ein tieferes Sedimentbecken (besagtes Pfitsch-Mörchner-Becken), das von granitoiden Horsten umgeben war.

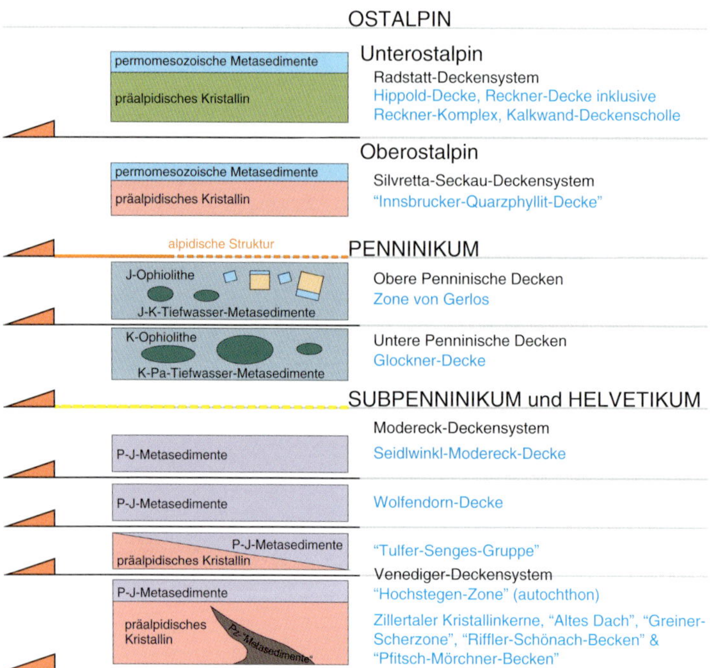

Abb. 24. Vereinfachte tektonostratigraphische Abfolge der im Zillertal und in den angrenzenden Tuxer Alpen (Band 44) erschlossenen Einheiten.

Da die Greiner Schiefer zudem eine sehr enge Muldenstruktur (Synform/Synklinale) bilden, werden sie auch als "Greiner-Mulde" bezeichnet. LAMMERER (1992) konnte zwei Hauptsynklinalen auskartieren: Eine größere Struktur ("Greiner-Mulde im engeren Sinn") zieht vom Großen Greiner zum Schwarzensee und weiter nach Osten zur nördlichen Mörchenscharte, eine kleinere ("Schönbichler-Mulde") reicht vom Hochsteller (3097 m) über das Schlegeis hinweg zum Schönbichler
Horn (3134 m). Beide trennt 25
ein sehr enger Sattel, der von stark verformten variszischen Gesteinen (Glimmergneisen o. Ä.) eingenommen wird. Die gesamte Zone erstreckt sich in ostnordöstlicher Richtung vom Oberbergtal im hintersten Pfitschtal, an den nordexponierten Wänden des Hochferner-Massivs vorbei, über den Hochsteller, den Schlegeisgrund, den Großen Greiner, das Schönbichler Horn und den Ochsner (3106 m) bis zum Kleinen Mörchner (3196 m).

26 Den Löwenanteil der Greiner-Mulde nehmen Hornblendegarbenschiefer ein, deren Vorkommen vom Schlegeisgrund über den Großen Greiner bis zur Schwarzensteinalm im Osten reicht. Diese wurden im Zuge der variszischen Gebirgsbildung metamorph umgewandelt und haben bei der alpidischen Orogenese eine nur noch vergleichsweise geringe Überprägung erfahren (KOLLER 1976). Charakteristisches Merkmal ist die bei der Gesteinsumwandlung entstandene Neusprossung und Ausrichtung von zentimetergroßen Hornblendekristallen, die als dunkelgrüne, längliche Nadelbüschel die graubräunlich seidenmatt glänzende phyllitische Matrix überziehen. Aufgrund der Mineralzusammensetzung kommen als Ausgangsgesteine vermutlich vulkanische Tuffite in einem sandigen beziehungsweise karbonatreichen Sediment in Frage (KOLLER 1976). Im westlichen Bereich der Greiner-Mulde werden die Hornblendegarbenschiefer von Amphiboliten, Serpentiniten und Talkschiefern vertreten, so etwa im hintersten Bereich des Schlegeisspeichers oder im Wechsel mit Hornblendegarbenschiefern am Pfitscher Joch. Sie führen zahlreiche Granate (Pyrope) und erweisen sich aufgrund ihrer chemischen Zusammensetzung als Ozeanbodenbasalte (LAMMERER et al. 1976). Die Serpentinite mit vergesellschafteten Talkschiefern treten nicht lagenweise auf, sondern als Einzelkörper stark unterschiedlicher Dimensionierung von wenigen Kubikmetern bis Kubikkilometern (!), also der Größe von ganzen Bergkämmen. Der größte dieser Serpentinitkörper ist im Norden der Greiner-Mulde am Gebirgszug Rotkopf-Ochsner im Igentkamm erschlossen. Da diese ultramafischen, meist schwarzgrün gefärbten Gesteine als "Klasten" zusammen mit großen eckigen Komponenten in einem graphitischen Metapelit als Umgebungsgestein liegen, könnte es sich um eine Olistostrom-artige Ablagerung von einzelnen Ophiolith-Körpern handeln (LAMMERER & MORTEANI 1990). Als Ausgangsgesteine der Serpentinite werden unter anderem Pyroxenite vermutet. Darunter versteht man eisen- und manganführende, kalziumreiche sowie dunkle (mafische) Tiefengesteine oder Vulkanite.

Abb. 25. Greiner Schiefer stehen großflächig entlang des Anstiegs vom Furtschaglhaus zum Schönbichler Horn an (Exkursion H).

Südlich der Hornblendegarbenschiefer schließt sich eine tektonisch stark ausgedünnte Zone mit Zweiglimmerschiefern an. Ihr Vorkommen reicht von der Rotbachlspitze über den Nordkamm des Hochstellers und die Talggenköpfe im Greinerkamm bis zum Kleinen Mörchner im Osten der Greiner-Synklinale. "Zweiglimmerschiefer" wird er deswegen genannt, weil der Dunkelglimmer Biotit und der Hellglimmer Muskovit gleichermaßen nebeneinander auftreten können.

Den südlichen Bereich der Greiner-Synklinale nehmen dunkle Schiefer mit hellen, etwas gröberen Gneislagen ein, die nach ihrem hauptsächlichen Vorkommen im Bereich des Furtschaglbaches (nicht jedoch an der Furtschaglspitze!) gemeinhin als "Furtschaglschiefer" bezeichnet werden. Der auffallende Hell-Dunkel-Wechsel hat einen sedimentären Hintergrund und wurde bei der Gesteinsumwandlung im Zuge der variszischen Orogenese quasi konserviert. Die Ausgangsgesteine der hellen Gneislagen dürften Quarz- und Glimmersande gewesen sein, die dunklen Schiefer waren ursprünglich bituminöse

Abb. 26. Die für die Greiner Schiefer typischen Hornblendegarbenschiefer – gesehen an einem Handstück am Weg zum Schönbichler Horn.

Tonschiefer (LAMMERER et al 1976). Als Alter der Furtschaglschiefer werden von KEBEDE et al. (2005) Ausgangsalter von 368 Millionen Jahren angegeben, was dem Unteren Devon entspricht. Die auffallend dunkelgrüne Gesteinsfärbung stammt übrigens von Chlorit, der neben Biotit und Muskovit als Hauptgemengteil vorkommt.

Die Serien der Greiner Schiefer, vor allem die dunklen "Furtschaglschiefer", lernt man sehr intensiv auf der langen, mehrtägigen Exkursion Ⓗ kennen.

Autochthone metasedimentäre Hülle der Zentralgneiskerne

Postvariszische Becken

Wie bereits kurz ab Seite 20 angesprochen, kam es ab dem obersten Karbon unmittelbar nach der variszischen Orogenese auf europäischer kontinentaler Kruste und den dort intrudierten späteren Zillertaler Kristallinkernen infolge von extensionalen Bewegungen zu verstärkter Reliefbildung: Es bestanden Hochgebiete (tektonischer Horst) neben Senken in Form von Halbgräben. Zwei dieser Beckenbereiche – das "Pfitsch-Mörchner-Becken" sowie das "Riffler-Schönach-Becken" – lassen sich strukturell gut von den Zillertaler Kristallinkernen trennen und werden nachfolgend etwas eingehender beschrieben. Ein drittes Becken ("Kaserer-Becken") wurde deckentektonisch disloziert und wird weiter unten im Rahmen der "Wolfendorn-Decke" kurz abgehandelt.

A) Pfitsch-Mörchner-Becken

Wie im vorherigen Kapitel angerissen, ist das Pfitsch-Mörchner-Becken, wenn auch strukturell eng mit der Greiner-Mulde verbunden, genetisch von dieser zu trennen, da es sich hierbei um eine postvariszische Beckenfüllung mächtiger Sedimentserien handelt, die ab dem ausgehenden Paläozoikum akkumuliert, aber erst im Zuge der alpidischen Orogenese metamorph umgewandelt wurden. Diese Gesteine treten heute in einer schmalen, oft nur wenige hundert Meter breiten Zone auf, die sich aus dem Pfitschtal über das Pfitscher Joch, die Rotbachlspitze (2897 m), das Haupental und die Kälberlahnerspitze (2928 m) bis in den Schlegeisgrund verfolgen lässt. Ostwärts streicht diese Zone in stark verminderter Breite südlich des Großen Greiners hinab in den Oberen Zemmgrund und setzt sich südlich des Ochsners bis zur Mörchenscharte fort. Dort finden sich meist grobklastische Metasedimentgesteine spätkarbonischen bis permischen Alters. Sie sind eng mit den sie umhüllenden Gesteinen der älteren Greiner-Synklinale verfaltet und bilden analog eine isoklinale Mulde. Die Abfolge startet mit grobklastischen, schlecht sortierten Metakonglomeratserien und Konglomeratgneisen. Da die überwiegend eckigen Komponenten zumeist granitoiden beziehungsweise amphibolitischen Ursprungs sind (VESELÁ et al. 2008), darf von einer Aufarbeitung bereits konsolidierter Granit- und Amphibolitkörper ausgegangen werden. Diese können sowohl den Zillertaler Kristallinkernen, als auch den älteren Greiner Schiefern zugeordnet werden. Ähnlichen Alters dürften schmale, zwischengeschaltete Züge von pyritführenden Hornblendegneisen und
27 Klinochlorschiefern sein. Graue bis grünlichgraue, mächtigere Arkosegneise, die vor allem an der Rotbachlspitze gut erschlossen sind (siehe Exkursion Ⓔ), wurden während der Älteren Trias als mächtige, terrigen-klastische Sandsteinserien geschüttet. Darin eingeschaltet finden sich schmale, helle Quarzit-Bänder. Die jüngsten Gesteine des Pfitsch-Mörchner-Beckens stellen obertriassische, ebenfalls feinklastische und terrigen geprägte Metasedimentgesteine der Aigerbach-Formation (BRANDNER et al. 2008b) dar. Deren Abfolge ist vom Pfitschtal bis zum Hochstellerkamm verbreitet und wird unter anderem auch im Anstieg auf den höchsten Zillertaler Gipfel, den Hochfeiler, berührt (siehe auch Exkursion Ⓘ). Das Typprofil im Aigerbach liegt oberhalb von Sankt Jakob in Pfitsch und folglich knapp westlich unseres Exkursionsgebietes. Trotz stärkerer Metamorphose ("Amphibolitfazies") ist noch eine gemischt siliziklastische, karbonatische und evaporitische Wechselfolge zu erkennen. Die ursprünglichen, sedimentären Sequenzen sind als karbonatische Glimmerschiefer, Kalkglimmerschiefer, Quarzite, Kalk- und Dolomitmarmore sowie Rauwacken überliefert. Da im Pfitschtal im stratigraphisch Liegenden – der Seidlwinkl-Formation – Seelilien-Stielglieder gefunden wurden, die in die Mitteltrias datiert werden konnten (BRANDNER et al. 2008a), geht man davon aus, dass die Aigerbach-Formation obertriassisches Alter hat. BRANDNER et al. (2008b) ziehen sogar stratigraphische

Abb. 27. Am Grat zur Rotbachlspitze steigt man ziemlich genau entlang der tektonischen Grenze zwischen dem Pfitsch-Mörchner-Becken (links) und der Greiner-Scherzone (rechts).

Vergleiche zu den gemischt siliziklastisch-karbonatischen Nordalpinen Raibler Schichten, einem vor allem in den kalkalpinen Decken lithologisch sehr markanten Schichtglied wie auch tektonisch bedeutsamen Abscherhorizont.

Mit den Abfolgen des Pfitsch-Mörchner-Beckens beschäftigen sich die Exkursionen E und H.

B) Riffler-Schönach-Becken

Das Riffler-Schönach-Becken ist eine langgestreckte, in etwa WSW-ONO verlaufende Zone, die sich vom Hohen Riffler bis ins Schönachtal (zentrale Reichenspitzgruppe; östlich außerhalb des Exkursionsgebietes) verfolgen lässt und zusammen mit Serien des Variszischen Basements ("Altes Dach") den Ahornkern vom Tuxer Kristallinkern trennt. Der westlichste Abschnitt des Beckens ist am mächtigsten ausgebildet und zeigt den flächenmäßig größten Ausbiss, vor allem nördlich beziehungsweise nordöstlich des Hohen Rifflers: Dort werden die postvariszischen Metasediment-Abfolgen bis zu 800 Meter mächtig (Veselá et al. 2008). Vor der alpidischen Orogenese, der damit verbundenen Einengung und tektonischen Überprägung dürfte die ursprüngliche Dicke des Sedimentstapels wenigstens dreimal höher gewesen sein. Dies lässt auf eine primäre Mächtigkeit von annähernd 2000 Metern schließen. Entsprechend der Nord-Süd-gerichteten, alpidischen Kompressionsrichtung sind die Serien strikt in Ost-West-Richtung geschiefert und die enthaltenen, einst klastischen Komponenten in dieser Richtung entweder stark gelängt oder bis zur Unkenntlichkeit verzogen. Entsprechend lassen sich die Dimensionen des primären Beckens nur schwer rekonstruieren: Heute erstrecken sich die Abfolgen im Gebiet des Hohen Rifflers auf sieben Kilometer in Ost-West-Richtung und erreichen von Norden nach Süden zweieinhalb Kilometer Breite. Die einstige Beckenfüllung weist eine relativ vollständige stratigraphische Abfolge vom obersten Karbon bis an die Trias/Jura-Grenze auf. Diese beginnt mit oberkarbonischen bis unterpermischen Grobklastika (Metakonglomerate und Konglomeratgneise) sowie Vulkaniten. Die Hauptmasse der Komponenten stellten – ähnlich wie die zuvor beschriebenen Äquivalente aus dem Pfitsch-Mörchner-Becken – granitoide und amphibolitische Aufarbeitungsprodukte der umgebenden kristallinen Hochgebiete ("Horste") dar. Darüber liegen permotriassische Quarzite und Metakonglomerate, gefolgt von mitteltriassischen Quarziten und Kalkmarmoren sowie obertriassischen, grünlichen Metaarkosen und Knollengneisen. Großflächig sind Letztere am Höllenstein im Tuxertal erschlossen. Da sie sehr stark Gesteinsabfolgen ähneln, die am Wustkogel im Rauriser Tal im zentralen Tauernfenster erstmals beschrieben wurden (FRASL 1958), werden diese "Knollengneise des Höllensteins" entsprechend der "Wustkogel-Gruppe" zugeordnet. Es handelt sich hierbei in der Regel um grünlichbeige Gesteine mit eingestreuten, nur circa 1–2 Millimeter großen hellen Feldspateinsprenglingen. Daneben kommen auch grünliche bis weiße Quarzite vor, teilweise mit Albit-Geröllen. Die übrigen quarzitischen Gesteine führen häufig Hellglimmer (Muskovit), keinen Biotit und sehr wenig Feldspat. Ebenfalls vorkommende tuffitische Gneise zeigen vorwiegend hell- bis grünlichgraue Gesteinsfärbungen mit mächtigeren Muskovitlinsen und eingelagerten Biotitplättchen. Insgesamt repräsentiert diese Gesteinsabfolge ursprünglich stark terrigen geprägte, klastische Sedimentserien wie Arkosen, Grauwacken und Konglomerate. Daraus lassen sich durchaus Vergleiche zu heute noch im stratigraphischen Zusammenhang überlieferten sowie metamorph weitgehend unbeeinflusst gebliebenen sedimentären Einheiten Mitteleuropas ziehen: Dies sind die terrigen-klastischen, permischen Rotliegend- und Zechstein-Serien, gefolgt von untertriassischem Buntsandstein, mitteltriassischem und marinem Muschelkalk sowie obertriassischem, abermals terrigenem Keuper ("Germanische Fazies").

Die Abfolge schließt letztendlich die Hochstegen-Formation ab, die mit dunklen, graphitführenden Phylliten an der Basis (Unterjura), rötlichen, quarzitischen Sandsteinen (Mitteljura) und Kalkmarmoren am Top ("Hochstegen-Kalkmarmor"; Malm) das Schichtenspektrum des gesamten Juras repräsentiert. Diese lithofazielle Entwicklung ist durchaus mit der Quintener Fazies des Helvetikums sowie den fossilreichen Kalken, Mergeln und Tonen des Fränkisch-Schwäbischen Juras vergleichbar, wenngleich in stark ausgedünnter Mächtigkeit. Eine etwas detailliertere Beschreibung dieser Abfolge findet sich bei VESELÁ et al. (2008).

Die Zone an Metakonglomeraten ist gegen Westen über den Stillupgrund hinweg zu verfolgen, wo sie vor allem unmittelbar südlich des Ahornkerns bis zum Hohen Riffler in einem breiten Band auftritt. Östlich von Hohem Riffler, Höllenstein und Realspitze ist das Riffler-Schönach-Becken bei Ginzling-Dornach an einer sinistralen Seitenverschiebung zum Teil tektonisch reduziert. Ein schmaler Span beißt am Gipfel des markanten Dristners (2726 m) aus, keilt ostwärts über dem Floitengrund rasch aus und tritt knapp südlich der Ahornspitze (2976 m) wieder in schmalen, stark ausgewalzten Bändern zutage. Diese queren in östlicher Richtung in einer wieder breiter werdenden Zone schräg den Zillergrund und führen zum Höhenbergkopf (2791 m, Reichenspitzgruppe). Dort treten quarzitische Gesteine und saure tuffitische Gneise auf, vorwiegend vertreten durch Quarzphyllite und Quarz-Glimmerschiefer, Knollen-, Grauwacken- und Arkosegneisen sowie ein circa einen Kilometer breites Band an Albit-Epidotgneisen. Die beschriebene Gesteinszone mündet schließlich im Schönachtal wieder in das "Schönach-Becken".

Wie bereits zuvor beim Pfitsch-Mörchner-Becken angesprochen, sind auch die Metasedimentgesteine des Riffler-Schönach-Beckens mit migmatitischen Gneisen des "Alten Daches" vergesellschaftet und tektonisch teilweise eng verwoben.

Der Begriff "Schönach-Mulde" oder "Schönach-Synklinale", der teilweise auch in neueren Kartenwerken Verwendung findet, ist irreführend, da alle erschlossenen Metasedimentgesteine einheitlich nach Süden einfallen und aufrecht liegen. Für eine klassische tektonische Mulde fehlen in diesem Fall zumindest ein zweiter Schenkel oder ein Muldenscharnier. Diese könnten allerdings auch tektonisch abgeschert worden sein.

Die Exkursion F auf den Hohen Riffler und auch die Exkursion G als Teilstück des Berliner Höhenwegs führen nahe an oder durch entsprechende Abfolgen des Riffler-Schönach-Beckens. Von Exkursion D sind einige Teilgebiete zwischen Realspitze und Höllenstein einsehbar. Exkursion L in

Band 44 streift mit den "Knollengneisen des Höllensteins" den stratigraphisch oberen Abschnitt des Riffler-Schönach-Beckens. Die Gebiete unmittelbar nördlich der Gipfelregion des Hohen Rifflers, die zum Riffler-Teilbecken gehören, sind von Wanderwegen nicht erschlossen und werden deswegen im Rahmen der Exkursionen nicht berührt.

Hochstegen-Zone

Gesteine der sogenannten "Hochstegen-Zone" wurden abseits der tiefen, postvariszischen Sedimentationsbecken unmittelbar auf kristalliner Kruste abgelagert und demnach zum metasedimentären "Autochthon" gestellt. Die dort erhaltene Abfolge beginnt mit der klastisch geprägten Aigerbach-Formation. Die bereits zuvor beim Riffler-Schönach-Becken kurz beschriebene Sequenz ist jedoch regional nur sehr begrenzt an der Höllscharte zwischen Kleinem und Großen Kaserer erschlossen und dürfte aus der Sedimentation von einem lokal eng begrenzten, kleinen Teilbecken herrühren. Die darüber abgelagerte und deutlich weiter verbreitete jurassische Abfolge folgt einem Transgressions-Trend, der in vielen Regionen Mitteleuropas festgestellt werden kann. Das bedeutet, dass in erdgeschichtlich relativ kurzer Zeit ab dem Unteren Jura das kristalline Basement Ur-Europas und des Tauernfensters (inklusive der bereits sedimentär aufgefüllten postvariszischen Becken) weitflächig von zunehmend marinen Abfolgen überdeckt wurde (FRISCH 1973/1974). Die Abfolge beginnt mit unterjurassischen Graphitquarziten sowie Schwarzphylliten. Ausgangsgesteine waren zunächst detritäre (=gesteinsschuttführende) Karbonate, später Mergelkalk- und Tonsequenzen, die in einem subtropisch litoralen, sich rasch eintiefenden Meeresbecken im helvetischen Faziesraum am Westrand der Tethys abgelagert wurden. Während die Kalke eher zu hellen, gebänderten Quarziten und Kalkmarmoren umgewandelt wurden, entstanden aus den mergel- und tonreichen Gesteinen dunkle Schwarzphyllite. Die Quarzite werden gegen das Hangende deutlich karbonatreicher und bilden graue, mitunter rostbraune, glimmerige Kalkmarmore, die den im Kapitel "Tulfer-Senges-Einheit" (S. 46) beschriebenen Bündnerschiefern ähneln. Dieser als unreiner Glimmermarmor beschriebene Gesteinstyp wird altersmäßig dem Mittleren Jura zugeordnet, da Übergänge zu den liegenden unterjurassischen Quarziten, aber auch zum überlagernden Hochstegen-Kalkmarmor bestehen. Hier können Siderite (Eisenkarbonate), Glimmer und Quarz auftreten. Ihre Mächtigkeit beträgt zwischen wenigen Metern und mehreren Zehnermetern.

Über den Glimmermarmoren folgen reine Kalkmarmore, die als Hochstegen-Kalkmarmor bekannt sind und nach ihrer Typlokalität Hochstegen, zwischen Finkenberg und Mayrhofen, benannt wurden. Es handelt sich um einen meist grauen bis graublauen, oft schön gebänderten Kalkmarmor. Auch hier gibt es unterschiedliche Gesteinsvarietäten, von reinen Kalkmarmoren zu sandigen Dolomitmarmoren. Überdies können Quarzitlagen und Hornsteinhorizonte zwischengeschaltet sein, in denen Quarzsand, Graphit und Quarzgerölle angereichert sind. Ungeachtet der lithologischen Variationen weisen die Marmore im frischen Anschlag mit dem Geologenhammer oft einen unangenehmen Schwefelgeruch auf.

Der Hochstegen-Kalkmarmor ist übrigens eindeutig in den Oberen Jura zu datieren, denn sowohl nahe der Typlokalität als auch aus einem aufgelassenen Steinbruch nahe Ginzling sind Fossilien bekannt – trotz Metamorphose, Gebirgsbildung und intensiver Tektonisierung. Der "Ammonit von Ginzling" ist erstaunlicherweise so gut erhalten, dass man ihn eindeutig bestimmen und auch gut zeitlich einordnen kann. Es handelt sich um einen Vertreter der Perisphinctiden, die vornehmlich im tieferen Teil des Oberen Juras durch die subtropischen Flachmeere der Tethys schwammen. Dunkle unterjurassische, rötlich-braune mitteljurassische und helle oberjurassische Metasedimentgesteine werden zur Hochstegen-Formation zusammengefasst (z. B. VESELÁ et al. 2008). Diese Gesteine wurden zwar im flachmarinen helvetischen Ablagerungsbereich nahe zur offenmarinen Tethys abgelagert, repräsentieren aber eine Abfolge, wie sie heute in nichtmetamorpher Form in der Ostschweiz ("Quintener Kalk") sowie in Süddeutschland auf der Fränkisch-Schwäbischen Alb erhalten ist. Obgleich einst mehrere hundert Kilometer voneinander entfernt, handelt es sich um dieselben Karbonatplattformen mit faziellen Ähnlichkeiten, denn auch im Fränkisch-Schwäbischen Jura finden sich heute dunkle Ton- und Mergelablagerungen mit gelegentlichen Kalkeinschaltungen des Unterjura,

Abb. 28. Nahe der Höllscharte im Anstieg zum Großen Kaserer ist die Hochstegen-Formation von der Aigerbach-Formation bis zum »Unterjura- und Mitteljura-Kalk« hervorragend aufgeschlossen: a, Wechsellagerungen zwischen dunklem Unterjura-Basiskalk und reineren, gebänderten Kalkmarmoren, b, dunkler Unterjura-Basiskalk im Detail sowie c, rötliches, eisenoxidreiches Metakarbonat, das zeitlich aus dem Mittleren Jura stammen dürfte. Da die Höllscharte aus dem Tuxertal nur über einen Gletscheranstieg begangen werden kann, wird sie von keiner hier beschriebenen Route erreicht.

braune bis rötlichbraune, eisenoxidische Kalke und Mergel des Mitteljura sowie kalkdominierte Sequenzen des Oberen Jura. Aus diesem Grund spricht man dort auch von "Schwarzem, Braunem und Weißem Jura". Diese farbliche Tatsache lässt sich übrigens auch noch an so manchem Profil der Zillertaler Alpen feststellen, beispielsweise in
der Höllscharte zwischen Großem und Kleinem 28
Kaserer, am Brandberger Kolm oder auch am 29
höchsten Gipfel der Zillertaler Alpen, am Hochfeiler (siehe Exkursion I).

Gesteine der Hochstegen-Zone werden im Zuge der Exkursionen A und I in diesem Band sowie von den Exkursionen J, K und L in Band 44 berührt beziehungsweise in diesem Rahmen eingehender beschrieben.

Modereck-Deckensystem

Im tektonostratigraphisch über dem Venediger-Deckensystem liegenden "Modereck-Deckensystem" (Schmid et al. 2013) werden Deckenspäne mit permomesozoischen Metasedimentgesteinen zusammengefasst, die die Zentralkristallinkerne samt autochthonem, metasedimentärem Cover (Hochstegen-Zone) überdecken. Während die Hochstegen-Zone an ihrem einstigen Ablagerungsort über kristallinem Basement erhalten blieb, wurden weiter südlich gelegene Abschnitte desselben sedimentären Akkumulationsbereichs durch gebirgsbildende Prozesse von ihrem kristallinen Untergrund abgeschert, disloziert und übereinander geschoben. Teilweise liegt, was die Hochstegen-Formation angeht, stratigraphische Verdoppelung oder Verdreifachung der Schichtenfolgen vor, weil diese Formation neben der Hochstegen-Zone sowohl innerhalb der Wolfendorn-Decke, aber auch in der tektonisch noch höheren Seidlwinkl-Modereck-Decke auftreten kann. Letztere Einheit zeigt bereits deutliche Lithofazies-Anklänge zu den Bündnerschiefern, die im nächsthöheren tektonischen Stockwerk, den "Penninischen Decken" oder dem "Glockner-Deckensystem" liegen (siehe S. 49).

Tulfer-Senges-Einheit

Erstmals erwähnt unter Brandner (2008) sowie Töchterle (2011), bildet die "Tulfer-Senges-Einheit" mit einer Mischung aus tektonisch dislozierten Kristallinspänen und Metasedimentgesteinen die Basis der allochthonen, permomesozoischen

Abb. 29. Hochstegen-Kalkmarmore der Hochstegen-Zone begleiten den Wanderer die meiste Zeit im Anstieg zum Brandberger Kolm (siehe auch Exkursion K in Band 44).

Decken im Exkursionsgebiet. Ihre hauptsächliche Verbreitung liegt auf der Südtiroler Seite in den Pfunderer Bergen, reicht aber – unmittelbar über der Hochstegen-Zone gelegen – am Hochfeiler-Hochferner-Massiv von Südwesten ins Exkursionsgebiet hinein. Bereits OEHLKE et al. (1993) fanden heraus, dass der Bereich der Gliderscharte südlich des Hochfeilers, der einst zur Gänze metasedimentären Einheiten unterschiedlicher stratigraphischer Stellung zugeordnet wurde, eigentlich von zwei Deckenlamellen umschlossen wird, die genetisch eher den Zillertaler Kristallinkernen nahestehen. Es wird demnach ein "Dreier-Sandwich" aus Kristallin-Lamellen und Metasedimentgesteinen gebildet: Die "Untere Eisbrugg-Lamelle" und die "Obere Eisbrugg-Lamelle" umschließen einen mehrere Zehnermeter mächtigen Stapel aus Paragneisen und terrigen geprägten einstigen Sedimenten, die von TÖCHTERLE (2011) der obertriassischen Aigerbach-Formation zugeordnet wurden. Dazu kommen noch Quarzite und untergeordnet grüne Glimmerschiefer. Der Anstieg zum Hochfeiler (Exkursion I) vermittelt einen guten Eindruck dieses etwas speziellen Deckenspans, der sicherlich noch Potential für künftige Forschungsarbeiten haben dürfte.

Wolfendorn-Decke

Wie bereits angedeutet, unterscheiden sich die Gesteine der Wolfendorn-Decke kaum von jenen bereits beschriebenen Metasedimentgesteins-Abfolgen der autochthonen Hochstegen-Zone. Auf dieser Deckeneinheit finden sich neben der bereits beschriebenen Hochstegen-Formation noch Abfolgen des "Kaserer-Beckens", dem nach dem Pfitsch-Mörchner- und dem Riffler-Schönach-Becken dritten postvariszischen Sedimentationsbecken.

An der Basis der Wolfendorn-Decke des Exkursionsgebietes liegen paläozoische Porphyroid- und Metaarkoseschiefer sowie Mylonitgneise und Mylonitquarzite, die ausschließlich östlich von Hintertux in einem schmalen Streifen von Finkenberg über Mayrhofen bis zum Torhelm nördlich des Brandberger Kolms vorkommen (siehe auch Band 44, Exkursionen J sowie K). Ihr genaues Alter ist ungeklärt.

Abb. 30. Der Kleine Kaserer (3093 m, siehe Exkursion L in Band 44) – hier gesehen vom Nordwestgrat des Großen Kaserers oberhalb der Höllscharte – ist die Typlokalität der mächtigen Kaserer-Formation.

Die Kaserer-Serie besteht aus quarzitischen Phylliten, Schwarzphylliten, blaugrauen Dolomit- und Kalkmarmoren, Metaarkosen, Glimmerschiefern sowie Chloritphylliten und wurde einst aufgrund ihrer Lage an der Typlokalität am Kleinen Kaserer als Hangendes von vermeintlichen oberjurassischen Hochstegen-Kalkmarmoren in die Untere Kreide datiert (THIELE 1974, ROCKENSCHAUB et al. 2003a). Laut VESALÁ et al. (2008) und BRANDNER et al. (2008) ist die Kaserer-Formation jedoch in den Zeitbereich zwischen Unterer und Mittlerer Trias zu stellen. Sie bildet danach das stratigraphische Äquivalent zum süddeutschen Oberen Buntsandstein und Muschelkalk. Näheres zu dieser überaus spannenden lithologischen Einheit findet sich im Kontext von Exkursion L in Band 44.

Über den triassischen Schichten folgt die Hochstegen-Formation mit schwarzem Unterjura-Quarzit, braungrauem Glimmermarmor und Hochstegen-Kalkmarmor. Letzterer zeigt Mächtigkeiten von bis zu 90 Metern.

Die Verbreitung der Wolfendorn-Decke konturiert girlandenartig die kristallinen Gesteine des westlichen Tauernfensters. Betrachtet man nur das Exkursionsgebiet und die Verbreitung der tektonischen Einheiten (siehe Abb. 16), zieht sie sich von einem Bereich knapp nördlich des Brandberger Kolms über die breite Talfurche von Mayrhofen nach Finkenberg, von dort in einem sehr schmalen, nur wenige hundert Meter breiten Areal nördlich der Hochstegen-Zone über das Kreuzjoch ins Tuxertal. Nahe Hintertux am Schmittenberg wird der Ausbiss breiter und erreicht an der Kaserer Scharte sowie an der Lärmstange die Westgrenze des hier beschriebenen Gebietes. Die Wolfendorn-Decke endet allerdings dort nicht, sondern setzt sich in ausgeprägter Zick-Zack-Form weiter nach Südwesten über den Brennerpass hinweg zum Wolfendorn fort. Der knapp 2800 Meter hohe, für diese tektonische Einheit namensgebende Berg erhebt sich – wie der Name schon sagt – als breiter dornartiger Turm hoch über Pfitschtal und Brenner.

Gesteine der Wolfendorn-Decke werden von Exkursion D (dieser Band) sowie den Routen J und K im Nachfolgeband 44 berührt.

Seidlwinkl-Modereck-Decke

Die Seidlwinkl-Modereck-Decke zeigt eine etwas andere, nicht ganz so klar gegliederte permomesozoische Abfolge wie zuvor in der Wolfendorn-Decke beschrieben. Deren Verbreitung ist ganz ähnlich wie bei Letzterer. Die Seidlwinkl-Modereck-Decke stellt das Verbindungsglied zur tektonisch auflagernden, penninischen Glockner-Decke her.

Die Schichtenfolge beginnt im Exkursionsgebiet mit metamorphem Alpinem Verrucano. Letzterer ist durch festländisch abgelagerte, oberpermische Konglomerate charakterisiert, die vor allem in den westlichen Südalpen und Zentralalpen der Ostschweiz (Glarus, Graubünden) weit verbreitet sind. Darüber folgen triassische Dolomitmarmore und Kalkschiefer der Seidlwinkl-Formation, die in den Zeitbereich von Mittel- bis Obertrias einzuordnen sein dürften. Die Kalkschiefer sind meist durch eine grau-weiße Bänderung charakterisiert, führen Glimmer und sind durchwegs gut gebankt. Teilweise kommen sie mit grauen, graublauen bis weißlichgrauen, gelb anwitternden Dolomitmarmoren in Wechsellagerung vor. ROCKENSCHAUB et al. (2003a) erwähnen darin eingelagerte Rauwackenhorizonte. Diese sind als kalkige bis quarzsandige, poröse Gesteine zu charakterisieren und altersmäßig eher ins mitteltriassische Anisium zu stellen. Sie könnten aber auch fazielle Anklänge an die terrestrische Keuperfazies des helvetisch-süddeutschen Ablagerungsbereiches zeigen und damit ein obertriassisches Alter aufweisen.

Auch in der Seidlwinkl-Modereck-Decke finden sich Gesteine der Wustkogel-Serie, die als helle, feldspat- und quarzführende "Phengit-Arkose-Gneise" (vgl. HÖCK 1969) oder "Grüne Metaarkosen" definiert werden (vgl. VESELÁ et al. 2008). Diese stehen großflächig rund um das Tuxer Joch (Exkursion L in Band 44) sowie am Tettensjoch (Exkursion D) an und sind aufgrund ihrer weißgrünlichen Färbung mit kleinen eingestreuten Feldspatkristallen leicht zu erkennen. Ihre zeitliche Stellung ist auch heute noch in Diskussion: THIELE (1970) verglich die terrigen geprägte, arkosenreiche Abfolge mit dem permotriassischen Grödner Sandstein der Südalpen. Manche Autoren stellten die Wustkogel-Serie zur Seidlwinkl-Formation und ordneten sie folglich der Mittleren Trias zu (z.B. HÖCK 1969). Neuerdings tendiert man dazu, ihr ein obertriassisches Alter zuzusprechen, da sie eine stratigraphisch hangende Position über anisischen Metakarbonaten zeigt (mit Crinoiden datiert, siehe FRISCH 1974). Damit ergibt sich fraglos eine Korrelation mit dem terrigen geprägten Germanischen Keuper und dort speziell mit dem Stubensandstein (VESELÁ et al. 2008).

Exkursion D streift Abschnitte der Seidlwinkl-Modereck-Decke am Nordabfall des Tuxer Kammes. Die Exkursionen I (dieser Band) und L (Band 44) berühren Teilbereiche der metasedimentären Abfolgen.

Glockner-Deckensystem

Die Abfolgen des Glockner-Deckensystems wurden im Bereich des Penninischen Ozeans gebildet und im Zuge der alpidischen Orogenese metamorph umgewandelt und verfaltet. Im Exkursionsgebiet sind die penninischen Decken auf die metasedimentäre, permomesozoische Hülle der Zentralkristallinkerne überschoben und stellen somit das nächsthöhere tektonische Stockwerk im Deckenstapel dar. Zwei Deckensysteme lassen sich voneinander unterscheiden: in einem unteren Stockwerk die Glockner-Decke, in der die für penninische Einheiten klassische "Bündnerschiefer-Fazies" dominiert, sowie darüber liegend die "Zone von Gerlos".

Glockner-Decke

Die Glockner-Decke setzt sich in der Mehrheit aus einer mächtigen Wechselfolge von Kalkglimmerschiefern, kalkfreien Phylliten und selteneren Grünschiefern, sogenannten Prasiniten, zusammen. Dabei stellen kalkarme Bunte Phyllite mit Schwarz- und Granitphylliten die mit weitem Abstand dominierenden Typlithologien dar. Sie sind Teil der Bündnerschiefer-Entwicklung und durch einen erhöhten Anteil an Quarz und Glimmer gekennzeichnet. Ihre Verbreitung erstreckt sich beinahe über das gesamte Exkursionsgebiet nordwestlich des Tuxertals und reicht vom Tuxer-Joch-Haus über den

Madseitberg und die Grüblspitze bis in das Einzugsgebiet des Niglbaches oberhalb Vorderlanersbachs. Kalkreiche Bündnerschiefer, die vorwiegend aus Kalk- und Glimmermarmor bestehen und lithologisch jenen der Wolfendorn-Decke nahestehen, treten südöstlich von Lanersbach unterhalb des Tettensjochs auf. Bedeutend seltener sind hellgraue, seidenmatt glänzende Serizitquarzite in drei lokalen Vorkommen südöstlich des Tuxer Joches, in der Einschartung zwischen Kristallner und Bleijägerspitze südlich des Junssees sowie am Rotkopf nördlich von Oberlanersbach.

Da die unterschiedlichen Lithologien eine meist sehr feine phyllitische Schieferung mit einem ausgeprägten Trennflächengefüge aufweisen und stark deformiert und tektonisiert sind, neigen sie zu
31 teilweise tiefgründiger Erosion. Insbesondere bei ungünstigem, etwa hangparallelem Einfallen des Trennflächengefüges (Schieferung und/oder Klüftung) führt(e) dies zur Ausbildung großer Massenbewegungen. Diese äußern sich in mehrere Quadratkilometer großen Talzuschüben nordwestlich der Tuxertalfurche, vor allem aber rund um Vorderlanersbach. Meist handelt es sich um tiefgründige Gleitkörper, deren oberflächennahe lithologische Abfolge komplett disloziert und aus dem Gesteinszusammenhang gerissen (z. B. unterhalb der Wanglspitze beziehungsweise am Hirtenköpfl) oder aber als zusammenhängender Felskörper abgeglitten ist. Beispiele sind die Massenbewegungskörper am Penkenberg oder im ostseitig exponierten Hang der Grüblspitze westlich von Lanersbach.

Einheiten der Glockner-Decke werden mit den Exkursionen L, M und N in Band 44 berührt.

“Zone von Gerlos”

Auch das obere Stockwerk penninischer Einheiten, die “Zone von Gerlos”, ist im Penninischen Ozean entstanden, allerdings in dessen südöstlichem Teilbereich im unmittelbaren Vorfeld der Adriatischen Platte. Im Exkursionsgebiet zieht sich die Zone von Gerlos vom Penken über das äußere Tuxertal bis knapp östlich von Vorderlanersbach und wird eingehender in Exkursion O (Band 44) behandelt. Die Abfolge ist durch eine heterogene Alteration von kalkführenden Phylliten, Quarziten (“Penken-Quarzit”) sowie Brekzienbildungen charakterisiert. Die “Knorren-Brekzie”, benannt nach dem nordöstlich des Penken gelegenen Knorren, führt überwiegend dolomitische Komponenten neben deutlich selteneren Quarzgeröllen (THIELE 1974). Dabei besteht die Matrix aus einem blaugrauen Kalk mit zahlreichen Sparitadern, teilweise aber auch aus einem hellen Bändermarmor oder einem kalkfreien Phyllit.

Insgesamt betrachtet zeigt die “Zone von Gerlos” durchaus lithofazielle Ähnlichkeiten sowohl mit der Kaserer-Serie der Wolfendorn-Decke als auch mit den posttriassischen Brekzien des Tarntaler Mesozoikums. Aus diesem Grund wird angenommen, dass auch die Ausgangsgesteine der “Zone von Gerlos” posttriassisches Alter aufweisen, da viele der in den Brekzien enthaltenen, aufgearbeiteten Komponenten wohl aus der Trias stammen dürften (THIELE 1974).

Das Ostalpin

Das Ostalpin – im internationalen Sprachgebrauch aufgrund seines vornehmlichen Auftretens in Österreich auch als *Austroalpin* bezeichnet – bildet tektonisch betrachtet eines der höchsten Stockwerke der Alpen. Der Name “Ostalpin” wurde von seiner hauptsächlichen Verbreitung in den Ostalpen abgeleitet – in den Westalpen treten ostalpine Einheiten zwar auch auf, sind jedoch dort aufgrund des dortigen strukturellen Großbaus (das Ostalpin streicht in Graubünden großräumig nach Westen in die Luft aus) bereits weitgehend abgetragen und nur noch in kleinen Deckenresten vorhanden.

Das Ostalpin wird prinzipiell nach der Position im alpinen Deckenstapel in Unter- und Oberostalpin eingeteilt, die ihrerseits aus mehreren Deckensystemen und Decken aufgebaut sind. Das Ostalpin setzt sich aus großen, teils hochgradig und polymetamorph geprägten Kristallindecken (Basement) mit primären paläozoischen bis mesozoischen Sedimentgesteinsauflagen zusammen, wobei letztere, je nach Position im Deckenstapel, während der alpinen Gebirgsbildung gar keine bis amphibolit-fazielle metamorphe Überprägung erfahren haben. Entscheidend für die Zugehörigkeit zum Ostalpin ist die

Abb. 31. Vor allem in den südlichen Tuxer Alpen treten Bündnerschiefer großflächig zutage und formen – wie hier am Pluderling (2774 m) unweit des Junssees – bizarre Erosionslandschaften.

paläogeographische Position der jurassisch-kretazischen Ablagerungsräume am Schelf des Adriatischen Mikrokontinentes. Ab dem Mittleren Jura bildete Adria den südöstlichen, passiven Kontinentalrand des sich öffnenden Penninischen Ozeans. Die Deckenbildung innerhalb des Ostalpins fand großteils schon während nordwestgerichteter Kompression in der höheren Unterkreide statt (auch "eoalpidische Deformationsphase" genannt). Dabei wurden ehemals weiter südlich gelegene paläogeographische Räume und Krustensegmente von Adria (Oberostalpin) auf weiter nördlich gelegene überschoben. Dieses spätere Unterostalpin bildete den passiven Kontinentalrand zum Penninischen Ozean. Der ostalpine Deckenstapel stellte, zusammen mit dem südlich anschließenden Südalpin, während der nun ab der Oberkreide folgenden nordgerichteten Kompression die Oberplatte einer Subduktionszone dar, unter welcher nacheinander die Penninischen Decken mit den jeweiligen Flyschdecken subduziert wurden. Schließlich wurde der Penninische Ozean vollständig geschlossen und die Kollision der Adriatischen Platte mit der Europäischen Platte führte zur Bildung der helvetischen Decken. Die ostalpinen Decken, insbesondere die oberostalpinen Nördlichen Kalkalpen, die weitgehend von ihrem kristallinen Untergrund abgeschert worden waren, wurden im Zuge dieser Kollision hierbei noch zehnerkilometerweit über die helvetischen Decken nach Norden transportiert.

Die ostalpinen Decken nehmen de facto den Großteil der Ostalpen im geographischen Sinne ein. Dazu zählen die Zentralalpen von Ostgraubünden bis zur Brennerfurche (z. B. Rhätische Alpen, Berninagruppe, Silvretta-, Verwall- und Samnaungruppe, Ortler Alpen, Ötztaler und Stubaier Alpen), weiter im Osten der Nordteil der Tuxer Alpen, die Kitzbüheler Alpen, die Niederen Tauern, weiter südlich Teile der Pfunderer Berge, Deferegger Alpen, die Schober- und Kreuzeckgruppe. Diese überwiegend aus Kristallingesteinen aufgebauten Decken gewähren infolge tektonischer Aufwölbung in zwei großen tektonischen Fenstern Einblicke in tieferliegende, penninische und helvetische

Deckenstockwerke: das Engadiner Fenster und das Tauernfenster. Eine Besonderheit des Ostalpins sind die vom Rheintal bis zum Wienerwald den gesamten Nordstreifen der Ostalpen einnehmenden, oberostalpinen Nördlichen Kalkalpen. Dabei handelt es sich großteils um schwach bis nicht metamorphe, reine Sedimentgesteinsdecken, die nur streckenweise noch einen primären Verband zum metamorphen paläozoischen kristallinen Basement aufweisen, zumeist aber davon abgeschert sind. Spiegelbildlich zu den Nördlichen Kalkalpen finden sich mit den Lienzer Dolomiten und dem Drauzug (noch mehr oder weniger im Verband mit dem Basement – Gailtalkristallin) auch südlich des Alpenhauptkammes vergleichbare Sedimentgesteinsdecken.

Normalerweise sind die oberostalpinen Decken auf die unterostalpinen Decken überschoben, wohingegen es in den südlichen Tuxer Alpen gerade andersherum ist: Hier liegen unterostalpine Deckenklippen des nachfolgend beschriebenen Radstadt-Deckensystems auf oberostalpinen Einheiten der Innsbrucker-Quarzphyllit-Decke. Diese sogenannten *Out-of-Sequence*-Überschiebungen (siehe Infokasten 2: Out-of-Sequence-Überschiebung) der Liegend- auf die Hangenddecke erfolgten nach der Deckenbildung im engeren Sinn in der jüngeren Phase der alpinen Orogenese, während der ostalpine Deckenstapel als Ganzes über das Penninikum und das Helvetikum geschoben und dadurch weiter verfaltet sowie verschuppt wurde.

Radstadt-Deckensystem (Unterostalpin)

Benannt nach seinem hauptsächlichen Vorkommen in den Radstädter Tauern als westlichstem Abschnitt der Niederen Tauern, treten kleinere Bereiche dieser tektonischen Einheit auch am Westrand des Tauernfensters in den südlichen Tuxer Alpen auf. In der Literatur wird dieser Bereich auch als "Tarntaler Mesozoikum" bezeichnet (u.a. ENZENBERG-PRAEHAUSER 1976, HÄUSSLER 1988). Hippold- und Reckner-Decke sind Gegenstand in den Exkursionen M und N (Band 44), die Kalkwand-Deckenscholle ausschließlich in Exkursion N.

Infokasten 2: Out-of-Sequence-Überschiebung

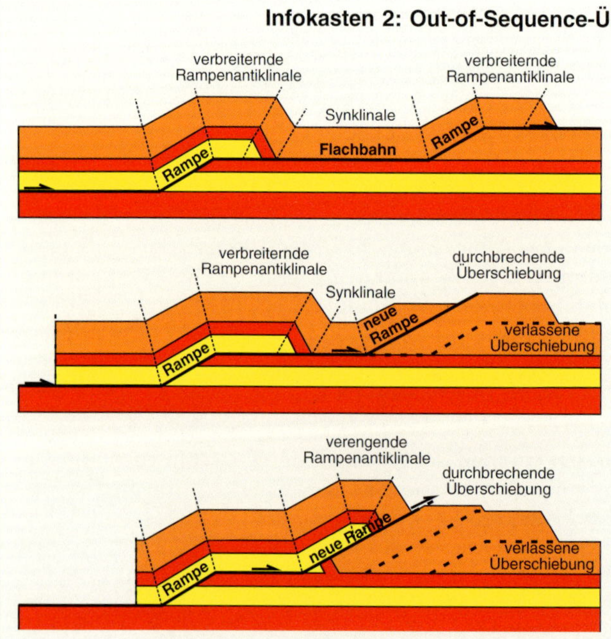

Wenn eine Vorwärtsausbreitung einer flachliegenden Überschiebung an ein Hindernis stößt – beispielsweise eine senkrechte oder sehr steile Störungsbahn oder einen sonstigen Haftpunkt – wird der überschiebende Teil über eine neu entstandene Rampe als "Ausgleichbewegung" auf eine neue, höher gelegene Scherebene gezwungen. Die Hauptüberschiebungsbahn bleibt während der kompressiven, einengenden Bewegungen aktiv – die konjugierten Rampen und Überschiebungen auf höheren Scherebenen hingegen sind nur vorübergehende Strukturen von deutlich kürzerer Lebensdauer. Unter Bildung einer neuen Scherrampe wird die Überschiebung auch als "durchbrechend" bezeichnet, oder eben englisch als Out-of-Sequence-Überschiebung.

Kalkwand-Deckenscholle

Die 2826 Meter hohe Kalkwand im Grenzkamm Tuxertal-Wattental erschließt mittel- bis obertriassische Metakarbonate in einer eigenen kleinen Deckenscholle oder Deckenklippe (siehe Infokasten 3: Erosionsaufschlüsse: Fenster oder Klippe) und bildet – stratigraphisch gesehen – die tiefsten Abschnitte des Tarntaler Mesozoikums. An der Basis finden sich dunkle, teils mergelige, teils bituminöse Metadolomite, die der anisischen Gutenstein-Formation zugeordnet werden. Es folgen zusehends mächtigere, auffallend gering metamorphe Karbonate, die aufgrund ihres zahlreich enthaltenen Biodetritus, insbesondere Crinoiden, Algen und Korallen, als metamorphes Pendant zur ladinisch-unterkarnischen Wetterstein- oder Arlberg-Formation angesehen werden. Darüber liegen – mit stratigraphisch wie lithologisch scharfer Grenze – geringmächtige und schwach metamorphe Pelite und Sandsteine der Raibler Schichten. Darin lassen sich einzelne geringmächtige Tonschieferlagen, Sandsteinhorizonte sowie Brekzien mit Dolomit-Komponenten und Gipslagen differenzieren. Aus Letzteren entwickeln sich massige Metakarbonate, die dem Hauptdolomit zugeordnet werden können. Eine schmale Mulde nahe dem Kalkwandgipfel zeigt fossilführende mergelige Metakarbonate, helle Dolomitlagen, bunte Tonschiefer sowie blaugraue plattige Kalke. Diese Abfolge ähnelt der des norischen Plattenkalks und der rhätischen Kössen-Formation. Beide Schichtglieder sind in den Nördlichen Kalkalpen in nichtmetamorpher Form weit verbreitet. Auch diese Abfolge wurde ursprünglich in einem subtropischen flachen, lagunenartigen Sedimentationsraum am Nordwestrand der Tethys gebildet.

Reckner-Decke

Die Reckner-Decke (oder auch "Tarntal-Decke" in DECKER et al. 2009) umfasst im Wesentlichen eine obertriassisch-mitteljurassische, metasedimentäre Abfolge, die von der mitteltriassischen Wetterstein-Formation bis zu vermutlich mitteljurassischen Kalkschiefern reicht. Dabei sind an sich klassische kalkalpine Lithologien in metamorphisierter und stark tektonisierter Form überliefert: Über der Wetterstein- und Raibl-Formation und dem Hauptdolomit liegen Metakarbonate und Metapelite der Kössen-Formation, die faziell mit einem rhätischen Metakarbonat (in den Nördlichen Kalkalpen "Oberrhätkalk") sowie einem ebenfalls rhätischen Kalktonschiefer verzahnen. Darüber folgt eine vermutlich unterjurassische Brekzie ("Tarntaler Brekzie"), die mit den bereits erwähnten mitteljurassischen Kalkschiefern faziell verzahnt. Diese Abfolge repräsentiert einen Ausschnitt von in den

Infokasten 3: Erosionsaufschlüsse: Fenster und Klippe

Ein geologisches Fenster oder auch tektonisches Fenster erschließt – hervorgerufen entweder durch Erosion oder horizontale Krustenbewegungen – als "Lücke" oder "Fenster" in einer weitläufigen Überschiebungsdecke einen Teil deren Unterlage. Ein solches geologisches Phänomen erlaubt damit im Analogieschluss zu einem echten Fenster einen Einblick in den lokalen geologischen Untergrund.

Hin und wieder kann es auch vorkommen, dass durch Erosion ein Teil einer Decke vom eigentlichen Deckenkörper isoliert wird. Da er allseits von liegenden Gesteinen einer tieferen tektonostratigraphischen Einheit umgeben und unterlagert ist, spricht man deswegen von einer tektonischen Klippe oder – im größeren Maßstab – von einer Deckenklippe.

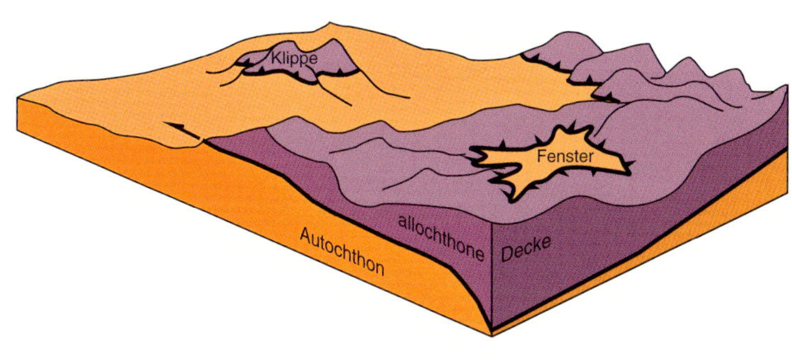

Abb. 32. Die Aussicht vom Sägenhorst zeigt die Südansicht der Reckner-Decke, die tektonisch auf Bündnerschiefern liegt.

Nördlichen Kalkalpen weit verbreiteten Sedimentgesteins-Abfolgen, die zunächst in subtropischen Lagunen beziehungsweise flachen Becken sowie Riffkomplexen gebildet wurden. Ab dem Jura fand allerdings eine sukzessive Vertiefung der Beckenbereiche statt. Die Reckner-Decke bildet im Exkur-
32 sionsgebiet den Rahmen des Reckner-Komplexes mit lherzolithischen Ophiolithen.

Abb. 33. Der Blick vom Rastkogel zeigt die Verbreitung der Hippold-Decke quasi aus der Vogelperspektive. Exkursion M in Band 44 folgt dabei in etwa dem Gratverlauf zwischen Hippoldspitze, Eiskarspitze und Torspitze. Den Hintergrund dominieren die herbstlich frisch verschneiten Gipfel der Stubaier Alpen.

Reckner-Komplex

Der Reckner-Komplex, ganz im Nordwesten des Exkursionsgebietes rund um den 2886 Meter hohen Lizumer Reckner und den 2857 Meter hohen Geier gelegen, wurde früher als eigenständige ostalpine Deckenscholle (Klippe) angesehen, aber bereits von DINGELDEY (1990, 1995) als tektonisch stark überprägtes Ophiolithfragment des penninischen Ozeanbodens mit mesozoischem Alter interpretiert. Der Reckner-Komplex wird heute in die Reckner-Decke integriert (KOLLER et al. 1996).

Innerhalb der Ostalpen sind nur wenige dieser penninischen Ophiolithe bekannt geworden, so etwa im Unterengadiner Fenster im zentralen Teil oder im Rechnitzer Fenster im Osten des Alpenbogens. Dementsprechend kann man beim Reckner-Komplex getrost von einem "geologischen Highlight" sprechen, dem sich unter anderem die Exkursion N (Band 44) widmet. Die vorherrschenden Gesteinstypen des Recknerophioliths sind Kieselschiefer, Kalkschiefer und Serpentinite. Teilweise finden sich auch Ultra- und Metabasite, Ophikarbonate, Chloritschiefer, Gabbros und Blauschiefer.

Die Herkunft des Reckner-Komplexes wird mit der Nähe einer jurassischen, ozeanischen Rifting-Zone im oberen Mantelbereich, der lherzolithische Zusammensetzung aufweist, in Verbindung gebracht (KOLLER et. al 1996). Die Blauschiefer beispielsweise gelten als Beleg dafür, dass dieser Komplex relativ früh mit Tiefseesedimenten in Verbindung kam, die durch Niedrigtemperatur-Hochdruck-Metamorphose und Anreicherung von Natrium in Blauschiefer und Ophikarbonate umgewandelt wurden.

Hippold-Decke

Die Hippold-Decke ist nach der 2642 Meter hohen Hippoldspitze (siehe Exkursion M in Band 44) benannt, die die Wattener Lizum im Südosten überragt. Die Kämme zwischen Tuxertal und Wattener Lizum, vom Reuterturm über den Reisennock zur Grauen Wand sowie rund um die Hippoldspitze 33 liegen noch innerhalb des Exkursionsgebietes.

Die stratigraphische Basis der Hippold-Decke bildet die lithologisch heterogen ausgebildete Tarntaler Brekzie, die altersmäßig in den Jura eingestuft wird. Sie führt am Hippold Quarzite, Quarzitschollen-Brekzien, Arkose- und Grauwackenschiefer, Kalkschiefer, Kalktonschiefer und Metakarbonat-Brekzien. Die darüber lagernde Hippold-Formation wird neuerdings als oberjurassischer "Megaolistolith" interpretiert, der mehrere hundert Meter große, lithologisch sehr variable Komponenten permotriassischen Alters führt: So finden sich neben permotriassischem, grünlichem Quarzit ("Lantschfeld-Quarzit") auch stratigraphisch zusammenhängende Partien von anisischer Reichenhall-, ladinischer Reifling- und ladinisch-unterkarnischer Wetterstein-Formation, teilweise auch Reste von stark fragmentierten Raibler Schichten. Über der Hippold-Formation folgen die erst in jüngerer Zeit neu definierte Eiskar- und Graue-Wand-Formation mit vermutlich unterkretazischem Alter. Diese Formationen beinhalten eine variable lithologische Schichtenfolge von kalkfreien Tonschiefern sowie Kalk-Dolomit-Brekzien.

"Innsbrucker-Quarzphyllit-Decke" (Silvretta-Seckau-Deckensystem, Oberostalpin)

Die Nordwestecke des Exkursionsgebietes erschließt Gesteine der Innsbrucker-Quarzphyllit-Decke. Diese wird dem Silvretta-Seckau-Deckensystem angerechnet, das wiederum den tektonisch tiefsten Anteil des in diesem Bereich weitgehend kristallinen Oberostalpins darstellt (SCHUSTER 2015).

Der dominierende Gesteinstyp im Rahmen des vorliegenden zweibändigen Exkursionsführers ist der Innsbrucker Quarzphyllit, der in der Hauptsache aus Metapeliten bis Metapsammiten aufgebaut ist. Erstere bestehen meist aus feinkörnigen Phylliten, Letztere aus Quarzphylliten, Glimmerschiefern und reinen Quarziten. Vielerorts existiert eine heterogene Wechsellagerung zwischen diesen Gesteinsarten. Daneben gibt es wieder relativ homogene Bereiche nur eines Lithotyps mit größerer Mächtigkeit.

Die erdgeschichtliche Entwicklung des Innsbrucker Quarzphyllites ist vielschichtig. Das zeigt sich schon allein in der unterschiedlich hohen, mehrphasigen Deformation einzelner Gebirgsabschnitte, die eine Differenzierung der Lithologien zusätzlich erschwert. Zusammengefasst handelt es sich bei den aufgeschlossenen Gesteinen um alt- und mittelpaläozoische Metasedimentgesteine (Metapelite und Metapsammite) mit vorwiegend variszischer Metamorphoseprägung und Resten von diskordant auflagernden, permotriassischen Metasedimentgesteinen. Eine Unterteilung im Rahmen dieses Buches vorzunehmen, würde zu weit führen – bei den vorgestellten, in Band 44 beschriebenen Exkursionen Ⓜ (Hippoldspitze), Ⓞ (Rastkogel und Tuxer Magnesitwerk) und Ⓟ (Rastkogel über das Geisljoch) kann man neben der Hauptlithologie noch rötliche Eisendolomite (Ankerite) sowie grobe und derbe Quarzite unterscheiden. Für weitere Informationen sei auf ROCKENSCHAUB et al. (2003b) verwiesen.

Weiterführende Literatur

BETTEN, S. (2014): Tektonik des Tauernfensters. In: SASS, I., R. SCHÄFFER & C.-D. HELDMANN (Hrsg.): Geopfad Berliner Höhenweg, Schautafel 27, Darmstadt.

BRANDNER, R., F. REITER & A. TÖCHTERLE (2008a): Überblick zu den Ergebnissen der Geologischen Vorerkundung für den Brenner-Basistunnel. – Geo.Alp, 5: 165–174, Innsbruck.

BRANDNER, R., F. REITER & A. TÖCHTERLE (2008b): Hochmetamorphe Keuperfazies ("Aigerbach-Formation") und unterjurassische Kontinentalrandfazies ("Kaserer-Formation"), zwei Schlüssellithologien bei der Erkundung des Brenner-Basistunnels. – Abstract Pangeo Wien, 2008: S. 14, Wien.

DECKER, K., J. FEIJTH, D. FRIELING, W. FRISCH, A. GRUBER, B. KOLENPRAT, J. MAGIERA, A. NOWOTNY, G. POSCHER, F. REITER, F. RIEDL, M. ROCKENSCHAUB, T. SCHEIBNER & J. ZASADNI (2009). Geological map sheet 148 Brenner 1:50000. Wien: Geologische Bundesanstalt.

DINGELDEY, C. (1990): Der Reckner-Serpentinit und seine Randgesteine - Petrologie und Geochemie. – Diplomarbeit Univ. Wien, 215 S.

DINGELDEY, C. (1995): Die Bedeutung des Reckner-Komplexes für die geotektonische Entwicklung des Unterostalpins im Nordwesten des Tauernfensters. - Dissertation Univ. Wien, 349 S.

ENZENBERG-PRAEHAUSER, M. (1976): Zur Geologie der Tarntaler Breccie und ihrer Umgebung im Kamm Hippold-Kalkwand (Tuxer Voralpen, Tirol). – Mitt. Ges. Geol. Bergbaustaud. Österr., 23: 163–180, Wien.

FINGER, F., M. P. ROBERTS, B. HAUNSCHMID, A. SCHERMAIER, & H. P. STEYRER (1997): Variscan granitoids of central Europe: their typology, potential sources and tectonothermal relations. Mineralogy and Petrology, 61: 67–96.

FRASL, G. (1958): Zur Seriengliederung der Schieferhülle in den mittleren Hohen Tauern. – Jahrbuch Geol.- B.-A., 101 (3): 323–473, Wien.

FRISCH, W. (1973/1974): Die stratigraphisch-tektonische Gliederung der Schieferhülle und die Entwicklung des penninischen Raumes im westlichen Tauernfenster. – Mitt. Geol. Ges., 66/67: 9–20, Wien.

HÖCK, V. (1969): Zur Geologie des Gebietes zwischen Tuxer Joch und Olperer (Zillertal, Tirol). – Jahrbuch der Geologischen Bundesanstalt, 112: 153–195, Wien.

KEBEDE, T., U. KLÖTZLI, J. KOSTER & T. SKILÖD (2005): Understanding the pre-Variscan and Variscan basement components of the central Tauern Window, Eastern Alps (Austria): constraints from single zircon U-Pb geochronology. – Intern. J. Earth Sci., 94: 336–353.

KOLLER, F. (1976): Zur Petrologie der Hornblendegarbenschiefer der Ostalpen – Tschermaks mineralogische und petrographische Mitteilungen, 23: 275–315.

KOLLER, F., CH. DINGELDEY & V. HÖCK (1996): Exkursion F: Hochdruckmetamorphose im Recknerkomplex/ Tarntaler Berge (Unterostalpin) und Idalm-Pphiolit/Unterengadiner Fenster. - Mitt. Österr. Miner. Ges., 141: 305–330, Wien.

LAMMERER, B. (1992): Bericht 1991 über geologische Aufnahmen im Tauernfenster auf Blatt 149 Lanersbach. – Jahrbuch der Geol.-B.-A., 135, S. 744, Wien.

LAMMERER, B. & G. MORTEANI (1990): Exkursion E8: Schlegeis und Pfitscher Joch, Zillertaler Alpen. – Mitteilungen der Österreichischen Mineralogischen Gesellschaft, Band 135: 184–196, Wien.

LAMMERER, B., T. FRUTH, D. D. KLEMM, E. PROSSER & K. WEBER-DIEFENBACH (1976): Geologische und Geochemische Untersuchungen im Zentralgneis und in der Greiner Serie (Zillertaler Alpen, Tirol) – Geologische Rundschau, 65: 436–459, Stuttgart.

LAMMERER, B., H. GEBRANDE, E. LÜSCHEN & P. VESELÁ (2008): crustal-scale cross-section through the Tauern Window (eastern Alps) from geophysical and geological data. SIEGESMUND, S., B. FÜGENSCHUH & N. FROITZHEIM (Hrsg.): Tectonic Aspects of the Alpine-Dinaride-Carpathian System. Geological Society, London, Special Publications, 298: 219–229.

LEDOUX, H. (1984): Paläogeographie und tektonische Entwicklung im Penninikum des Tauern-Nordwestrandes im oberen Tuxertal. – Jb. Geol. B.-A., 126: 359–368, Wien.

OEHLKE, M., M. WEGER & B. LAMMERER, (1993): The "Hochfeiler Duplex" – Imbrication Tectonics in the SW Tauern Window. – Abhandlungen der Geologischen Bundesanstalt, 49: 107–124, Wien.

PESTAL, G., E. HEJL, R. BRAUNSTINGL & R. SCHUSTER (2009): Erläuterungen zur Geologischen Karte von Salzburg 1:200.000. – Land Salzburg & Geologische Bundesanstalt, 162 S., Wien.

PFIFFNER, O. A. (2015): Geologie der Alpen. – Haupt-Verlag, 3. Auflage, 397 S.; Bern.

ROCKENSCHAUB, M., B. KOLENPRAT & A. NOWOTNY (2003a): Das Westliche Tauernfenster – Arbeitstagung der Geologischen Bundesanstalt 2003, Blatt 148 Brenner: 7–38, Wien.

ROCKENSCHAUB, M., B. KOLENPRAT & A. NOWOTNY (2003B): Innsbrucker Quarzphyllitkomplex, Tarntaler Mesozoikum, Patscherkofelkristallin – Arbeitstagung der Geologischen Bundesanstalt 2003, Blatt 148 Brenner: 41–58, Wien.

SCHMID, S. M., A. SCHARF, M. R. HANDY & C. L. ROSENBERG, C (2013): The Tauern Window (Eastern Alps, Austria): a new tectonic map, with cross-sections and a tectonometamorphic synthesis. - Swiss Journal of Geosciences 106: 1-32.

SCHUSTER, R. (2015): Zur Geologie der Ostalpen. – Abhandlungen der Geologischen Bundesanstalt, 64: 143–165, Wien.

SCHUSTER, R., & K. STÜWE (2008): Permian metamorphic event in the Alps. – Geology, 36 (8): 603–606.

THIELE, O. (1970): Zur Stratigraphie und Tektonik der Schieferhülle der westlichen Hohen Tauern. – Verhandlungen der geologischen Bundesanstalt, 1970 (2): 230–244, Wien.

THIELE, O. (1974): Tektonische Gliederung der Tauernschieferhülle zwischen Krimml und Mayrhofen. – Jahrbuch Geol. B.-A., 117: 55–74, Wien.

TÖCHTERLE, A. (2011): Aspects of the Geological Evolution of the Northwestern Tauern Window – Insights from the Geological Investigations for the planned Brenner Base Tunnel – Dissertation Universität Innsbruck, 165 S., Innsbruck.

VESELÁ, P., B. LAMMERER, A. WETZEL, F. SÖLLNER & A. GERDES (2008): Post-Variscan to Early Alpine sedimentary basins in the Tauern Window (eastern Alps). – In: SIEGESMUND, S., B. FÜGENSCHUH & N. FROITZHEIM, (Ed.): Tectonic Aspects of the Alpine Dinaride-Carpathian System. – Geological Society, Special Publications, 298: 83–100, London.

VESELÁ, P., F. SÖLLNER, F. FINGER & A. GERDES. (2011): Magmatosedimentary Carboniferous to Jurassic evolution of the western Tauern Window, Eastern Alps (constraints from U-Pb zircon dating and geochemistry). International Journal of Earth Sciences, 100: 993–1027.

Die zwar »nur« 2430 Meter hohe, aber dennoch beeindruckende Felsnadel des Lappins erhebt sich über einem Zirbenbestand südlich der Elsalm und markiert die autochthone, metasedimentäre Hülle der Hochstegenzone auf Kristallingesteinen des Ahornkerns: Die Gipfel im Hintergrund – die Hintere Grinbergspitze (2884 m, auch »Kristallner« genannt) links und der zerzackte Nestspitz-Nordgrat rechts – bestehen bereits zum größten Teil aus feldspatreichen Augen- und Flasergneisen.

Die Eiszeiten und der "letzte Schliff"

Mit dem Beginn des Eiszeitalters beginnt das letzte Kapitel der Reliefgestaltung der Zillertaler Alpen zu dem Gebirge, das wir heute vor uns sehen. Erdgeschichtlich betrachtet fanden diese Ereignisse quasi "gestern Abend" statt, begann diese geomorphologisch sehr markante Epoche doch erst vor 2,6 Millionen Jahren. Die Umgestaltungen zum uns heute vertrauten Gebirge waren jedoch trotz des erdgeschichtlichen "Zeithauches" so tiefgreifend, dass es ein eigenes Kapitel braucht, um den glazigenen Formenschatz, den wir später bei den einzelnen Exkursionen immer wieder aufs Neue beobachten werden, doppelt in geraffter Form darstellen zu können.

Gliederung des Eiszeitalters

Das Eiszeitalter, auch Pleistozän genannt, endete mit der letzten Kaltphase ("Jüngere Dryas") vor etwa 11 500 Jahren (Doppler et al. 2011) und reicht damit weit in die Besiedlungsgeschichte des europäischen Kontinents und auch in unsere eigene Historie. Diese Phase wird zusammen mit dem Holozän beziehungsweise dem neuerdings definierten und informell vorgeschlagenen Anthropozän (Gegenwart bzw. ab 1950 n. Chr.) zum Quartär zusammengefasst.

Charakteristisch für das Pleistozän waren sich wiederholende, drastische Klimaschwankungen, die Vereisungen weiter Teile der Nordhalbkugel nach sich zogen. In den Alpen sowie im Alpenvorland werden während des Pleistozäns sechs Kaltzeiten 34 oder Glaziale (Biber, Donau, Günz, Mindel, Riß und Würm; siehe Penck & Brückner 1911, Schaefer 1953 a, b) vermutet. Jedes dieser Glaziale war für sich gesehen keine einzelne Vereisungsphase, sondern gliederte sich in unterschiedlich starke Eisvorstöße (Stadiale), aber auch zwischenliegende Wärmeperioden (Interstadiale). Zwischen den Glazialen gab es Warmzeiten (Interglaziale), in denen zum Teil wärmere Klimate herrschten als heute (Chaline & Jerz 1984).

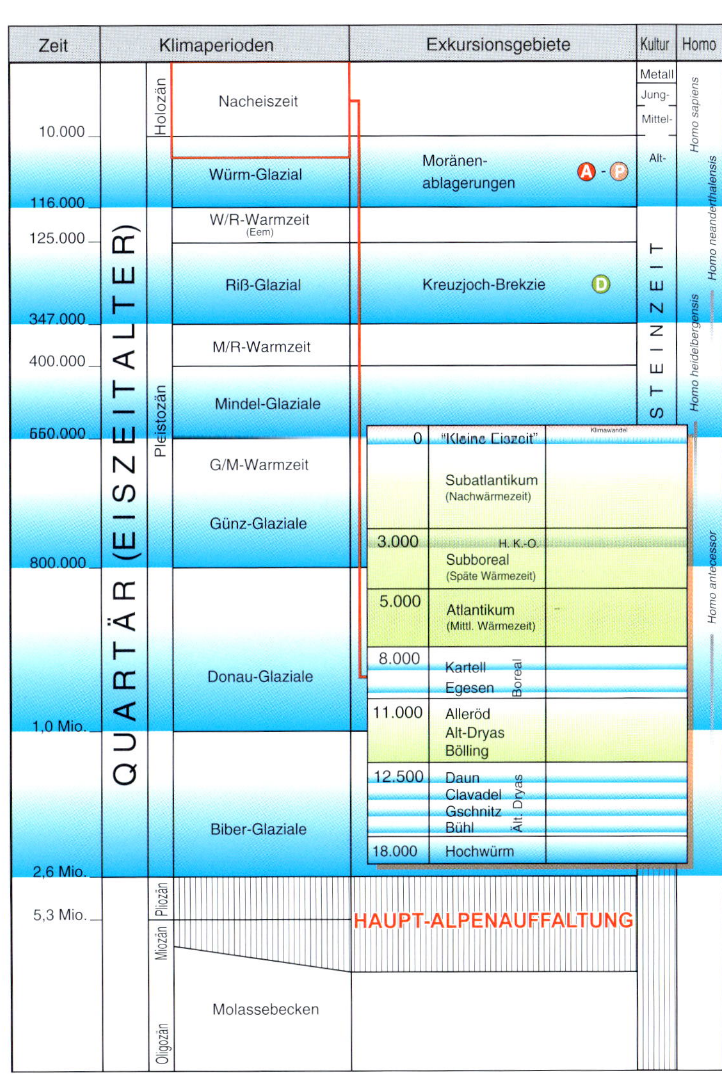

Abb. 34. Allgemeine Gliederung des Eiszeitalters (Quartär) sowie zeitlich äquivalente Vorkommen in den Zillertaler Alpen mit der entsprechenden Exkursionsnummer. Die kleine Box stellt die klimatischen Ereignisse seit dem würmzeitlichen Gletscher-Höchststand (Spätglazial) bis zur Gegenwart dar. Abkürzungen: H.K.-O. = »Holozänes Klima-Optimum«. Die Buchstaben bezeichnen die jeweiligen Exkursionsnummern.

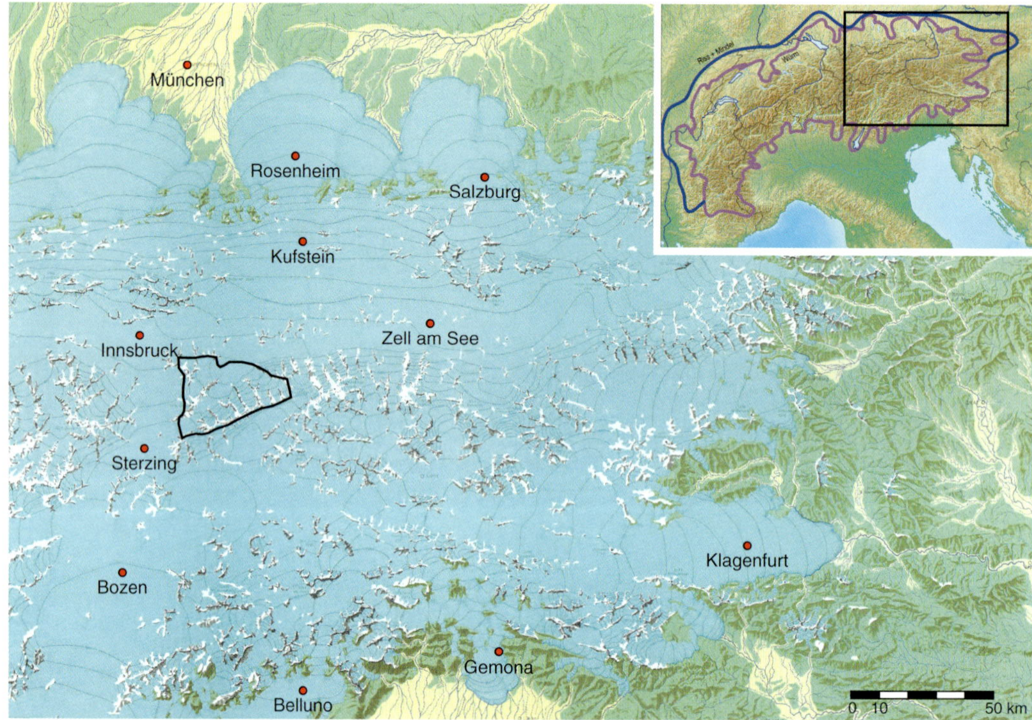

Abb. 35. Maximalausdehnung der würmzeitlichen Gletscher im Bereich der Ostalpen (verändert nach VAN HUSEN 1987) mit den Umrissen des Zillertals. Das kleine Bild rechts oben zeigt die riß- beziehungsweise mindelzeitliche versus die würmeiszeitliche Eis-Maximalausdehnung am gesamten Alpenkörper (Quelle: Wikimedia commons, Attribution-Share Alike 3.0 Unported).

In den alpinen Kaltzeiten jedoch bildeten sich aus nicht mehr abschmelzenden Schneemassen bis zu 2000 Meter mächtige Eisstromnetze und Vorlandgletscher, deren Endzungen mehrfach flächenhaft weit ins Alpenvorland vorstießen. Dort veränderten sie nicht nur das vorgefundene Relief, sondern hinterließen auch entsprechende Spuren im inneralpinen Raum. So kann man noch heute die glazigene Erosionskraft von Gletschern in Form von abgeschliffenen Bergflanken, modellhaft ausgeformten Karen, charakteristisch ausgehobelten Trogtälern mit entsprechenden Steilstufen an der Einmündung von Seitentälern sowie stark übertieften Haupttälern nachvollziehen. Die Rekonstruktionen reichen so weit, dass man in der Lage ist, Ausdehnung, Höhe und Eismächtigkeit zumindest des Eisstromnetzes der jüngsten Eiszeit relativ genau abzulesen.

Für die Kaltzeiten werden im Alpenvorland mittlere Jahrestemperaturen von –2° C angenommen, also etwa 10–11° C weniger als heute. In den Warmzeiten (Interglaziale und Interstadiale) war das Klima mit dem heutigen vergleichbar, teilweise herrschten gar warm-humide Verhältnisse.

Anders als im Alpenvorland oder noch entlang der Austrittstäler großer Gletscher-Endloben, konnten Eisströme neben ihrer Erosionskraft auch Sedimentgesteine akkumulieren – beispielsweise in Form von Moränensedimenten, Vorstoß- und Schmelzwasserschottern. Dagegen überwog im inneralpinen Bereich aufgrund der stark erhöhten Topographie, der damit verbundenden höheren Eis-Fließgeschwindigkeit und resultierenden stärkeren Abrasivität eher die Abtragung denn die Akkumulation von Sedimenten. So verwundert es kaum, dass es von den älteren Kaltzeiten in den Zillertaler Alpen keine unmittelbaren sedimentären beziehungsweise geomorphologischen Evidenzen gibt, wenngleich Bergkämme und Täler definitiv stark vergletschert gewesen sein müssen. Sie haben entsprechende Erosions-Anzeiger und/oder Sedimente auf den Bergflanken sowie in den Karen und Tälern hinterlas-

Abb. 36. *Nunatakker in der Antarktis (Quelle: Wikimedia commons, Attribution-Share Alike 3.0 Unported).*

sen. Diese wurden jedoch durch die jeweils nachfolgenden Kaltzeiten ausgeräumt, erodiert oder – im Fall von glazimorphologischen Erosionsformen – vollständig überprägt. Das betrifft alle älteren Eiszeiten bis zur Riß-Kaltzeit vor etwa 150000 Jahren. Dieses hat sowohl im Alpenvorland als auch inneralpin die höchsten Eis-Maximalstände hervorgebracht. Mindeleiszeitliche Reste mit einem ähnlich hohen inneralpinen Eisstand sind aus dem Zillertal nicht bekannt, da sie vermutlich durch das Riß-Glazial vollständig ausgeräumt wurden. Und da die letzte bislang bekannte Vereisungsperiode der Würm-Eiszeit nicht mehr derartige Eisvolumina bilden konnte, blieben die höchsten Moränen- und Eisrandsedimente rißzeitlichen Alters über jenen würmzeitlichen Alters erhalten.

So stammen die ältesten heute noch sichtbaren quartären Hinterlassenschaften der Zillertaler Alpen aus dem Riß-Glazial und haben sich rund um das Kreuzjoch auf der Nordseite des Tuxer Kammes in Form einer brekziierten, verfestigten Mittelmoräne erhalten (siehe auch Exkursion D). In eisströmungstechnisch günstiger Form im Lee eines Bergkammes liegend, konnte sie auch durch die nachfolgende Würm-Eiszeit nicht wieder vollständig erodiert werden.

Was die Würm-Eiszeit angeht, die nach der Riß/Würm-Warmzeit (auch "Eem" genannt) vor circa 115000 Jahren begann und erst vor knapp 11500 Jahren endete, wissen wir relativ gut Bescheid. Danach gab es auch in der Würm-Kaltzeit mehrere Stadiale und Interstadiale, in deren Zeitspanne sich Gletscherströme aus den Hochlagen in die Täler vorschieben konnten. Der Höhepunkt der Vereisungsperiode wurde vor knapp 21000 Jahren erreicht. Binnen kurzer Zeit wuchs das Eisstromnetz, die Gletscher schoben sich zunächst aus den Seitentälern ins Zillertaler Haupttal, später bis hinaus ins Inntal und stauten dort vermutlich einen riesigen See auf. Mit dem Vorstoß des Inntal-Gletschers aus dem Engadin weit im Westen stieg auch der "Eispegel" im Zillertal beträchtlich an – über dem Talort Mayrhofen dürfte ein zeitweise mehr als 2000 Meter mächtiger Eispanzer gelegen haben und langsam talauswärts geflossen sein. Man darf dabei aber nicht vergessen, dass das damalige Talniveau aufgrund der schürfenden Tätigkeit des Eises mindestens 300 Meter tiefer lag als heute im wiederaufgeschotterten Zustand. Hätte man damals von weit oben die gesamten Alpen
betrachten können, wäre einem das Gebirge wie eine einzige, riesige Eisfläche vorgekommen – erst 35
bei näherem Heranzoomen hätte man bekannte Kammlinien und sogar hohe, vertraute Bergformen erkennen können – nur dass diese damals als Nunatakker bis zu ihren "Schultern" buchstäblich im Eis versunken gewesen wären.

Will man derartige Landschaftsformen heute mit eigenen Augen sehen, muss man sich in die Polarregionen der Erde begeben. Sowohl in der Arktis auf Grönland als auch in der Antarktis gibt es
noch solche im Eis versunkenen Hochgebirge wie damals vor knapp 20000 Jahren in Mitteleuropa. 36

Glazialer Formenschatz

Die wiederholt massive Eigenvergletscherung der Zillertaler Alpen hat regional zu einer grundlegenden Überprägung des Festgesteins-Formeninventars geführt und damit zur Herausprägung neuer, erdgeschichtlich sehr junger Formen. Natürlich konnten die Gletscher trotz ihrer Erosionskraft keine

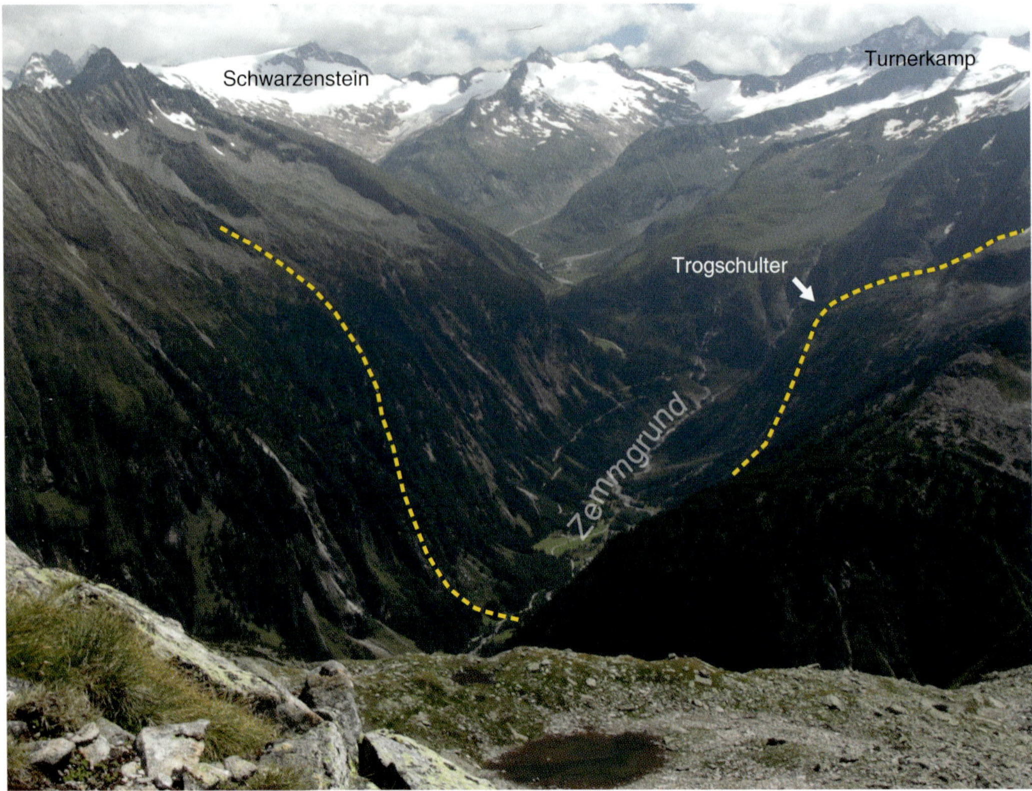

Abb. 37. Der Zemmgrund ist ein typisch glazial stark überprägtes Trogtal – die strichlierte gelbe Linie dokumentiert die entsprechend U-förmige Geomorphologie.

gänzlich neuen Täler schaffen. Diese waren zuvor im Miozän und Pliozän durch die einschneidenden Einfluss des Wassers im Zusammenspiel mit tektonischen Verwerfungslinien und Brüchen angelegt. Doch die schmirgelnde und schürfende, langsame, aber stetig wirkende Tätigkeit des Eises konnte die bestehenden Formen überprägen. Das geschah in zweierlei Form: einerseits durch Erosion, andererseits durch Akkumulation – irgendwo musste das abgetragene Gebirge ja hingebracht werden.

Woher wissen wir das alles? Anders als bei der Festgesteinsgeologie im Kapitel zuvor haben wir ja im Falle der Glazialerosion kaum etwas "Greifbares" in Händen. Hier kommt der berühmte Blick über den Tellerrand ins Spiel. Noch vor 200 Jahren war ein massives, alpenweit zusammenhängendes Eisstromnetz, geschweige denn ganze Inlandseisschilde auf der Nordhalbkugel bei den meisten Geowissenschaftlern schier undenkbar. Es waren einige wenige wissenschaftlich mutige Pioniere wie die Geologen LOUIS AGASSIZ (Frankreich) und CHARLES LYELL (England), die ihre Vorstellungen vor 175 Jahren erstmals laut auszusprechen wagten und vor etwas mehr als 130 Jahren letztendlich durchsetzen konnten. Als genaue Beobachter der Natur wussten sie beispielsweise um die erosive Eigenschaft des rezent vorhandenen Eises und erkannten irgendwann mit geschultem Auge gleichartige Formen wie Gletscherschliffe oder Moränenkämme an Berghängen und Graten oder in Tälern. Doch diese liegen heute allerdings an ganz anderen Positionen als der jetzt noch erhaltene Gletscher. Es dauerte zwar nach menschlichem Ermessen eine geraume Zeit, aber diese Forscher gaben mit etwas Hartnäckigkeit und letztendlich unwiderlegbaren Beweisen im Verein mit der immer stärker aufkommenden Polarforschung (wo man "eiszeitähnliche Zustände" sozusagen direkt betrachten konnte) dem kollektiven menschlichen Bewusstsein das Wissen um eine gar nicht mal so lange zurückliegende Zeit, die so ganz anders war als unsere.

Erosion

Vom heutigen Standpunkt aus gesehen, erscheint das Schema der Glazialerosion recht einfach und kann grob gesagt mit der Wirkung eines gigantischen Hobels verglichen werden. Da die Gletscher Gestein jedweder Größe – vom Sandkorn bis zum hausgroßen Block – mit sich führen, wirken sie wie ein Schleifpapier, runden Berggrate ab, schmirgeln Hohlkehlen beziehungsweise steile Wände in Talflanken und schürfen Täler mehrere hundert Meter tief unter ihr vorglaziales Niveau aus. Dabei entstehen ganz charakteristische Formen: Ein typisch glazigen überprägtes Tal ist ein U-Tal oder Trogtal, beispielsweise der
37 Zemmgrund von Breitlahner bis in den flachen Talboden der Berliner Hütte, dem einstigen Vereinigungspunkt mehrerer vom Alpenhauptkamm nordwärts fließender Gletscherströme. Seine Charakteristika sind ein flacher Talboden (der bis heute weitgehend eben mit holozänen Sedimenten aufgeschottert wurde) sowie steile bis nahezu senkrechte Seitenwände. Meist ist eine mehr oder weniger deutlich ausgeprägte Trogschulter vorhanden, über der die Talränder signifikant flacher werden. Es gibt zwei Bereiche mit verstärkter Erosionskraft: einerseits an der Basis, wo der Eisauflastdruck am höchsten ist und entsprechend Schmelzwässer mit hohem Druck und hoher Geschiebefracht austreten. Andererseits führen auch wiederholte Frost-Tau-Wechsel zu besonders wirksamen erosiven Vorgängen wie der Detraktion, dem Gesteinsabtrag. In beiden Fällen kommt es zu einer schnellen Tiefenerosion und einer Übersteilung der Talränder. Dabei stellt die Trogschulter die Grenze zwischen glazigener Erosion und verstärkter Tiefenerosion dar. Aber auch der seitliche Gletscherrand, also die Nahtstelle zwischen Fels und fließendem Eis, zeigt eine starke Erosionskraft, was sich teilweise mit einer Hangversteilung bemerkbar macht.

Vor allem die Seitenränder von Trogtälern werden nach dem oft schnellen spätglazialen Rückschmelzen der Gletscherströme in Gegenden mit weichen Lithologien oft instabil und brechen nach,

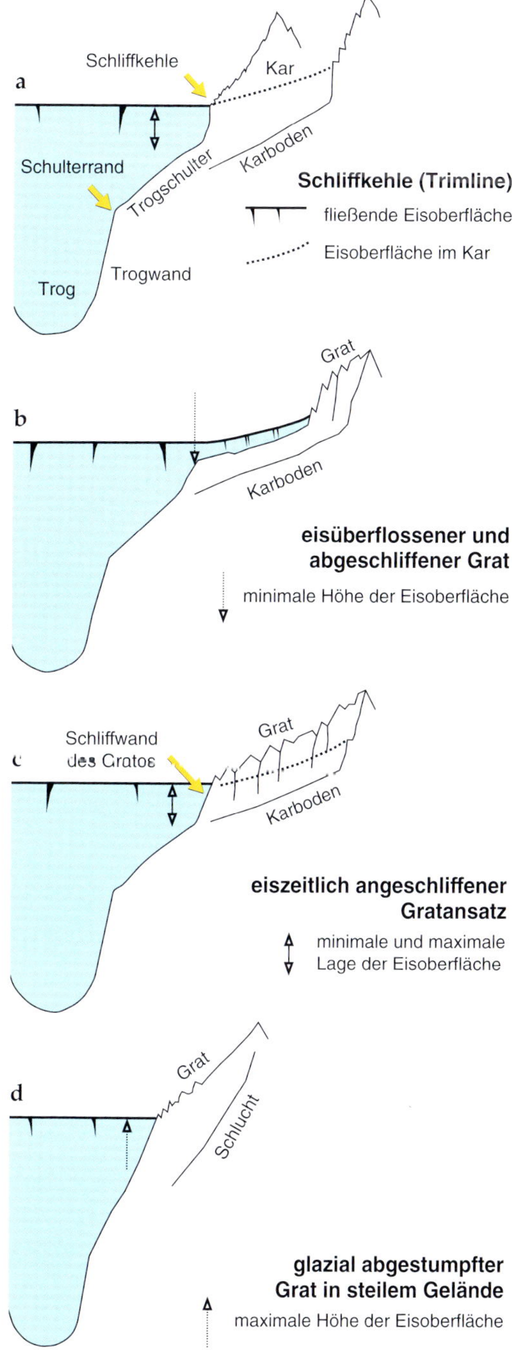

Abb. 38: Schemaskizzen zum besseren Verständnis der Entstehung und Wirkung von glazigener Erosion: a, Querschnitt durch ein Trogtal mit einer Schliffkante und einer »normalerosiven« Talseite; b, dasselbe Schema betrifft senkrecht zur Fließrichtung des Eises einmündende Seitenkämme, die im Falle eines Eisanstieges zunächst überflossen und dann c, regelrecht abgeschliffen werden. d, zeigt die Erosionskraft eines Gletschers in primär sehr steilem Gelände. Hier ist die Schliffkante mitunter nur durch abgeschmirgelte Kämme mit gerundeten Formen zu erkennen (verändert nach Zasadni *2019). ▭, Eis.*

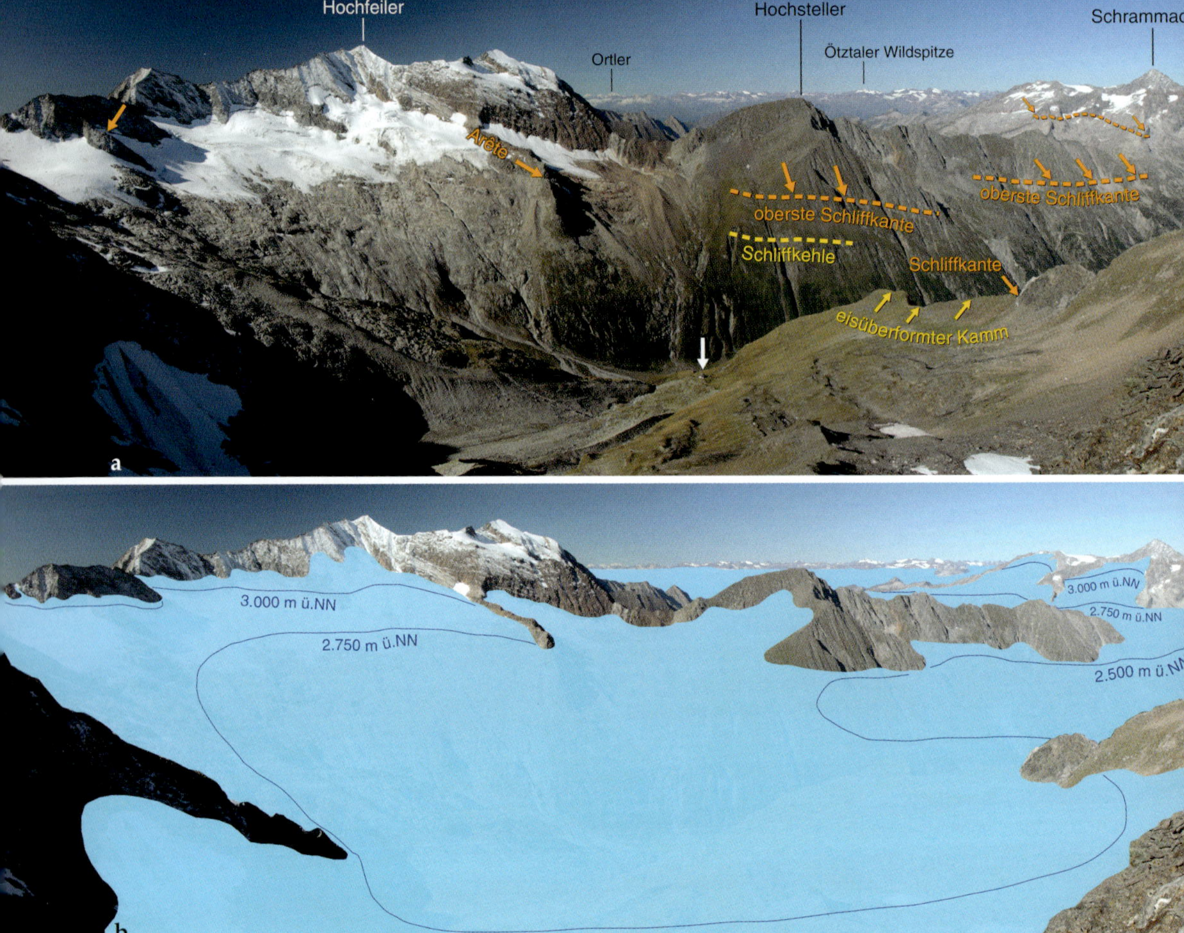

Abb. 39. Der Schlegeisgrund, gesehen von der Schönbichler Scharte (3084 m), mit glazigenen Erosionsmarkern (a) und entsprechender Rekonstruktion zur Zeit des »Last Glacial Maximum« vor etwa 21 000 Jahren (b).

weswegen die typisch u-förmige Morphologie oft nicht mehr zu erkennen ist. Da in den Zillertaler Alpen jedoch verhältnismäßig widerstandsfähige Gesteine den Gebirgskern bilden, sind die U-Täler dort sehr gut erhalten.

38a Gerade die Nahtstelle oder Schliffgrenze zwischen dem maximalen Gletscherstand und dem nicht eisüberflossenen Gestein darüber ist von würmzeitlichen Gletscherständen in den Zillertaler Alpen scharf herausgebildet und seit dem Abschmelzen des Eisstromnetzes noch an vielen Punkten gut zu sehen.

Stehen dem Gletscher in der Aufbauphase quergestellte Bergkämme im Weg, werden diese zunächst
38b angeschliffen, bei einem Anstieg der Gletscheroberfläche nach und nach überflossen und in der
38c Folge regelrecht plan geschliffen. Man spricht dann von einem glazigen abgeschliffenen Grat. Die Schliffkante ist in mittelsteilen Hängen am besten zu sehen, in stark übersteilten Bergkämmen wie
38d beispielsweise am Dristner oberhalb Ginzling ist sie oft nur aufgrund der abgerundeten Gratformen unmerklich zu erahnen (siehe Exkursion D).

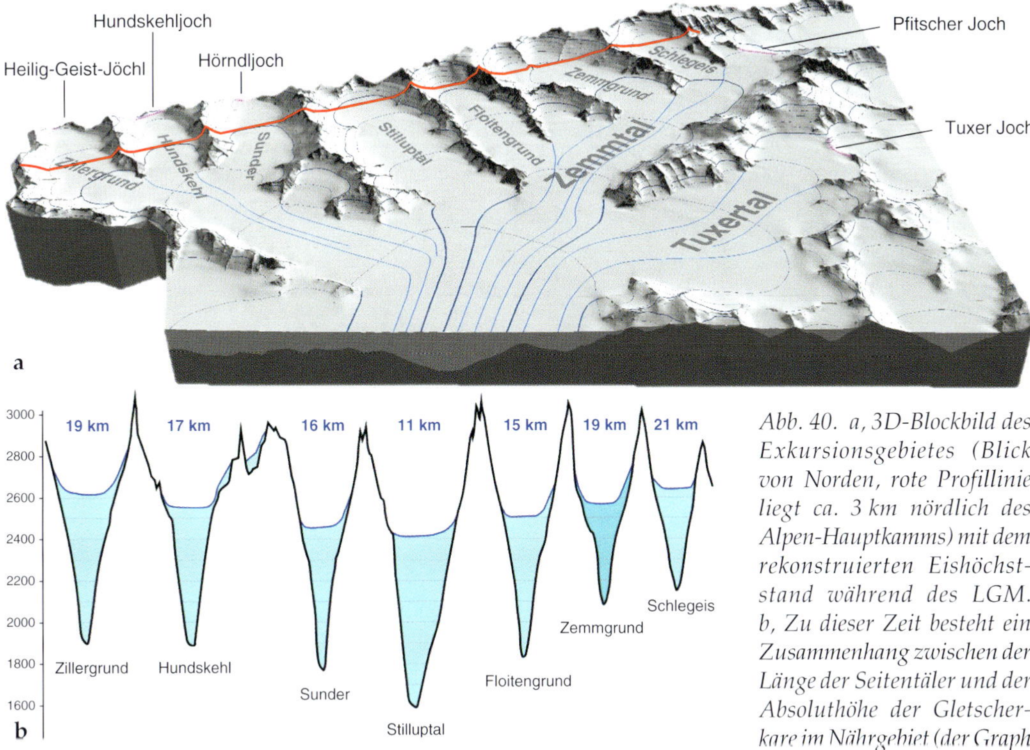

Abb. 40. a, 3D-Blockbild des Exkursionsgebietes (Blick von Norden, rote Profillinie liegt ca. 3 km nördlich des Alpen-Hauptkamms) mit dem rekonstruierten Eishöchststand während des LGM. b, Zu dieser Zeit besteht ein Zusammenhang zwischen der Länge der Seitentäler und der Absoluthöhe der Gletscherkare im Nährgebiet (der Graph zeichnet die rote Profillinie in mehrfach überhöhter Form in a nach) (verändert nach Zasadni *2019).* ▫, *Eis.*

Was bringt das Ganze bei der Rekonstruktion von Eiszeitaltern? Nun, die Obergrenze des Eises während der Maximalvergletscherung war auch gleichzeitig die Grenze der glazigenen Erosion – darüber "durfte" der Berg noch so vor sich hinwittern, wie er wollte oder es sein Gestein zuließ. Mit ein wenig Übung erkennt man – zumindest über der Baumgrenze – Schliffkehlen an Bergflanken oder schmalen Berg- und Seitenkämmen. An Letzteren sieht man es besonders schön, weil der Unterschied vom abgeschliffenen Kamm zum an der Oberseite zerzackten und gewöhnlich erodierten, aber seitlich zugeschliffenen schmalen Grat (einer sogenannten Arête) oft noch allzu deutlich ist – so beispielsweise am eleganten Dristner im Blick von der Gamshütte (siehe Abb. 141, S. 158). Sucht man sich solche Schliffgrenzen in einem Zillertaler Seitental und lässt ein wenig Fantasie beziehungsweise
Computergraphik walten, kann man sich auf eine Zeitreise knapp 20000 Jahre zurück begeben. Und 39
wenn man die Zillertaler Alpen nördlich des Hauptkammes konsistent auf solche Marker untersucht, wie das Jerzy Zasadni aus Krakau beinahe zwei Jahrzehnte lang getan hat (u.a. Zasadni 2012, Wirsing et al. 2016), bekommt man eine ungefähre Vorstellung von der urtümlichen, vergessenen Landschaft, die zur Zeit des Würm-Gletscherhöchststandes – auch "Last Glacial Maximum" oder kurz "LGM" genannt – über den Gründen und Tälern lag.

Interessant ist bei Betrachtung der maximalen Eishöhen in den Zillertaler Gründen übrigens der Zusammenhang zwischen Absoluthöhe und Tallänge: je länger das Tal, desto größer ist die Absoluthöhe der unter dem Hauptkamm liegenden Gletscherbecken. Während des LGM lag das 40
Eis so hoch, dass die niedrigen Gebirgspässe des Heilig-Geist-Jöchls (2658 m) als Abschluss des Zillergrunds, das Hundskehljoch (2559 m) über der Hundskehle sowie das Hörndljoch (2553 m) über dem Sundergrund eisüberflossen waren und mit dem südlich des Hauptkammes abfließenden Ahrntal-Gletscher Verbindung hatten. Auch über das Pfitscher Joch (2276 m) bestand ein mächtiger Eisüberfluss aus dem Pfitschtal.

Akkumulation

Die oben beschriebenen geomorphologischen Landschaftsmarken erlauben einen Blick in die Zeitscheibe des Vereisungsmaximums der letzten Kaltzeit, nicht jedoch Aussagen über die Prozesse danach. Und natürlich gibt es eine entsprechende Historie auch in den Zillertaler Alpen, die von diesem Zeitpunkt vor circa 21 000 Jahren bis zur Gegenwart reicht.

Nachdem die würmeiszeitliche Klimax überschritten war, fand ein Abschmelzprozess und nachfolgender Zerfall des inneralpinen Eisstromnetzes statt. Dieser ging selbst nach menschlichem Ermessen relativ schnell vonstatten (VAN HUSEN 1977), jedoch auch nicht linear, sondern in Pulsationen: Auf Abschmelzphasen der Gletscher folgten erneute Eis-Vorstoßphasen, die jedoch bei weitem nicht mehr an das Ausmaß des LGM herankamen. Auch über diese Zeiten wissen wir aufgrund von glazigenen Sedimenten recht gut Bescheid – liegen sie doch gerade mal 12 000 bis 18 000 Jahre zurück. Gletscher können nämlich nicht nur erodieren, abschleifen und langsam zerstören, sondern auch Lockersedimente akkumulieren. Die dabei entstehende, mit Abstand wichtigste Hinterlassenschaft ist der sogenannte Moränen-Till, ein heterogen gemischtkörniges, unsortiertes Lockersediment, das der Gletscher unter seiner Basis, an seinem Rand und/oder an seinem Ende ablagert. Da sich die meisten Eisströme in unseren geographischen Breiten wie eine hochviskose Flüssigkeit verhalten und langsam, aber stetig zu Tal fließen, wirken sie wie Förderbänder, die eingefrorenen Schutt an ihrem Ende wieder freigeben. Das taten auch die gewaltigen Eisstromnetz-Gletscher des LGM, jedoch weit im Norden und Süden im Alpenvorland, so dass wir aus dieser Zeit im Zillertal nur Erosion und keine Akkumulation haben. Betrachtet man jedoch die Zillertaler Berge genauer, fallen an den Berghängen oberhalb der Baumgrenze langgezogene wallähnliche Strukturen auf, die die Konturen
41 längst abgeschmolzener Gletscher nachzuzeichnen scheinen und weitaus größere Eisströme als die heute übrig gebliebenen dokumentieren. Tatsächlich handelt es sich um die bogen- und girlandenförmig geschwungenen End- und Seitenmoränen. Sie unterscheiden sich durch grobblockige Komponentenführung vom eher feinkörnigen, oft aufgrund des Eisauflastdruckes stark konsolidierten Geschiebe-Till der Grundmoräne. Dieser enthält viel zerriebenes Feinmaterial, das der Gletscher an seiner Basis transportiert und unsortiert bei seinem Abschmelzen zurücklässt. Das Material für die End- und Seitenmoränen hingegen wälzt er beim talwärtigen Vorwärtsfließen vor sich her – deswegen die auch heute noch gut erhaltenen Konturen. Als Faustregel gilt: je besser erhalten und schärfer gezeichnet, desto jünger sind derartige Strukturen.

Neben all der Geomorphologie kommen in modernen Zeiten auch Datierungsmöglichkeiten mittels Zerfallsreihen natürlich vorkommender Isotopen hinzu, mit denen man solchen Wallstrukturen, beispielsweise unter dem Stampflkees nördlich des Pfitscher Joches, absolute Alter geben kann. Das Ganze funktioniert mit sogenannten kosmogenen Radionukliden wie ^{10}Be, die als Anzeiger gelten, wie lange ein Oberflächengestein der kosmischen Strahlung ausgesetzt war. Im Falle der Zillertaler Gletscherablagerungen funktioniert das so gut, dass man die unterschiedlichen Moränenbögen drei spät- und postglazialen Gletschervorstoß-Phasen zuordnen kann: 1) das Gschnitz-Stadium, das 2) Egesen-Stadium sowie die 3) Kleine Eiszeit. Mit all dem Wissen, sei es morphologischer, aber auch isotopengeologischer Natur, kann man sich in den Zillertaler Alpen also auf eine Zeitreise begeben,
42 vom Gletscherhöchststand des LGM bis zu den kümmerlich wirkenden Gletscherresten von heute.

Das Gschnitz-Stadial (der Name wurde Anfang des 20. Jahrhunderts von ALBERT PENCK und EDUARD BRÜCKNER nach der Typlokalität der Endmoräne von Trins im Gschnitztal in Nordtirol verwendet, siehe PENCK & BRÜCKNER 1901–1909) war der erste bedeutende Eisvorstoß des Würm-Spätglazials und fand im Zeitraum zwischen 14 200 bis 13 000 v. Chr. statt. Zu dieser Zeit gab es wieder bedeutende Talgletscher, deren Endzungen die vom Zillertaler Hauptkamm nordwärts reichenden Gründe zur
43 Gänze füllten, allerdings mit weit geringeren Eis-Absoluthöhen wie beim LGM. Der längste Gletscherstrom der Zillertaler Alpen war damals der Zemmgrund-Stillupgrund-Gletscher mit einer Länge von 28 Kilometern und einer Fläche von 280 Quadratkilometern. Er war demnach deutlich länger und mit dem etwa vierfachen Flächeninhalt bestückt wie der Aletschgletscher im Berner Oberland der Westalpen, der heute als der mit Abstand größte alpine Gletscherstrom der Gegenwart gilt. Ebenfalls bedeutsam war der Zillergrund-Gletscher mit 22 Kilometer Länge und einer Fläche von 130 Quad-

Abb. 41. Blick vom Anstieg zur Rotbachlspitze nach Norden auf die Hohe Wand und den Schrammacher mit dem dazwischenliegenden Stampflkees. Entsprechende Moränenwälle im Flankenbereich lassen sich unterschiedlichen Gletschervorstößen zuordnen: Die orangefarbenen markierten Moränenwälle unter dem Kellerkopf sowie die Schliffgrenze im obersten Zamsertal datieren in die Egesen-Vorstoßphase (Foto b), die violett eingefärbten Moränenwälle in die »Kleine Eiszeit«, die mit dem Vorstoß von 1850 ihren Höhepunkt hatte (Foto a).

ratkilometern. Da die ELA oder die "Equilibrium Line Altitude" (Zone, in der sich Eisakkumulation und Abschmelzen die Waage halten) seit dem LGM bis zum Gschnitz-Stadial von circa 1000 Meter auf 1800 bis 2000 Meter Höhe anstieg, wirkten sich geringere Gipfelhöhen von Bergketten in Bezug auf die Akkumulationsrate von Gletschereis stärker aus. Und so reichte der Tuxertal-Gletscher "nur" bis knapp östlich von Vorderlanersbach und hatte keinen Anschluss mehr an den großen Gletscherstrom, der aus dem Zemmgrund bis in den breiten Talkessel von Mayrhofen vordringen konnte. Dasselbe Schicksal war dem Zillergrund-Gletscher beschieden: Seine Endmoräne findet sich im engen Taleinschnitt westlich von Brandberg auf Höhe des Fellenbergbaches – es blieb ein knapper Kilometer

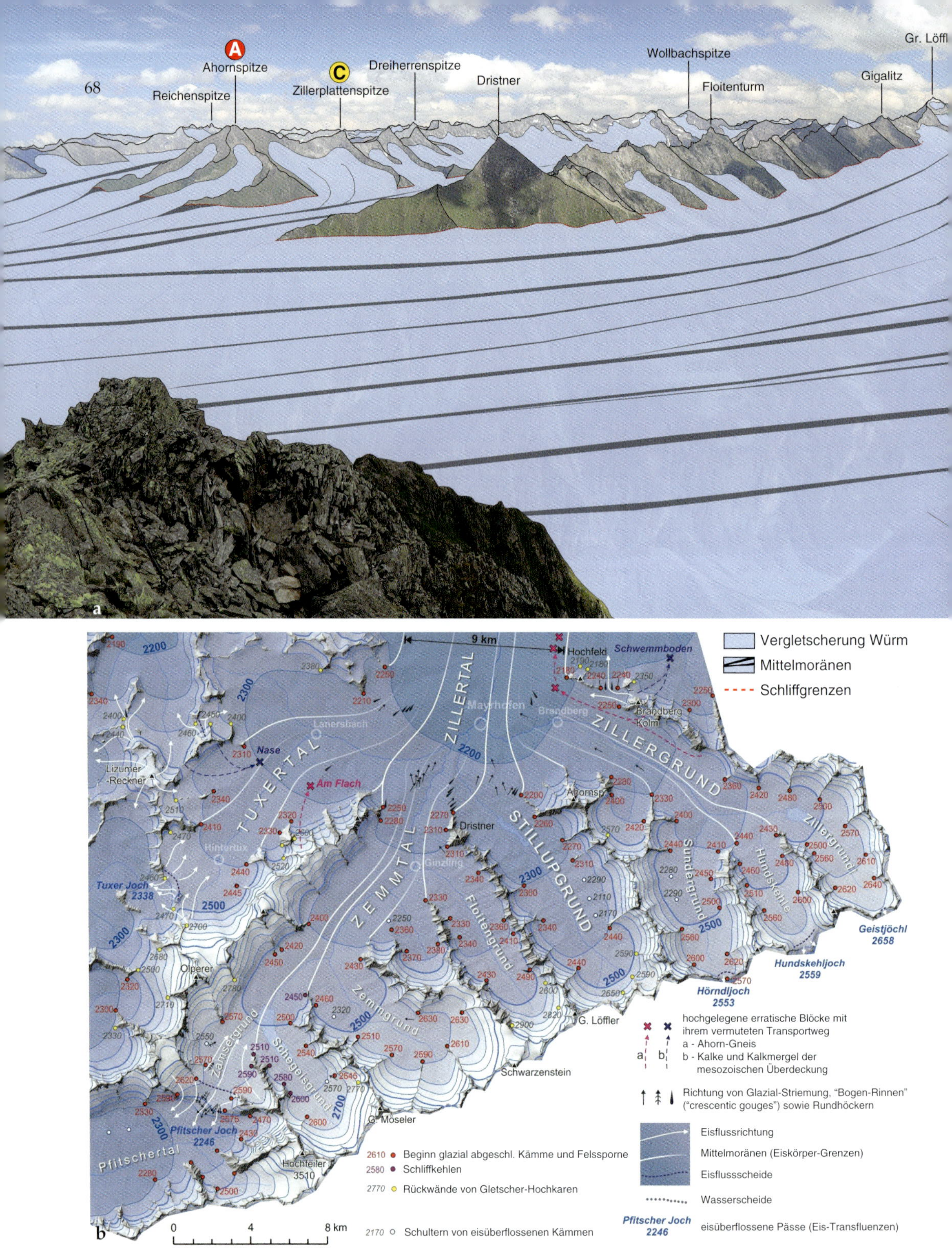

Abb. 42. a, Hätte man die Möglichkeit gehabt, vor 21000 Jahren auf die Vordere Grinbergspitze oberhalb von Mayrhofen zu steigen, hätte sich einem folgendes (rekonstruiertes) Bild geboten (siehe auch Exkursion D *und vergleiche mit Abb. 138, S. 154). Die Gletscherstandhöhe ist anhand glazialmorphologischer Kriterien rekonstruiert. ...*

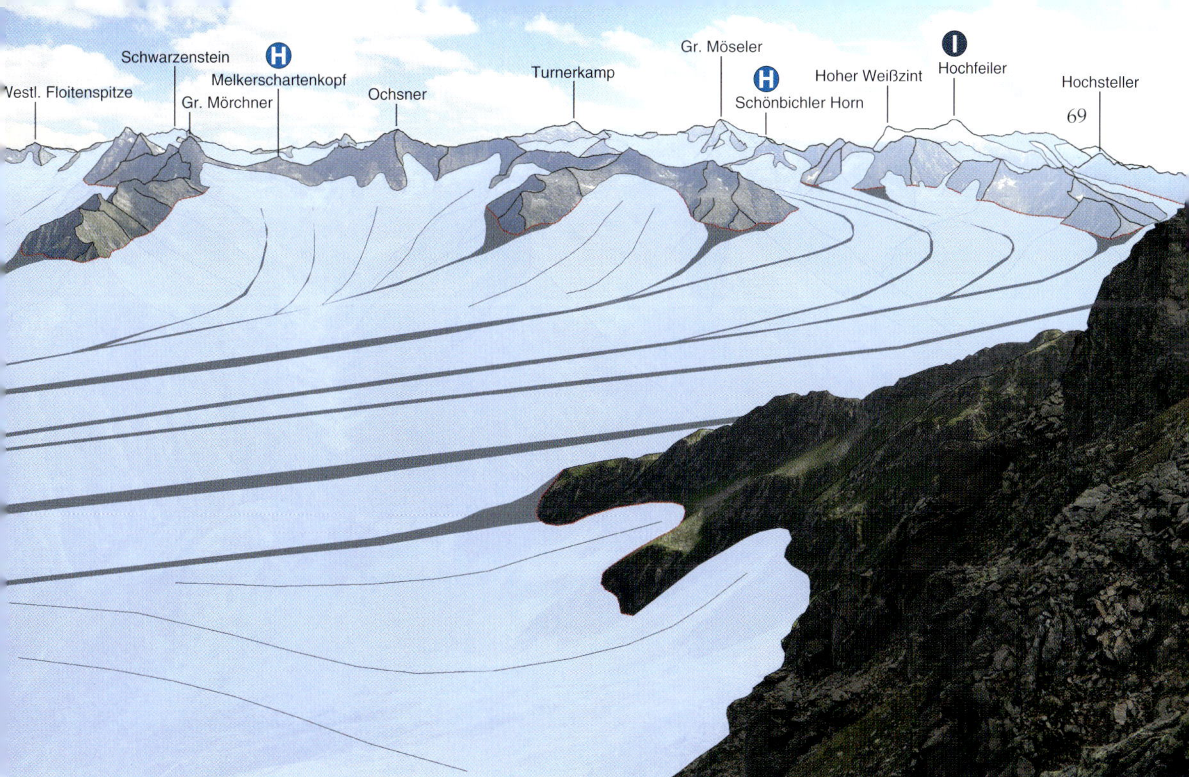

eisfreie Distanz bis zum Zemmgrund-Stillup-Gletscher. Noch kleiner blieben die Gletscherströme, die auf der südexponierten Seite der Tuxer Alpen talwärts flossen – sie erreichten nur in der Gschnitz-Hauptvorstoßphase den Talkessel. Der Penken beispielsweise blieb zu dieser Zeit zur Gänze eisfrei. Aber noch waren alle Hochkare unter dem Hauptkamm eiserfüllt. Blockgletscher fehlten allerdings.

Das Egesen-Stadial folgte auf die Gschnitz-Zeit und markiert den letzten bedeutenden inneralpinen Eisvorstoß im Würm-Spätglazial. Es begann vor etwa 12 800 Jahren und endete etwa 11 000 Jahre vor heute. Letzteres Datum kennzeichnet auch den Übergang vom Pleistozän ins Holozän. Der Name wurde von KINZL (1929, 1932) für den Egesengrat im innersten Stubaital (Nordtirol) eingeführt und seither auf die gesamten Alpen übertragen. Inwieweit in den Talgründen noch ein geringmächtiges Eisstromnetz existierte, kann nicht in letzter Instanz beantwortet werden, weil etwaige glazigene Ablagerungen von jüngeren, holozänen Schuttmassen verschüttet sind. Es erscheint jedoch fraglich, da die ELA während des Egesen-Stadials zwischen 2250 und 2500 Meter Höhe lag. Und so finden sich in entsprechenden Höhenlagen in zahlreichen Karen der Seiten- und Haupttäler entsprechende End- und Seitenmoränen-Girlanden – teilweise mehrere voneinander unterscheidbare Gletscherstände repräsentierend. Ein weiterer Unterschied zum Gschnitz-Stadial ist das Vorkommen von fossilen Blockgletschern. Unter einem Blockgletscher versteht man ein Schutt-Eis-Gemenge, das im aktiven Zustand einem Gletscher ähnlich langsam talwärts gleitet. Für die fließende Bewegung sorgt ein Gemisch aus Eis und zerriebenem feinkörnigem Schutt, welches auch als "Eiszement" bezeichnet wird. Entsprechend der Bewegungsrichtung gibt es bei Blockgletschern, ähnlich einer Gletscheroberfläche, Zerrspalten und Stauchwälle, die jedoch meist mit grobem Geröll bedeckt sind. Im "fossilen" Zustand, wie jene Blockgletscher des Egesen-Stadials, sind keine Bewegungen mehr festzustellen – der Eiskern ist in der Regel geschmolzen.

Nahezu 11 000 Jahre lagen die Zillertaler Alpen im eiszeitlichen Dornröschenschlaf. Die Gletscher schmolzen im Atlantikum zwischen 8000 und 4000 v. Chr. beinahe komplett weg, die Waldgrenze

... Die dicken schwarzen Linien sind (skizzenhaft dargestellte) Mittelmoränen, die bei der Vereinigung zweier Gletscherströme entstehen. b, zeigt die Aufsicht auf unser Gebiet während des LGM mit höhenkotierten Schliffkanten, Schliffkehlen sowie der Lage der wichtigsten großen erratischen Blöcke (verändert nach ZASADNI 2019).

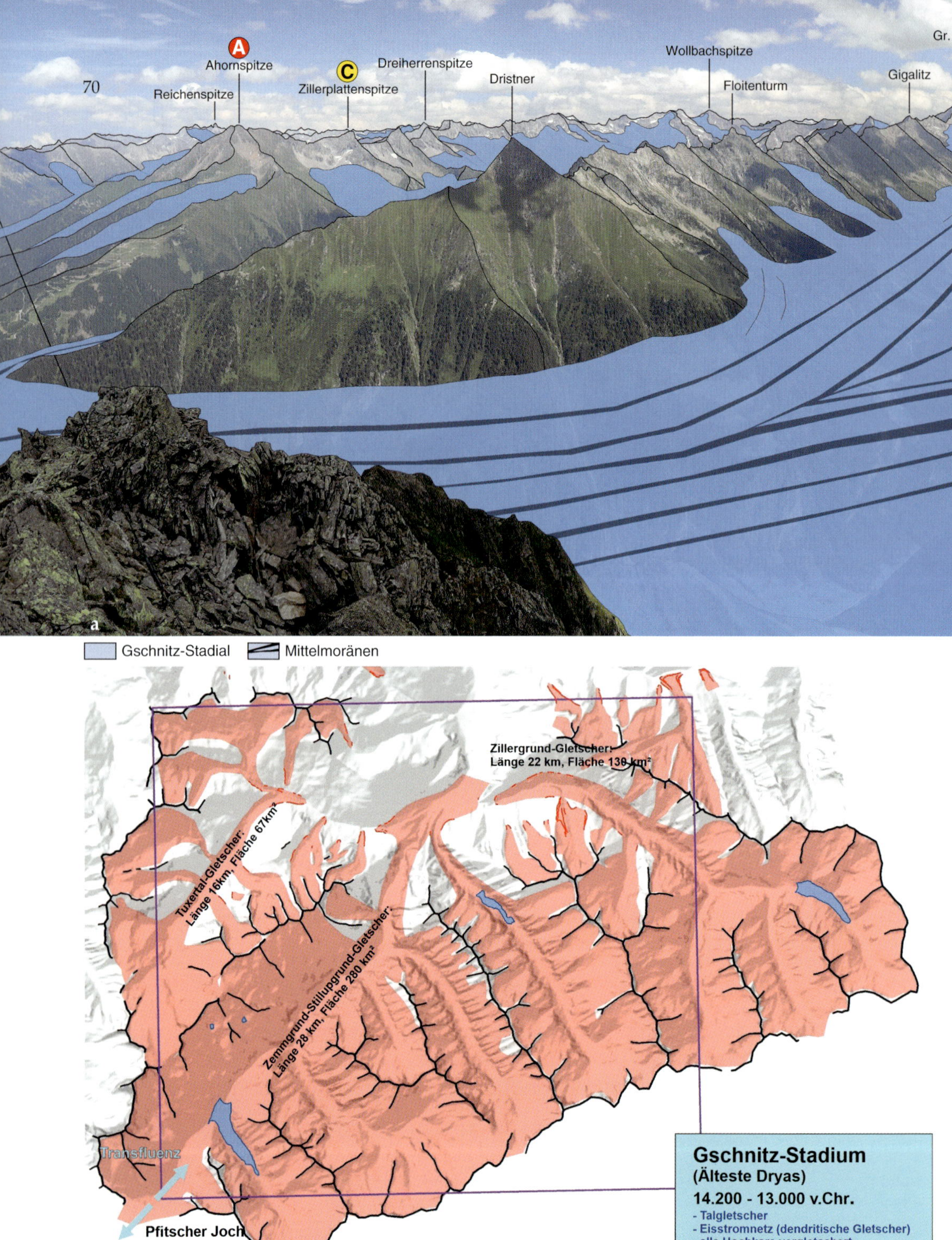

Abb. 43. a, Rekonstruktion des Eisnetzes zu Zeiten des Gschnitz-Stadials nach einer Aussicht von der Vorderen Grinbergspitze (siehe auch Exkursion D und vergleiche mit Abb. 138, S. 154). b, zeigt die Aufsicht und Rekonstruktion der Gletscherstände anhand der erhaltenen Gschnitz-Seiten- und Endmoränen (verändert nach ZASADNI 2019).

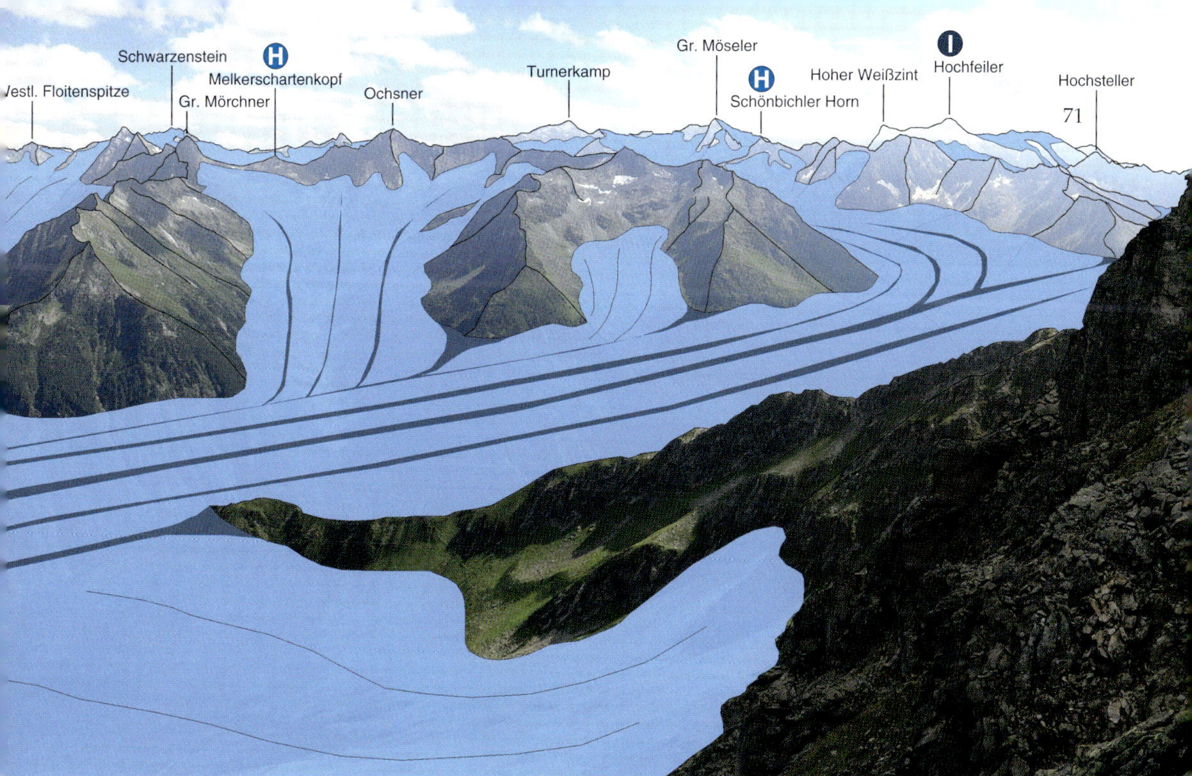

stieg periodisch auf weit über 2500 Meter Höhe und die Landschaft glich sehr der heutigen. Mit Beginn des 15. Jahrhunderts jedoch kühlte das Klima dramatisch ab, um in den nachfolgenden knapp vier Jahrhunderten frostig zu bleiben. Besonders in den Hochregionen der Alpen macht sich dies mit der "Kleinen Eiszeit" bemerkbar – und den bedeutendsten Gletschervorstößen seit dem Ende des Würm-Glazials. Durchschnittlich über das jahreszeitliche Mittel betrachtet, lagen die Temperaturen um 2 Grad unter dem heutigen jahreszeitlichen Durchschnittswert. Die ELA war zwischen 2600 und 2850 Meter Höhe positioniert und lag damit circa 150 Meter niedriger als heute. Beides mag in unseren Augen auf den ersten Blick eine nur geringe Diskrepanz darstellen, reichte jedoch aus, dass die großen, vom Zillertaler Hauptkamm abgehenden Seitentäler sowie zahlreiche hochgelegene Kare Gletscher trugen, die nahe an die Gletscherhalte des vormaligen Egesen-Stadials heranreichten. Im 44
Schlegeis beispielsweise finden sich entsprechende Endmoränen in Höhenlagen knapp unter 1900 Metern, und im Zemmgrund reichten die vereinigten Gletscherströme von Waxegg- und Hornkees im Jahr 1850 – dem Zeitpunkt des weitesten Eisvorstoßes – bis zum Gasthof Alpenrose auf 1850 Meter Höhe hinab. Man sieht heute noch die gut erhaltenen Endmoränen-Wälle und kann sich nun auch erstmals aufgrund historischen Bildmaterials einen unmittelbaren Eindruck verschaffen (siehe auch Exkursion H sowie Abb. 260 auf S. 257 und Abb. 278 auf S. 273). Seit dieser Zeit schmelzen die Gletscher beharrlich ab. Es gab zwar in den Jahren 1880, 1920, 1950 und 1980 Phasen mit einer etwas verlangsamten Schrumpfung, aber gerade die Sommer des 21. Jahrhunderts – zusätzlich gepusht durch den anthropogen verursachten Klimawandel – gaben vielen Gletschern buchstäblich den "letzten Rest". Wer sich einen Überblick über das "Gletscher-Inventar" der Zillertaler Alpen verschaffen möchte, dem sei die Arbeit von NITZSCHE (2015) empfohlen, die mit zahlreichen Fakten und historischen Fotos einen Vergleich zwischen Gegenwart und jüngerer Vergangenheit anstrengt.

So gibt es leider heute kein Beispiel eines vorrückenden Gletschers, konturiert von seiner Seiten- und Endmoräne – die alpinen Eisströme der Gegenwart befindet sich seit Jahrzehnten in ungebremstem Rückzug und werden in 100 Jahren höchstwahrscheinlich "Erdgeschichte" sein.

Relikte der Kleinen Eiszeit sind jedoch an vielen Orten im Zillertal noch existierende, talwärts fließende aktive Blockgletscher, beispielsweise im Lange-Wand-Kar auf der Nordseite des Olpererkammes. Sie stellen mit bis zu 1500 Meter Länge die größten derartigen Bildungen in den Zillertaler Alpen dar (siehe auch Exkursion D).

Wallform, "Kleine Eiszeit" Vergletscherung "Kleine Eiszeit" (1850er-Moräne)

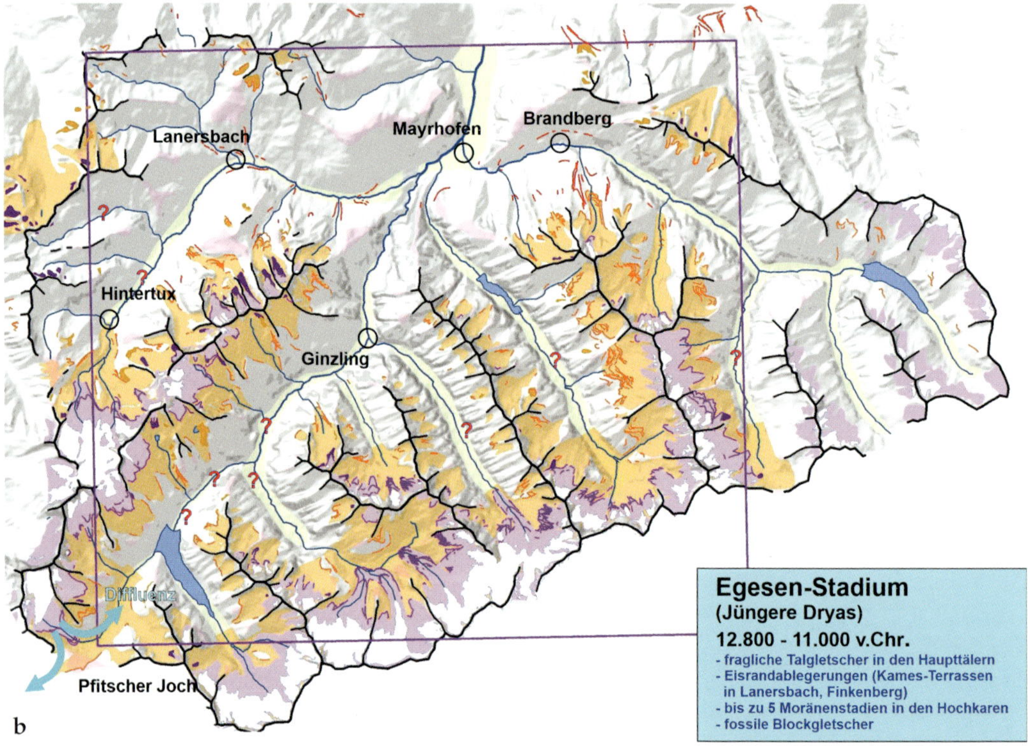

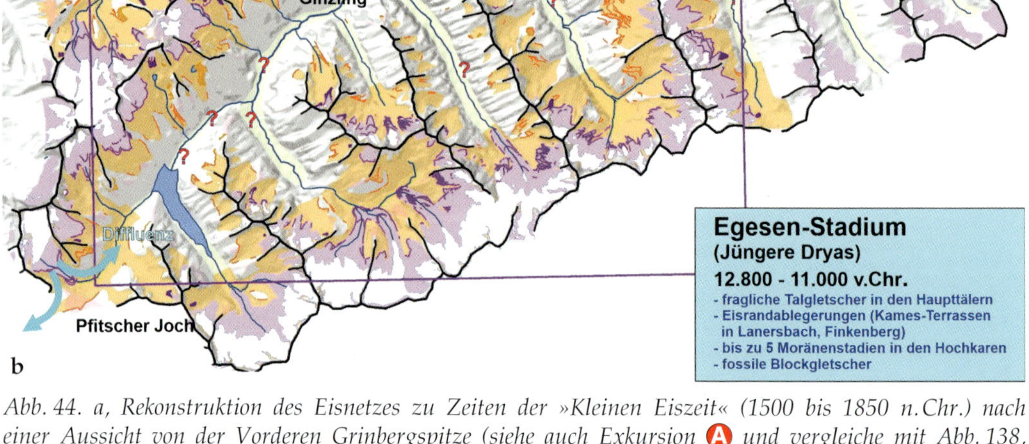

Abb. 44. a, Rekonstruktion des Eisnetzes zu Zeiten der »Kleinen Eiszeit« (1500 bis 1850 n.Chr.) nach einer Aussicht von der Vorderen Grinbergspitze (siehe auch Exkursion A und vergleiche mit Abb. 138, S. 154). b, zeigt die Aufsicht und Rekonstruktion der Gletscherstände anhand der erhaltenen Egesen-Seiten- …

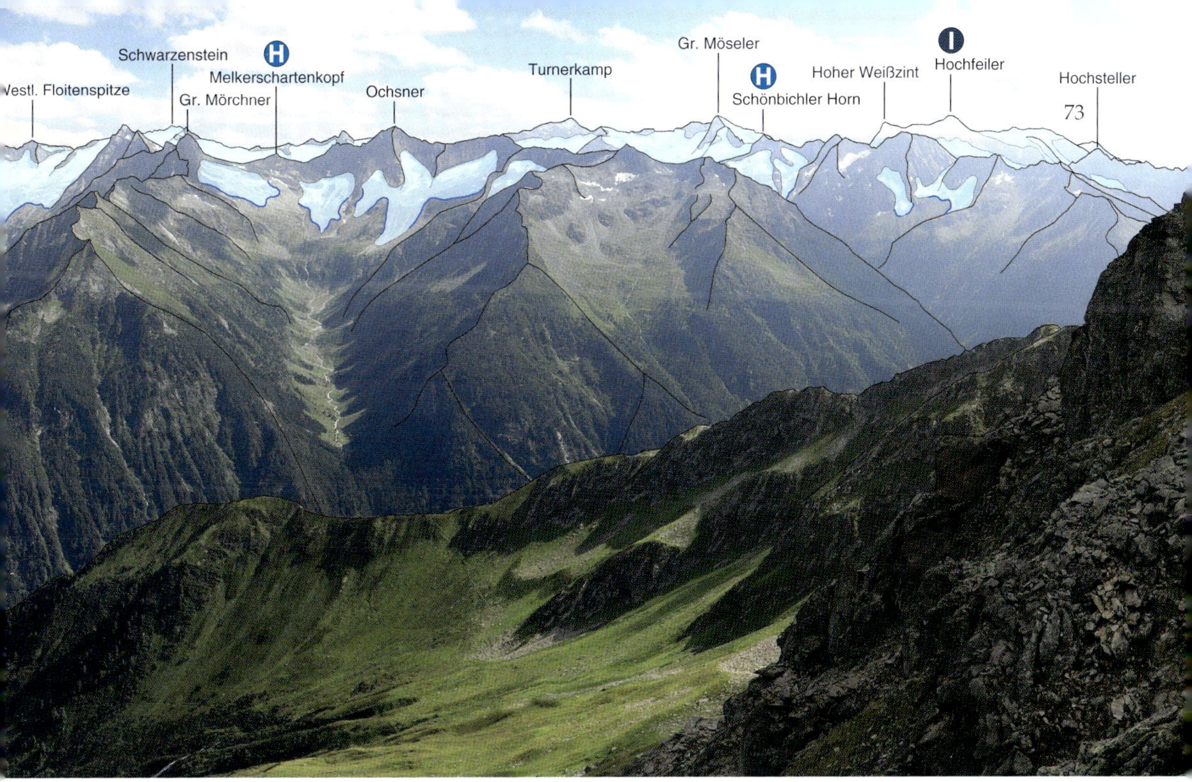

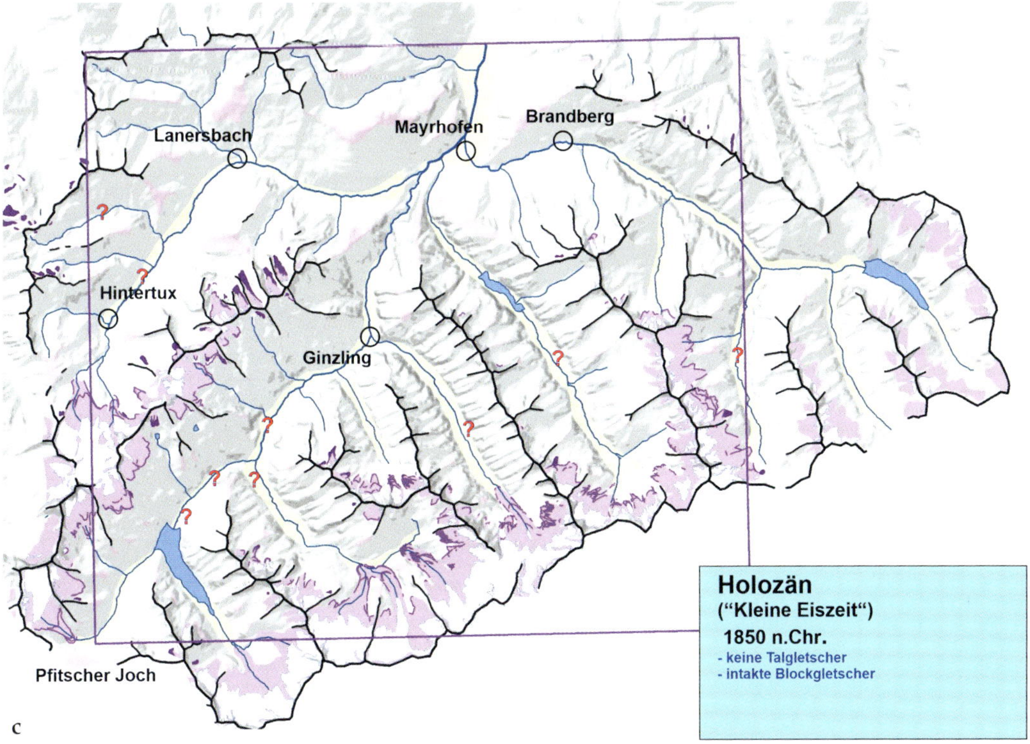

… und Endmoränen (12 800 bis 11 000 Jahre v. h., verändert nach Zasadni *2019). c, zeigt die Rekonstruktion der Gletscherstände der Kleinen Eiszeit (ebenfalls verändert nach* Zasadni *2019).*

Selbstverständlich haben die Gletscher nicht nur den Till der Moränen hinterlassen. Von den Karen gravitativ abgegangene Schuttmassen konnten sich an den Gletscherrändern beziehungsweise in Zwickelräumen zwischen zwei Gletscherzungen als Eisrandterrassen erhalten. Solche auch als Kamesterrassen bezeichnete Schotterkörper finden sich beispielsweise nordwestlich von Vorderlanersbach entlang des Nigglasbaches sowie in Finkenberg im unteren Tuxertal. Von den Gletschertoren wurde jenseits der Endmoränenbögen Schmelzwasserschotter in unterschiedlichen Korngrößen-Fraktionen ins Vorland entlassen, die die Täler nach Abschmelzen der großen Eisstromnetze langsam, aber beständig aufschotterten. Heute übernehmen das die großen fluviatilen Systeme, so dass die Höhen der Talniveaus unmerklich und unaufhaltsam steigen. In dieselbe "erosive Kerbe" schlagen gravitative Ablagerungen wie Hang-, Block- und Murschutt, deren Akkumulation seit dem Wegfall der Eisstromnetze wieder aktiv ist. Einzelne Fels- und Bergsturzereignisse sowie große Massenbewegungen wie im Tuxertal oder auch im Zamser Grund nahe Ginzling spielen ihre Rolle bei der bis zur Gegenwart reichenden, dynamisch fortgeführten Landschaftsgestaltung der Zillertaler Alpen.

Weiterführende Literatur

CHALINE, J. & H. JERZ (1984): Arbeitsergebnisse der Subkommission für Europäische Quartärstratigraphie – Stratotypen des Würm-Glazials. – Eiszeitalter und Gegenwart, 35: 185–206, Hannover.

DOPPLER, G., E. KROEMER, K. RÖGNER, J. WALLNER, H. JERZ & W. GROTTENTHALER (2011): Quaternary Stratigraphy of Southern Bavaria – Quaternary Science, 60 (2–3): 329–365, Hannover.

KINZL, H. (1929): Beiträge zur Geschichte der Gletscherschwankungen in den Ostalpen. – Zeitschrift f. Gletscherkunde 17, 1–3: 66–121, Berlin.

KINZL, H. (1932): Die größten nacheiszeitlichen Gletschervorstöße in den Schweizer Alpen und in der Mont-Blanc-Gruppe. – Zeitschrift f. Gletscherkunde 20: 269–397, Berlin.

NITZSCHE, R. (2015): Die Gletscher der Zillertaler Alpen vom nacheiszeitlichen Gletscherhöchststand bis heute – Verein Naturparkbetreuung Zillertaler Alpen, 107 S., Ginzling.

PENCK, A. & E. BRÜCKNER (1911): Die Alpen im Eiszeitalter – Geographische Zeitschrift, 17 (8): 451–462.

SCHAEFER, I. (1953a): Sur la division du Quaternaire dans l'avant-pays des Alpes en Allemagne. – In: Actes IV Congres INQUA, Rome/Pise 1953 (2): 910–914.

SCHAEFER, I. (1953b): Die donauzeitlichen Ablagerungen an Lech und Wertach.– Geologica Bavarica, 19: 13–64, München.

ZASADNI, J. (2019): Glacial geomorphology and deglaciation chronology of the Zillertal Alps – Vortrag "Geologie-Vernetzungstreffen" in Ginzling, März 2019.

Exkursionen

Wie bereits im Vorwort angedeutet, muss man sich die in diesem Band der "Wanderungen in die Erdgeschichte" beschriebenen geologischen Exkursionen *per pedes* erarbeiten. Das eigene Auto taugt nur für die Anfahrt zum Ausgangspunkt. Für einige Unternehmungen gibt es private Beförderungsmittel wie Wandertaxis, die meisten Routenführungen sind aber so konzipiert, dass man den Ausgangspunkt von den zentralen Talorten auch mit öffentlichen Verkehrsmitteln erreichen kann. So wird das uns liebste Transportvehikel eigentlich obsolet. Zudem enden oder münden einige der vorgeschlagenen Touren an talnahen Knotenpunkten, so dass sie aneinander gehängt leicht zu einem tage-, wochen-, und/oder urlaubsfüllenden Programm ausgeweitet werden können.

Da die Geologie in den Zillertaler Alpen sehr komplex und vielfältig und durch die Alpenauffaltung sowie di zugrundeliegenden gebirgsbildenden Prozesse verzerrt, gestaucht, gewürgt und verschert ist, bleibt es gänzlich unmöglich, nur ein geologisches Schlüsselthema pro Exkursion zu beleuchten. Stets gibt es Interessantes zu Aufschlüssen, besonderen Lithologien und deren Geschichten, Strukturgeologie, Mineralogie, Tektonik, Gebirgsbau und den fast allgegenwärtigen Hinterlassenschaften des Eiszeitalters zu berichten. Also: Geologische Flexibilität ist in den Zillertaler Alpen ein unverzichtbares Muss! Aus diesem Grund wird dringend angeraten, sich die einleitenden Kapitel mit einer gerafften geologisch-geomorphologischen Übersicht der Zillertaler Alpen zu Gemüte zu führen, bevor es mit Bergschuhen, Wanderkarte und hoffentlich strammen Beinen hinaus in die Natur geht!

Doch abgesehen von der überschwänglichen Fülle an landschaftlichen Kostbarkeiten, stillen Winkeln und berauschend schönen Bergwelten, sind die Zillertaler Alpen mit ihrem Hochgebirgs-Naturpark in erster Linie genau das: ein Hochgebirge! Tief eingeschnittene Täler prägen eine gewaltige Topographie: Von Mayrhofen bis auf den Hochfeiler, den höchsten Zillertaler Gipfel, sind es fast 3000 Meter Höhenunterschied! Dementsprechend bewegen sich beinahe alle der hier vorgeschlagenen Unternehmungen im hochalpinen Gelände und sind – von einem kuscheligen

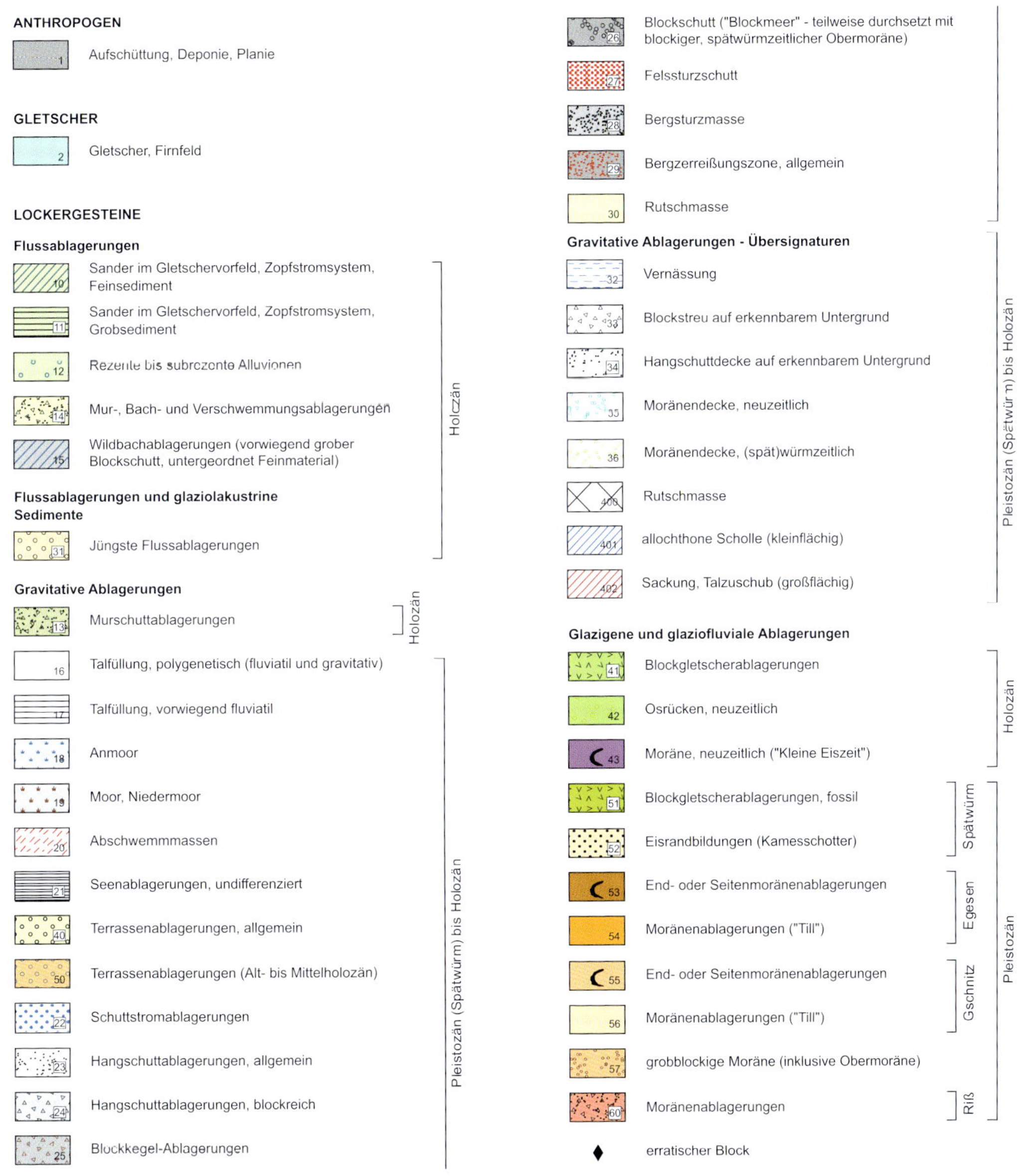

Abb. 45. Legende für die geologischen Karten zu den einzelnen Exkursionen: Quartär.

Wohlfühlprogramm weit entfernt – sicherlich nichts für Anfänger in Sachen Gebirge! Fast immer braucht es Ausdauer, Trittsicherheit, ein gutes Maß an Schwindelfreiheit und ein gewisses Durchhaltevermögen bei zahlreich vorhandenen Zwischenan- und Abstiegen. Dutzende Zillertaler Dreitausender, die höchsten davon nahe oder knapp über 3500 Meter, sprechen vor allem in Sachen Witterung eine deutliche Sprache und selbst im Hochsommer kann ein nachmittäglicher Wettersturz mit Schneesturm hochgelegene Gebirgspässe schwierig bis gar nicht überschreitbar machen! Also sollte man stets ein wachsames Auge auf den (mittel- und kurzfristigen) Wetterbericht haben und nicht blauäugig motiviert losziehen.

Die Routen sind dennoch so gewählt, dass auch solche Zeitgenossen, die sich nicht als "alpine Cracks" bezeichnen wollen, solche mit einigen entschärften Varianten aussuchen können. Beispielsweise muss man nicht auf die Vordere Grinbergspitze (Exkursion D) oder den Hochfeiler (Exkursion I) steigen – eine ein- oder zweitägige Wanderung zur Gamshütte oder Hochfeilerhütte ohne "Gipfeldruck" beispielsweise vermitteln einen ganz eigenen geologischen Eindruck und führt ohnehin zu den meisten besprochenen geologischen Einheiten. Wichtig ist, dass sich ein jeder seinen Fähigkeiten nach auf den beschriebenen Routen wiederfinden soll. Um die Orientierung in den beigefügten Exkursionskarten zu erleichtern oder um sich gewisse landschaftliche und geologische "Rosinen" herauszupicken, wurden die einzelnen Exkursionen mit Etappen durchnummeriert, die sich ent-

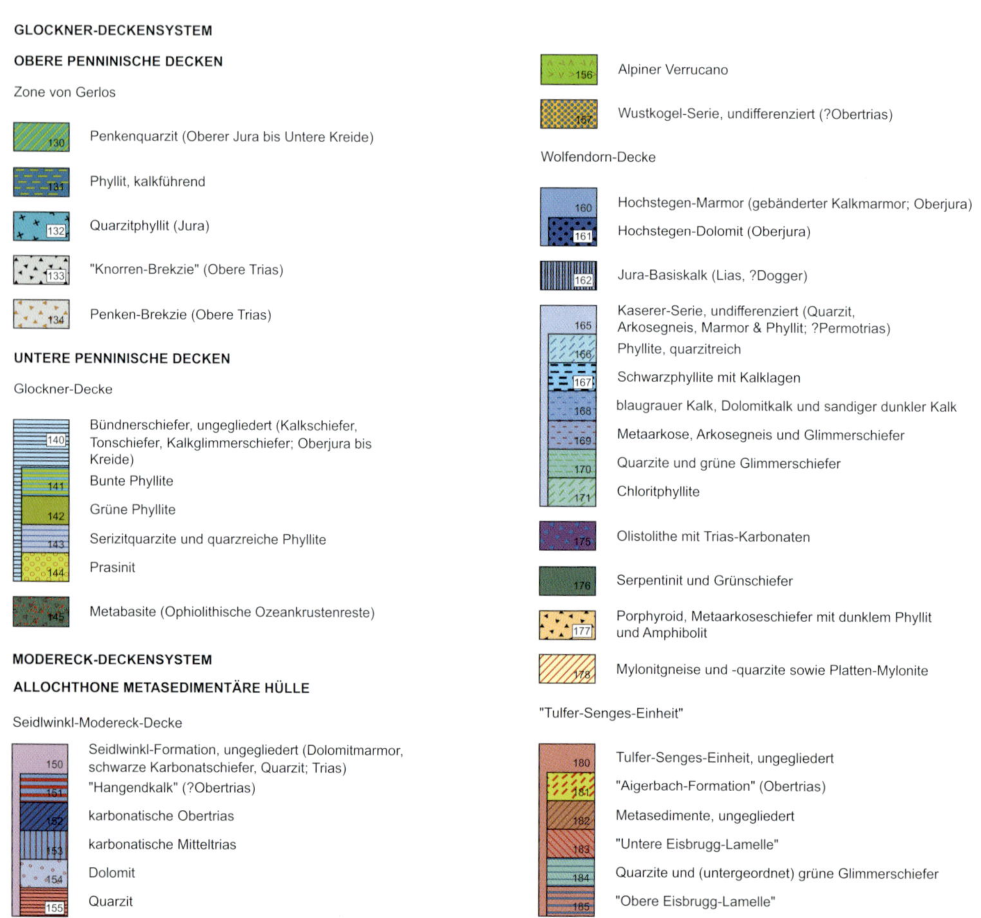

Abb. 46. Legende für die geologischen Karten zu den einzelnen Exkursionen: Penninische Decken sowie metasedimentäre permomesozoische Decken des Modereck-Deckensystems.

sprechend in den topografischen Karten wiederfinden. Die geologischen Karten zeigen genau den
Ausschnitt der Exkursionsroute in lesbaren Maßstäben – die Legende zu allen Karten ist Abbildung 45 45
bis Abbildung 47 zu entnehmen. Eine Übersicht über die nachfolgend beschriebenen Wander- und 46 47
Bergtouren findet sich auf den Innenseiten des vorderen und hinteren Buchdeckels Und um sich
im Irrgarten der Fachbegriffe, die nicht immer vermieden werden konnten, zurechtzufinden, sei
nochmals an das Glossar am Ende des Buches verwiesen.

Abb. 47. Legende für die geologischen Karten zu den einzelnen Exkursionen: Autochthon des Venediger-Deckensystems (Hochstegen-Zone), postvariszische Becken (»Riffler-Schönach-Becken« und »Pfitsch-Mörchner-Becken«), Greiner Scherzone, Zentralkristallin (Ahornkern, Tuxer Kern und Zillertaler Kern), Variszisches Basement (»Altes Dach«) und geomorphologische Signaturen.

A Der kaputte Berg: Von der Hahnpfalz mit zwei Anstiegsvarianten über die Edelhütte auf die Ahornspitze

Wegstrecke: Hahnpfalz (1966 m – Auffahrt mit der Seilbahn) – Edelhütte (2238 m) – Anstiegsvariante 1: Popbergschneide – Sattel P. 2743 m – Anstiegsvariante 2: durchs Fellenbergkar auf den Sattel P. 2743 m – Ahornspitze (2973 m) – Edelhütte – Hahnpfalz.

Geologie: Feldspatreicher Gneis des Ahornkerns an der Hahnpfalz – Glazial-Landschaft des unteren Fellenbergkares – Abfolgen des Variszischen Basements ("Altes Dach") – Gesteine des Riffler-Schönach-Beckens an der Popbergschneid sowie im oberen Fellenbergkar – Blockschutt im oberen Fellenbergkar – beginnende Bergzerreißung an der Ahornspitze – geologischer Überblick über die Zillertaler Alpen.

Anspruchsvolle Tages-Bergtour (ca. 1100 m Auf- und Abstieg inkl. diverser Zwischenstiege, etwa 6 bis 8 Stunden Gehzeit, ca. 9 km Wegstrecke) unter frühmorgendlicher Benutzung der Ahornbahn. Der Anstieg zum "Fast-Dreitausender" Ahornspitze kann auf zwei unterschiedlich schweren Varianten in Angriff genommen werden. Die Route über den Popbergnieder und die Popbergschneide sollten nur diejenigen Zeitgenossen wählen, die absolut trittsicher und schwindelfrei sind sowie einiges an Bergerfahrung mitbringen. Der "Peter-Habeler-Weg" durch das Fellenbergkar bis zum Gratsattel P. 2743 m ist auf gut ausgebauten Wegen ohne Schwierigkeit zu begehen. Am brüchigen und steilen Gipfelaufbau der Südwestflanke der Ahornspitze ist

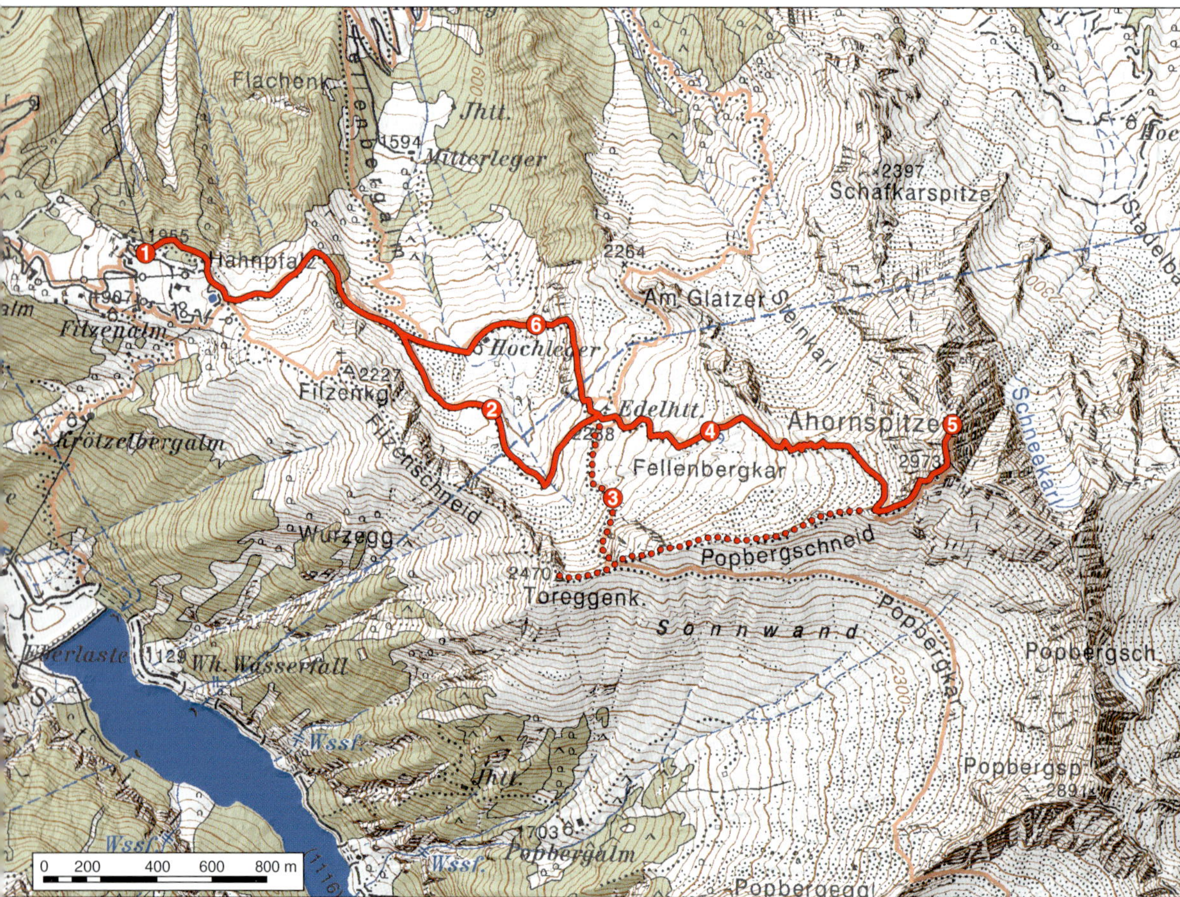

Abb. 48. Topographische Übersichtskarte der Exkursion A – Ahornspitze (Geodatenbasis: BEV Österreich).

jedoch wieder Trittsicherheit und vor allem knapp unter dem Hauptgipfel etwas Gespür für den richtigen Weg gefragt. Auch beim Übergang vom Haupt- zum etwas niedrigeren Nordgipfel muss man teilweise am Fels mit einigen Drahtseilsicherungen fest zupacken können. Da an schönen Tagen in der Hochsaison den Aufstieg auf diesen wunderbaren Aussichtsgipfel ziemlich viele Wanderer und Bergsteiger unternehmen, ist auch ein wenig Steinschlaggefahr am Gipfelaufbau nicht ganz ausgeschlossen. Beste Jahreszeit ist Mitte Juni bis Oktober. Die Tour sollte an einem trockenen Tag ohne nachmittägliche Gewitterneigung durchgeführt werden.

1 Mit der größten Pendelseilbahn Österreichs auf die Hahnpfalz

Einst als 2300-Höhenmeter-Zweitagestour vom Hauptort des Zillertals über die Edelhütte durchaus nur etwas für konditionsstarke Zeitgenossen, hat die ungestörte Bergeinsamkeit seit den späten 1960er Jahren mit dem Bau der ersten Ahornbahn am Hausberg Mayrhofens endgültig Feierabend – umso mehr, als die damalige, für heutige Begriffe eher bescheidene Bahn im Jahr 2006 durch die größte Pendelseilbahn Österreichs ersetzt wurde. Wenn man an der Talstation sein Ticket gelöst hat und zum ersten Mal eine der riesigen Gondeln sieht, in der 160 Personen (!) Platz haben, kann man kaum glauben, dass das Ding einen in weniger als sechs Minuten mit 36 Kilometer pro Stunde knappe 1300 Höhenmeter hinauf auf die Hahnpfalz schießt, einer plateauartigen Ebene auf knapp 2000 Meter Höhe an der gewaltigen Nordwestflanke der Ahornspitze. Aber so ist es und ganz entspannt und leise schaukelt es sich bergwärts.

Abb. 49. Geologische Karte der Exkursion A – Ahornspitze (Auszug aus HORNUNG & ZASADNI 2023; Geodatenbasis: BEV Österreich). Legende siehe Seiten 75–77.

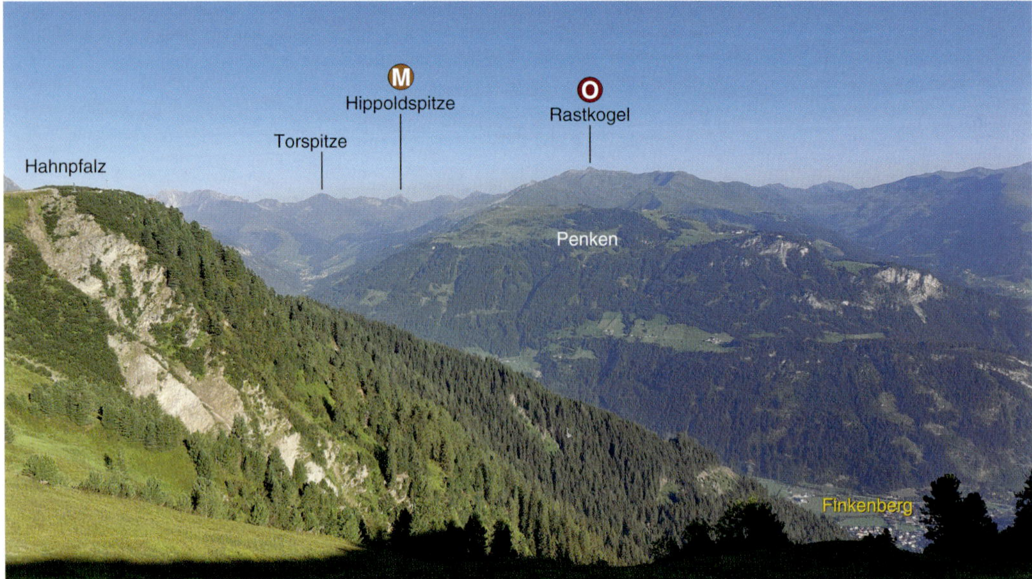

Abb. 50. Von der Nordwestflanke des Filzenkogels geht der Blick über die Hahnpfalz hinaus zu den stillen, grasig-schrofigen Bergen der Tuxer Alpen und ins Exkursionsgebiet von Band 44. Penken, Rastkogel und Hippoldspitze werden von penninischen, unter- und oberostalpinen Metasedimentgesteinen aufgebaut und liegen somit zum Teil innerhalb der Schieferhülle, die das Tauernfenster konturiert.

Nun, mit der Idee, die Ahornspitze an einem Tag zu besteigen, werden wir an einem schönen Sommermorgen sicherlich nicht allein sein. Es empfiehlt sich daher, früh und vor den anderen aufzustehen, um die erste bergwärts fahrende Gondel um 7:30 Uhr zu erwischen, denn diese ist noch nicht ganz so voll und man genießt das Privileg, vor dem "Ansturm" auf dem Berg unterwegs zu sein. An schönen Tagen besteigen die Ahornspitze manchmal mehrere hundert Menschen! Das natürlich nicht ohne Grund: Obgleich der Berg immer noch kein leichter Gipfel "zum Mitnehmen" ist und durchaus anspruchsvollere Passagen aufweist, ist und bleibt er einer der besten Aussichtspunkte der Zillertaler Alpen. Das ist möglich durch seine Lage knapp 2300 Meter über dem Zillertal und seine Position "mittendrin" – und uns erlaubt es den perfekten geologischen Überblick auf die Zillertaler Alpen sowie die angrenzenden Tuxer Alpen, quasi als Einstand für kommende Unternehmungen.

Geologisch betrachtet schweben wir mit der Ahornbahn über Gesteine des Ahornkerns, dem nördlichsten der Zillertaler Kristallinkerne. Lediglich an einem größeren Abbruch zu unserer Linken erkennen wir während der Auffahrt die hellgrauen Gesteine – ansonsten sind Bergwald und Vegetation für "schnelle Einsichten" zu dicht.

50 Früh morgens ist die Hahnpfalz ein ruhiger, aussichtsreicher Ort – die Sonne steht ziemlich genau über unserem Ziel und hüllt die Ahornspitze in warmes Gegenlicht. An klaren, frischen Sommertagen ohne die sich langsam aufbauende Schwüle des Tages sind sowohl Floitenkamm im Südwesten als auch die grasig-felsigen Gipfel der Tuxer Alpen im Nordwesten stechend klar zu sehen.

2 Altkristallin, Gneise des Ahornkerns und die Glaziallandschaft des Unteren Fellenbergkares: Drei geologische Welten

An den Gebäuden der Bergstation und einem künstlich angelegten See geht es vorbei in Richtung des kegelförmigen, grünen Filzenkogels (2227 m), der bei zweifelhaftem Wetter von der Hahnpfalz schnell erreichbar ist und oft bestiegen wird. Wir folgen einem Wegweiser scharf links und beginnen die Querung der Nordwestflanke des kleinen Berges. Ohne Aufschlüsse steigen wir auf breitem, teilweise mit Steinplatten ausgelegtem Wanderweg durch mit Hangschutt überstreute spätwürmzeitliche Moränenfelder.

Abb. 51. a, Metagranite des Ahornkerns bauen wie hier an der Querung der Filzenkogel-Nordflanke den Großteil des Ahornspitz-Massivs auf. b, Herausstechendes Merkmal sind die auf verwitterten Lesesteinen sehr gut zu erkennenden, zentimetergroßen idiomorphen Kalifeldspatkristallite (Bildbreite circa 20 cm).

Erst knapp vor Umrunden des schwach ausgeprägten Filzenkogel-Nordgrates und dem Einbiegen ins Fellenbergkar kann man direkt mit feldspatreichen Metagraniten des Ahornkerns auf Tuchfüh- *51a* lung gehen. Wie bei genetisch ganz ähnlichen Gesteinen im Tuxer und Zillertaler Kristallinkern (z. B. bei Exkursion H), spricht man auch hier aufgrund der oft augenartig angeordneten und von Dunkelglimmersäumen umflossenen Kalifeldspatblasten von einem "Augen- und Flasergneis". Am besten sind die Feldspatblasten auf oberflächlich angewitterten Lesesteinen zu erkennen – im fri- *51b* schen Anbruch präsentieren sich die Gneise meistens grobkristallin und ohne deutlich erkennbare Unterschiede zwischen den einzelnen Mineralphasen von Feldspäten, Quarzen und Hellglimmern. Einzig die dunklen Biotite (Dunkelglimmer) treten schärfer hervor.

Wie ab Seite 29 knapp beschrieben, befinden wir uns hier im Bereich alter europäischer Kruste und inmitten einstiger Intrusivgesteine. Diese stiegen während der variszischen Gebirgsbildung vor mehr als 330 Millionen Jahren als granitoide Schmelzen in kontinentale Kruste auf, wurden nachfolgend bei der Alpenauffaltung in deutlich jüngerer geologischer Vergangenheit metamorph umgewandelt und begannen vor etwa 35 Millionen Jahren ihren Aufstieg an die Erdoberfläche. An der Ahornspitze, beziehungsweise nördlich davon, ist der Ausbiss dieser Gneise so groß, dass der Berg namensgebend für den Ahorn-Kristallinkern wurde.

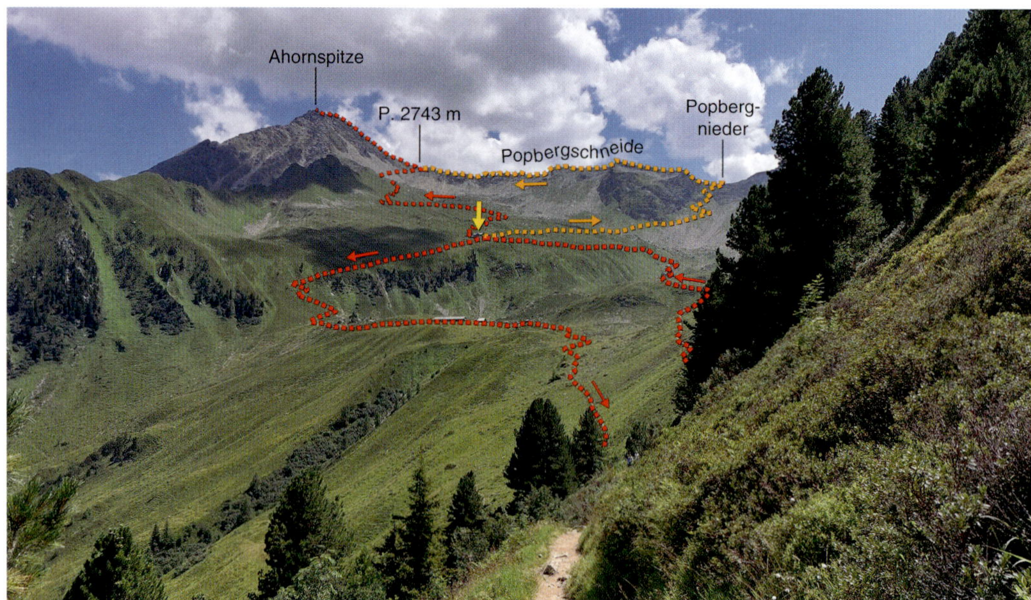

Abb. 52. Der Blick ins Fellenbergkar offenbart einen Großteil des Wegverlaufs mit den beiden Anstiegsvarianten: Die rot punktierte Route führt über die Edelhütte (gelber Pfeil) hinein ins Fellenbergkar und über den Sattel und Südwestrücken zum Gipfel der Ahornspitze. Die schwierigere, aber reizvollere Variante (orangefarben punktiert) verläuft über den Popbergnieder und die scharfe Popbergschneide zum Sattel P. 2743 m.

Von der Hangquerung hinein ins Fellenbergkar gewinnen wir erstmals einen Eindruck von der vor uns liegen-
52 den Route. Über der Szenerie thront die Ahornspitze, darunter liegen die weiten, übergrünten Karfelder und die bereits sichtbare Edelhütte über einer Abbruchkante dunkler Gesteine. Für den weiteren Anstieg wählen wir an einer Abzweigung den rechten, hangquerend bergwärts führenden Steig, der uns über ausgedehnte Hangschuttfelder in mäßiger Steigung höher bringt.

Direkt vor uns liegt eine urtümliche Szenerie, die erst auf den zweiten Blick als eiszeitlich geprägte Landschaft zu erkennen ist. Der Steig windet sich auf einem seichten Kamm mäßig steil bergwärts. Sowohl hier als auch in der länglichen, schüsselartigen Depression links von uns finden sich zahlreiche zimmer- bis hausgroße Blöcke, die im letzten Stadium des ausgehenden Glazials (Egesen-
53a Stadial) von einem kleineren Gletscherstrom transportiert wurden. Auf dessen Seitenmoräne, an der Grenze zu jüngeren Hangschuttfeldern rechts, steigen wir gerade bergwärts – der Eisstrom floss einst
53b östlich (links im Sinne des Aufstiegs) von uns und die entsprechenden Endmoränenwälle finden sich rund um den Fellenbergalm-Hochleger (2040 m). Bei den zahlreich umherliegenden Gesteinsbrocken handelt es sich um Sturzblöcke, die einst entweder vom Popbergnieder im Süden oder der Filzenschneide im Westen auf den kleinen Gletscher fielen. Ob durch ein einzelnes Felssturzereignis oder schubweise im Lauf der Jahre, kann heute nur vermutet werden. Auf jeden Fall wurden viele dieser Blöcke durch das Eis talwärts transportiert und blieben nach Abschmelzen des Gletschers als glazialer Blockschutt oder "erratische Blöcke" liegen.

Auf etwa 2150 Meter Höhe erreichen wir einen glazial abgehobelten Buckel, der unter geringmächtiger
54a Moränenstreu stark geschieferte, dunkle Gesteine mit einem teilweise brekziösen Gefüge erschließt.
54c Zwischengeschaltet sind Bänder aus hellerem Gneis-Glimmerschiefer beziehungsweise Metagraniten
54d sowie milchig-weiße, derbe Quarzlinsen. Jedoch bestimmen schwarzgraue, biotitreiche Schiefer das
54b Anstehende und begleiten uns auf einem weit gegen Süden ausholenden Bogen bis zur Edelhütte. Mit diesen Aufschlüssen schlagen wir buchstäblich ein weiteres geologisches Kapitel auf, denn wir befinden uns hier in den Abfolgen des Variszischen Basements ("Altes Dach"). Gemäß dem Kapitel

Abb. 53. Das Untere Fellenbergkar oberhalb des Alm-Hochlegers kennzeichnet eine glazial überprägte Landschaft: a, Der Anstieg zur Edelhütte verläuft durch eiszeitlich transportierten Blockschutt in etwa in Linie der undeutlich erkennbaren Seitenmoräne (transparente rote Linie); b, die zugehörigen Endmoränenwälle des kleinen einstigen Lokalgletschers liegen rund um den Fellenbergalm-Hochleger (transparente rote Linien).

"Variszisches Basement" (S. 37ff.) wandern wir also in Gesteinen, die bereits während der variszischen Orogenese verfaltet und in deren Nachgang metamorph umgewandelt wurden. Sie bildeten demnach (mit anderen Gesteinen) den Rahmen, in den die Zillertaler Kristallinkerne während der variszischen Orogenese intrudierten. Es handelt sich also um jungpaläozoische Metamorphite, deren Ausgangsgesteine jedoch prävariszisch gebildet wurden. Ob die dunklen Gesteinspartien von tonrei-

Abb. 54. Migmatitische Gneise mit Metagraniten bestimmen das Anstehende des Wegverlaufs vom Unteren Fellenbergkar bis über die Edelhütte hinaus. Charakteristisch sind stark geschieferte, steilstehende Biotit-Schiefer (a) mit Einschaltungen von Linsen aus derbem, milchig-weißem Quarz (b, rote Ovale) und einem körnigen Gesteinshabitus, der durch millimeter- bis zentimetergroße Mineralphasen (Feldspäte und Quarze) hervorgerufen wird (c). Zwischengeschaltet können deutlich heller gefärbte und härtere, feldspatführende Metagranite sein (d).

Abb. 55. Die Edelhütte im Föllenbergkar.

cheren Ausgangs-Sedimentgesteinen stammen und die hellen, feldspat- und hellglimmerführenden Zonen eher Zeichen kalkiger oder siliziklastischer Protolithe waren, bleibt Interpretationssache. Auf jeden Fall steigen wir auf den letzten Metern zur Edelhütte auf uraltem, geologisch geschichtsträchtigem Boden, der mit der variszischen und alpidischen Orogenese zwei Gebirgsbildungen erlebt hat (vgl. mit Abb. 9, S. 21). Heute liegen die Serien des "Alten Daches" an der Ahornspitze als teilaufgeschmolzene, das heißt migmatitische Gesteinsserien mit Metagranit-Einschaltungen vor.

3 Anstiegsvariante 1: Über die Popbergschneide in den Sattel P. 2743 m

Die Karl-von-Edel-Hütte, wie sie richtigerweise heißt, ist kein Schutzhaus im klassischen Sinne für die 55
Ahornspitze, es sei denn bei einem plötzlichen Schlechtwettereinbruch. Die nach Carl von Edel, dem einstigen Gründungsvorsitzenden der betreibenden unterfränkischen Sektion Würzburg, benannte Hütte kann wie die meisten Alpenvereins-Schutzhütten auf eine bewegte Geschichte zurückblicken: im Jahr 1889 eröffnet, 1905 erweitert, im Winter 1950/51 weitgehend durch eine Lawine zerstört, 1958 wiederhergestellt, 1975 wieder durch eine Lawine zerstört und 1978 erneut errichtet. Mit dem Bau der Ahornbahn 1968 wurde eine Übernachtung für eine Ersteigung der Ahornspitze eigentlich obsolet. Wichtig ist die Hütte heutzutage vor allem als Ausgangs- oder Endpunkt des Aschaffenburger Weges als Teiletappe des Berliner Höhenwegs: Über den "Siebenschneidenweg" gelangt man von hier in etwa neun Stunden reiner Gehzeit zur Kasseler Hütte (siehe Exkursion B), weswegen trotz Benutzung der Ahornbahn eine Übernachtung beinahe zwingend notwendig erscheint. Für unsere Tour hat die Edelhütte deswegen weniger den Status einer Schutzhütte, sondern ist eher wichtig für eine Erfrischung und Stärkung im Abstieg von der Ahornspitze zurück zum Ausgangspunkt. Jetzt im Anstieg markiert sie den Verzweigungspunkt der beiden Anstiegsvarianten.

> Nochmals vorneweg als Warnung: Der nachfolgend beschriebene, nur dürftig markierte Anstieg über die Popbergschneide zur Ahornspitze zählt zu den schwierigsten Passagen, die in diesem Buch beschrieben werden. Die Gratschneide ist oft nur einen Meter breit, brüchig und ausgesetzt.
>
> Wir wählen den rechten Abzweig "Kasseler Hütte" und wandern in gemütlicher Steigung in südlicher Richtung.

Abb. 56. Konglomeratgneise des Riffler-Schönach-Beckens stehen am Wandfuß unterhalb des Popbergnieders an.

Die Lithologie bleibt im kupierten Gelände dieselbe – immer noch bewegen wir uns in stark geschieferten, dunkel- bis schwarzgrauen Altkristallinserien. Das ändert sich, wenn wir nach bergwärtiger Querung eines Hangschuttfeldes linkerhand an die Nordflanke der Popbergschneid kommen. Die hier anstehenden, grau verwitternden Gesteine sind deutlich weniger innig geschiefert das Altkris-

Abb. 57. Eisentritte und Drahtseile helfen über die letzte Steilstufe hinweg zum Popbergnieder. Die heterogene Gesteinsabfolge hier besteht aus Glimmergneisen, Metagraniten und Glimmerschiefern und wird ebenfalls zum Riffler-Schönach-Becken gezählt.

Abb. 58. Blick nach Westen über den unteren Abschnitt der Popbergschneide und den Toreggenkopf hinweg zum Dristner auf die gegenüberliegende Seite des Stillupgrundes. Die Blickrichtung ist identisch mit dem West-Ost-gerichteten Verlauf von Gesteinsserien des Variszischen Basements (»Altes Dach«) und jenen des Riffler-Schönach-Beckens. Diese erstrecken sich über den Toreggenkopf, keilen jedoch im Stillupgrund zur Gänze aus, um jenseits der Talfurche den Gipfelaufbau des Dristners zu bilden. Nördlich dieses breiten, mit schwarzen Linien konturierten Bandes an paläozoischen Metasedimentgesteinen liegt der Ahornkern, südlich davon der Tuxer Kristallinkern.

tallin zuvor, zeigen aber ebenfalls einen brekziösen Habitus. Dieser wird allerdings nicht durch
Mineralphasen, sondern durch ein Wechselspiel von Schieferung und spitzwinklig darauf stehender,
dominanter Klüftung hervorgerufen. An diesem Punkt haben wir das Variszische Basement ("Altes
Dach") hinter beziehungsweise unter uns gelassen und einen schmalen, tektonisch ausgewalzten
Streifen des Riffler-Schönach-Beckens erreicht: Die hier anstehenden Konglomeratgneise zeigen 56
vermutlich permokarbonisches Alter. Wie einleitend kurz erwähnt (siehe S. 42 ff.), repräsentieren sie
Metasedimentserien eines postvariszisch angelegten und gefüllten Beckens, die im Zuge der alpidi-
schen Orogenese mit den Abfolgen des Variszischen Basements ("Altes Dach") tektonisch verwirkt
wurden und heute als Trennung des Ahornkerns und Tuxer Kristallinkerns strukturell gleichermaßen herangezogen werden. Am Popbergnieder grenzen die Konglomeratgneise an eine heterogene
Abfolge von Glimmergneisen, Metagraniten und brüchigen Glimmerschiefern, die gleichfalls zum 57
Riffler-Schönach-Becken gezählt werden. Die Grenze verläuft knapp unterhalb des Passes, an dem 58
Punkt, an dem der Steig den letzten Anstieg der steilen Schrofenflanke mit einigen Trittstufen und
einem Drahtseil überwindet.

Der Popbergnieder ist der tiefste Punkt der scharf ausgebildeten Schneide zwischen Ahornspitze und dem wenig ausgeprägten Gipfel des Toreggenkopfes (ist in wenigen Minuten über einen schmalen Grat erreichbar – beeindruckende Aussicht hinab in den Stillupgrund!). Wir folgen zunächst dem hier noch grasigen Grat knapp 100 Meter. Ein kleiner Wegweiser weist den "Siebenschneidenweg" in Richtung Kasseler Hütte ostwärts ins weite Popbergkar. Wir halten uns im Sinne des Anstieges links an der Gratkante bergan. In diesem Abschnitt ist die Popbergschneide noch grasig-schrofig und ohne jede Schwierigkeit zu begehen, jedoch ist bereits hier stete Vorsicht vor Stolperern geboten, denn die steilen, ins Popbergkar abfallenden Grashänge verzeihen keinen Fehler. Bei nasser oder feuchter Witterung ist generell von einer Begehung der Schneide abzuraten!

Abb. 59. Impressionen von der Popbergschneide. a, In der Regel wird schwierigen Passagen knapp rechts neben der Gratkante ausgewichen, manchmal verlaufen die stets gut sichtbaren Steigspuren wie hier auch direkt darüber. b, Tiefblick entlang der Popbergschneide gegen Stillupgrund, Floitenkamm (Mittelgrund) sowie Tuxer Kamm (Hintergrund). Ganz rechts stehen die südlichen Tuxer Alpen.

59 Ab etwa 2600 Meter Höhe wird der Grat zunehmend felsig – luftigere Passagen werden in der Regel rechts (südlich) der Gratkante umgangen. Etwas heikel ist der kurze Abstieg in eine Querung nordseitig der Schneide. Hier folgen wir dem Abrissbereich eines jüngeren Felssturzereignisses, das gegen das unter uns liegende Hangschuttmeer des oberen Fellenbergkares ausbrach. Zwei-, dreimal wird die schmale Gratkante auch direkt überschritten – für Spannung und etwas Nervenkitzel ist also ausreichend gesorgt.

Wir bleiben in Glimmergneisen und Schiefern des Riffler-Schönach-Beckens, die von geringmächtigen Konglomeratgneis-Bändern durchsetzt sind. Da wir im Streichen der Metasedimentserien ansteigen, ändert sich an der Schichtenfolge auf der gesamten Popbergschneide wenig.

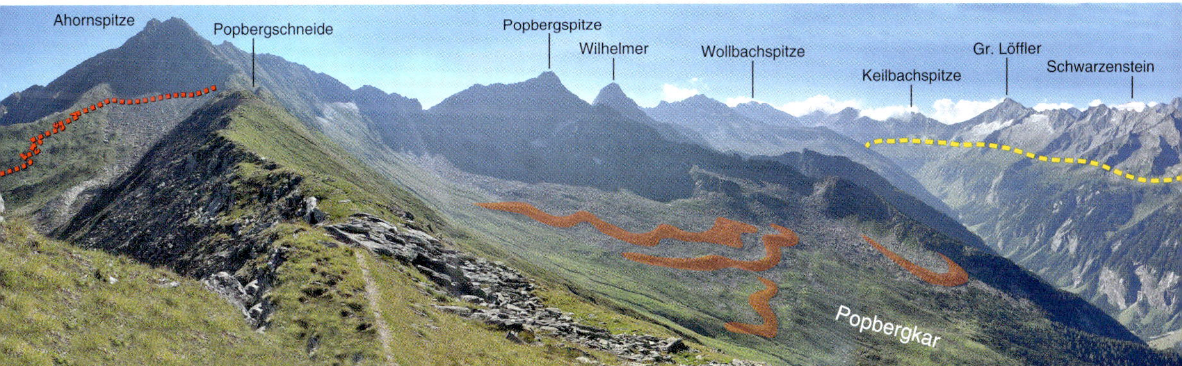

Abb. 60. Die Aussicht von der Popbergschneide ins gleichnamige Kar ist nicht nur landschaftlich beeindruckend, sondern offenbart auch einiges seiner jüngeren Glazialgeschichte: Vor allem die girlandenförmig angeordneten Moränenwälle aus dem Egesen-Stadial treten im schräg einfallenden Morgenlicht plastisch hervor (rot transparent eingefärbt). Im Stillupgrund rechts lässt sich anhand abgeschliffener Seitenkämme die würmzeitliche Schliffgrenze des Maximalstandes vor knapp 21 000 Jahren gut erkennen, der Anstieg durch das Fellenbergkar zum Sattel P. 2743 m in Variante 2 ist zur besseren Orientierung rot punktiert gekennzeichnet.

Recht eindrucksvoll ist der sich mit zunehmender Höhe weitende Blick hinab ins riesige Popbergkar, das von den Gipfeln der Ahornspitze und der Popbergspitze überragt wird. Vor allem schräg von Osten über den Kamm Ahornspitze-Popbergspitze einfallendes Morgenlicht modelliert dort eine Serie girlandenartig angeordneter Endmoränen-Wallstrukturen heraus, die teilweise in die Hang- 60
und Blockschuttfelder, teilweise aber auch in den grasigen Schrofenbereich unterhalb hineinreichen. Die Moränen stammen aus dem spätwürmzeitlichen Egesen-Stadial und dürften in etwa so alt sein wie die Wallstrukturen, die wir bereits am Anstieg zur Edelhütte beobachten konnten. Heute ist das Popbergkar bis auf wenige Firnreste unter der Popbergspitze zur Gänze eisfrei. Die Gletscher des spätglazialen Egesen-Stadials flossen immerhin knapp 500 Höhenmeter talwärts – verglichen mit dem Maximalstand des Würm-Glazials nehmen sie sich jedoch bescheiden aus. Im Stillupgrund ist recht gut die Schliffgrenze anhand der vom Eis abgeschmirgelten und abgerundeten Seitenkämme zu erkennen. Wir dürfen davon ausgehen, dass das hochwürmzeitliche Stillupkees das Tal bis knapp 2300 Meter Höhe zur Gänze ausfüllte und sich mit den aus den Nachbartälern strömenden Gletschern bei Mayrhofen in einer Art Eisplateau zum großen Zillertal-Gletscher vereinigte (siehe auch Abb. 40).

Auf den letzten knapp 100 Höhenmetern bis zum Sattel P. 2743 m, zu dem Aufstiegsvariante 2 aus dem Fellenbergkar führt, wird es nochmals etwas steiler. Felsigen Passagen wird nun durchwegs südlich der Gratkante ausgewichen. Dennoch ist auch hier stets aufzupassen und es gilt, nicht zu stolpern.

4 Anstiegsvariante 2: Über das Obere Fellenbergkar in den Sattel P. 2743 m

Wer einen schmalen Grat und ausgesetzte Passagen scheut, aber dennoch nicht auf die Ersteigung der Ahornspitze als wunderbaren Aussichtspunkt verzichten möchte, dem sei der Normalanstieg von der Edelhütte durchs Fellenbergkar zum Sattel P. 2743 m ans Herz gelegt. Dieser durchwegs gut ausgebaute und markierte Anstieg ist leichter, aber deutlich höher frequentiert als jener über die Popbergschneide. Wenn man nicht die erste Seilbahn bergwärts zur Hahnpfalz erwischt hat, ist man zu fortgeschrittener Vormittagszeit ab der Edelhütte sicherlich mit Dutzenden bergsteigender Zeitgenossen unterwegs.

Von der Edelhütte weg steigen wir auf den ersten knapp 200 Höhenmetern weiterhin in Abfolgen des Variszischen Basements ("Altes Dach"). Diese sind hier bei intensiver Schieferung und steil nach Norden einfallenden Trennflächen aufgrund zahlreich enthaltener millimeter- bis zentimetergroßer Kalifeldspatkristallite deutlich heller gefärbt. Auf diesem Wegabschnitt liegt keine Überdeckung mit 61
würmzeitlicher Moräne, so dass wir an zahlreichen Stellen Einblick in die Abfolgen dieser migmatitischen Gneise bekommen. So richtig dunkel wie beim Anstieg zur Edelhütte werden die Gesteine des "Alten Daches" hier jedoch nicht mehr.

Abb. 61. a, Beinahe saiger geschieferte, auffallend helle, da kalifeldspatreiche migmatitische Abfolgen des Variszischen Basements (»Altes Dach«) prägen den Anstieg im Fellenbergkar auf den ersten 200 Höhenmetern ab der Edelhütte. b, Detailansicht mit zahlreichen, idiomorphen Kalifeldspatkristallen.

Abb. 62. Konglomeratgneise des Riffler-Schönach-Beckens können entweder reich an Kalifeldspäten sein (a,b), oder mit zahlreichen kleinen Quarz- und Feldspatblasten ein unruhiges, körniges Aussehen zeigen (c,d).

Erst näher zum Westgrat der Ahornspitze kommend, nimmt die Steigung allmählich zu. In mehreren Spitzkehren gewinnen wir schneller an Höhe.

In diesem Bereich liegt der Übergang vom "Alten Dach" zu Metasedimentserien des Riffler-Schönach-
Beckens, hier repräsentiert durch helle, körnige und bereichsweise ebenfalls kalifeldspatführende
Konglomeratgneise. Wie bei den Migmatiten des Variszischen Basements zuvor, fällt die Schiefe-
rung sehr steil bis senkrecht nach Norden ein und zeichnet die generelle Kompressionsrichtung der
Gesteinskörper nach, die sie im Zuge der alpinen Gebirgsbildung erfahren haben. Der Abstand der
Trenn- und Schieferungsflächen ist jedoch weitständiger, was den Konglomeratgneisen ein massiges 62
Aussehen verleiht. Sie sind mit diesem Gesteinshabitus den Metagranit-Einschaltungen des Variszi-
schen Basements nicht unähnlich, nur etwas heller gefärbt (vgl. mit Abb. 54).

Auf etwa 2650 Meter Höhe gelangen wir in den Bereich ausgedehnter Hang- und Blockschuttfelder, die die Nordseite der Popbergschneide überziehen.

Abb. 63. Die ausgedehnten Hang- und Blockschuttfelder des inneren Fellenbergkares unter der Popbergschneide zeigen kleine Blockgletscher (gelb strichliert umrandet), die ihr grobes Material durch Ausbrüche am Grat bekommen (gelbe Pfeile). Der orangefarbene Pfeil kennzeichnet den Standort der Edelhütte.

Dabei sind im unteren Bereich des Schuttes Strukturen zu erkennen, die als Stauchwälle von kleinen
63 Blockgletschern interpretiert werden können. Dabei handelt es sich um einen "felsigen Blockgletscher", der sein grobblockiges Material aus der über ihm aufragenden Popbergschneide bezieht. Helle Felsnischen kennzeichnen unter der Gratlinie junge, noch nicht angewitterte Ausbrüche, die zeigen, dass wir hier einen rezenten, noch andauernden Erosions- und Massenbewegungsprozess beobachten. Der Grund für die ständige Zufuhr an Ausbruchsmaterial ist die intensive, nach Norden einfallende Schieferung, die folglich ein hangparalleles Trennflächengefüge ausbildet und durch den Verschnitt mit einer senkrecht darauf stehenden, dominanten Klüftung (mittelsteil nach Süden einfallend) das Ausgleiten zahlreicher Blöcke hervorruft. Der Berg bröselt sozusagen vor sich hin.

Wir queren die Hangschuttfelder auf einer bestens ausgebauten Steiganlage schräg zum Sattel P. 2743 m aufwärts, zuletzt in einer kleinen Spitzkehre etwas steiler ansteigend.

5 Über die Südwestflanke auf einen kaputten Berg

Am Sattel P. 2743 m und Vereinigungspunkt beider Anstiegsvarianten beginnt der eigentliche Gipfelanstieg auf die Ahornspitze, zunächst über ihre mäßig steile Südwestflanke.

In diesem Bereich queren wir eine schmale Schuppe migmatitischer Gneise des Variszischen Basements und somit desselben Typs, der die Kare rund um die Edelhütte aufbaut. Der tektonisch eingeschuppte Span beginnt am Sattel P. 2743 m, zieht durch die obere Südwestflanke der Ahornspitze und lässt sich über das Schneekarl und Stadelbacher Kar (beide auf der Nordostseite der Ahornspitze gelegen) und weiter über den Trenkner (2666 m) bis in Richtung Zillergrund verfolgen, wobei seine Ausbissbreite kontinuierlich größer wird. Im Zillergrund wird es von einem mächtigen Serpentinit-Zug des Riffler-Schönach-Beckens abgeschnitten.

Die migmatitischen Gneise verwittern am Südwesthang der Ahornspitze aufgrund enthaltener Eisenoxide zu einem rostbraunen erdigen Grus, der den Anstieg etwas einfacher macht. Ab etwa 2800 Meter Höhe gelangen wir wieder in den Bereich der Konglomeratgneise des Riffler-Schönach-Beckens, die aufgrund der etwas weitständigeren Schieferung zu grobem Blockwerk zerlegt sind. Diese knapp 150 Höhenmeter bis zum Südgipfel und höchsten Punkt des Berges sind insofern unangenehm, da auch hier die Schieferung mittelsteil nach NNW und damit hangparallel einfällt. Damit sind wir gezwungen, über abwärts geneigte Schieferungsflächen mit aufliegenden "lithologischen Skateboards" zu gehen, die bei unachtsamen Bewegungen abgleiten können. Deswegen herrscht in der Südwestflanke bei vielen bergsteigenden Mitmenschen latente, nicht zu unterschätzende
64 Steinschlag-Gefahr.

Die Konglomeratgneise bilden auch den Gipfelaufbau unseres Berges. Der Steig führt über den 2973 Meter hohen Südgipfel (Vermessungszeichen) und eine kleine Einschartung mit einigen Drahtseilsicherungen zum etwas niedrigeren Nordgipfel (2958 m) mit Gipfelkreuz. Bevor wir die Über-

Abb. 64. Die Sicht vom Sattel P. 2743 m gegen die Südwestflanke der Ahornspitze zeigt zunächst einen erdig-grasigen Abschnitt auf einem tektonisch isolierten Span stark verwitterter, migmatitischer Gneise des Variszischen Basements. Darüber liegen die gegen unsere Blickrichtung einfallenden, hangparallel geschieferten Konglomeratgneise des Riffler-Schönach-Beckens und machen vor allem die ausstehenden knapp 150 Höhenmeter bis zum Südgipfel (etwas links der Bildmitte) zu einem latent steinschlaggefährdeten Bereich. Der neben dem Südgipfel gelegene, etwas niedrigere Nordgipfel (links) wird durch eine gegen links unten ziehende Steinschlagrinne getrennt und ist – teilweise drahtseilgesichert – über die Gipfelscharte zu erreichen.

schreitung vornehmen, lohnt ein Blick südwärts hinab in die verschwiegenen Kare des Ahornkammes 65
in Richtung des 3064 Meter hohen Grundschartners, der mit seinem beilartig scharf zugeschnittenen Nordgrat den Blickfang der Region bietet. Die dort anstehenden leukokraten Metagranite sind besonders hart und erlauben einige der bekanntesten Kletterrouten der zentralen Zillertaler Alpen.

Alles andere als fest erweisen sich die hier am Südgipfel anstehenden Konglomeratgneise: Zahlreiche Löcher unbekannter Tiefe sind zu sehen – Anzeichen tiefgreifender Zerrüttung und teilweise bereits abgesetzter, in die steile Ostflanke abzustürzen drohender Felsschollen. Auch wenn die Tiefblicke hinab in den Zillergrund beeindruckend sein mögen, sollte man sich nicht allzu weit auf die Bereiche talseits der Löcher begeben – es sind tatsächlich schon Schollen so mancher Berge ohne größere Vorwarnung in sich zusammengebrochen und ein ähnliches Schicksal droht auch der Ahornspitze.

Der Eindruck eines "kaputten Berges" verstärkt sich beim teilweise versicherten Übergang vom Süd- auf den
Nordgipfel. Dabei queren wir eine breite, von Schutt und Blockwerk erfüllte Rinne, in der es teilweise poltert, da 66
ständig Steine in das darunterliegende innere Fellenbergkar abzustürzen drohen. Hier sollten wir es unbedingt vermeiden, (unabsichtlich) Steine abgehen zu lassen, denn sie gefährden etwaig auf zweiter Anstiegsvariante das Fellenbergkar querende Wanderer und Bergsteiger.

Der ursprüngliche Anstieg auf die Ahornspitze verlief früher übrigens vom inneren Fellenbergkar direkt über die Westflanke auf den Nordgipfel – aufgrund des steten "Kanonenrohrs" der Gipfelrinne wurde er auf die objektiv etwas sicherere Südwestflanke des Berges verlegt.

Kaputter Berg hin oder her: Die Ahornspitze verfügt nach wie vor aufgrund ihrer weit nach Norden vorgeschobenen Stellung und ihrer Höhe von beinahe 3000 Metern über eines der komplettesten Panoramen der Zillertaler Alpen. Gegen Süden steht leider der Südgipfel etwas im Weg, von Nordwesten über Norden bis gegen Osten jedoch behindert kein anderer Berg die Rundumsicht.

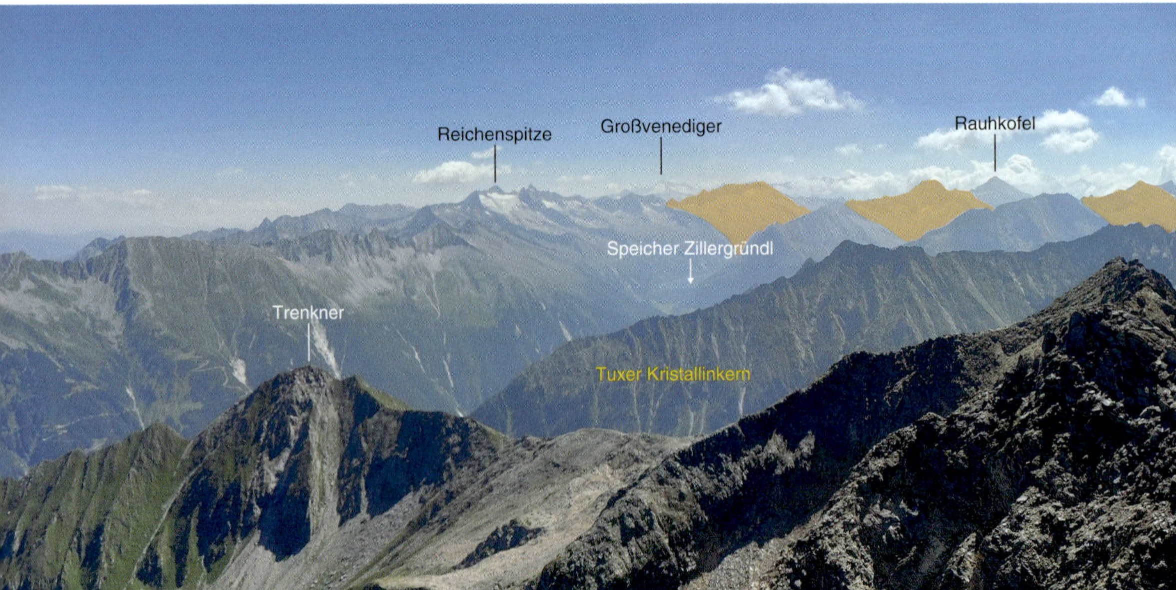

Abb. 65. Ausblick vom Südgipfel der Ahornspitze nach Südosten bis Süden gegen den Zillertaler Hauptkamm. Eigentlich sieht man nur kristalline Einheiten – erst bei genauerem Hinsehen fällt ein stark geschiefertes, schmales Band von Sequenzen der Greiner-Synklinale sowie des »Alten Dachs« auf, das von West nach Ost zieht und den Zillertaler vom Tuxer Kristallinkern trennt. Die gelben Pfeile zeigen auf die sich am Südgipfel öffnenden Zerrspalten und -klüfte und deuten eine initiale Bergzerreißungszone an, die sich bis auf den höchsten Punkt erstreckt.

Abb. 66. Blick vom versicherten Übergang zum etwas niedrigeren Nordgipfel der Ahornspitze mit dem großen Gipfelkreuz. Hier sieht man deutlich die hangparallel ausgerichtete Schieferung als auslösendes Momentum der bewegenden »Steinschlag-Historie« der Ahornspitze.

Aus unserer Perspektive verdeckt der Südgipfel Teile des Zillertaler Grenz- und Hauptkammes. 67
Rechts davon sind Großer Löffler (3379 m) und Schwarzenstein (3368 m) deutlich erkennbar. Um den Großen Möseler (3478 m) sowie den höchsten Punkt des Gebirges, den Hochfeiler (3510 m), zu identifizieren, muss man schon ein wenig suchen. Mit Ausnahme letzteren Berges liegen diese Gipfel alle im Bereich des Zillertaler Kristallinkerns, der durch ein WSW-ONO-laufendes, bis knapp zweieinhalb Kilometer breites Band der Greiner-Synklinale sowie des "Alten Dachs" vom nördlich gelegenen Tuxer Kristallinkern getrennt wird. Diese Zone verläuft am Floitenkamm nördlich des Löfflers und knapp südlich des Gigalitz (3002 m), quert den Floitengrund zum Kleinen Mörchner nördlich des Schwarzensteins und erreicht – stets breiter werdend – am Ochsner (3106 m) den Zemmgrund (siehe Exkursion H). Der ferne Hochfeiler selbst liegt südlich dieser Zone. Seinen Gipfel bauen tektonisch stark ausgewalzte Decken mit permomesozoischen Metasedimentgesteinen sowie tektonostratigraphisch aufliegender, penninischer Glockner-Decke auf (siehe auch Exkursion I).

Der Tuxer Kristallinkern, der den Hauptteil des sich vor uns ausbreitenden, scharf zugeschnittenen Floitenkammes ausmacht, setzt sich westwärts fort bis in den Tuxer Kamm mit dem markanten Olperer (3476 m), dem dritthöchsten Gipfel der Zillertaler Alpen. Wie bereits mehrfach geschildert, trennt das Riffler-Schönach-Becken, ebenfalls tektonisch verwoben mit Sequenzen des Variszischen Basements, den Tuxer Kristallinkern vom Ahornkern. Die Nordhänge unterhalb unseres Standpunktes mit der gut sichtbaren Edelhütte verjüngen sich über dem eleganten Dristner und weiten sich am Tuxer Kamm zwischen Hohem Riffler und Realspitze weiter westlich etwas auf. Die drei Kristallinkerne mit ihrer eingefalteten, altpaläozoischen Hülle bilden das westliche Tauernfenster. Nördlich davon, gegen die markante Furche des Tuxertals, breitet sich die Hülle aus permomesozoischen Metasedimentgesteinen aus – quasi die "weiche Schale des harten Kerns" (siehe Exkursionen D und I in diesem Band und Band 44 dieser Buchreihe). Konkordant, das heißt ohne Schichtlücke und/oder Tektonik, liegt die Hochstegen-Zone dem Ahornkern auf, zumeist mit jurassischem Kalkmarmor (Unterjura-Basiskalk, Mitteljura-Kalkmarmoren und Hochstegen-Kalkmarmor), teilweise mit permotriassischen Metaarkosen ("Wustkogel-Serie"). Darüber liegen mit der Wolfendorn- und der Seidlwinkl-Modereck-Decke tektonisch ausgewalzte Decken mit einem ähnlichen Schichtenspektrum (siehe auch Exkursion D). Alle diese bislang genannten Einheiten wurden am europäischen Kontinentalsockel gebildet, entweder als einst tiefliegende Elemente kontinentaler Kruste (Kristallinkerne) oder als ehemals sedimentäre Auflage (autochthone Hochstegen-Zone sowie allochthone Wolfendorn- und Seidlwinkl-Modereck-Decke).

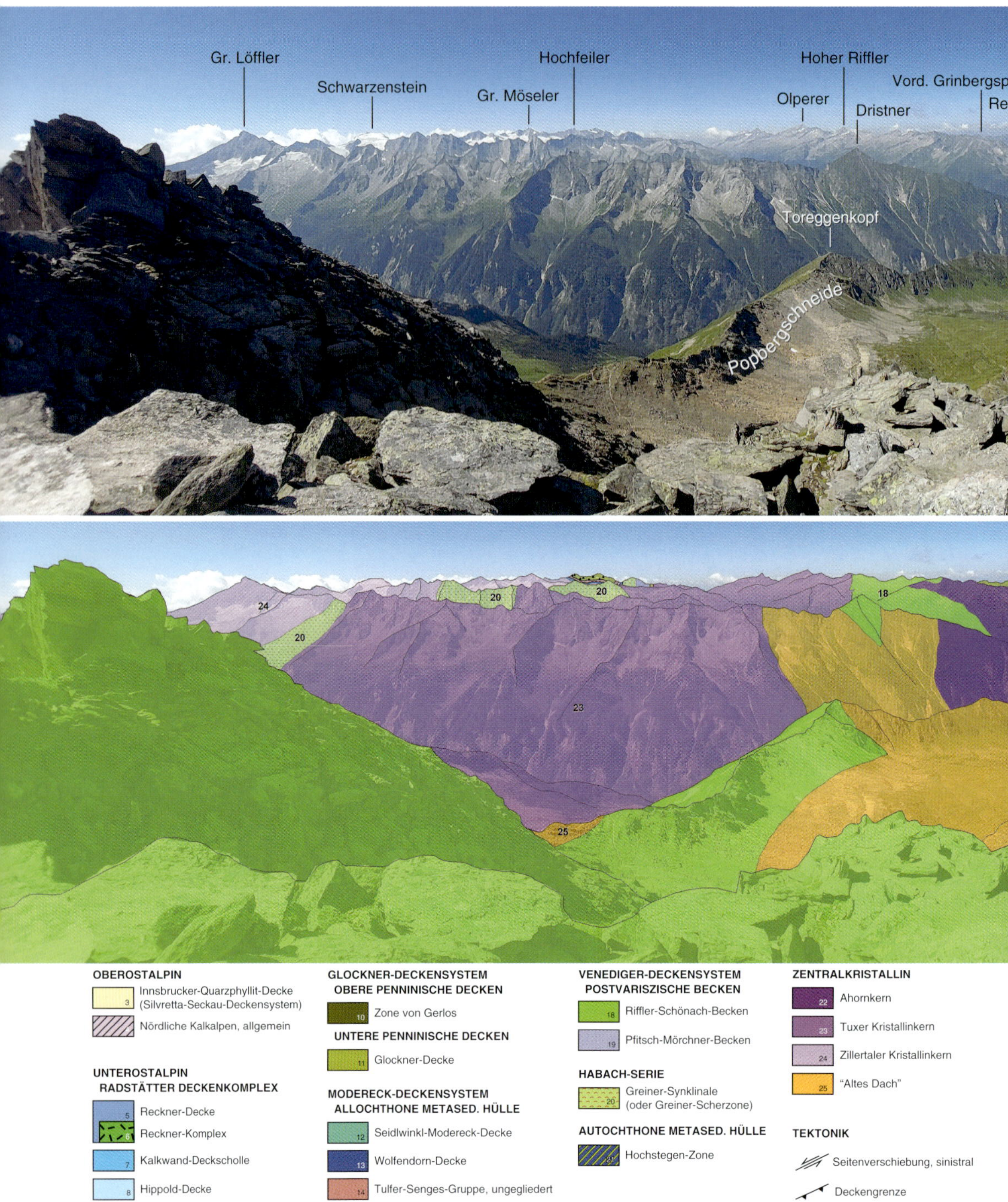

Abb. 67. Panorama vom Nordgipfel der Ahornspitze von Süden (links im Bild) bis Nordosten (rechts im Bild); vor allem die Aussicht nach Norden (etwas rechts der Bildmitte) bietet instruktive Blicke ins Westliche Tauernfenster samt seiner metasedimentären Hüllgesteine. Zur besseren Übersicht wurden die tektonostratigraphischen Einheiten im unteren Bild überblendet. Der orangefarbene Pfeil markiert die Edelhütte.

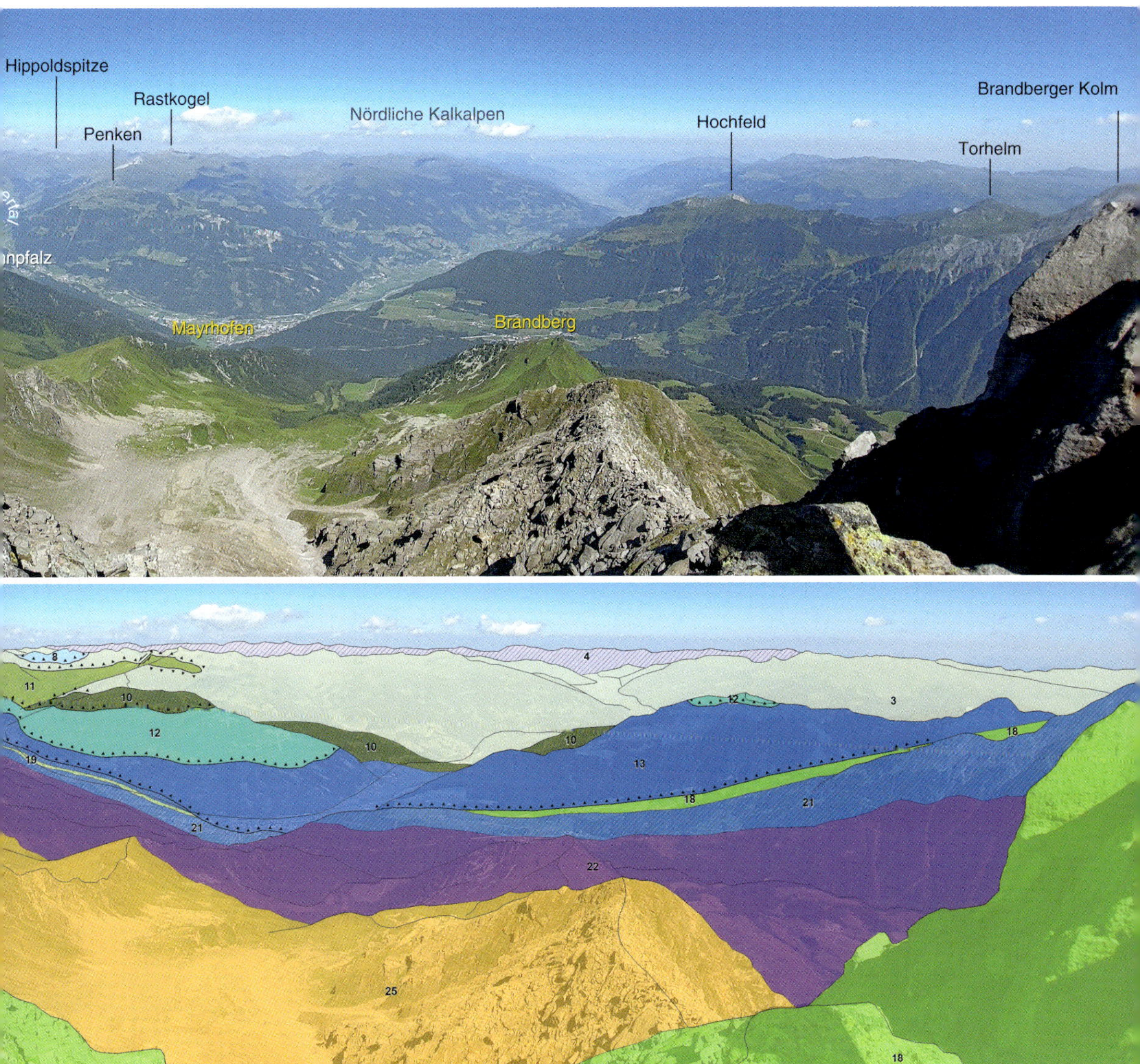

Im Tuxertal ändern sich sowohl Gesteine als auch ursprünglicher Herkunftsort drastisch. Dieser Bereich wird hauptsächlich von penninischen Metasediment-Abfolgen ("Bündnerschiefer-Serie") der penninischen Glockner-Decke eingenommen, einst als monotone, mächtige Feinsediment-Abfolgen im Penninischen Ozean zur Ablagerung gebracht. Die nördlicher gelegenen, behäbig und flachhügelig wirkenden Höhenzüge der südlichen Tuxer Alpen werden von Gesteinen aufgebaut, die einst jenseits, dass heißt südlich des Penninischen Ozeans auf Adria akkumuliert wurden, einem Mikrokontinent nordwestlich von Afrika. Diese heute zum Ostalpin gezählten Einheiten gliedern sich auf in die stärker metamorphe, oberostalpine Innsbrucker-Quarzphyllit-Decke (siehe Band 44, Exkursionen O und P) und die darauf lagernden, geringer metamorphen, unterostalpinen Deckenklippen (etwa am Lizumer Reckner oder an der Hippoldspitze, siehe Band 44, Exkursionen M und N). Sie bilden die höchsten tektonischen Einheiten, die wir in unserem Nahbereich sehen. Die bleiche Mauer der Nördlichen Kalkalpen, die jenseits der Inntalfurche liegt, gehört ebenfalls zum

Abb. 68. Der Fellenberg-Hochleger vor der Ahornspitze (halbrechts) und der Edelhütte (rechts).

Oberostalpin, ist jedoch von gebirgsbildender Metamorphose weitgehend verschont geblieben und "nur" im Zuge der Aufwölbung des Tauernfensters *en bloc* nach Norden geglitten. So unglaublich es am Standpunkt der Ahornspitze klingt: Wir stehen quasi tief im Bereich der Erdkruste und sehen im Norden auf Einheiten hinab, die ursprünglich viele Kilometer über uns lagen beziehungsweise wie das Ostalpin einige hundert Kilometer südlich von uns zur Ablagerung kamen. So spannend (und gleichzeitig verrückt) ist alpine Geologie.

6 Abstieg über den Fellenbergalm-Hochleger zur Hahnpfalz

Haben wir uns sattgesehen, ist es Zeit, wieder vorsichtig über die Südwestflanke gegen das Fellenbergkar abzusteigen (der Abstieg über die Popbergschneide ist nicht empfehlenswert), denn die letzte Bahn an der Hahnpfalz wartet nicht. Sollte man müßig sein und diese verpassen, stehen satte 1300 Zusatzhöhenmeter Abstieg bis nach Mayrhofen zu Buche. Machbar, aber alles andere als gelenkschonend.

Nach einer Stärkung an der Edelhütte wählen wir für den weiteren Weg talwärts nicht den Anstiegsweg, sondern halten uns unmittelbar unter der Hütte rechts und queren die grasigen Hänge in nördliche Richtung. Etappenziel
68 ist der Fellenbergalm-Hochleger. Dazu wird eine kleine Wandstufe aus migmatitischem Altkristallin nordwärts und unschwierig umgangen. Vorbei an einigen anmoorigen, sumpfigen Lacken wird das langgestreckte Stall-Gebäude der Alm auf Moränenwällen des Egesen-Stadials erreicht. Nach wenigen Minuten einen flachen Riedel überquerend, gelangen wir wieder auf den heute Morgen begangenen Anstiegsweg zur Edelhütte und brauchen ab diesem Punkt noch etwa eine halbe Stunde bis zur Hahnpfalz und zum Erreichen der Ahornbahn.

Weiterführende Literatur

Hornung, T. & Zasadni, J. (2023): Geologische Karte des Hochgebirgs-Naturparkes Zillertal, der Gemeinden Tux, Finkenberg und Brandberg, Maßstab 1:25 000, 3 Kartenblätter, Hochgebirgs-Naturpark Zillertaler Alpen, Ginzling.

B Auf Schmugglerpfaden und Grenzgängen: Von der Grüne-Wand-Hütte über die Kasseler Hütte auf die Grüne-Wand-Spitze

Wegstrecke: Mayrhofen (630 m) – Fahrt mit Rad, Bus oder Auto zum Gasthaus Wasserfall am Speicher Stillup (1129 m) – Fahrt mit dem Wandertaxi zur Grüne-Wand-Hütte (1435 m) – Taxachalm – Kasseler Hütte (2178 m, Übernachtung) – Grüne-Wand-Spitze (2946 m) – retour am Aufstiegsweg.

Geologie/Sonstiges: Migmatite des Variszischen Basements ("Altes Dach") – Glazial-Landschaft Östliches Stillupkees – Gneise des Zillertaler Kristallinkerns mit teilgeschmolzenen dunklen Biotitgneis-Xenolithen, Bergkristall- und Granat-Fundmöglichkeiten.

Anspruchsvolle Zweitages-Unternehmung (insgesamt 10–12 Stunden Gehzeit, 1500 m Höhenunterschied, im Auf- und Abstieg 18 km Wegstrecke), die von konditionsstarken Wanderern auch als stramme Eintages-Unternehmung ausgeführt werden kann. Gemütlicher ist es allerdings mit einer Übernachtung auf der bestens bewirtschafteten Kasseler Hütte. Der Weg dorthin verläuft auf markierten und ausgebauten Höhenwegen und stellt bei guten Wetterbedingungen kein Problem dar. Die Besteigung des "Fast-Dreitausenders" Grüne-Wand-Spitze erfordert Trittsicherheit, die Querung des ein oder anderen frühsommerlichen oder spätherbstlichen Schneefeldes sowie ausreichend Blockkletterei. Ein eventuell alternativer Anstieg als Teiletappe des Berliner Höhenweges in Richtung Lapenscharte mit anfolgendem Abstieg zur Grüne-Wand-Hütte von der orographisch linken Talseite sollte nicht in Erwägung gezogen werden, da der unterste Teil der Steiganlage während der Sommerunwetter des Jahres 2021 abgerutscht ist und bislang nicht wiederhergestellt wurde. Bitte diesbezüglich die aktuellen Bedingungen an der Kasseler Hütte erfragen!

Abb. 69. Topographische Übersichtskarte der Exkursion B – Grüne-Wand-Spitze (Geodatenbasis: BEV Österreich).

① Durch den Stillupgrund bis zur Grüne-Wand-Hütte

Die hier vorgestellte Unternehmung am österreichisch-italienischen Grenzkamm hat bis zu seinem eigentlichen Ausgangspunkt, der Grüne-Wand-Hütte, einen kilometerlangen Anfahrtsweg, der hier im Folgenden kurz vorgestellt werden soll.

Für die beschriebene Wegstrecke gibt es mehrere Optionen: Bis zum Gasthaus Wasserfall nahe der Staumauer des Speichers Stillup besteht eine schmale, asphaltierte Mautstraße, die für einen Obolus von € 8,– (Motorrad € 2,50) mit dem Privat-PKW selbst befahren werden kann. Bei einem nachmittäglichen Aufbruch steht man dann allerdings an schönen Tagen der sommerlichen Hauptsaison vor dem im Zillertal altbekannten Problem, neben dem Gegenverkehr der Talwärtsstrebenden einen Parkplatz unterhalb des Gasthauses zu ergattern. Sollte man sich also für diese Option entscheiden, ist ein früher (oder bei stabilem, gewitterfreiem Bergwetter sehr später) Start angeraten. Ab Mitte Mai fährt der private Linienbusverkehr der Familie Kröll vom Bahnhof Mayrhofen zum Gasthaus Wasserfall, ab Mitte Juni sogar direkt zur Grüne-Wand-Hütte. Man erreicht die Familie Kröll, übrigens auch Betreiber des Gasthauses Wasserfall, über die Mobilnummer 0043/664/2162753 oder via Festnetz 0043/5285/62967. Die gleiche Route fährt das private Unternehmen von Hermann Thaler (Festnetz 0043/5285/63423 bzw. mobil 0043/664/2006596) täglich ab 08:00 Uhr vom Europahaus und Posthotel in Mayrhofen (€ 10.– für die einfache Route, € 14.– für Hin- und Rückfahrt).

Man kann die Straße im Stillupgrund gebührenfrei auch mit dem Fahrrad oder besser dem E-Bike befahren, muss allerdings auf relativ viel Verkehr achten.

Abb. 70. Geologische Karte der Exkursion Ⓑ – Grüne-Wand-Spitze (Auszug aus HORNUNG *&* ZASADNI *2023; Geodatenbasis: BEV Österreich). Legende siehe Seiten 75–77.*

Abb. 71. a, Blendet man all die parkenden Autos aus, wähnt man sich am Nordostufer des Speichers Stillup auf Höhe des Gasthauses Wasserfall beinahe in Norwegen an einem stillen Gebirgsfjord. b, Der Stillupgrund weitet sich nach dem Speicher auf Höhe des Stilluperhauses. Den Hintergrund beherrschen Grüne-Wand-Spitze und die 3093 Meter hohe Keilbachspitze.

Bis zum Gasthaus Wasserfall verläuft der untere Abschnitt ab Mayrhofen wenig aussichtsreich durch dichten Bergwald – erst kurz vor dem Speicher Stillup und dann am Gasthaus Wasserfall öffnet sich der enge Stillupgrund und gibt erstmalig den Blick auf die noch weit entfernten Gipfel des Grenzkammes frei. Wenn man dann in einem ruhigen Moment die ganze Touristenschar (zu der man ja selbst gehört) ausblendet und über den See blickt, glaubt man vielleicht einen Augenblick, sich an einem stillen Bergfjord in Norwegen zu befinden. Die Ähnlichkeit des Tals mit viele Hundert *71a*
Meter hohen, beinahe senkrecht aufragenden Wänden zu Skandinavien kommt nicht von ungefähr,

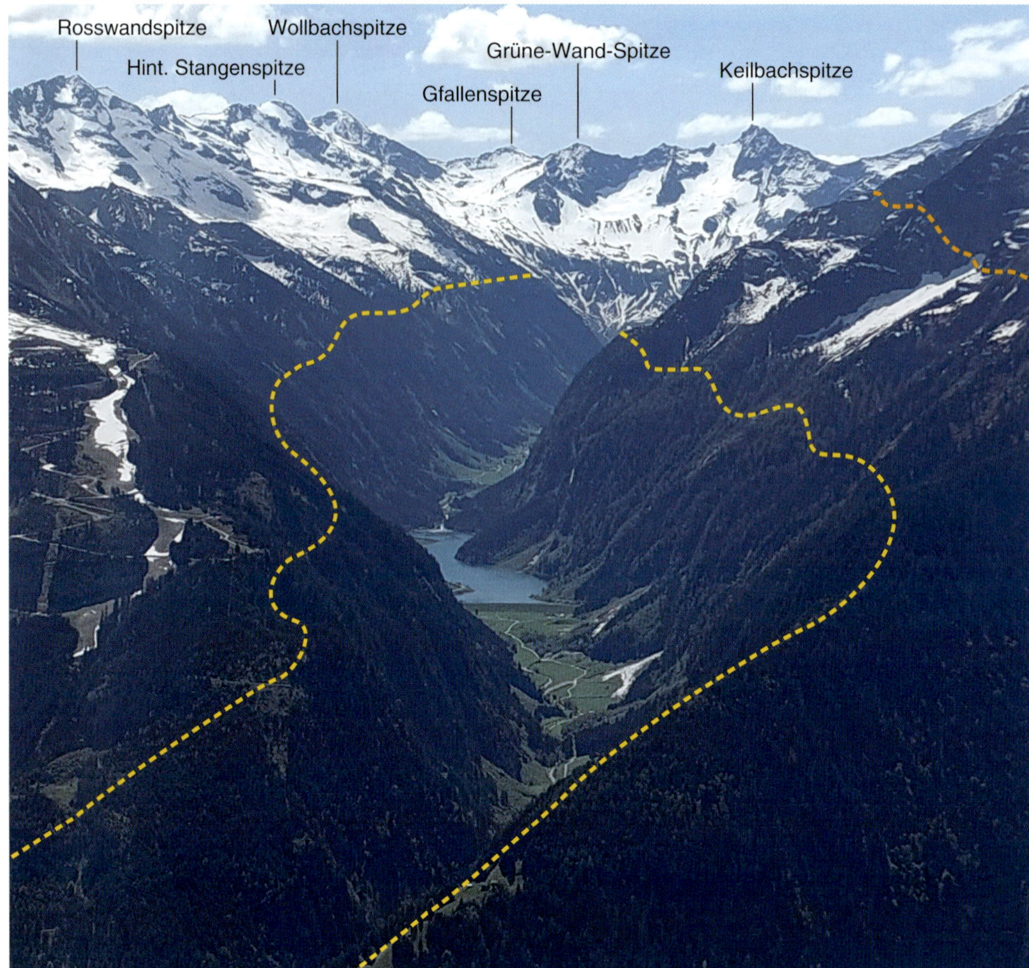

Abb. 72. Vom gegenüber dem Talausgang des Stillupgrundes gelegenen Penken aus gesehen, ist die glazigene Überformung sehr gut zu erkennen. Die gelbe Linie kennzeichnet die ungefähre Lage der Trogschulter, die orangefarbene Linie (rechts) die Schliffgrenze des Eisstromes während des LGM (»Last Glacial Maximum«) der Würm-Eiszeit vor etwa 21 000 Jahren.

denn wie viele Bereiche dort kennzeichnet auch den Stillupgrund eine glazial überprägte Landschaft
mit einem lehrbuchhaft ausgeformten Trogtal. Befindet man sich südlich des Speichers – sei es im
Wandertaxi, im Linienbus, auf dem Rad oder gar auf Schusters Rappen – und fährt, radelt oder
wandert über den brettlebenen, sattgrünen Talboden mit ein paar verstreut liegenden Sommer-
71b und Gasthäusern, wird man kaum erkennen, dass sich die Berghänge gegen die Waldgrenze etwas
zurücklegen und ihre jähe Steilheit verlieren, die sie talabwärts gehabt haben. Erst aus der Distanz,
beispielsweise vom gegenüber dem Talausgang des Stillupgrundes gelegenen Penken (Exkursion
in Band 44), sieht man die glazigene Überprägung des Taleinschnittes in der Übersicht, erkennt das
72 klassische, tief eingeschnittene und schmale, u-förmige Trogtal mit Trogschulter und Schliffgrenze
an den umgebenden Bergkämmen und kann sich vorstellen, wie mächtig einst die eiszeitlichen
Gletscherströme auf den Gründen lasteten. Über dem flachen Talboden auf Höhe des Stilluperhauses
(1194 m, privates Gast- und Unterkunftshaus) wälzten während des LGM ("Last Glacial Maximum")
vor etwa 21 000 Jahren mehr als 1000 Meter Eis talwärts.

Geologisch gesehen durchqueren wir auf unserer Fahrt von Mayrhofen bis zum flachen Boden vor dem Schwergewichtsdamm des Speichers Stillup den Ahornkern ziemlich genau senkrecht zur Streichrichtung seiner Schieferung und durchfahren im Tunnel nach dem Gasthaus Wasserfall migmatitische Sequenzen des Variszischen Basements ("Altes Dach"), das den Ahornkern vom Tuxer Kristallinkern trennt. Einen Großteil der Strecke vom Stausee zum Stilluperhaus flankieren das Tal helle Metagranite und Metatonalite, die den Hauptanteil des Tuxer Kristallinkerns ausmachen. Wenn zuletzt die Straße im wieder
73 enger werdenden Tal zur Grüne-Wand-Hütte steiler ansteigt, erreichen wir die Südgrenze des Tuxer Kerns und abermals teilaufgeschmolzene Sequenzen des "Alten Daches". Im nun anfolgenden Zillertaler Kristallinkern wird sich die nachfolgende Exkursion ausschließlich bewegen. So gesehen werden wir auf der Fahrt bis hierher beziehungsweise der nun folgenden geologischen Exkursion alle drei Zillertaler Kristallinkerne durchqueren.

Abb. 73. Die Grüne-Wand-Hütte ist der eigentliche Ausgangspunkt der Tour in Richtung Kasseler Hütte und Grüne-Wand-Spitze.

2 Zur Kasseler Hütte

Von der Grüne-Wand-Hütte wandern wir vorbei an der Taxachalm und wählen den rechts abzweigenden Fahrweg (Wegweiser), vorbei an einer kleinen Schranke. Dahinter weitet sich das Tal und in den kommenden knapp 30 Minuten steigt der Fahrweg neben dem Stillupbach langsam bergwärts.

Dass es zu Zeiten der Schneeschmelze beziehungsweise nach Niederschlagsereignissen nicht immer so friedlich zugeht, zeigt die schiere Menge an frisch geschüttenem, fluviatilem Geschiebe, die der Stillupbach zeitweise mit sich führt. Vor allem die Unwetter des Juli 2021 haben erheblich zum heutigen Bild des Talgrundes beigetragen. In der Mehrheit finden sich hier leukokrate, dass heißt 74
helle Gneise und geben einen ganz guten Überblick über das lithologische Spektrum, das uns in den kommenden beiden Tagen am Berg erwartet.

Abb. 74. Der dahinplätschernde Stillupbach führt zeitweise erhebliche Mengen an fluviatilem Kristallingeschiebe. Im Hintergrund stehen Grüne-Wand-Spitze, Kasseler Spitze (2952 m) und Keilbachspitze am österreichisch-italienischen Grenzkamm.

Abb. 75. a, Anstieg durch lichten Bergwald knapp über dem Ende der Fahrstraße. Erwähnenswert sind die zahlreichen großen, zum überwiegenden Teil erratischen Blöcke, an denen sich der Steig vorbeiwindet. b, Der Wanderweg führt auf der orographisch rechten Seite des Sonntagskarbaches bergwärts. Parallel zum Bach ziehen sich mehrere Generationen Seitenmoränen aus dem Egesen-Stadial, die von neuzeitlichen Murschutt-Rinnen angeschnitten sind (knapp links der Bildmitte).

Der Fahrweg steigt zuletzt steiler an und endet nach einer Spitzkehre an der Talstation des Lastenliftes zur Kasseler Hütte. Hier beginnt ein Steig, der zunächst in zahlreichen engen Kehren durch einen schnell lichter
75a werdenden Bergwald aufwärtsführt.

Im aufschlusslosen Gelände führt der Steig über zahlreiche große, abgerundete erratische Blöcke als glaziale Relikte der letzten Eiszeit. Hier liegt ein geringmächtiger Moränenschleier auf diatektischen Augengneisen des Variszischen Basements ("Altes Dach"). Erst im freien Gelände knapp oberhalb

Abb. 76. Der Bereich über dem Bergwald belohnt mit einer beeindruckenden Aussicht auf den Großen Löffler und den Beginn des Floitenkammes, der den Stillup- vom Floitengrund trennt. Über die Lapenscharte zwischen Lapenspitze (2991 m) und Gigalitz verläuft die Teiletappe des Berliner Höhenwegs von der Greizer Hütte zur Kasseler Hütte.

der Waldgrenze erkennt man mehrere Firste eines seichten Seitenmoränenwalls, der entlang des
Sonntagskarbaches verläuft – dieser wird teilweise von neuzeitlichen Murschuttsedimenten steiler 75b
Rinnen durchstoßen beziehungsweise angeschnitten.

Über dem Lärchenwald öffnet sich der Blick auf die Berge des Talschlusses, beherrscht vom Großen 76
Löffler, mit 3379 Meter Gipfelhöhe einer der höchsten Berge im Zillertaler Dreitausender-Reigen. Von ihm verläuft über Frankbachjoch, Keilbachspitze, Kasseler Spitze und Grüne-Wand-Spitze die italienisch-österreichische Grenze. Vom höchsten Punkt des Großen Löfflers zweigt nach Norden, also beinahe im rechten Winkel zum Grenzkamm, der Floitenkamm ab, der mit dem Löfflerschartenkopf (3053 m) und der anmutigen Felspyramide des Gigalitz (3002 m) nochmals zwei Dreitausender trägt. Er läuft über viele Kilometer weiter bis zum Dristner über Ginzling.

Der den Hang querende Steig erreicht den Sonntagskarbach auf etwa 1940 Meter Höhe und keuzt ihn an einer Holzbrücke. Bergwärts sind nochmals zahlreiche, eng gesetzte Kehren in moränen- und hangschuttüberzogenem Gelände zu überwinden, bis auf etwa 2020 Meter Höhe eine Weggabelung erreicht wird: Nach links kann über den "Siebenschneidensteig" in neun Stunden reiner Gehzeit (!) die Edelhütte (siehe Exkursion A) erreicht werden, nach rechts in einer knappen halben Stunde unser Etappenziel, die Kasseler Hütte.

Zu den ersten "richtigen" Aufschlüssen des heutigen Tages gelangen wir an einer schmalen Bach- 77
querung unter einer meterhohen Felsstufe. Der Steig verläuft hier in einer kleinen, isolierten Scholle diatektischer, also teilaufgeschmolzener Augengneise des Variszischen Basements mit dunklen Biotitgneisen und Amphiboliten und gelangt dann zu helleren granitoiden Gneisen mit viel Quarz und Kalifeldspat sowie deutlich erkennbarer Schlierenstruktur.

Von hier ist es bis zur Kasseler Hütte nur noch ein Katzensprung: Es geht über flacheres und weitgehend aufschlussloses Gelände, das von seichten Moränenwällen des Egesen-Stadials zergliedert
ist. Das stattliche Schutzhaus ist wirklich erst auf den letzten hundert Metern Wegstrecke zu sehen. 78
Davor liegen ein winziger See und der kleine Kräutergarten des darüber gelegenen Schutzhauses – beides umweht von tibetischen Gebetsfahnen.

Mit 2177 Meter Höhe eher in der mittleren Etage der Zillertaler Alpen gelegen, kann die Hütte als Kleinod betrachtet werden, was nicht zuletzt auch an den neuen Hüttenpächtern liegt. Im Jahr 1927 wurde das Schutzhaus als "Stillupphütte" gebaut, ab 1930 war die Teiletappe des Berliner Höhenwegs über Greizer Hütte und Lapenscharte fertiggestellt, im Jahr 1978 der Anschluss zur Edelhütte. Damit ist die Kasseler Hütte vor allem ein Stützpunkt jener, die den längsten Höhenweg der Zillertaler Al-

Abb. 77. a, Aufschluss in einer Scholle diatektischer Augengneise des Variszischen Basements (»Altes Dach«) (Höhe circa 2050 m) mit b, teilaufgeschmolzenen Bereichen und c, deutlich erkennbaren Fließstrukturen eines geschmolzenen Gesteinsgefüges: Die dunklen Bereiche stellen Biotite (Dunkelglimmer) sowie körnige Amphibolite dar, die hellen Zonen Quarz und Feldspat.

Abb. 78. Ankunft an der Kasseler Hütte (Situation im August 2022 bei aufziehendem Südföhn). Man beachte die Wolkenwalze über Grüne-Wand-Spitze, Keilbachspitze, Frankbachjoch und Großem Löffler.

pen entlang pilgern. Es gibt zwar Gipfelanstiege, die jedoch eher abgelegen und nicht immer einfach zu begehen sind. Aus diesem Grund geht es dort oben nicht ganz so wuselig zu wie beispielsweise an der benachbarten Greizer Hütte oder gar Berliner Hütte (siehe Exkursion H). Seit 2021 haben auch tatsächlich ein 25-jähriger "Kaseläner" sowie seine unterfränkische Partnerin das Sagen auf der Kasseler Hütte – das junge Team um die beiden hat das Schutzhaus sowohl organisatorisch als auch kulinarisch fest und gut im Griff. Abends, wenn es auf der Terrasse zu kalt zum Sitzen wird oder manchmal der Föhn zwischen Löffler und Keilbachjoch zu stark bläst, kann man sich in die warme Stube verziehen und bei einem überaus leckeren Abendessen verwöhnen lassen.

3 Geröllwüste: "Kleine Eiszeit" am Östlichen Stillupkees

Wer das Glück hatte, auf der Kasseler Hütte in einem der schnuckeligen Zweibett-Zimmer zu nächtigen, wird hoffentlich gut ausgeruht beim Frühstück die ersten Sonnenstrahlen über dem Großen Löffler auf der anderen Talseite bestaunen können. Der heute anstehende Aufstieg zur Grüne-Wand-Spitze beginnt gleich unter der Hüttenterrasse und quert die geröllige Flanke unter den Eurer Mandl und den sich nach Osten anschließenden Eurerköpfen. Der Steig ist in den groben Blockhalden teilweise mit zentnerschweren Gneisplatten kunstvoll ausgelegt.

Ab diesem Bereich hat uns der Zillertaler Kristallinkern mit seinen auf den ersten Blick eintönigen, grauen und plattig verwitternden Feldspatblasten-Gneisen im Wechsel mit etwas dunkleren, intensiv geschieferten Zweiglimmergneisen wieder. Jedoch nur kurz, denn nach knapp einer Viertelstunde Gehzeit ab der Kasseler Hütte überqueren wir zuerst einen breiten Murschuttkegel und bewegen uns danach auf Moränengelände der historischen "Kleinen Eiszeit" (siehe auch Magiera 2013). 79

In diesem Bereich auf etwa 2230 Meter Höhe müssen wir uns an einer Wegverzweigung links in Richtung Keilbachjoch halten – nach rechts quert der Berliner Höhenweg die Hänge unter Frankbachjoch und Großem Löffler weiter zur Lapenscharte.

Im Wirrwarr der Blöcke von Dezimeter- bis Metergröße zeigt sich eher wenig Vegetation, hatte doch hier noch bis ins 19. Jahrhundert, also (geologisch betrachtet) bis vor kurzem, fließendes Eis die Landschaft fest im Griff. In Höhen zwischen 2340 und 2400 Metern überqueren wir einige talwärts geschwungene Endmoränenbögen des einstigen Östlichen Stillupkeeses. Wären wir vor mehr als

Abb. 79. Direkt hinter der Kasseler Hütte unterquert der Steig den schroff zugeschnittenen Grat der Eurerköpfe, der sich ostwärts zur 3225 Meter hohen Hinteren Stangenspitze empor schraubt, dem höchsten Gipfel im unmittelbaren Umfeld des Schutzhauses. Nach rechts beginnen ausgedehnte Moränenfelder der »Kleinen Eiszeit«, die die untere Grenze des Östlichen Stillupkeeses in historischer Zeit belegen. Über diese Moränenfelder zieht sich der weitere Anstieg in Richtung Keilbachjoch und Grüne-Wand-Spitze.

150 Jahren unterwegs gewesen, hätten wir spätestens ab diesem Zeitpunkt schwere Nagelschuhe gebraucht (Steigeisen gab es zu dieser Zeit noch nicht) und die Grüne-Wand-Spitze in einer reinen
80 Gletschertour besteigen können (siehe Abb. 92). Heute durchzieht der Steig in zahlreichen engen Kehren eine Geröllwüste.

Auf etwa 2500 Meter Höhe erreichen wir wieder den Zillertaler Kristallinkern. Zwar ist das hier Anstehende von einem gerölligen "Moränenschleier" überdeckt, doch der Steig windet sich um einige rundhöckerartig abgeschliffene Buckel, zuletzt an einem großen Steinmann vorbei, leicht abwärts zu einem Schmelzwassersee. Etwas oberhalb zwischen den Gletscherbuckeln gibt es einen
82c weiteren kleinen, seichten See.

Abb. 80. Auf etwa 2450 Meter Höhe quert der Steig immer noch die nur zaghaft von Vegetation bewachsene Moräne des Östlichen Stillupkeeses aus der zweiten Hälfte des 19. Jahrhunderts. Den Hintergrund dominiert bereits hier die Grüne-Wand-Spitze, die wir über die uns abgewandte Seite ersteigen werden. Daneben liegen die einsamen Berge des Zillertaler Hauptkammes zwischen Grüne-Wand-Spitze und Großem Löffler mit dem dort abzweigenden Floitenkamm.

Abb. 81. a, Typisch glazigener Rundhöcker, glattgeschliffen durch die Gletscherzunge des Östlichen Stillupkeeses aus der »Kleinen Eiszeit« – vor nicht einmal 100 Jahren lagen über dem hier abgebildeten Standort mehrere Zehnermeter Gletschereis! b, Die glatt polierten Schliffflächen zeigen eine teilweise verfaltete Wechselfolge von feldspatführenden und biotitreichen Partien, die zudem in unregelmäßiger Form von hellcremefarbenen Quarzbändern durchschlagen werden.

Die hier anstehenden Feldspatblasten-Gneise der von neuzeitlichen Gletschern glattgeschmirgelten *81a*
Rundhöcker zeigen eine wunderschöne Bänderung, die sich aus hellen, feldspatreicheren Partien und
dunklen Bändern zusammensetzen, angereichert mit Biotiten (Dunkelglimmern) sowie vereinzelten *81b*
Amphiboliten. An der Bänderung sind teilweise duktile Verfaltungen gut zu erkennen – einige
enthaltene, größere Quarz- und Feldspatblasten sind an ihren Enden sigmoidal oder sinusförmig

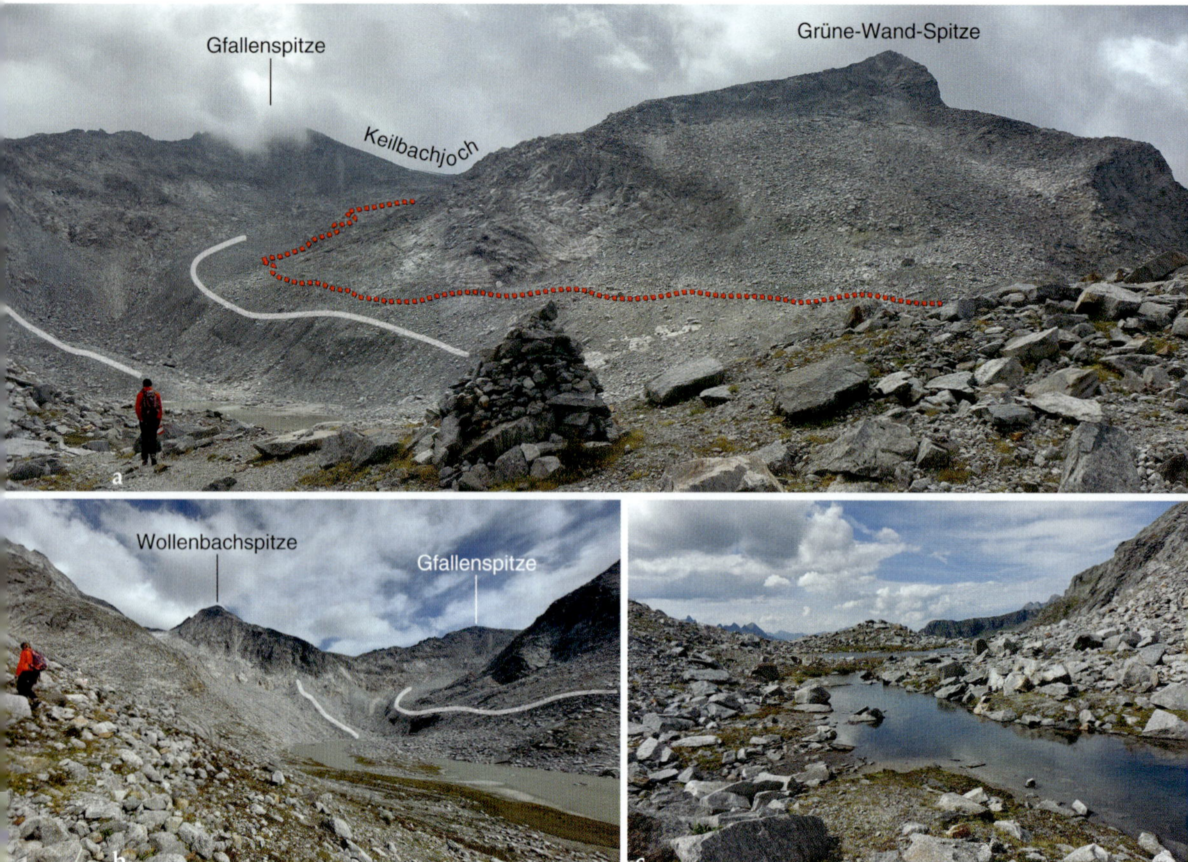

Abb. 82. a, Der Ausblick von den Rundhöckern offenbart eine neuzeitlich gestaltete Geomorphologie des geröllerfüllten, namenlosen Talkessels unter Grüne-Wand-Spitze, Keilbachjoch und Gfallenspitze. Die transparenten hellgrauen Linien kennzeichnen den ungefähren Gletscherstand des Östlichen Stillupkeeses vor etwa 40 Jahren, die gepunktete rote Linie den weiteren Wegverlauf. b, Unter Wollbachspitze und Gfallenspitze liegt ein Gletschersee mit je nach Schmelzwasserstand unterschiedlicher Ausdehnung und c, etwas oberhalb zwischen den mit Moränenstreu überdeckten Rundhöckern ein kleiner See mit klarem Wasser.

in Bewegungsrichtung verzogen beziehungsweise gelängt. Die Abfolge wird zudem von hellen Quarzbändern in unregelmäßiger Form durchschlagen.

82b Etwas absteigend umrunden wir den mit aschgrauer Gletschermilch (Schmelzwasser, angereichert mit fein zerriebenen Gesteinspartikeln) gefüllten See und steigen auf dessen Südseite leicht bergan. Dabei beginnen wir eine lange Querung am Sockel der Südflanke der Grüne-Wand-Spitze taleinwärts in einen grauen, gerölligen Hochtalkessel.

82a In der Übersicht präsentiert sich von diesem Standort eine interessante glazigene, quasi "neuzeitliche" Geomorphologie: Der zu querende Geröllhang ist an seiner Basis deutlich steiler als direkt unterhalb der felsigen Südflanke unseres Berges. Hier floss vor nicht einmal 40 Jahren noch ein Gletscherast des Östlichen Stillupkeeses abwärts und füllte den Talkessel beinahe zur Gänze aus (auf der Alpenvereinskarte Blatt "Zillertaler Alpen – Mitte" mit Gletscherstand von 1983 ist er noch verzeichnet!). Seine Oberkante lag in etwa im Bereich der merklichen Versteilung – der Steig bleibt in flacherem Terrain darüber, nahe am anstehenden, hellen Gneis. Die hier vorkommenden Moränen-Geschiebe sind deutlich stärker mit Felssturz- und Hangschutt durchsetzt.

Abb. 83. Auf etwa 2600 Meter Höhe wird der flache First einer neuzeitlich geschütteten Seitenmoräne des Östlichen Stillupkeeses erreicht. Im Hintergrund erkennt man den Gletschersee. Der markante Felszacken nahe dem linken Bildrand ist der 2805 Meter hohe Floitenturm – ganz hinten erheben sich die südlichen Tuxer Alpen mit dem 2762 Meter hohen Rastkogel.

Auf etwa 2600 Meter Höhe gelangen wir direkt auf den flachen Seitenmoränenkamm des ehemaligen Glet- 83
scherastes.

Uns gegenüber liegt ein schmaler Taleinschnitt zwischen Hinterer Stangenspitze und der abgerundeten Wollbachspitze: Hier hat sich im meist schattenerfüllten Hochtal zwischen beiden Dreitausendern ein kleinerer Reliktgletscher des Östlichen Stillupkeeses in größerer Höhe erhalten können, der jedoch ebenfalls stark vom Zurückschmelzen bedroht ist und in ein, zwei Jahrzehnten wohl Geschichte sein dürfte.

④ Steinwüste: Auf "Schmugglerpfaden" zur Grüne-Wand-Spitze

Die zuvor angesprochene Seitenmoräne endet in einem kleinen, aber engen Kessel, der bergwärts von Felsfluchten umgeben ist. Hier heißt es, genau auf die jeweils nächste Markierung zu achten, die über abgerundete Stufen und Felsbänder und vorbei an einigen Schmelzwasser-Rinnsalen in die Höhe führt. Die Markierungsflecken sind erst im Jahr 2014 angebracht worden und leuchten (noch) dementsprechend frisch, aber bei schlechten Sichtverhältnissen hat man hier schnell die Orientierung beziehungsweise den günstigsten Weiterstieg verloren. Über der Felsstufe folgt indes ein weiterer wichtiger, gut kenntlich
84 gemachter Wegpunkt, den wir gerade aus letzterem Grund nicht verpassen sollten, denn mittlerweile befinden wir uns in einer unübersichtlichen Steinwüste aus hellem, kaum geröllüberdecktem Kristallin: Während es halblinks weiter zum nahegelegenen Keilbachjoch geht, sollten wir uns rechts gegen den Nordgrat der Grüne-Wand-Spitze halten und über mäßig geneigte Platten weiter bergan steigen.

Abb. 84. Eine knapp anderthalb Meter große, überaus deutliche Markierung kennzeichnet den Abzweig zwischen Keilbachjoch und Grüne-Wand-Spitze (ca. 2730 m Höhe).

Abb. 85. a, Der Blick aus etwa 2800 Meter Höhe zwischen Hinterer Stangenspitze und Keilbachjoch offenbart im Hochsommer eine weitgehend schnee- und eisfreie Steinwüste. Lediglich ein schmaler, sterbender Gletscherrest liegt zischen Hinterer Stangenspitze und Wollbachspitze. Wenn man bedenkt, dass aus dieser Perspektive vor etwas mehr als 40 Jahren das gesamte Hochtal eisbedeckt gewesen ist, kann einem angesichts des fehlenden Eises und des dahinterstehenden Klimawandels angst und bang werden (vgl. auch mit Abb. 91). b, c. Die praktisch vegetationslose und unverwitterte Gesteinsoberfläche zeigt größere zusammenhängende lithologische Gefüge, wie diese mutmaßlich teilaufgeschmolzenen und oft in Schieferungs- und Stressrichtung gelängten, dunklen Xenolithe aus Biotitgneisen, die in leukokraten Metatonaliten schwimmen (»femische Schlieren«).

> Für die ausstehenden 200 Höhenmeter vom Abzweig bis zum Gipfel der Grüne-Wand-Spitze gibt es keine Steiganlage im klassischen Sinn, das wäre im weitgehend vegetationslosen Terrain auch ziemlich unmöglich. Man "hangelt" sich von Markierungsfleck zu Markierungsfleck – bis zu 50 Zentimeter sind diese groß und bei guten Sichtbedingungen kaum zu übersehen. So ergibt sich bis zum Gipfelgrat unseres Berges ein kurzweiliges
> *85a* "Hopping" durch eine Felswüste, die erst seit wenigen Jahrzehnten eisfrei ist.

Die offene Oberfläche an kristallinen Gesteinen ist für geologische Belange deswegen so interessant, weil wir großflächige Strukturen im lithologischen, kristallinen Zusammenhang relativ unverwittert und deswegen gut erkennen können. Sehr auffallend sind dunkle "Schmitzen" unterschiedlichster Form: Ihr Umriss variiert von stark gelängten, langsam auslaufenden und sich zuspitzenden Linsen
85b über ovale, augenförmige bis hin zu kreisrunden Umrissen. Ungeachtet ihrer äußeren Form sind
85c sie parallel zur Schieferung gelängt. Dabei handelt es sich vermutlich um bei der Platznahme des Zillertaler Kristallinkerns eingelagerte Xenolithe älterer, bereits vor der Intrusion bestehender Gesteine, die teilaufgeschmolzen ins neue lithologische Gefüge ursprünglich feldspat- und quarzreicher Tonalite und Granite integriert wurden. Nachfolgend, bei der alpinen Gebirgsbildung, wurden diese

86 zu Metatonaliten umgewandelt ("femische
Schlieren", siehe auch DAL PIAZ et al. 2011).
Dabei sind Längung und Verfaltung weiter verstärkt beziehungsweise überprägt
worden.

Ebenfalls nicht allzu selten finden sich
helle, den Gesteinskörper in unregelmäßiger Form, Ausrichtung und Dimension
87a oft kerzengerade durchschlagende Ap-
87b litgänge. Da diese mitunter zur Gänze
aus Quarzen bestehen und nicht immer
geschlossen sind, steigen gerade in etwaig
neu entdeckten, kleinen offenen Klüften
die Fundchancen auf begehrte, manchmal
gelb-milchige, teilweise aber auch glas-
87d klare Bergkristalle. Hin und wieder finden
sich bei genauem Hinsehen winzige, aber
sehr feine Spitzen! Ein weiteres häufiger
auftretendes Mineral ist die karmin- bis
87c feuerrot gefärbte Granatvarietät Pyrop.
Bei all diesen Beobachtungen handelt
es sich um "alte" Gefüge: Die Xenolithe
wurden bereits während der Platznahme
der Zillertaler Intrusionen in variszischer
Zeit vor mehr als 300 Millionen Jahren
gebildet, allerdings zu einem weitaus
späteren Zeitpunkt vor knapp 40 Millionen Jahren überprägt. Ein ähnliches Alter
dürften die Aplitgänge samt enthaltener
Bergkristalle sowie anderer Mineralien
haben – sie alle wurden während der
alpinen Hauptauffaltung gebildet. Tatsächlich "erst gestern" entstanden sind
Phänomene, die auf Frostverwitterung
und/oder -sprengung zurückgehen. Nicht,
dass man erwarten sollte, einen urplötzlich
auftretenden, lauten Knall zu hören, doch
es finden sich relativ häufig breite Risse
88 auf tonnenschweren Gesteinstafeln, die auf
ebensolche Frostsprengung zurückgehen
– und das Wort "Sprengung" ist dabei
wortwörtlich zu nehmen!

Abb. 86. a, Die vorherrschende Gesteinsart im oberen Bereich des Anstiegs zur Grüne-Wand-Spitze ist ein gleichförmig gekörnter Metatonalit. Die mal deutlicher, mal undeutlicher erkennbare Schieferung kennzeichnet ihn als metamorphes Gestein. b, Ansonsten ist der Modalbestand an Mineralien nahezu gleich geblieben: Feldspat, Quarz und Glimmer.

Übrigens hat der bisherige Anstieg über Geröll und Fels eine ganz eigene, nur allzu menschliche Vergangenheit. Einst half die Abgeschiedenheit der Landschaft den Bewohnern beidseits der Grenze bei nicht immer ganz legalen, aber durchaus verständlichen Gebaren: Man "schmuggelte" Waren von Südtirol nach Nordtirol, konkret von Steinhaus im Ahrntal hinab über die Kasseler Hütte in den Stillupgrund, vor allem in den Jahren nach dem Ersten und Zweiten Weltkrieg (GARAMASCHI 2013). Dabei waren vor allem die Übergange von Keilbachjoch und auch dem wesentlich schwerer zu überschreitenden Frankbachjoch von Bedeutung.

Felsrippe folgt an Felsrippe, Absatz über Absatz, und zuletzt etwas steiler und über Blockkletterei der stärker zerlegten und schon länger der Verwitterung über der einstigen Eisgrenze ausgesetzten oberen Flanke gelangen wir auf den Gipfelgrat nahe des Vorgipfels P. 2869 m.

Abb. 87. a, b. Zumeist aus derbem, milchigem Quarz bestehende, helle Aplitgänge durchschlagen das leukokrate Gesteinsgefüge der Metatonalite in unterschiedlicher Ausrichtung, Form und Breite. c, Hin und wieder finden sich zentimetergroße, karminrote Pyrope als Granat-Varietät. Sollte man das Glück haben und auf einen der meterbreiten Gänge mit offenen Klüften stoßen, liegen auch die Fundchancen von kleinen Kristallstufen durchaus im Bereich des Möglichen (d, in gewaschenem Zustand). Die Bildbreite beträgt etwa 4 Zentimeter.

Abb. 88. Natürlich ist Frostsprengung in dieser Höhe und entsprechend rauem Klima bei den kristallinen Gesteinen ein allgegenwärtiges Thema. Entsprechende Risse finden sich überall – einige erreichen mehrere Meter Länge und zerlegen tonnenschwere Platten.

Hier öffnet sich unvermittelt ein gewaltiger Tiefblick den Stillupgrund hinab bis zum Speichersee sowie die Aussicht hinüber zu Keilbachspitze und Großem Löffler. Wir folgen der breiten, gut begehbaren, aber grobblockigen oberen Ostflanke der Grüne-Wand-Spitze über auffallend hellen, beinahe weißen Tonalit mit feinkörniger Textur bis zum erst im letzten Moment sichtbaren Gipfelkreuz, das 89
wir von Osten her erreichen – nun direkt auf der italienisch-österreichischen Grenze.

Bei guten Sichtbedingungen ist die Aussicht von der Grüne-Wand-Spitze buchstäblich "international". Nach Norden blicken wir den Stillupgrund hinab. Der Floitenkamm liegt links und der Ahornkamm rechts. Die geologische Grenze, die sich in dieser Szenerie verbirgt, nämlich jene zwischen dem

Abb. 89. Den höchsten Punkt der Grüne-Wand-Spitze erreicht man von Osten – der markante Gipfel links ist die Gfallenspitze (2966 m), rechts davon ist der breite Übergang des Keilbachjoches mit dem bereits in Südtirol gelegenen Keilbachtal zu sehen. Die Berge im Hintergrund gehören zur Durreckgruppe (westlichster Abschnitt der Venedigergruppe).

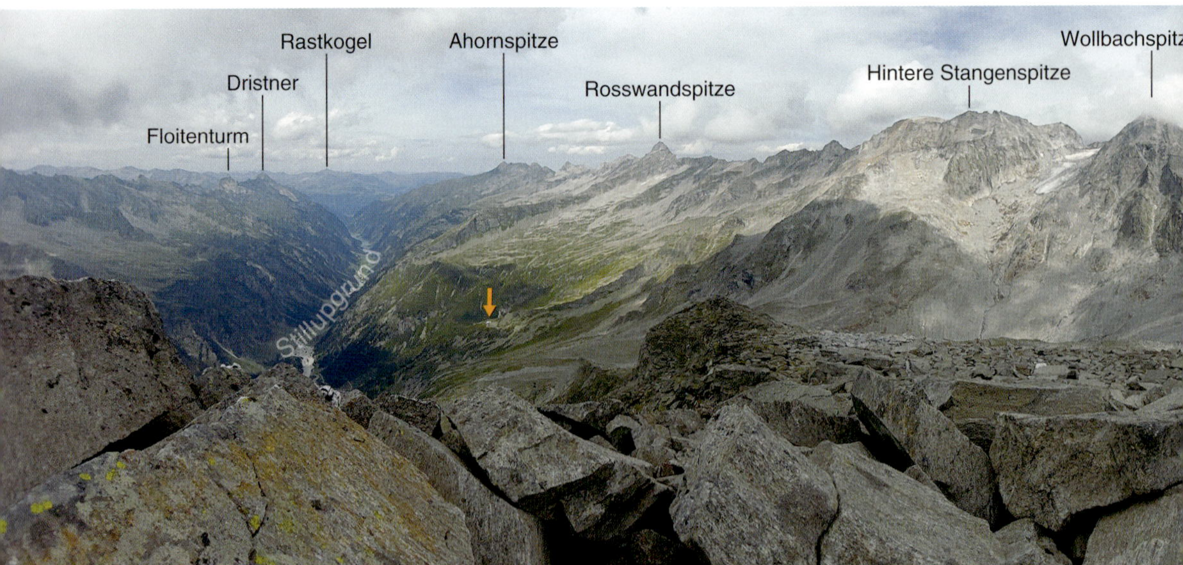

Abb. 90. Ein 280-Grad-Panorama vom höchsten Punkt der Grüne-Wand-Spitze offenbart ein »internationales« und geologisch höchst vielfältiges Gipfelpanorama. Der orangefarbene Pfeil markiert die Kasseler Hütte.

90 Zillertaler Kristallinkern und dem sich nördlich anschließenden Tuxer Kristallinkern, liegt in etwa jenseits des markanten dunklen Kammes, der sich von der Felspyramide der Rosswandspitze gegen den Stillupgrund zieht. Die Ahornspitze als nördlichster Eckpfeiler des gleichnamigen Kammes liegt bereits im Ahornkern. Die den Hintergrund über dem Speicher Stillup ausfüllenden grünen und grau-schrofigen Berge gehören zu den südlichen Tuxer Alpen und im Wesentlichen zu höheren, den Zillertaler Kristallinkernen auflagernden tektonischen Einheiten (Glockner-Decke des Penninikums sowie oberostalpine Innsbrucker-Quarzphyllit-Decke; siehe auch Exkursionen O und P in Band 44).

Nach Süden öffnet sich mit dem Keilbachtal ein Fenster ins Ahrntal und hinüber zu den westlichsten Ausläufern der Venedigergruppe ("Durreckgruppe") sowie den dahinter gelegenen Bergen der Rieserfernergruppe. Damit blicken wir auf geologische Einheiten südlich der Zillertaler Kristallinkerne und des Tauernfensters: Der südliche Teil des Ahrntales sowie die Nordhänge der Durreckgruppe gehören zu penninischen Einheiten, liegen demnach im gleichen tektonischen Stockwerk wie die Glockner-Decke und unterstreichen somit den "Zwiebelschalen-Charakter", mit dem sich metamorphe Sedimentgesteine des einstigen Penninischen Ozeans um das Tauernfenster gelegt haben. Die Grenze zwischen Zillertaler Kristallinkern und dem Penninikum im Süden verfolgt ziemlich genau die tief eingeschnittene Furche des Ahrntals. Der Gipfelkamm der Durreckgruppe sowie ihre von hier aus nicht sichtbaren Südhänge hingegen werden zum Oberostalpin gezählt, das sich ebenfalls in einem hufeisenförmigen, nach Westen geschlossenen Bogen um das Tauernfenster schmiegt. Ins Oberostalpin drangen im Zuge der alpidischen Orogenese vor circa 30 Millionen Jahren erdgeschichtlich vergleichsweise junge Plutonite (langsam abkühlende Gesteinsschmelzen) ein. Erkennen wir die charakteristische trapezförmige Berggestalt des 3436 Meter messenden Hochgalls hinter der Durreckgruppe, blicken wir auf Gesteine des Rieserferner-Plutons.

5 Eiswüste: Eine verlorene Welt

Bevor wir wieder in Richtung Kasseler Hütte und Stillupgrund absteigen, bleibt ein Thema übrig, das
91a bis in die Gegenwart reicht. Hätte man die Möglichkeit, sich knapp 150 Jahre in die Vergangenheit zurück zu "beamen" und in Richtung Nordseite des Hauptkammes zwischen Hinterer Stangenspitze, Wollbachspitze und Gfallenspitze zu sehen, würde man auf eine Szenerie blicken, die sich so ganz

Abb. 91. Eine Ansicht, drei Zeitscheiben. Verglichen mit der heutigen Ansicht (Abb. 90) stellt sich die Szenerie zu Zeiten des Gletscher-Höchststandes am Östlichen Stillupkees während der »Kleinen Eiszeit« um das Jahr 1850 ganz anders dar (a, rekonstruiert nach geomorphologisch sichtbaren Gletscherständen und Schliffgrenzen). Und selbst um das Jahr 1980 (b) wären noch markante Gletscherflächen unter Hinterer Stangenspitze, Wollbachspitze und Gfallenspitze zu überqueren gewesen, wollte man auf die Grüne-Wand-Spitze steigen.

Abb. 92. Etwa 170 Jahre liegen zwischen dieser Ansicht der Nordostflanke der Grüne-Wand-Spitze und der heutigen Ansicht (Abb. 93) – wobei die Moränen von 1850 selbstverständlich rekonstruiert wurden.

anders darstellt als jene Fels- und Geröllwüste des heutigen Tages. Damals wäre der gesamte obere Kessel unter dem Keilbachjoch eiserfüllt gewesen – eine zusammenhängende Gletscherfläche, die sich von hier bis zum Stangenjoch (3055 m) zwischen Hinterer Stangenspitze und Wollbachspitze erstreckt hätte. Der Gang auf die Grüne-Wand-Spitze wäre von kurz nach dem Standort der Kasseler Hütte (die es damals noch nicht gab) bis fast unter den Gipfel eine reine Gletscher-Unternehmung
91b gewesen. Selbst um das Jahr 1980 waren noch durchaus beachtenswerte Gletscherflächen vorhanden – immerhin eine durchgehende Vergletscherung vom zuvor besuchten Karboden mit dem Gletschersee auf circa 2500 Metern bis zum Stangenjoch – und für die heutige Unternehmung hätten

Abb. 93. Ausblick vom Eurer Mandl gegen den nördlichen Stillupgrund.

wir ebenfalls noch Steigeisen aufziehen müssen. Heute ist der Gletscherschwund unübersehbar und beklemmend. Ein kleiner Restgletscher schmückt das Stangenjoch – alle anderen Eisflächen sind zumindest längerfristig und unwiederbringlich verschwunden!

Eine ähnliche Szenerie bietet sich vom Aussichtspunkt am Eurer Mandl, den wir im Abstieg talwärts in einem kurzen Abstecher vom Hauptweg erreichen können. 92

> Dazu zweigen wir auf etwa 2300 Meter Höhe rechterhand im engen Zickzack vom Hauptweg und Berliner Höhenweg ab und queren die Hänge in der Höhe gleichbleibend unter den Eurerköpfen bis zu einem übergrünten Felsriedel, auf dem eine kleine Jagdhütte steht.

Vom Eurer Mandl haben wir einen guten Überblick nicht nur auf den nördlichen Talschluss des Stillupgrundes zwischen Großem Löffler und Keilbachspitze sowie Floiten- und Ahornkamm, sondern auf die Moränen der "Kleinen Eiszeit" unmittelbar vor uns. Bei nachmittäglichem Licht sollte es nicht allzu schwerfallen, sich die heute beinahe zur Gänze fehlenden Gletscherflächen vorzustellen, die vor mehr als anderthalb Jahrhunderten den Bereich unter den Steilwänden bedeckten. Und von unserer Position wäre das Östliche Stillupkees nicht mehr weit gewesen. 93

Die Eiswüste von damals ist heute eine verlorene Welt – und der nicht zu übersehende Gletscherschwund aufgrund des menschengemachten Klimawandels sollte uns mehr als nachdenklich stimmen.

Vom Eurer Mandl können wir auf der grobblockigen Nordseite in wenigen Minuten zur Kasseler Hütte absteigen. Von dort – eine kleine (oder große) Stärkung eingeschoben – sind es weitere zwei bis zweieinhalb Stunden Gehzeit zum Ausgangspunkt unserer Unternehmung, der Grüne-Wand-Hütte.

Weiterführende Literatur

Dal Piaz, G. V., G. Cortiana, G.B. Pellegrini, P. Tartarotti & G. Toffolon: Erläuterungen zur Geologischen Karte von Italien im Maßstab 1:50 000, Blatt 003 Klockerkarkopf, 102 S., Servizio Geologico d'Italiana, Rom.

Garamaschi, R. (2013): In den Bergen des Ahrntals. – 40 Wanderungen mit kurzen Eindrücken zu Natur, Kultur und Geschichte. – Edition Raetia, 239 S., Bozen. ISBN 978-88-7283-414-5.

Hornung, T. & J. Zasadni (2023): Geologische Karte des Hochgebirgs-Naturparkes Zillertal, der Gemeinden Tux, Finkenberg und Brandberg, Maßstab 1:25 000, 3 Kartenblätter, Hochgebirgs-Naturpark Zillertaler Alpen, Ginzling.

Magiera, J. (2013): Bericht 2011 über geologische Aufnahmen der quartären Sedimente im Stillupgrund (oberhalb Waldlalm) auf Blatt 150 Mayrhofen. – Jahrbuch der Geologischen Bundesanstalt, Band 153 (1–4): 397–398, Wien.

(C) Im Reich der sterbenden Gletscher: Über die Plauener Hütte zur Zillerplattenspitze und hinab nach "Klein-Tibet"

Wegstrecke: Dammkrone Speicher Zillergründl (1860 m) – Plauener Hütte (2364 m) – Rainbachköpfl (2690 m, Gipfelanstieg nur für Geübte!) – Plauener Hütte (Übernachtung) – Weg Nr. 502 – Zillerplattenscharte (2880 m) – Zillerplattenspitze (3148 m, nur für Geübte!) – Zillerplattenscharte – Oberboden – "Klein-Tibet" – Speicher Zillergründl.

Geologie: Granodioritgneise des Tuxer Kristallinkerns im Anstieg zur Plauener Hütte – Aussicht Rainbachköpfl – migmatitische Augengneise des Variszischen Basements ("Altes Dach") sowie eiszeitliche Geschichte im Hohenaukar – Grenze vom "Alten Dach" zum Zillertaler Kristallinkern im Anstieg zur Zillerplattenscharte – Aussicht Zillerplattenspitze – Orthogneise des Zillertaler Kristallinkerns unter dem Heilig-Geist-Jöchl – glazigene Geschichte von "Klein-Tibet".

Zweitages-Rundtour mit 1600 Meter Höhenunterschied, 20 Kilometer Wegstrecke und etwa 10–12 Stunden Gehzeit. Ohne die Erwanderung der Zillerplattenscharte beziehungsweise ohne Besteigung der Zillerplattenspitze kann diese auch gut an einem Tag bewältigt werden – konditionsstarke Wanderer ersteigen noch das Rainbachköpfl über der Plauener Hütte. Es sind dann aber immer noch 800 Meter Höhenunterschied, 6–8 Stunden und circa 13 Kilometer Wegstrecke zu bewältigen. Plant man eine Tour auf die Zillerplattenspitze, sollte man unbedingt auf der Plauener Hütte übernachten. Beim Gipfelanstieg sind Trittsicherheit, Ausdauer und Gewandtheit am Berg sowie Gespür für den richtigen Weg notwendig, weil der Südgrat des Dreitausenders Passagen durchgängig im I. Schwierigkeitsgrad aufweist. Die besten Bedingungen für die Durchführung der Tour bieten sich Anfang Juli bis Ende September; sehr stabiles, gewitterfreies Bergwetter ohne herbstlichen Neuschnee ist dazu unbedingt erforderlich, weil es auf der langen Querung gegen den Grenzkamm keinen Unterschlupf gibt.

(1) Der lange Weg durchs Zillergründl

Wie bereits unter Exkursion (B) beschrieben, sollte man sich auch vor dem Start dieser Unternehmung Gedanken über die Anfahrt zum Ausgangspunkt am Speicher Zillergründl machen. Grundsätzlich gibt es mehrere Optionen: Die sicherlich bequemste ist die Anfahrt mit dem eigenen PKW bis zum Wirtshaus Bärenbad am Ende der ab dem Tunnel nach Brandberg schmalen, mautpflichtigen, aber asphaltierten Straße. Jedoch gilt auch hier: Je früher man dran ist, desto einfacher ist es, am Ziel noch einen der durchaus raren Parkplätze zu bekommen. Zu fortgeschrittener Tageszeit, sagen wir am späten Vormittag, sieht man an schönen Sommertagen buchstäblich "durch die fünf Finger", da auch das kleinste Fleckchen zugeparkt ist.

Das Parkplatzproblem kann man elegant auf zweierlei Weise umgehen. Die Sportlichen fahren von Mayrhofen die knapp 800 Höhenmeter durchs lange Zillergründl bis Bärenbad mit dem Fahrrad oder besser E-Bike. Die Bequemen nehmen die Buslinie 8328 ab dem Zillertaler Hauptort, die direkt zur Staumauer fährt. Letzteres hat den Vorteil, dass man nicht wie die ab Bärenbad Zusteigenden um einen Sitz- oder gar Stehplatz "kämpfen" muss (!), allerdings den Nachteil, sich in Mayrhofen einen Parkplatz suchen zu müssen. Mit dem Fahrrad zur Staumauer hinaufzufahren, ist zwar theoretisch möglich, aber nicht empfehlenswert, da man sich mehrere Tunnels mit etwaig entgegenkommenden oder überholenden Bussen zu teilen hat. Zumindest ein leistungsstarkes Licht am Fahrrad sollte dann Pflicht sein!

Geologisch gesehen durchfahren wir auf unserer Anreise zum Gasthof Bärenbad die beiden nördlichen der Zillertaler Kristallinkerne: Zunächst wird der Ahornkern durchquert, dessen Gesteinsabfolgen von Mayrhofen über die Mautstelle unterhalb von Brandberg bis zum Weiler Häusling anstehen und im Wesentlichen aus feldspatreichen Augen- und Flasergneisen aufgebaut sind. Vom Weiler Häusling etwa anderthalb Kilometer südostwärts bis nahe der Höhenbergalm folgt eine breite Zone aus Gesteinen des Riffler-Schönach-Beckens, einer einst postvariszisch gebildeten, mächtigen Sedimentfüllung, die heute Ahornkern vom Tuxer Kristallinkern trennt. Die zu Metasedimentgesteinen umgewandelten Serien enthalten auch kleinere Schollen älterer Metamorphite des Variszischen Basements in tektonisch stark reduzierter Form. Diese wurden zusammen mit den Abfolgen des Riffler-Schönach-Beckens zwischen die beiden Gneiskerne eingefaltet.

Von der Höhenbergalm über das Wirtshaus in der Au bis zum Gasthof Bärenbad bleiben wir in Gneisabfolgen des Tuxer Kristallinkerns, zumeist Granodioritgneise und leukokrate (helle) Metagranite und Metatonalite. Ein Teil der Auffahrt zur Staumauer Zillergründl erfolgt in migmatitischen

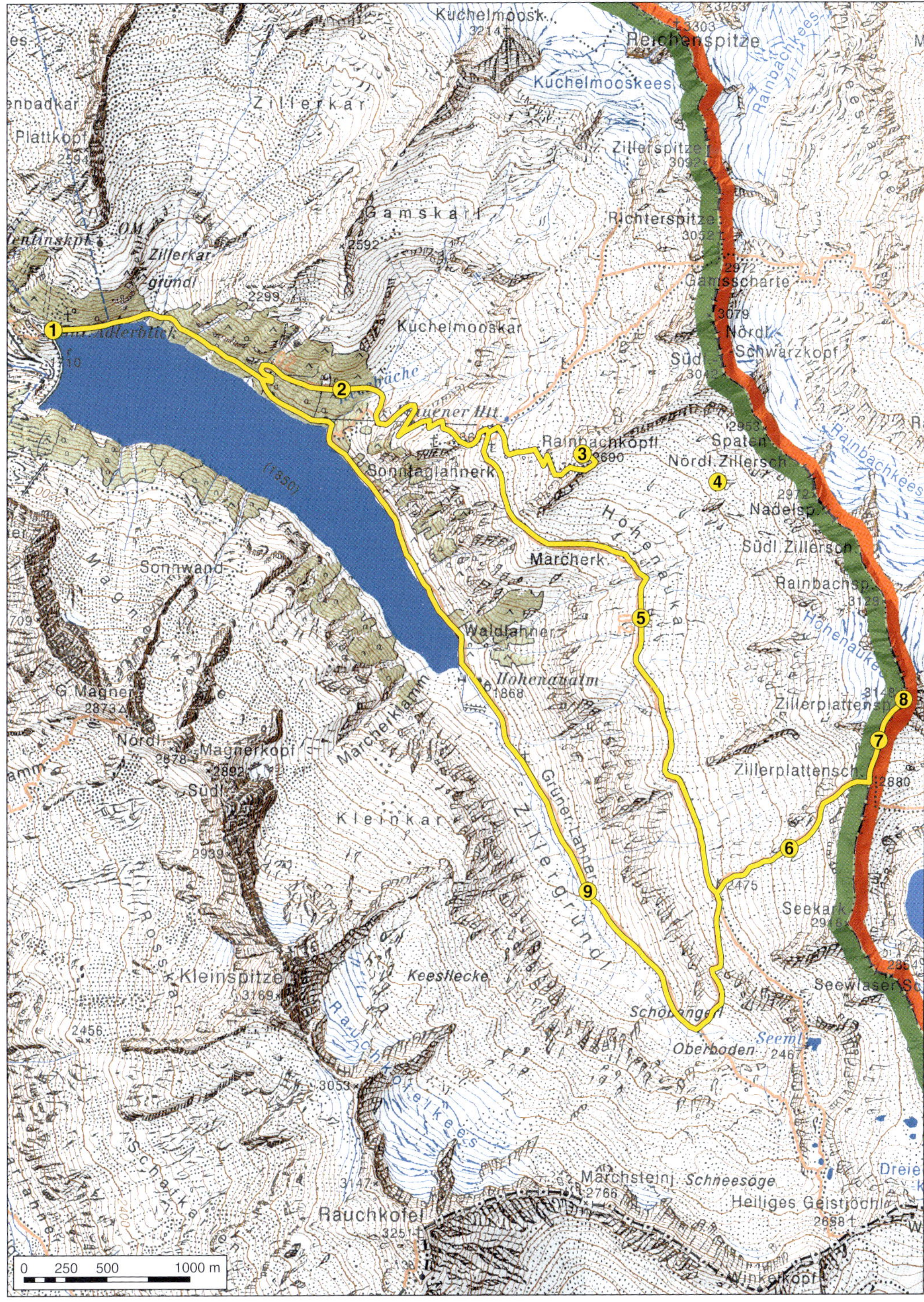

Abb. 94. Topographische Übersichtskarte der Exkursion Ⓒ *– Zillerplattenspitze (Geodatenbasis: BEV Österreich).*

Abb. 95. Geologische Karte der Exkursion Ⓒ *– Zillerplattenspitze (Auszug aus* Hornung & Zasadni *2023; Geodatenbasis: BEV Österreich). Legende siehe Seiten 75–77.*

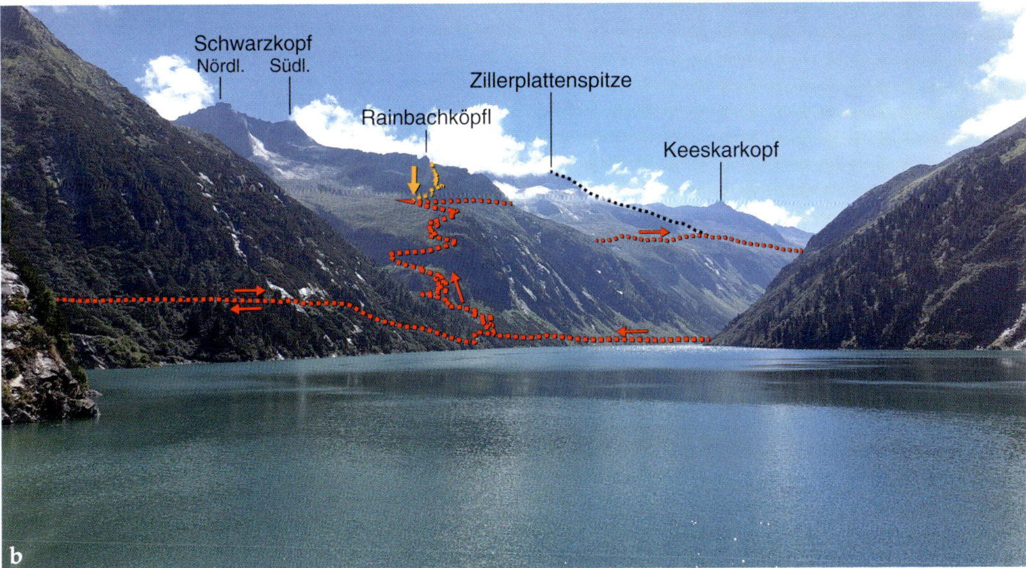

Abb. 96. Ein Standort, zwei Ansichten: Am Ausgangspunkt unserer Unternehmung, der Staumauer des Speichers Zillergründl auf 1860 Meter Höhe, geht a, der Blick hinab zum Gasthof Bärenbad (1450 m, orangefarbener Pfeil). b, Nach Südosten talaufwärts überblickt man bereits einige wesentliche Abschnitte der geplanten Tour. Zu sehen ist die Querung am Speicher Zillergründl, der Anstieg zu Plauener Hütte (orangefarbener Pfeil) und Rainbachköpfl (rot bzw. orangefarben punktiert) sowie die lange Querung ins Hohenaukar und Seekar mit dem Anstieg zu Zillerplattenscharte und Zillerplattenspitze (optional, schwarz punktiert).

Serien des "Alten Daches", das auch zum südlichen der drei Zillertaler Gneiskerne, dem Zillertaler Kristallinkern im engeren Sinne, überleitet. Auf diesen teilaufgeschmolzenen, paläozoischen Gesteinen steht auch die mächtige Staumauer des Speichers Zillergründl, dem eigentlichen Ausgangspunkt der zweitägigen Unternehmung.

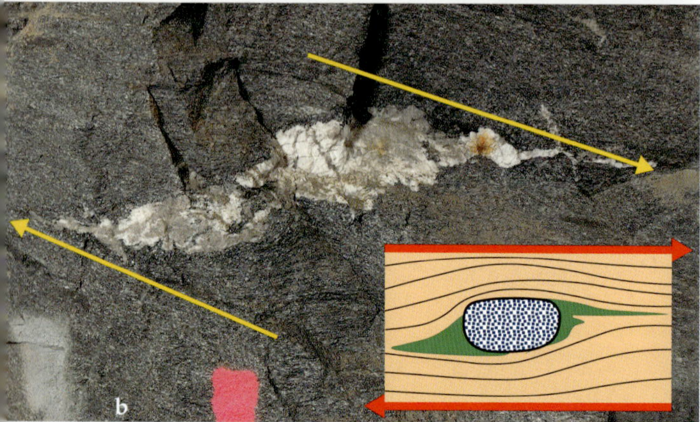

② Aufstieg zur Plauener Hütte

Die Busfahrt endet unmittelbar an der begehbaren Speicherkrone des Stausees Zillergründl.

Ein kurzer Spaziergang zwischen Wasser und luftiger Höhe ist nichts für schwache Gemüter, denn die Kronenhöhe von 186 Metern über dem Krafthaus und der Blick die doppeltgekrümmte Bogengewichtsmauer hinab in Richtung Bärenbad lassen dem Auge keinen Fixpunkt – man scheint über den kleinen Wipfeln des Bergwaldes dort unten zu schweben. Auch bleibt ein beklemmendes Gefühl, weiß man einen beinahe 4 Kilometer langen Stausee mit 90 Millionen Kubikmeter Wasser hinter sich. Es besteht jedoch kein Anlass zur Sorge – die Dicke der Sperre an ihrer Basis beträgt 42 Meter (!), um dem gewaltigen Wasserdruck auf der Sohle Herr zu bleiben. An der Krone ist sie immerhin noch etwa 7 Meter breit.

Von hier haben wir nach Westen einen beeindruckenden Tiefblick hinab zum
Gasthof Bärenbad, auf der anderen 96a
Seite schauen wir talaufwärts in Rich- 96b
tung unserer geplanten zweitägigen Unternehmung, von der bereits die wesentlichen Teile einzusehen sind. Man darf sich auch hier nicht täuschen lassen: Bei klarer Sicht verschwimmen die Dimensionen – von hier bis zur Zillerplattenspitze sind nahezu sechs Kilometer Distanz und etwa 1300 Höhenmeter zu überwinden.

Zu Beginn unserer Wanderung begeben wir uns zunächst in den Bauch der
Erde, nämlich in einen etwa 500 Meter 97a
langen Tunnel der Kraftwerksgruppe Zemm-Ziller. Da die ausgesprengten Ulmen (Tunnel-Seitenwände) sowie die

Abb. 97. a, Zu Beginn der Bergtour ist ein 500 Meter langer Tunnel durch Granodioritgneise des Zillertaler Kristallinkerns zu durchqueren. b, Hier finden sich in dunkel gefärbten, da stark mit Biotiten (Dunkelglimmern) angereicherten Partien dezimetergroße, in Bewegungs- beziehungsweise Scherrichtung gelängte Quarzklasten. Das kleinere Schaubild verdeutlicht einen solchen, idealisierten Sigmoidal-Klasten: Die blaue Rasterung zeigt dabei dessen ursprünglichen Umriss, die in Grün gehaltenen Bereiche durch Druck und Temperatur gebildete »Fließfahnen«. Die roten Pfeile verdeutlichen die entsprechend relativen Bewegungsrichtungen zueinander. Die gelben Pfeile entsprechen der Scherbewegung für den im Bild gezeigten Quarzklasten. c, Dunkle Biotite umfließen kontrastreich deutlich kleinere, meist nur zentimetergroße Feldspat-»Augen«.

Abb. 98: Das Zillergründl jenseits des Speichers ist eindeutig als ein während der letzten Eiszeit glazigen überformtes Trogtal mit steilen Talflanken und deutlich ausgebildeten Trogschultern zu erkennen (hervorgehoben durch eine gelbe strichlierte Linie).

Firste (Deckengewölbe) nur in einigen Bereichen spitzbetonbewährt sind, um trennflächenbedingten Versagens-Brüchen vorzubeugen, haben wir bereits hier einen guten und ziemlich unverfälschten Einblick in den südlichen Tuxer Kristallinkern. Mit einer vorherrschenden, mittelsteil nordfallenden Schieferung sehen wir im Gefüge der Granodioritgneise zahlreiche Quarz- und vor allem Feldspatblasten, die den Namen "Augen- und Flasergneis" hervorbrachten – *das* charakteristische Gestein der Zillertaler Kristallinkerne. Einige Partien der Gesteinsabfolge sind auffallend dunkel getönt, was von zahlreichen, entlang der Schieferungsrichtung eingeregelten Dunkelglimmer-Plättchen herrührt.
Diese Biotite umfließen millimeter- bis dezimetergroße, teilweise sigmoidal gelängte Quarzblasten *97b*
und die meist zentimetergroßen, augenförmigen Kalifeldspäte. *97c*

Hinter dem Tunnel quert der Steig dieselben Abfolgen über Tage, teilweise eingesprengt in große, mit etwa 45 Grad nach SSO gegen den Stausee einfallende Gneisplatten. Nach zwei Wasserfällen und geringem Gefälle gelangen wir zum Abzweig des Steiges in Richtung Plauener Hütte.

Zwischen den Zirben reicht der Blick das Zillergründl südwärts bis zum Talschluss unter dem Heilig-Geist-Jöchl an der österreichisch-italienischen Grenze. Dieser relativ weitläufige, aber deutlich anhand seiner steilen, talnahen Flanken und den darüber gelegenen Verebnungsflächen als glazigen
überformtes Trogtal erkennbare Einschnitt wird uns vor allem morgen beim langen Abstieg von der *98*
Zillerplattenscharte beziehungsweise Zillerplattenspitze beschäftigen.

Der Steig quert, nun etwas steiler, die Flanke bis zum Kar der Keesbäche, welches bergwärts gegen das
Kuchelmooskar von einem großen Murschuttkegel erfüllt ist und einen ersten, überraschenden Blick auf zwei *99*
der Hauptgipfel der Reichenspitzgruppe freigibt. Wir erkennen Reichenspitze (3303 m) und Kuchelmooskopf (3214 m). Eine Szenerie, die ein klein wenig "patagonische Gefühle" aufkeimen lässt – steile, bleiche und unnahbar wirkende, schlanke und elegante Bergflanken über einem strahlend weißen, teilweise kalbenden Gletscher.

Nach der Überquerung der Keesbäche mittels einer Brücke beginnt der Steig auf der gegenüberliegenden Karseite zunächst mit einem steileren Anstieg und gelangt in einer weit nach Nordost ausgreifenden Kehre an eine bereits seit längerer Zeit sichtbare Felsstufe.

Abb. 99. Im Kuchelmooskar: Den Hintergrund beherrschen der 3214 Meter hohe Kuchelmooskopf (links) sowie die etwas nach hinten versetzte Reichenspitze (Mitte), mit 3303 Metern der höchste Punkt der Reichenspitzgruppe und der nordöstlichen Zillertaler Alpen.

An der Querung fallen stark geschieferte, brüchige und mürbe Gneis- bis Glimmerschiefer auf, die so ganz anders wirken als die bislang gesehenen Augen- und Flasergneise. Diese Gesteine gehören zu einem schmalen, von Nordost gegen Südwest ziehenden Span migmatitischer Serien des Variszischen
100 Basements ("Altes Dach"). Das Alter des hier Anstehenden ist zumindest einigermaßen bekannt: Die kristallinen Ausgangsgesteine gab es vermutlich bereits, als die Zillertaler Plutonite während der variszischen Gebirgsbildung in europäische Kruste intrudierten. Die migmatitischen Teilschmelzen und die nachfolgende metamorphe Überprägung fanden noch im ausgehenden Paläozoikum statt, also viele Jahrmillionen vor der eigentlichen Alpenauffaltung und der Gesteinsumwandlung der Zillertaler Plutone zu Gneiskernen.

Der Span besitzt eine Breite von gerade einmal 100 Metern – darüber, auf dem Weg zur Plauener Hütte beziehungsweise zum Aussichtspunkt des Sonntagslahnerkopfes, stehen abermals harte und vergleichsweise massige Granodioritgneise (*vulgo* "Augen- und Flasergneise") an. Die Abfolgen sind
101a im verwitterten Zustand deutlich geschiefert, zeigen jedoch unverwittert ein dichtes Gefüge von Kalifeldspatblasten, umflossen von schwarzen Biotitsäumen. Sie werden zudem von zahlreichen
101c Quarzbändern unterschiedlicher Dimension (Zentimeter- bis Meterbreite) regellos durchschlagen,
101d allerdings zeitweise überdeckt von spätwürmzeitlichen Moränensedimenten.

Etwa 150 Höhenmeter unter der bereits sichtbaren Plauener Hütte teilt sich der Steig. Links geht es direkt zum Schutzhaus, nach rechts zum zuvor angesprochenen Sonntagslahnerkopf. Dieser ist kein Gipfel im eigentlichen Sinne, sondern eine Graterhebung nahe an der Trogschulter des Zillergrundes und deswegen

Abb. 100. Ein schmaler, von Nordosten nach Südwesten gegen den Speicher Zillergründl ziehender Span mit intensiv sowie beinahe nordfallend geschieferten Serien des Variszischen Basements (»Altes Dach«) wird auf etwa 2050 Meter Höhe am Steig zur Plauener Hütte direkt gequert.

mit einer ziemlich unmittelbaren Aussicht talwärts gesegnet. Eine kleine Bank unter einem Wegkreuz lädt zu einem kurzen "Verschnaufer" ein, bevor wir die letzten Meter auf einer Art breiter Felsrippe zur Plauener Hütte und zum vorläufigen Tagesziel hinaufsteigen.

Auf der im Jahr 1899 erbauten, mehrfach renovierten und zuletzt im Jahr 1985 erweiterten Alpenvereinshütte der Sektion Plauen geht es eher beschaulich zu. Da man sich nicht im Dunstkreis des
berühmten Berliner Höhenwegs bewegt und in einem stilleren Winkel ganz am Rand der Zillertaler
Alpen unterwegs ist, bleibt auf der Hütte am Nachmittag und Abend meistens mehr Platz und Ruhe
als auf den bekannten Schutzhütten des Gebirges. Dabei ist die Aussicht hinab zum langgezogenen 102
Stausee Zillergründl, mit seiner an schönen Sommertagen intensiv türkisblau schimmernden Wasserfläche und den steilen Gipfeln ringsherum, besonders schön. Deswegen sollte man erst einmal
ankommen, ausschnaufen und eines der kleinen, aber feinen Zweibett-Zimmerchen beziehen, sofern
reserviert oder noch vorhanden.

(3) Nachmittagsspaziergang auf das Rainbachköpfl

Es bleiben zwei Optionen, den Nachmittag auszugestalten: Entweder man begnügt sich so ganz "ungeologisch" mit einem Kaffee und einer der sonnigen Sitzbänke vor der Hütte und lässt die Zeit verstreichen, oder man begibt sich als trittsicherer und einigermaßen schwindelfreier Zeitgenosse noch weitere 300 Höhenmeter auf den überaus schroffen Hausberg der Hütte, das 2690 Meter hohe Rainbachköpfl. Zu ersterer Option gibt es nicht viel zu berichten, zu letzterer schon.

Abb. 101. a, Vom Aussichtspunkt des Sonntagslahnerkopfes zieht eine breite Felsrippe mit Granodioritgneisen (»Augen- und Flasergneisen«, siehe Detail in b) hinauf zur Plauener Hütte. Hier steigt man in etwa längs der beinahe saiger stehenden Schieferung, deren Gefüge von Quarzbändern unterschiedlicher Dimension und Richtung regellos durchschlagen wird (c, d).

Abb. 102. Ein sonniger Nachmittag auf der Plauener Hütte, hoch über dem türkisblauen Speicher Zillergründl.

Von der Plauener Hütte geht der Pfad – zunächst auf einer blockübersäten Moräne, später auf grobem Felssturzschutt – ziemlich schnörkellos dem Ziel entgegen. Der Steig ist teilweise kunstvoll mit Gneisplatten ausgelegt, teilweise kleinschottrig und nur als Pfadspur zu erkennen. Unentwegt strebt man einer steilen Schutthalde unter einem ungemein
3a scharfzackigen Grat entgegen, die gleichermaßen in einer Scharte und einer Art Sackgasse zu enden scheint. Und wenn man das dürre Gipfelkreuz auf dem obersten Gratzacken links der Einschartung sieht, könnte man durchaus den Glauben verlieren, dass es sich um einen "begehbaren Hausberg" handelt.

Bis wir auf etwa 2600 Meter Höhe zu den ersten anstehenden Felsen gelangen, gibt es keinen direkten Aufschluss – aber genug Blockwerk, um die großen, immer noch von dünnen, dunklen
3b Biotitsäumen umflossenen Feldspat-Augen sehen zu können.

Abb. 103. a, Man mag es kaum für möglich halten, doch auf den steilen Zapfen mit dem zahm klingenden Namen Rainbachköpfl geht tatsächlich ein markierter Steig (der schwarze Pfeil deutet aufs Gipfelkreuz). Dieser versteckt sich jedoch auf der Rückseite des Berges, die man über die tief eingeschnittene Scharte rechts erreicht. b, Allgegenwärtig: »Augen- und Flasergneis«, diesmal mit besonders großen, von Biotiten umflossenen Kalifeldspat-Augen.

Abb. 104. a, In der Scharte steht man direkt auf der schmalen Gratschneide – hier beginnt ein weitgehend mit Drahtseilen versicherter Steig über die steile, felsig-schrofige Flanke zum höchsten Punkt (b). Es sind zwar nur knappe 40 Höhenmeter, aber bald fühlt man sich wie in der Wendeltreppe eines Kirchturms.

> Zuletzt steigt man auf einer überaus steilen Blockhalde der schmalen Einschartung entgegen – die letzten Meter hilft ein links am Felsen angebrachtes Draht-Fixseil.

Oben in der schmalen Scharte empfängt den Wanderer der plötzliche Tiefblick hinab ins diesseitige, 104
weitläufige Hohenaukar. Hier verbirgt sich auch der Clou des kleinen Gipfels. Ein schmaler, ebenfalls drahtseilgesicherter Steig führt – allerdings 104
nur für schwindelfreie und trittsichere Mitmenschen (!) – durch die felsig-schrofige, überaus steile Südflanke hinauf auf den schmalen Gipfel. Man geht mit den "Augen- und Flasergneisen" buchstäblich auf innigste Tuchfühlung, sollte sich aber nicht allzu sehr von Gefügen und Struktur derselben ablenken lassen. Die letzte Passage unter dem Gipfel ist ein luftiger, felsiger Durchschlupf mit genug Potential, sich bei Unachtsamkeit den Kopf anzuhauen, dann steht man auf der schmalen Schneide und kann die Luft überall und vor allem unter einem förmlich spüren!

④ Im Reich der sterbenden Gletscher, Vol. 1: Hohenau- und Kuchelmooskar

Auf der schmalen Gratschneide neben dem Gipfelkreuz finden nur wenige Personen gemütlich 10
Platz – man sollte also keine allzu unbedachten und hektischen Bewegungen machen! Vor allem gegen das Hohenaukar und die morgige Teiletappe weiter ins Zillergründl hinein ist der Blick offen, ohne dass man einen der Gipfelfelsen erklimmen muss (wie beispielsweise beim Blick hinab gegen die Plauener Hütte und ins Kuchelmooskar). In Anbetracht der bislang eher monotonen Lithologie des Tuxer Kristallinkerns sollten wir uns deswegen einem etwas aktuelleren Thema widmen, das spätestens nach dem Bergsommer des Jahres 2022 in aller Munde sein wird – das Gletschersterben. Nach einem verhältnismäßig schneearmen Winter 2021/2022, aber wiederholt auf die Altschneedecke niedergehenden, das Sonnenlicht adsorbierenden Saharastäuben, setzte sich als "Worst-Case-Szenario" ein leider wieder viel zu warmer Sommer obenauf. Die Folge ist ein stark beschleunigter Gletscherschwund.

Nun, das ist, wenn man gerade die jüngere erdgeschichtliche Vergangenheit betrachtet, nichts Neues, in dieser Geschwindigkeit jedoch beängstigend. Im Umfeld der Plauener Hütte beherrschen mittlerweile Gras, Schrofen und Geröll das Landschaftsbild – vor allem im Süden gegen den Zillertaler Grenzkamm zu Südtirol. Um das "Sterben der Gletscher" fassen zu können, muss man die geomorphologischen Elemente der Landschaft verstehen und lesen können und sich auf eine "Zeitreise" in die jüngere Vergangenheit begeben. Dazu ist es wichtig zu wissen, dass die Schuttflächen unmittelbar ringsherum unter den steilen Wänden der Berge vor nicht einmal zwei Jahrhunderten mit zahlreichen Gletschern und Eisfeldern bedeckt waren. Während des Höhepunktes der "Kleinen
105b Eiszeit" hätte sich einem Besteiger des Rainbachköpfls ein anderes Bild geboten. Beinahe jedes höher gelegene Kar, sowohl am Reichenspitzkamm bis zur österreichisch-italienischen Grenze als auch am gegenüberliegenden, vom Rauhkofel nordwärts abzweigenden Magnerkamm hätte einen Gletscher getragen. Wagt man den Sprung zurück in die letzten "Zuckungen" der Würm-Eiszeit, etwa
105c 12 000 Jahre vor unserer Zeit, irgendwann im ausgehenden Egesen-Stadial, wäre das Hohenaukar

Abb. 105. Eine kleine Zeitreise: a, Auf der schmalen Gratschneide des Rainbachköpfls mit Blick gegen die Zillerplattenspitze, gegen den Talschluss des Zillergründls und hinab in das weitläufige Hohenaukar bestimmen Geröllflächen und grasige Schrofen das Bild. Nur ein kleiner Gletscherrest hat sich im nordseitig exponierten und somit schattigen Kar unterhalb der Zillerplattenspitze bis in die Gegenwart retten können – ebenso kleine Restgletscher unter Rauhkofel und Kleinspitze auf der gegenüberliegenden Talseite. b, Ein Besteiger des kleinen Gipfels hätte um das Jahr 1850 folgendes Bild sehen können (rekonstruiert nach den Endmoränenbögen der »Kleinen Eiszeit«): Unter den Wänden der Reichenspitzgruppe, aber auch in den Hochkaren des Magnerkammes halten sich noch zahlreiche, zum Teil steile, gegen den Zillergrund kalbende Gletscher. c, Etwa 12 000 Jahre vor unserer Zeit im ausgehenden Egesen-Stadial der Würm-Eiszeit wäre das Hohenaukar weitgehend eiserfüllt gewesen und ein großer Gletscher unter dem Heilig-Geist-Jöchl hätte seine Zunge weit in den Zillergrund vorgeschoben, eventuell gar bis in die Lage des heutigen Speichersees.

2022
Kuchelmooskopf
Reichenspitze
Zillerspitz
Wildgerlosspitze
Schönachschneid
a

1850
b

12 000 Jahre vor heute
c

◁ *Abb. 106. Andere Position, anderes Kar, aber eine ähnliche Zeitreise: a, Das Kuchelmooskees des Jahres 2022 hat enorm an Substanz verloren – seine zerrissene Oberfläche ist aber noch zwischen Kuchelmooskopf, Wildgerlosspitze und Reichenspitze zu sehen. b, Während des Höhepunktes der »Kleinen Eiszeit« vor mehr als anderthalb Jahrhunderten hätte man einem großen Eisbruch gegenübergestanden, der über die Felsstufe ins darunter gelegene Kuchelmooskar »abgestürzt« wäre – und c, während dem Ende der Würm-Vereisung wäre das gesamte Hochkar gletschererfüllt gewesen (ein gelber Pfeil zeigt auf die heute sehr gut erhaltene Schliffgrenze am Ostgrat des Kuchelmooskopfes).*

unter uns weitgehend eiserfüllt gewesen. Davon künden stark abgerundete, aber geomorphologisch noch deutlich erkennbare Seiten- und Endmoränenwälle diverser Gletscherhalte. Zu dieser Zeit bestand vermutlich auch an der Ostseite des Magnerkammes eine durchgehende, steile und stark kalbende Vergletscherung und unter dem Heilig-Geist-Jöchl hätte sich eine größere Gletscherzunge weit in den Zillergrund vorgeschoben – vermutlich bis in die Region des heutigen Speichersees.

Vielleicht behalten wir das Gletschersterben im Hinterkopf, wenn wir vorsichtig den steilen Gipfelaufbau des Rainbachköpfls zurück zur engen Scharte und über die abschüssigen Schutthalden zur Plauener Hütte hinabsteigen. Vor dem wohlverdienten Feierabend auf der Hütte sei noch ein Blick auf das heutige Kuchelmooskees gewagt, dessen stark zerrissene Oberfläche zwischen 106
Kuchelmooskopf, Wildgerlosspitze und Reichenspitze (noch) von der Plauener Hütte sichtbar ist. Hätten wir vor etwa 170 Jahren hier gestanden, hätte sich vor uns ein stattlicher Gletscherstrom ins heute Morgen besuchte Kuchelmooskar bis auf knapp 2000 Meter Höhe ergossen. Davon künden noch heute die vor allem im schräg einfallenden Nachmittagslicht hervorragend herausmodellierten und scharf zugeschnittenen Seitenmoränenwälle. Sie stehen beidseits einer plan geschliffenen Gneis-Oberfläche, die einst die Gletscherzunge des Kuchelmooskeeses trug. Vor allem der Abfall über die das Kuchelmooskar begrenzende Felsstufe muss einen veritablen Eisbruch mit stetigem Knacken und Ächzen des "stürzenden" Eises hervorgerufen haben. Übrigens: In der Plauener Hütte hängt ein zeitgenössisches Ölbild, das das Schutzhaus um die Wende 19./20. Jahrhundert zeigt. Vergleichen Sie das Bild dort mal mit Abbildung 106!

Hält man sich einmal mehr jene spätglaziale Zeit vor knapp 12 000 Jahren vor Augen, hätten wir am Standort der heutigen Plauener Hütte eine wahrhaftige "Eiszeitszenerie" betrachten können, denn beinahe das gesamte Hochkar wäre eiserfüllt gewesen. Der Eisbruch im Kuchelmooskar hätte talwärts vermutlich noch Anbindung an den großen Gletscher gefunden, der vom Heilig-Geist-Jöchl bis in die Region des heutigen Speichers Zillergründl geflossen wäre. Interessant ist die heute noch sehr gut erhaltene Schliffgrenze am kurzen, stumpfen Ostgrat des Kuchelmooskopfes, die den höchsten Gletscherstand während der Würm-Vereisung dokumentiert.

Noch ein kleiner, doch "ungeologischer" Tipp zum Tagesende: Nachdem das Essen auf der Plauener Hütte samt dem ein oder anderen Bierchen hoffentlich gemundet hat, verpassen Sie an einem schönen Sommerabend auf keinen Fall den Sonnenuntergang! Die Kombination aus dem westseitig offenen Zillergrund und einem lauen Abend verhilft
107 der tiefstehenden Abendsonne zu wunderschönen Farbenspielen.

Abb. 107. Sonnenuntergang an der Plauener Hütte

⑤ Im Hohenaukar

Der Tag beginnt mit der Querung des Kares unterhalb des gestern erstiegenen Rainbachköpfls – zunächst auf Moränenschottern des Egesen-Stadials, bald auf einem fossilen

Abb. 108. Im frühmorgendlichen Anstieg zum Hohenaukar sind einige mit Holzbalken gangbar gemachte, abschüssige Gletscherschliff-Platten zu queren (sieht fieser aus, als es in Wirklichkeit ist). Die Wasserfläche des Speichers Zillergründl liegt mehr als 500 Meter tiefer.

Blockgletscher derselben spätglazialen Zeitscheibe. Im Anstehenden sind nahe dem vom Rainbachköpfl gegen den Speicher Zillergründl herabreichenden Grat einige Passagen über glatte Blöcke zu bewältigen, die mit festgebohrten Holzbalken erleichtert 108
beziehungsweise entschärft werden (kann bei Nässe etwas rutschig werden!). Der Steig unterquert die Felskante und beginnt seine lange Durchquerung des großen Hohenaukares, das vom Kamm Rainbachköpfl – Südlicher Schwarzkopf bis unter die Zillerplattenspitze reicht.

Bereits beim Unterqueren der Felsschneide fallen zahlreiche glatt geschliffene, von Osten nach Westen verlaufende und gegen den Zillergrund abfallende Platten aus Granodioritgneisen auf, 109
die eindeutig glazigen überprägt wurden und von einem würmeiszeitlichen, das Zillergründl bis in etwa auf unsere Höhe ausfüllenden Gletscher glatt gehobelt wurden. Die Schliffgrenze 109
am Kamm zum Rainbachköpfl erkennt man rückblickend nach einigen hundert Metern Querung

a

b

c

Abb. 109. Glazigenes aus dem Beginn der Querung hinein ins weitläufige Hohenaukar: a, Das Hohenaukar ist eindeutig glazigen überprägt: Die grünen, schrofigen Wiesenmatten kennzeichnen egesenzeitliche Grundmoränenbereiche mit nur wenig erhaben hervortretenden Seitenmoränen diverser Gletscherhalte. b, Die Schliffgrenze des würmzeitlichen Gletscher-Höchststandes ist am Kamm zum Rainbachköpfl in flach ausgeprägten Schliffkehlen nachzuvollziehen (gelber Pfeil und gelb strichlierte Linie). c, Darunter zeigen sich immer wieder Gletscherschliffe auf Ost-West-verlaufenden Geländerippen aus anstehendem Granodioritgneis.

Abb. 110. Die Querung der Stirn eines fossilen Blockgletschers aus dem letzten Spätglazial (Egesen-Stadial) zeigt dessen typisch grobblockigen Habitus. Der sich anschließende, mit Blockschutt bedeckte Seitenmoränenwall tritt geomorphologisch nur undeutlich in Erscheinung.

hinein ins Hohenaukar. Die feldspatreichen "Augen- und Flasergneise" werden bald wieder von
mächtigeren, egesenzeitlichen Moränen-Lockergesteinen und fossilen Blockgletscherablagerungen *109a*
überdeckt und spitzen manchmal nur an markanten Geländerippen hervor. Dabei kann man zwischen Grundmoränen-Till, fossilen Blockgletschern und Seiten- beziehungsweise Endmoränenbögen diverser Gletscherhalte unterscheiden: Während Erstere eher grasig-schrofige, gut zu querende
Bereiche ausbilden, sind die Blockgletscher mit grobem Geröll und teilweise zimmergroßen Blöcken *110*
nur in anregender Blockkletterei zu überqueren – die Seitenmoränen sind blockig und treten meist einige Meter erhaben in Erscheinung.

Erst, wenn sich der Weg wieder in südliche Richtung wendet, gelangen wir abermals ins Anstehende: Die massigen Granodioritgneise werden allerdings von deutlich feiner geschieferten, ebenfalls *111a*
feldspatreichen Gneisen abgelöst. Auf den Schieferungsflächen finden sich gelegentlich teilauf- *11ab*
geschmolzene, dunkle, biotit- und amphibolitreiche Schmitzen, die das Gestein als Migmatit des *111c*
Variszischen Basements ("Altes Dach") kennzeichnen. Diese Gesteine, die wir gestern im Anstieg bereits gesehen haben, liegen nahe der Südgrenze vom Tuxer zum Zillertaler Kristallinkern und werden uns bei unserer Querung des Hohenaukares und des südöstlich angrenzenden Seekares bis zum Abzweig des Steiges zur Zillerplattenscharte begleiten – gelegentlich wieder überdeckt von spätwürmzeitlichen Moränenablagerungen.

Apropos Moränen – wenn uns der Wettergott gewogen ist und wir eine gute, klare Sicht auf den
gegenüberliegenden, vom 3252 Meter hohen Rauhkofel abzweigenden Magnerkamm haben, erkennen *112*
wir die Seiten- und Endmoränen der "Kleinen Eiszeit" in diesem Bereich besonders gut. Auch hier sehen wir sterbende Gletscher – nur noch in den schattigen, nordostexponierten Karen unter dem Rauhkofel und dem namenlosen, aber markanten Gipfel P. 3053 m haben sich kleine Eisreste halten können, die man nur noch mit etwas Fantasie als Gletscher bezeichnen darf. Doch dazu später mehr.

Abb. 111. a, Stark geschieferte, mürb-blättrig verwitternde Gneissequenzen werden zu Migmatiten des »Alten Daches« gerechnet. Dabei streicht die Schieferung entsprechend der alpinen Haupt-Kompressionsrichtung in Ost-West-Richtung und fällt in diesem Fall steil nach Norden ein. b,c, Auf den Schieferungsflächen finden sich zahlreiche idiomorph ausgebildete Kalifeldspatblasten sowie aufgeschmolzene, dunkle, biotitreiche Schmitzen (Xenolithe und/oder »femische Schlieren«).

6 Anstieg zur Zillerplattenscharte

Nach etwa anderthalb bis zwei Stunden gemütlicher Gehzeit und 100 Höhenmetern ab der Plauener Hütte erreichen wir den mit einem gelben Wegweiser markierten Abzweig nach links zur Zillerplattenscharte – geradeaus geht es weiter zum Heilig-Geist-Jöchl. Für die Unentschlossenen unter uns sei gesagt, dass der Steig bis zur Scharte gut markiert und problemlos zu begehen ist – der "schwarze Punkt" auf dem Wegweiser ist meines Erachtens zu hoch gegriffen: Der Steig dorthin ist allenfalls als "mittelschwer" einzustufen und verdient eher einen roten Punkt.

Mit dem Wechsel des Steiges von einer Nord-Süd- in eine Ost-West-Richtung verfolgen wir die anstehenden lithologischen Sequenzen ziemlich genau in deren Streichrichtung und bewegen uns im Übergangsbereich zwischen den Migmatiten des Variszischen Basements ("Altes Dach") und den hellen Orthogneisen des Zillertaler Kristallinkerns. Aus diesem Grund wechseln fein geschieferte
113 mit massigen, sehr festen Partien. Der Steig ist teilweise kunstvoll mit Steintreppen angelegt und

Abb. 112. Ein strahlend schöner, klarer, aber auch kalter Augustmorgen im Jahr 2022: Der Blick nach Südwesten gegen den Magnerkamm zeigt einmal mehr deutlich die Diskrepanz zwischen der einstigen Vergletscherung zum Höhepunkt der »Kleinen Eiszeit« Mitte des 19. Jahrhunderts und den unbedeutenden Eisresten, die es heute noch in den Hochkaren zwischen Rauhkofel (3252 m) und Kleinspitze (3169 m) gibt. Die entsprechenden Endmoränenwälle sind rot transparent hervorgehoben.

bringt uns ohne jede Schwierigkeit bergauf. Knapp 100 Höhenmeter unter der Scharte ist ein erdig-schrofiges Feld zu durchqueren und direkt unterhalb des 2880 Meter hoch gelegen Übergangs folgt etwas leichte Blockkletterei.

(7) Nichts für Anfänger: Über den Südgrat auf die Zillerplattenspitze

Bereits knapp vor Erreichen der Scharte sollte man sich über den etwaigen Weiterweg zur Zillerplattenscharte klar werden. Allein mit dem Erreichen des 2880 Meter hoch gelegenen Überganges haben wir ein respektables Ziel mit einer hervorragenden Rundumsicht erreicht. Vor allem die Blicke hinab ins Krimmler Achental – bereits im österreichischen Bundesland Salzburg gelegen – sowie die Sicht hinüber zu den höchsten Gipfeln der Venedigergruppe sind den Abstecher hier herauf wert. Wer noch etwas mehr möchte, kann von hier aus der Zillerplattenspitze aufs Haupt steigen. Doch wie bereits in der Einleitung zu dieser Exkursion gesagt, ist der Anstieg dort hinauf nichts für alpine Anfänger und nicht schwindelfreie Zeitgenossen, da einige ausgesetzte Blockkletterpassagen zu bewältigen sind. Eine kleine Entscheidungshilfe geben
◄114 die nachfolgenden Abbildungen: Direkt von der Zillerplattenscharte müssen wir uns am anfangs breiten, blockigen Grat in nördlicher Richtung (links) halten – einige kleine Steinmänner geben etwas Orientierung. Der zerzackte Felsrücken des P. 2955 m wird nicht direkt überstiegen, sondern auf seiner schattigen Westflanke im Hangschutt gequert – den Grat erreichen wir über einen steilen, erdig-schrofigen Hang in der Scharte P. 2936 m. Bis hierher finden sich deutliche Steigspuren und ebenfalls vereinzelte Steindauben. Danach heißt es, sich immer entlang der mal breiteren, mal schmäleren Gratschneide zu halten.

Abb. 113. Im Anstieg zur Zillerplattenscharte auf etwa 2700 Meter Höhe.

Abb. 114. Ab 2800 Meter Höhe erreicht man unter der Zillerplattenscharte freies Gelände und kann den weiteren Weg auf die Zillerplattenspitze einsehen.

Geologisch betrachtet steigen wir weiter im lithologisch-strukturellen Grenzbereich zwischen "Altem Dach" und Zillertaler Kristallinkern. Während der namenlose P. 2955 m und die Scharte P. 2936 m in
115 teilaufgeschmolzenen Migmatiten jener altpaläozoischen Seien liegen, repräsentiert die Zillerplattenspitze eine größere Scholle mit Feldspatblasten-Gneisen des Zillertaler Kristallinkerns. Das härtere Gestein ist der Grund dafür, warum unser Gipfel vor allem südwärts um mehr als 200 Meter seine nähere Umgebung überragt.

Abb. 115. Unmittelbar nördlich der Scharte P. 2936 m beginnt die leichte Kletterei am Grat zur Zillerplattenspitze (Route rot eingezeichnet). Markant sind die hellen Feldspatblasten-Gneise des Zillertaler Kristallinkerns mit ihren hier deutlich erkennbaren, steil bis nahezu senkrecht nach Süden einfallenden Schieferungsflächen.

Zunächst führen Steigspuren an den ersten steileren Felsaufschwung heran, den wir auf der Ostseite umgehen. Man sollte im Anschluss unbedingt wieder auf die Gratschneide zurückkehren, obwohl die steilen Schuttfelder der unteren Südflanke neben uns verlockend aussehen. Sie führen jedoch bergwärts in eine steinschlaggefährdete Sackgasse und zu einer höheren Wandstufe, unter der man nur schwer gegen den Südgrat zurückqueren kann.

Sehr markant sind in diesem Bereich des Anstieges wiederkehrende, steil nach Süden einfallende Plattenfluchten, die den Grat treppenartig gliedern – die markanteste und höchste zieht sich wie ein Bollwerk quer durch die Südflanke des Berges. Nur gegen den Südgrat gibt es eine schmale, extrem grobblockige Rampe, über die die bis zu 50 Meter hohe, nahezu lotrechte Wandstufe überwunden werden kann.

Abb. 116. Die Schlüsselpassage des Anstieges auf die Zillerplattenspitze ist eine geneigte Platte am Grat, die eine Art »Durchschlupf« zwischen der lotrechten Wandstufe rechts und der stark abschüssigen Westwand des Berges links bildet. Über sie gelangen wir in einfacheres Gelände und zum letzten Anstieg am Gipfelaufbau der Zillerplattenspitze.

Diese Wandstufen sind nicht durch Störungen oder sonstige tektonische Lineamente entstanden, sondern zeichnen die Schieferungsflächen des anstehenden Feldspatblasten-Gneises nach.

Die Schlüsselpassage des Anstieges ist ein schmaler, auf etwa 3050 Meter Höhe gelegener Durchschlupf über eine geneigte Platte, die wie eine Riesenrutschbahn hinaus in die Westwand des Berges führt. Weiter rechts 116
über geneigte Felsplatten anzusteigen ist wenig ratsam, weil sie zu nahe an die lotrechte Wandstufe heranführen und zu ausgesetzt sind. Am besten, man deponiert hier seine Wanderstöcke und klettert die schräge Platte hinauf. Nach zwei zugegebenermaßen nicht ganz einfachen Metern über die felsige Rampe erreicht man wieder einfacheres Gelände zwischen großen Blöcken, durch die eine Steigspur in erdigen Schrofen bergwärts in Richtung Gipfelgrat führt. Diesen unterquert man am besten wenige Meter unterhalb in der steilen Südflanke, da einige Blöcke unmittelbar auf der Gratschneide keinen allzu stabilen Eindruck machen. So erreichen wir zuletzt in anregender Blockkletterei den 3148 Meter hohen Gipfel der Zillerplattenspitze.

(8) Im Reich der sterbenden Gletscher, Vol. 2: Kesselkar und Magnerkamm

Am Gipfel erwartet uns ein umfassendes Panorama, das neben dem bekannten nordgerichteten Rück- und Tiefblick hinab in den Zillergrund vor allem einen Fokus auf die lange Kette der Dreitausender 117
der Venedigergruppe im Süden erlaubt. Diese wird im Osten vom breiten, gegen Süden abgedachten Großvenediger (3657 m), der eleganten Dreiherrenspitze (3499 m) sowie der stumpf abgerundeten, 3495 Meter hohen Rötspitze dominiert. Weiter gegen Westen läuft sie in zunehmend geringeren Gipfelhöhen und weitgehend eisfreien Fels- und Schrofenbergen gegen den Tauferer Talkessel aus.

Bleiben wir zunächst im Norden: Die meisten im näheren Umkreis sichtbaren Gipfel dort bestehen aus Gneisen der Zillertaler Kristallinkerne. Vor allem in der zentralen Reichenspitzgruppe herrschen entsprechend scharfkantige, spitz pyramidenförmige Gipfelformen vor. Die sich nördlich anschließende "Schieferhülle" – zunächst mit autochthon überdeckender Hochstegen-Zone, dem auflagernden metasedimentären Modereck-Deckensystem sowie überschobenen penninischen Einheiten – ist nur nördlich der Ahornspitze zu erkennen. Der 2700 Meter hohe Brandberger Kolm (Exkursion (K) in Band 44), dessen höchsten Punkt die autochthone Hochstegen-Zone am Nordrand der Kristallin-

Abb. 117. Ausblick von der Zillerplattenspitze nach Norden gegen den Zillergrund. Einzig die umwölkten Gipfel der südlichen Tuxer Alpen mit dem Rastkogel gehören zu höheren tektonischen Einheiten, die die kristallinen Gipfel des Tauernfensters überlagern. Letzteres bildet zusammen mit den Abfolgen des Variszischen Basements (»Altes Dach«) beinahe alle im Vorder- und Mittelgrund sichtbaren Gipfel.

kerne markiert, ist nur als unscheinbarer Gratbuckel hinter dem Aukarkopf zu erkennen. Und das Variszische Basement ("Altes Dach"), dessen intensiv geschieferte Abfolgen in einem breiten Band zwischen unserem Standort und dem Hohenaukar den Tuxer vom Zillertaler Kristallinkern trennen, ist nicht ohne weiteres auszumachen. Im gegenüberliegenden Magnerkamm liegt die strukturelle Grenze zwischen Kleinspitze und Großem Magner.

Gegen die Venedigergruppe mit ihren angeprägten, von hier aus sichtbaren Hauptgipfeln sehen
118 wir den Südrand des Tauernfensters. Der im Vordergrund erkennbare, geröllige und knapp über 2900 Meter hohe Klockerkarkopf (einer der nördlichsten Gipfel Italiens) wird noch zum Zillertaler Kristallinkern gerechnet, welcher gegen Osten in den Venediger Kristallinkern übergeht. Ihm gehören

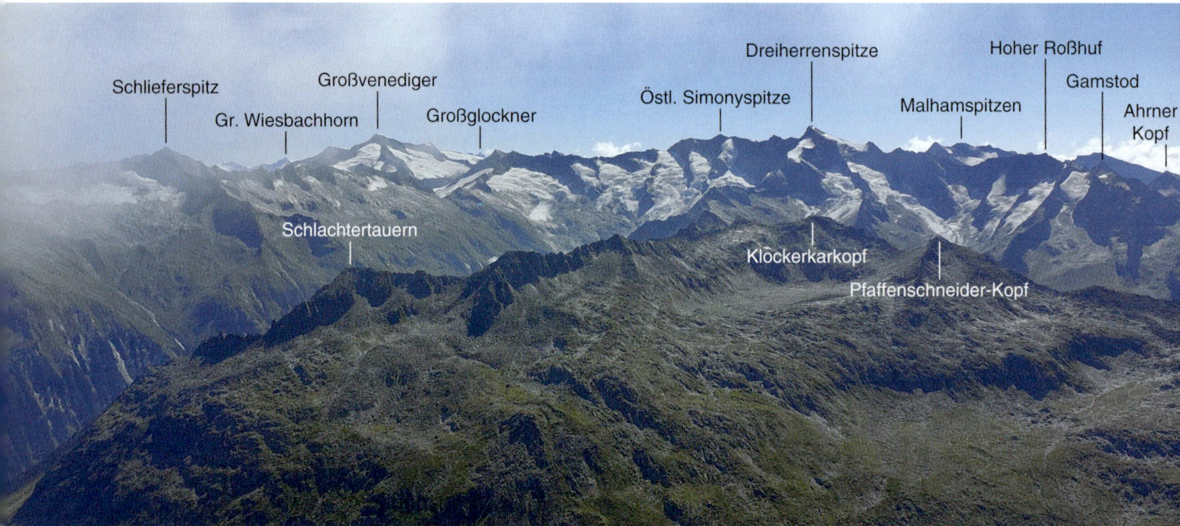

Abb. 118. Die Aussicht von der Zillerplattenspitze nach Südosten umfasst die Hauptgipfel der Venedigergruppe und gewährt einen Einblick in die subpenninische Südrahmenzone des Tauernfensters (»Dreiherrenspitz-Decke«).

Abb. 119. Der Blick nach Südwesten im Vergleich zwischen heute und einer Rekonstruktion des Gletscherstandes kurz nach dem Höhepunkt der »Kleinen Eiszeit« im Jahr 1870 verdeutlicht einmal mehr den beklemmenden Unterschied im Eishaushalt dieses Teils der Zillertaler Alpen.

die stumpfe Pyramide der Schlieferspitze (3289 m) sowie der Großvenediger an. Die immer noch beeindruckende, gletscherbedeckte Kette zwischen Östlicher Simonyspitze (3488 m), Dreiherrenspitze und den wilden Gratzacken mit den bezeichnenden Namen "Roßhuf" und "Gamstod" (bis 3200 m) wird der "Dreiherren-Decke" (gehört zur subpenninischen Südrahmenzone) zugeschlagen, die mit neoproterozoischen bis altpaläozoischen Protolithen in ein ähnliches tektonostratigraphisches Stockwerk wie das Variszische Basement ("Altes Dach") in den Zillertaler Gründen zu stellen ist. Die Rötspitze gehört mit ihrer stumpfen, abgerundeten Form bereits zu stark geschieferten, penninischen Einheiten ähnlich der hiesigen Glockner-Decke. Diese setzen sich westwärts über die Nordhänge der Durreckgruppe (westlichster Ausläufer der Venedigergruppe) fort, überqueren den Tauferer Talkessel und finden Anschluss in den Pfunderer Bergen (siehe auch Exkursion ❶).

Die Gletscherwelt an den Nordhängen der Venedigergruppe darf jedoch nicht über die Tatsache
hinwegtäuschen, dass wir auch hier auf eine Welt der "sterbenden Gletscher" blicken, um das Thema
in einer zweiten Runde abzuschließen. Der unter uns im Kesselkar liegende, kreisrunde, stattliche *119*
Eissee spiegelt diese Tatsache eindrücklich wider. Der Name des Gewässers war bis weit in die 80er
Jahre des 20. Jahrhunderts tatsächlich noch Programm: Die Alpenvereinskarte "Zillertaler Alpen –

Abb. 120. Leukokrate Orthogneise am Abstieg in den Oberboden: viel Quarz, Kalifeldspat sowie Biotite. Diese Lithologie zeigt vorwiegend ein weitständiges Trennflächengefüge.

Blatt Ost" aus dem Jahr 2003 mit den Gletscherständen zwischen 1969 und 1993 zeigt östlich unter dem 2916 Meter hohen Seekarkopf eine weitgehend eisbedeckte Seefläche, die wohl nur gelegentlich im Spätsommer an ihrem Ostende frei lag. Heute hat sich jegliches Gletschereis aus dem Hochkar zurückgezogen – die einstige Eisansatzgrenze im Nährgebiet unter den Kämmen des Seekarkopfes ist als klar umrissene Linie zwischen dunklen, verwitterten Bereichen darüber und frischen, hellen und noch unverwitterten Gneisflächen darunter zu erkennen. Mit dem Wissen um jene geologisch "gerade erst" abgeschliffenen Bereiche unterhalb der historisch belegten Schliffgrenze ist es einfach, den maximalen Gletscherstand der "Kleinen Eiszeit" zu rekonstruieren, deren Nachhall immerhin bis über die Wende des vorigen Jahrhunderts anhielt. Damals noch dürfte das komplette Hochkar unter

Abb. 121. Granodioritgneise zeigen einen erhöhten Anteil an Plagioklasen, Biotiten und Hornblende: Sie können in einer grobkörnigeren Variante (b, Bildbreite ca. 20 cm) sowie einer feinkörnigen Varietät (c, Bildbreite ca. 20 cm) vorkommen. Das Trennflächengefüge der Schieferung ist dabei weitgehend mittelständig (a, Bildbreite ca. 1 m).

Zillerplattenspitze und Seekarkopf eiserfüllt gewesen sein – der Eissee existierte schlichtweg nicht. Des Weiteren trug jedes ostexponierte Hochkar am westwärts gegenüberliegenden Magnerkamm zwischen Rauhkofel und Großem Magner Lokalgletscher. Das Rauhkofelkees zwischen Rauhkofel und Kleinspitze hatte eine ausgeprägte Gletscherzunge, die mit einem zerklüfteten Eisbruch vermutlich weit in den Zillergrund hinab reichte. Heute sind einzig zwei kleine, steile Eisfelder unter dem Rauhkofel erhalten geblieben.

(9) Der lange Weg nach "Klein-Tibet" und zum Speicher Zillergründl

Am Gipfel der Zillerplattenspitze beginnt der lange Weg zurück – ein umsichtiger Abstieg den Grat hinab über besagte Schlüsselstelle ist Pflicht, um wohlbehalten in die Zillerplattenscharte und eine knappe Stunde später zum Wegverzweig im Seekar zu gelangen. Wir halten uns links und steigen über grasige Schrofen hinab in den Oberboden (2163 m).

Der Steig dorthin durchquert weitgehend massige, leukokrate (= helle) Orthogneise (vorwiegend
quarz-, feldspat- und glimmerreiche Metatonalite) sowie im südlichsten Bereich etwas dunklere und 120
feinkörnigere Granodioritgneise mit einem erhöhten Anteil an Plagioklasen, Biotiten und Amphi- 121
boliten. Danach sind Festgesteins-Aufschlüsse passé: Wir wandern ab dem Oberboden weitgehend auf neuzeitlichen Hang- und Murschuttsedimenten talwärts.

Die in den Hang geduckte Hütte der Hohenaualm kennt kaum einer der Besucher unter ihrem ursprünglichen Namen. Angelehnt an die Weitläufigkeit des glazigen ausgeformten inneren Zillergrundes und die nahe türkisblaue Wasserfläche des Speichers Zillergründl prägt der Name "Klein-Tibet" die einschlägigen Touristenseiten. Nicht ganz drei Kilometer Wegstrecke und etwa

Abb. 122. Etwa drei Kilometer lang ist der Abstieg vom Oberboden durch den inneren Zillergrund bis zur Hohenaualm nahe dem Südufer des ständig sichtbaren Speichers Zillergründl.

122 300 Meter Abstieg sind es vom Oberboden bis hierher zur Alm, die nahe des Speichersee-Südufers
123 liegt. Dort angekommen, lassen Gebetsfahnen einen Hauch Tibet aufkommen, der spätestens beim Zillertaler Bier und der dicht gedrängten Menschentraube auf der Terrasse verfliegt. Dem herben Charme der umgebenden Landschaft geschuldet, muss man sich die Aussicht mit zahlreichen Tagesgästen teilen, die in einer knappen Stunde Wegzeit von der Staumauer entlang des Ostufers des Sees hierher gelangen.

Natürlich ist eine Erfrischung wohlverdient: Man kann sich bei gutem Wetter in drangvoller Enge auf die Terrasse vor dem geduckten Holzbau quetschen oder aber auch neben dem dahinplätschernden kleinen Bach darunter auf einer der zahlreich herumstehenden Bänke Platz nehmen, mit Selbstbedienung an einem Wassertrog.

Abb. 123. Die Hohenaualm (vulgo »Klein-Tibet«) hat sich zum touristischen Hotspot gemausert.

An der Hohenaualm hat man es "fast" geschafft auf dem langen Weg das Zillergründl zurück zum Ausgangspunkt: Weitere drei Kilometer samt einem 70-Meter-Zwischenanstieg entlang des Ostufers sind zu bewältigen, dann ist – vorbei an zahlreichen Rastbänken, garniert mit dem Buddhismus und allerhand der Anthroposophie entlehnten Sprüchen – die Staumauer am Speicher Zillergund und damit das Ende dieser weiten, durchaus anspruchsvollen Runde im östlichen Zipfel der Zillertaler Alpen erreicht.

Weiterführende Literatur

HORNUNG, T. & J. ZASADNI (2023): Geologische Karte des Hochgebirgs-Naturparkes Zillertal, der Gemeinden Tux, Finkenberg und Brandberg, Maßstab 1:25000, 3 Kartenblätter, Hochgebirgs-Naturpark Zillertaler Alpen, Ginzling.

D Graue Wüsten, grüne Täler und fließende Steingletscher: Von Finkenberg über die Gamshütte auf die Vordere Grinbergspitze und über das Kreuzjoch ins Tuxertal

Wegstrecke: Finkenberg-Dornau (930 m) – Nesselwand – Naturwaldreservat Ebenschlag – Gamshütte (1921 m) – Vordere Grinbergspitze (2764 m) – Gamshütte (Übernachtung) – Lachtalscharte (2200 m) – Elsalm (1865 m) – Am Flach (2248 m) – Tettensjoch (2276 m) – Kreuzjoch – Rotboden – Höllensteinhütte – Juns (Tuxertal, 1340 m).

Geologie: Augen- und Flasergneis des Ahornkerns – Bergzerreißung Kesselwand – Aussicht Grinbergspitze – Hochstegen-Zone am Spitzeggkamm – tektonisch ausgewalzter Strang des Riffler-Schönach-Beckens in der Lachtalscharte – Wolfendorn-Decke und Seidlwinkl-Modereck-Decke an der Elsalm – die vier längsten Blockgletscher der Zillertaler Alpen – "Wustkogel-Serie" am Flach und Tettensjoch – rißzeitliche ?Moräne am Kreuzjoch – Moränen an der Höllensteinhütte.

Anspruchsvolle Zweitagestour abseits ausgetretener Pfade hoch über den Tälern von Finkenberg nach Tux (pro Tag jeweils 9 bis 10 Stunden, insgesamt 2550 m Höhenunterschied und 26 km Wegstrecke). Die gesamte Unternehmung verläuft auf bestens markierten Steigen und ist von Finkenberg zur Gamshütte und von dort nach Juns gefahrlos zu begehen. Der Anstieg zur Vorderen Grinbergspitze bleibt trittsicheren, bergerfahrenen und konditionsstarken Bergwanderern vorbehalten, sind doch Kletterpassagen im oberen I. Schwierigkeitsgrad zu bewältigen. Nur bei stabilem, gewitterfreiem Bergwetter ohne herbstlichen Neuschnee angeraten. Beste Jahreszeit ist Ende Juni bis Ende Oktober. Und wem die Unternehmung als Zweitagestour zu viel ist, kann mit einer zusätzlichen Übernachtung auf der Gamshütte und einem ganzen Tag Zeit für die Ersteigung der Grinbergspitze für entsprechende Entzerrung sorgen.

1 Über die Teufelsbrücke zur Kesselwand-Bergzerreißung

Wir beginnen unsere lange Exkursion in Finkenberg, am Parkplatz unmittelbar an der Abzweigung der Straße nach Dornau beziehungsweise Ginzling. Er liegt strategisch sehr günstig, ist kostenfrei und die Buslinie Tux–Mayrhofen hält direkt dort, was essentiell für den morgigen Tag ist, da Ausgangs- und Endpunkt der Tour nicht

Abb. 124. Topographische Übersichtskarte der Exkursion D – Grinbergspitze (Geodatenbasis: BEV Österreich).

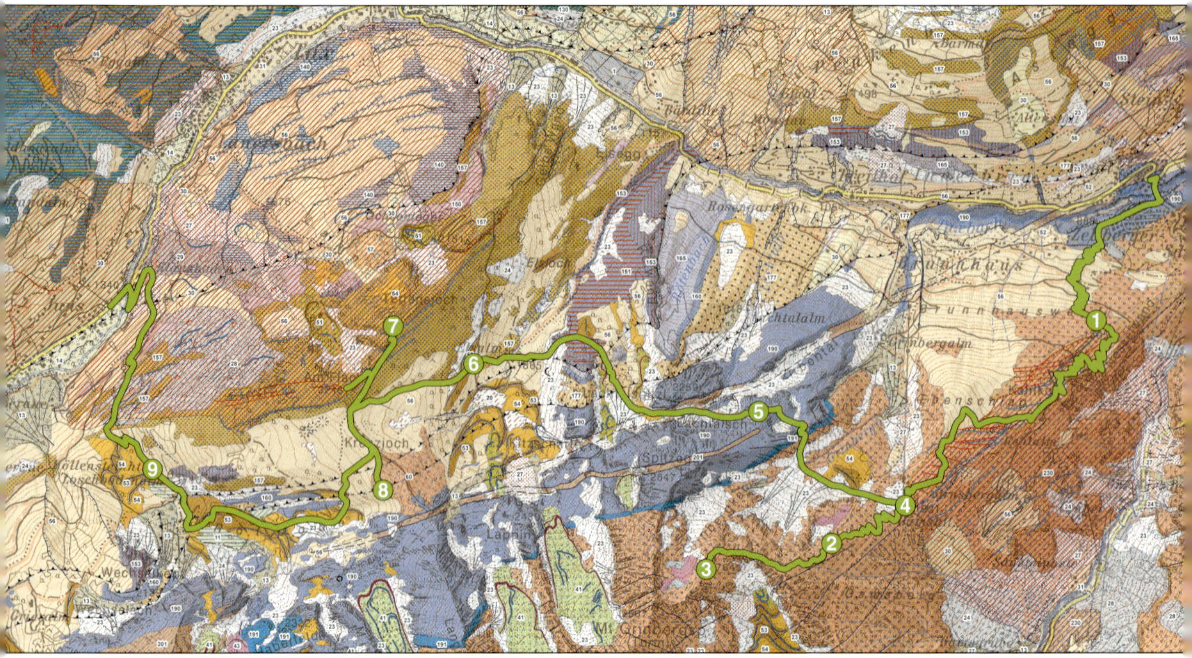

Abb. 125. Geologische Karte der Exkursion D – Grinbergspitze (Auszug aus HORNUNG & ZASADNI 2023; Geodatenbasis: BEV Österreich). Legende siehe Seiten 75–77.

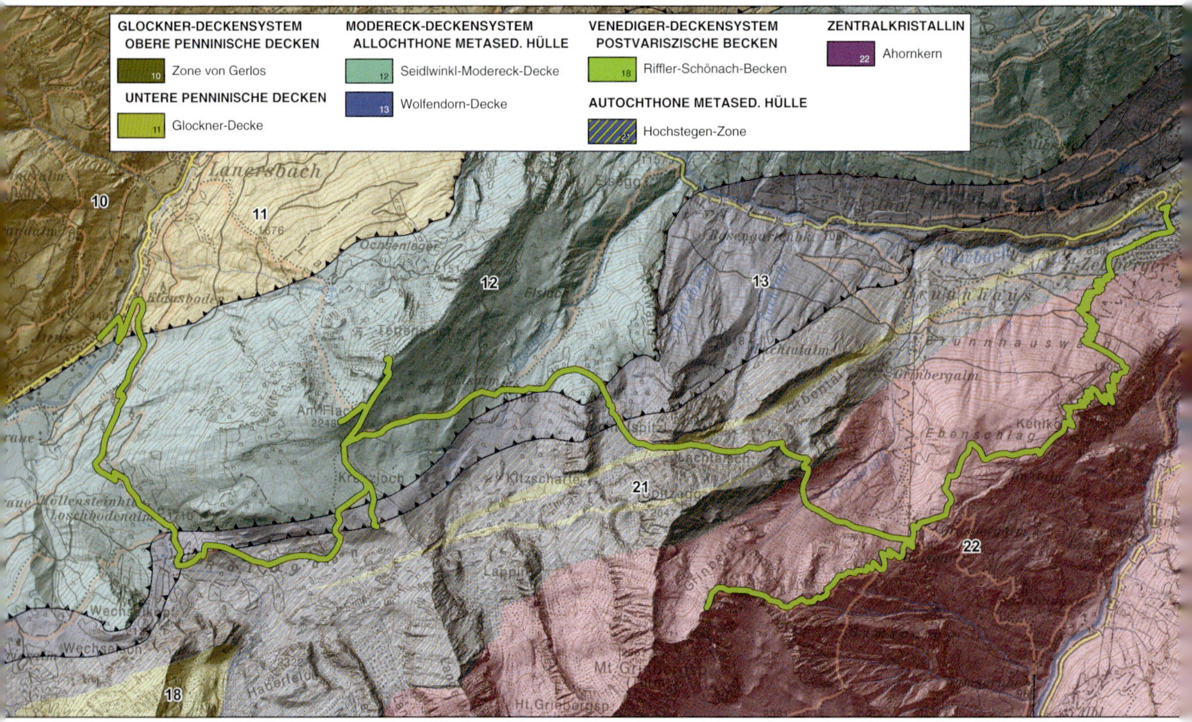

GLOCKNER-DECKENSYSTEM
OBERE PENNINISCHE DECKEN
10 Zone von Gerlos
UNTERE PENNINISCHE DECKEN
11 Glockner-Decke
MODERECK-DECKENSYSTEM
ALLOCHTHONE METASED. HÜLLE
12 Seidlwinkl-Modereck-Decke
13 Wolfendorn-Decke
VENEDIGER-DECKENSYSTEM
POSTVARISZISCHE BECKEN
18 Riffler-Schönach-Becken
AUTOCHTHONE METASED. HÜLLE
21 Hochstegen-Zone
ZENTRALKRISTALLIN
22 Ahornkern

Abb. 126. Tektonostratigraphische Karte der Exkursion D – Grinbergspitze (Geodatenbasis: BEV Österreich).

Abb. 127. Gebänderter Metagranit nahe des Sportplatzes Finkenberg. Die Bänderung entsteht durch im Zuge von Deformation und Schieferung gelängte Quarzbänder sowie sandig verwitternde Bereiche mit feinkristallinem Gneis und idiomorphen Feldspatkristallen (Feldspat-Augen: »Augen- und Flasergneis«).

dieselben sind. Zunächst geht es auf kurzem Fußweg über die eindrucksvolle Teufelsbrücke (Beschreibung unter Exkursion J, Band 44), direkt danach zweigt rechts ein Fahrweg durch ein Wohngebiet bergauf zu einem großen Sportplatz der Gemeinde ab – dort beginnt der eigentliche Steig zur Gamshütte.

Die unter einer großen Bruchsteinmauer anstehenden, intensiv und sehr steil nach NNW einfallenden Gneise zeigen zentimeterdicke Quarzbänder und sandig verwitternde Bereiche mit idiomorphen Feldspatkristallen. Sie sind typische Gesteine für den Ahornkern, den nördlichen der drei großen 127
Zillertaler Gneiskerne. Diese lassen sich als Metagranite sowie Augen- und Flasergneise charakterisieren.

Die ersten knapp 350 Höhenmeter des Anstieges zur Gamshütte sind aufschlussarm und quasi zum "Eingrooven" für das Kommende gedacht. Der Steig führt in zahlreichen klei-
128 nen Kehren durch die steile Bergflanke mit Fichtenwald. Wir steigen über geringmächtigen Moränentill aus der Würm-Eiszeit. Die erste Aussicht hinab in den Talkessel rund um Mayrhofen und hinüber zum schroffen Dristner am Eingang des tief eingeschnittenen Zemmgrundes über Ginzling bekommt man nach einer längeren Querung – nun wieder durchsetzt mit spärlichen Aufschlüssen stark verwitterter Metagranite. Hier steht auch eine kleine Unterstandshütte, an der wir eine kurze Rast einlegen können.

Abb. 128. In zahlreichen Kehren gewinnt der Steig im Bergfichtenwald an Höhe.

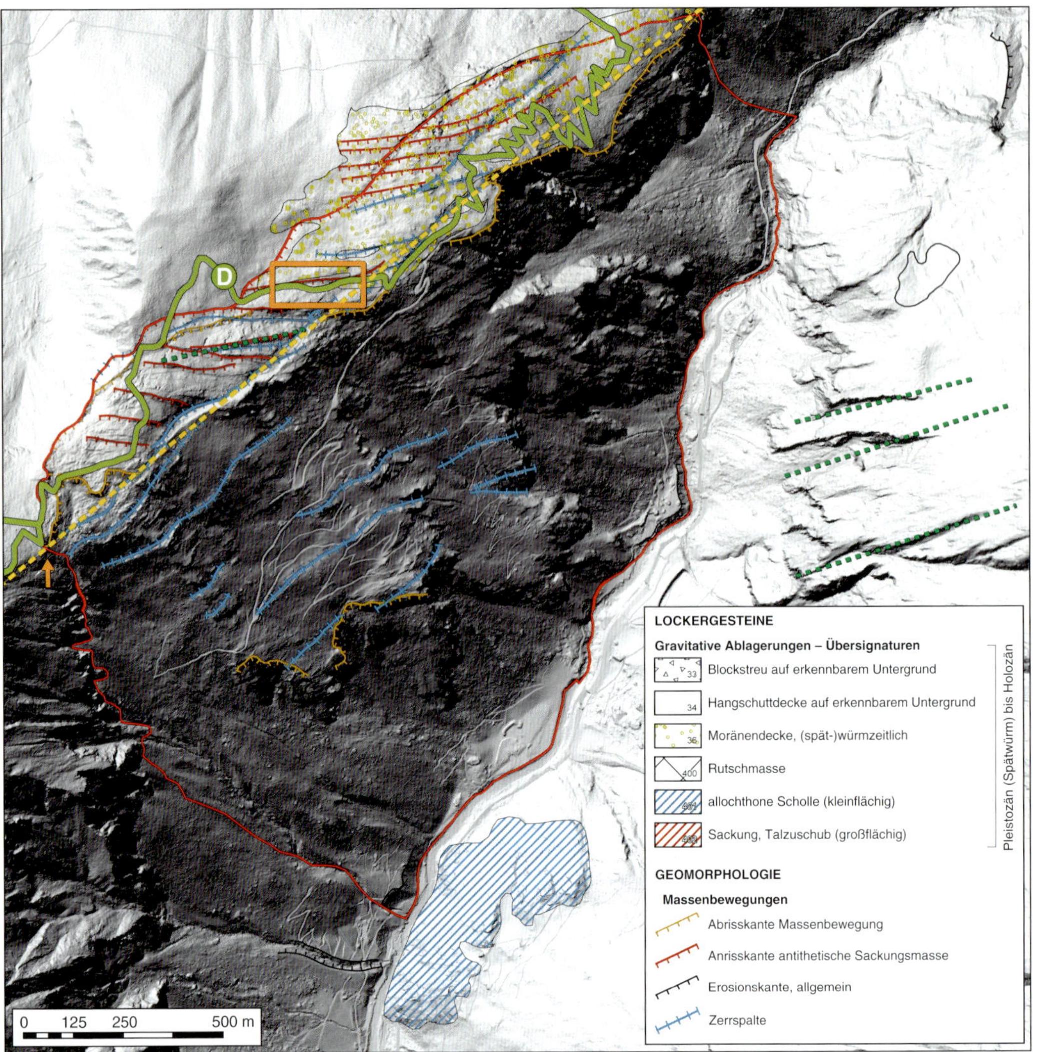

Abb. 129. Schummerungskarte der Bergzerreißung unter der Kesselwand im unteren Zemmgrund. Während die steile Talflanke ein unüberschaubares Gemenge an bereits abgerutschten, rotierten und verkippten Schollen darstellt, die von Blockwerk und Hangschutt umflossen sind, zeigt die Abbruchkante zahlreiche WNW-ONO-orientierte Zerrspalten, die einzelne, sich noch im Verband befindliche Rotationsschollen charakterisieren. Mit ihrer Orientierung folgen sie der allgemeinen Streichrichtung der Gesteinsschieferung (grün hervorgehoben) und damit einer wesentlichen, durch ein Trennflächengefüge ausgelösten Strukturschwäche. Gleichartig orientierte Rinnen finden sich auf der anderen Talseite unter dem Dristner-Nordgrat wieder (grüne Linien). Die lange gelbe Linie zeigt einen Teil der Olperer-Scherzone (Seitenast der SEMP-Störung), die durch den Anrissbereich der Kellerwand-Bergzerreißung läuft. Der orangefarbene Pfeil markiert die Gamshütte, das orangefarbene Rechteck die in Abbildung 130 dargestellte Szene.

Hinter der Hütte beginnt unübersichtliches Gelände mit viel Niederwuchs. Ab 1400 Meter Höhe verläuft der Pfad längs in einigen kleinen Tälchen mit auffallenden, meterhohen, stets bergseits gelegenen, hell verwitterten Klippen aus Metagraniten des Ahorngneises. Um dieses eigentümliche
129 Morphologie-Merkmal besser erklären zu können, müssen wir uns des digitalen Geländemodells

Abb. 130. Die Zerrspalten der Kesselwand-Bergzerreißung sind nahe der Abbruchkante zum Zemmgrund als meterhohe Metagranit-Klippen im Gelände sichtbar.

bedienen. Dabei fällt auf, dass der gesamte, steil in den Zemmgrund nördlich von Ginzling abfallende Hang einen großen Talzuschub beziehungsweise eine Bergzerreißungszone bildet. Die hier entlang des Anstieges bestehenden Klippen sind demnach die Oberkanten talwärts rotierter Sackungsmassen beziehungsweise riesige Zerrspalten, die sich mehrere hundert Meter lang im spitzen Winkel 130
zur Abbruchkante der Kesselwand in WNW-ONO-Richtung erstrecken. Sie folgen in etwa dem Streichen der Schieferung der Metagranite und damit einem vorherrschenden Strukturelement und Trennflächengefüge gleichermaßen.

Ein weiteres Strukturelement in Form einer Großstörung, die in etwa im Bereich unseres Anstiegsweges zur Gamshütte verläuft, ist die Olperer-Scherzone. Sie ist Teil des Salzach-Ennstal-Mariazell-Puchberg-Störungssystems (kurz: SEMP), das sich über eine Länge von circa 400 Kilometern quer durch die Ostalpen erstreckt. Sie wurde als sinistrale Scherzone infolge der miozänen Kollision des Ostalpenkörpers mit dem "Südalpen-Indenter" (siehe "Neogen", S. 25f.) und der daraus resultierenden, mit einem Winkel von etwa 60° schräg zur Kompressionsrichtung ausgelösten ostwärtigen Fluchtbewegungen angelegt. Diese Olperer-Scherzone, obgleich von unserem Wanderweg nicht sichtbar, spielt insofern eine Rolle, als die Abbruchkante des Hanges ziemlich genau ihrem Verlauf folgt – ungeachtet der Richtung der Zerrspalten, die diese im spitzen Winkel schneiden.

Unser Steig bleibt bis kurz vor dem letzten Anstieg zur Gamshütte im Anrissbereich der Kesselwand-Massenbewegung. Das Gelände wirkt unruhig und stark zergliedert – und ist von Farnen, kleinen Fichten und später vor allem von Heidelbeersträuchern geradezu überwuchert. Wohl dem, der in einem guten Heidelbeerjahr zur Fruchtreife hier entlangwandert.

Bei einer kleinen Privathütte durchlaufen wir das oberste, durch eine Zerrspalte verursachte Nackentälchen und überschreiten den Anrissbereich der Bergzerreißung. Hier erreichen wir offenes Gelände und können die Gamshütte, unser erstes Etappenziel, bereits sehen. 131

② Von der Gamshütte auf die Vordere Grinbergspitze

Mit bislang etwa 1100 Höhenmetern in den Knochen ließe sich der Tag ganz gut beschließen, vor allem, wenn der Nachmittag fortgeschritten ist und vielleicht das Wetter instabil wird. Denjenigen, die noch Kraft haben und entsprechend früh dran sind an diesem Tag, sei noch ein Weiterstieg zur Vorderen Grinbergspitze empfohlen. Die zusätzlichen knapp 800 Höhenmeter sind jedoch steil und fordern einiges an Trittsicherheit und Schwindelfreiheit, vor allem im Bereich der obersten 300 Höhenmeter des Anstieges.

Abb. 131: Die letzten Meter zur Gamshütte.

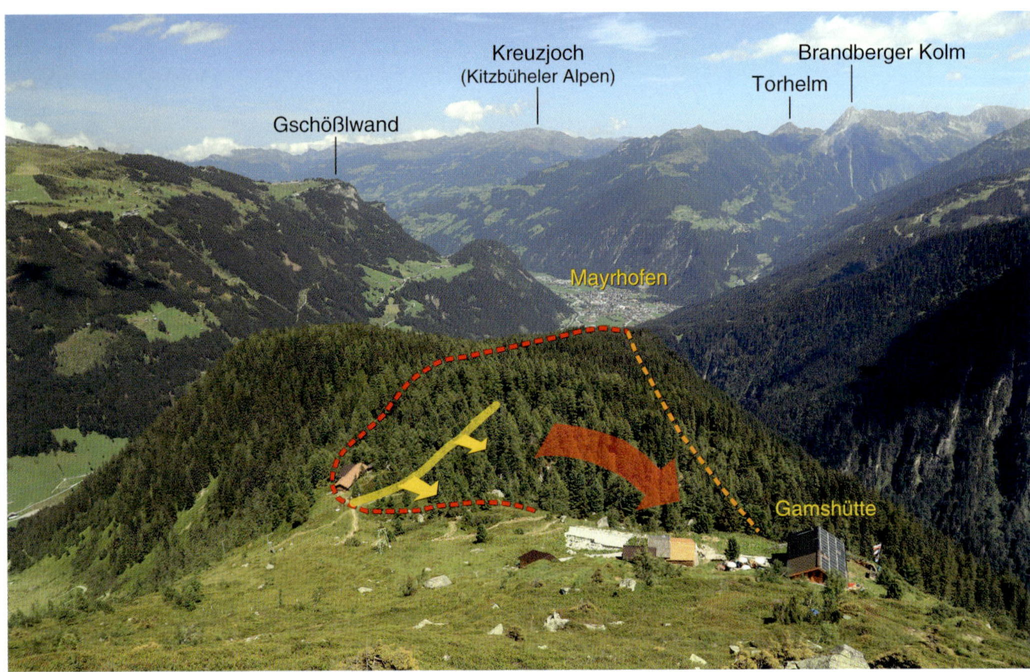

Abb. 132. Etwa 100 Höhenmeter oberhalb der Gamshütte haben wir einen schönen Ausblick ins Zillertal und auf den Hauptort Mayrhofen. Die kleine, links neben dem Schutzhaus erkennbare Privathütte sitzt auf der obersten Klippe der Kesselwand-Massenbewegung (das kleine Tälchen darunter ist eine Zerrspalte; gelbe Linie mit Pfeilen der Bewegungsrichtung). Die Kesselwand-Bergzerreißung ist im dichten Bergfichtenwald von hier nicht zu sehen und wurde rot umrissen – die orangefarbene Linie kennzeichnet den ungefähren Verlauf der Olperer-Scherzone. Im Hintergrund ganz links erkennt man die ostseitigen Hänge des Penken (Exkursion O, Band 44), dahinter liegen die westlichen Kitzbüheler Alpen (Kreuzjoch). Rechts stehen mit dem Torhelm und Brandberger Kolm über Brandberg (siehe Exkursion K, Band 44) die westlichen Ausläufer der Reichenspitzgruppe.

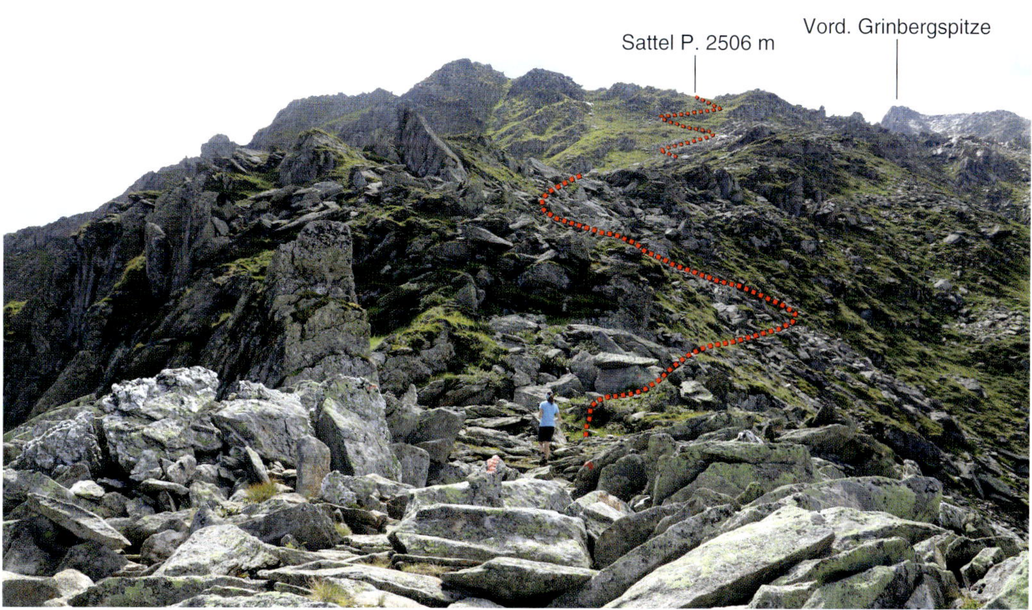

Abb. 133. Von einem etwas flacheren Abschnitt des Anstieges wird der Blick frei auf einen wie zerschlagen wirkenden, von Blocktrümmern überzogenen Rücken bis zu einem Wiesensattel auf circa 2500 Meter Höhe. Der weitere Routenverlauf ist rot hervorgehoben. Die Vordere Grinbergspitze ragn in der rechten Bildhälfte gerade noch über den begrünten Schrofenkamm.

In Sachen Steilheit geht es gleich hinter der Hütte (Wegweiser "Grinbergspitze, nur für Geübte") ziemlich kompromisslos zur Sache. Das Gelände ist offen und wir können bald über den Waldhügel der Kesselwand hinab ins Tal sehen – und entsprechende kleine Pausen auf dem Weg nach oben einlegen. 132

Nach etwa 150 Aufstiegs-Höhenmetern erreichen wir einem breiten Rücken, der mit zahlreichen großen Blöcken aus Metagraniten des Ahornkerns überzogen ist und seltsam zerschlagen wirkt. 133

Entlang des Anstieges bis zum höchsten Punkt der Grinbergspitze bleiben wir in den Metagraniten 134a
und "Augen- und Flasergneisen" und damit im Ahornkern – hier nur ungleich besser erschlossen und intensiver verwittert. So kann man neben der feinkristallinen Grundtextur aus Biotit- und Muskovit-Plättchen samt kleinen Quarzen und Feldspäten, die dem Gestein ihr flaseriges Aussehen geben, auch größere, idiomorphe Feldspatblasten erkennen. Diese schwimmen oft regellos im Gefüge,
können aber auch entlang der Schieferungsflächen eingeregelt sein. 134b

Dieser Abschnitt des Aufstieges bis zu einem bereits jetzt gut einsehbaren, etwa 2500 Meter hoch gelegenen grasigen Sattel ist technisch nicht schwer – lediglich die Querung eines steilen Hanges auf schmalem Pfad zwischen 2250 und 2290 Meter Höhe mit beeindruckenden Tiefblicken hinab in den Zemmgrund bei Ginzling erfordert bedachtes Gehen und einen festen Tritt.

Auf dem flachen Wiesensattel entlohnt ein weit offener Blick auf fast alle Richtungen – besonders hinab ins mittlerweile tief unter uns liegende Zillertal samt dem Hauptort Mayrhofen im Norden und der Kette vergletscherter Dreitausender am Zillertaler Hauptkamm.

Gegen Westen überblicken wir die noch ausstehenden knapp 300 Höhenmeter bis zur Vorderen Grinbergspitze, die von hier als scharf gezackte, unnahbare Schneide erscheint. Deutlich erkennt
man die steilstehende, teilweise sogar saigere Schieferung und die etwas flachere, meist nach Süden 135
einfallende, dominante Klüftung. Beide Trennflächengefüge treffen in spitzem Winkel aufeinander und sind für den scharfen Zuschnitt der Grate und Wandfluchten verantwortlich.

Abb. 134. a, Die Metagranite sowie »Augen- und Flasergneise« werden uns den gesamten weiteren Aufstieg bis zur Vorderen Grinbergspitze begleiten. b, Detail der feinkörnigen Grundtextur mit größeren, idiomorphen und teilweise parallel zur Schieferung eingeregelten Feldspatkristallen.

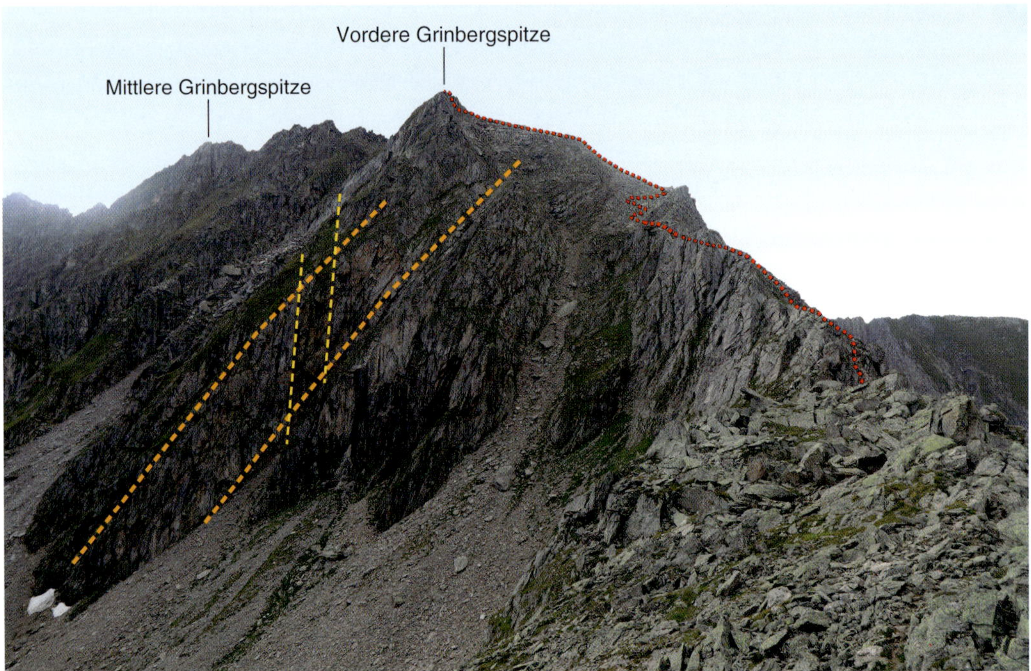

Abb. 135. Blick vom Wiesensattel P. 2506 m zur Vorderen Grinbergspitze. Der weitere Wegverlauf ist rot hervorgehoben. Die dünnen, gelb strichlierte Linien kennzeichnen die steil bis saiger stehende Schieferung, die etwas dickeren, orangefarbenen strichlierte Linien die dominante Hauptkluftrichtung.

Abb. 136. Rückblick über die anspruchsvollsten Stellen an der Gratschneide – der grüne Sattel P. 2506 m liegt hinter dem scharfen Gratzacken in der Bildmitte. Darüber erhebt sich der Dristner. b. Die Schlüsselpassage des Gratabschnitts ist ein gut gestufter Riss, der mit Trittstufen etwas entschärft wurde und im oberen I. Schwierigkeitsgrat liegt.

Vom Gratsattel weg beginnen die 100 anspruchs-
36a vollsten Höhenmeter der heutigen Tagesetappe.
Der gut markierte Steig folgt dem teilweise scharfen Grat, weicht bei den ausgesetztesten Stellen
jedoch in die Nordflanke aus. Einige Steilstufen
36b sind durch Drahtseile oder Trittstufen entschärft,
36c erfordern jedoch trotzdem einen gewissen Kraftaufwand.

Zuletzt queren wir auf einem wenig ausgeprägten Band hinüber in das vom Sattel bereits sichtbare, schmale Geröllkar, welches uns in etwas einfacheres Gelände – zuletzt mittels Blockkletterei – bis knapp unter den höchsten Punkt der Vorderen Grinbergspitze bringt. Auf den letzten fünf Metern vor dem Gipfel muss man auf einem felsigen Band nochmals die Hände zu Hilfe nehmen, dann ist das
37 große Gipfelkreuz erreicht und wir haben eine fantastische Aussicht zu beinahe allen Seiten: Allein Mayrhofen liegt knapp 2150 Meter unter uns!

Abb. 137. Endlich geschafft! Knapp 1900 Höhenmeter wurden von Finkenberg bis auf die Vordere Grinbergspitze zurückgelegt. Der Blick geht nach Norden in den Talkessel mit Mayrhofen.

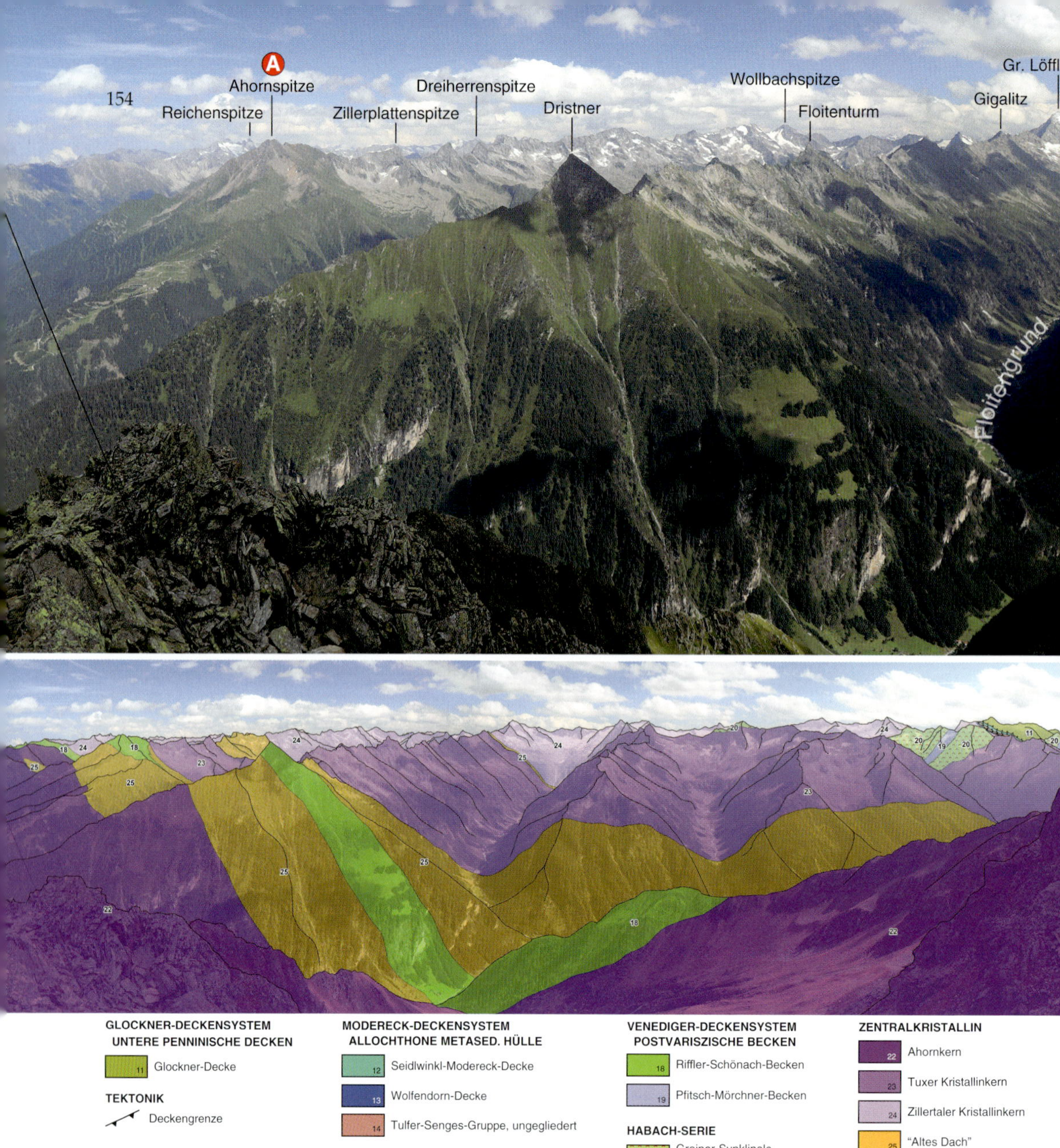

Abb. 138. Die umfassende Aussicht von der Vorderen Grinbergspitze südwärts zeigt Bergkämme und Gipfel von der Reichenspitzgruppe im Osten (links) über den Zillertaler Hauptkamm bis zum Hochfeiler-Massiv an den westlichen Grenzen des hier beschriebenen Bereiches (rechter Bildrand). Im Bild darunter sind strukturgeologische Einheiten beziehungsweise Decken transparent überblendet.

③ Was für eine Show: Geologische Aus- und Einblicke von der Vorderen Grinbergspitze

138 Ein echter Hingucker ist natürlich die Aussicht nach Süden, zu den höchsten Zillertaler Gipfeln am österreichisch-italienischen Hauptkamm. Wir blicken beinahe in Talachse in den Floitengrund sowie in die dunkle Gunggl beidseits des von hier nicht sichtbaren Ortes Ginzling. Darüber erheben sich mit Großem Löffler (3379 m) sowie dem Gletscherdom des Schwarzensteins (3368 m) zwei Zillertaler Hauptgipfel. Dem Schwarzenstein vorgelagert sind die dunklen Pyramiden von Großem Mörchner (3283 m) und vor allem der eleganten Zsigmondyspitze (3089 m). Neben letzterer liegen

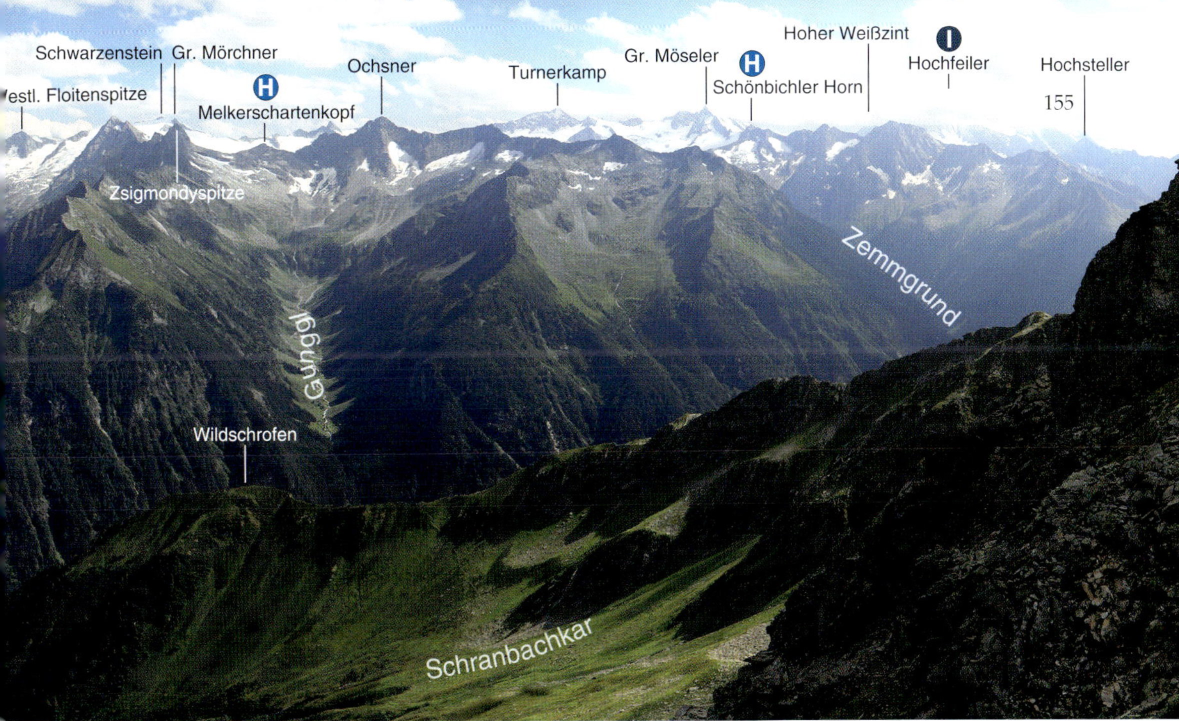

die Gratschneide der Melkerscharte sowie der abgestumpfte Melkerschartenkopf (2899 m) östlich des Ochsners (3106 m). Dieser Bereich wird von Exkursion H von der Südseite her erreicht. Weiter westlich öffnet sich der Zemmgrund unter dem Hochfeiler- und Möseler-Massiv.

Ein glaziologischer Eindruck, was das Eisstromnetz der vergangenen Würm-Eiszeit angeht, wurde bereits in Abbildung 42 bis Abbildung 44 (S. 68ff.) gezeigt, weswegen im Rahmen dieser Unternehmung nicht weiter darauf eingegangen wird. Jedoch ist die Aussicht auch aus strukturgeologischer Sicht sehr aufschlussreich. Wie bereits gesagt, steht man auf den Gesteinen des nördlichsten Zillertaler Kristallinkerns, dem Ahornkern. Das sich uns nach Süden öffnende Panorama umfasst die beiden anderen Zillertaler Gneiskerne, den Zillertaler Kristallinkern unmittelbar am Grenzkamm sowie den nördlich vorgelagerten Tuxer Kristallinkern. Die Trennung zwischen beiden Einheiten ist im zentralen Bereich der Zillertaler Alpen nicht ganz so prägnant ausgebildet wie weiter westwärts gegen das Hochfeiler-Massiv (mit der dort breiten Greiner-Synklinale; vgl. mit Abb. 200 in Exkursion F, S. 208), sondern wird durch ein schmales Band von stark zerscherten, teilaufgeschmolzenen Metamorphiten (Migmatiten, Diatexiten und Anatexiten) definiert. Diese werden zwar in einigen Kartenwerken den Kristallinkernen zugeschlagen, gehören aber eigentlich zum Variszischen Basement. Diese schmale Struktur verläuft knapp südlich des Gigalitz (3002 m), im Floitenkamm sowie der Zsigmondyspitze (3086 m) im Mörchenkamm und durchschneidet auf gerader West-Ost-Achse den Floitengrund. Die Grenze zum Ahornkern liegt im tief eingeschnittenen Zemmgrund unter uns, etwa 2 Kilometer nördlich von Ginzling Dornauberg, und wird ebenfalls durch eine breite Zone von Gesteinen des Variszischen Basements definiert. In diese ist ein schmales Band schiefriger Metasedimentgesteine des Riffler-Schönach-Beckens eingefaltet und zieht aus dem Zemmgrund bis zur elegant geschnittenen Pyramide des uns gegenüberliegenden Dristners. Sowohl Variszisches Basement ("Altes Dach") als auch Riffler-Schönach-Becken zwischen Tuxer Kristallinkern und Ahornkern lassen sich gegen Osten bis zur Ahornspitze (2976 m) und darüber hinaus in die Reichenspitzgruppe jenseits des Zillergrundes verfolgen (siehe auch Exkursion C).

Auch nach Norden, gegen die grünen, im Vergleich zu den Zillertaler Gletscherbergen fast gemütlich wirkenden südlichen Tuxer Alpen und die dahinter liegende, bleiche Mauer der Nördlichen Kalkalpen, lässt sich strukturgeologisch einiges erkennen: Wir begeben uns zumindest gedanklich in die tektonisch höchsten Stockwerke des in Band 44 behandelten Exkursionsgebietes. Den Metamorphiten des Ahornkerns im Vordergrund liegen die postvariszischen Metasedimentgesteine des

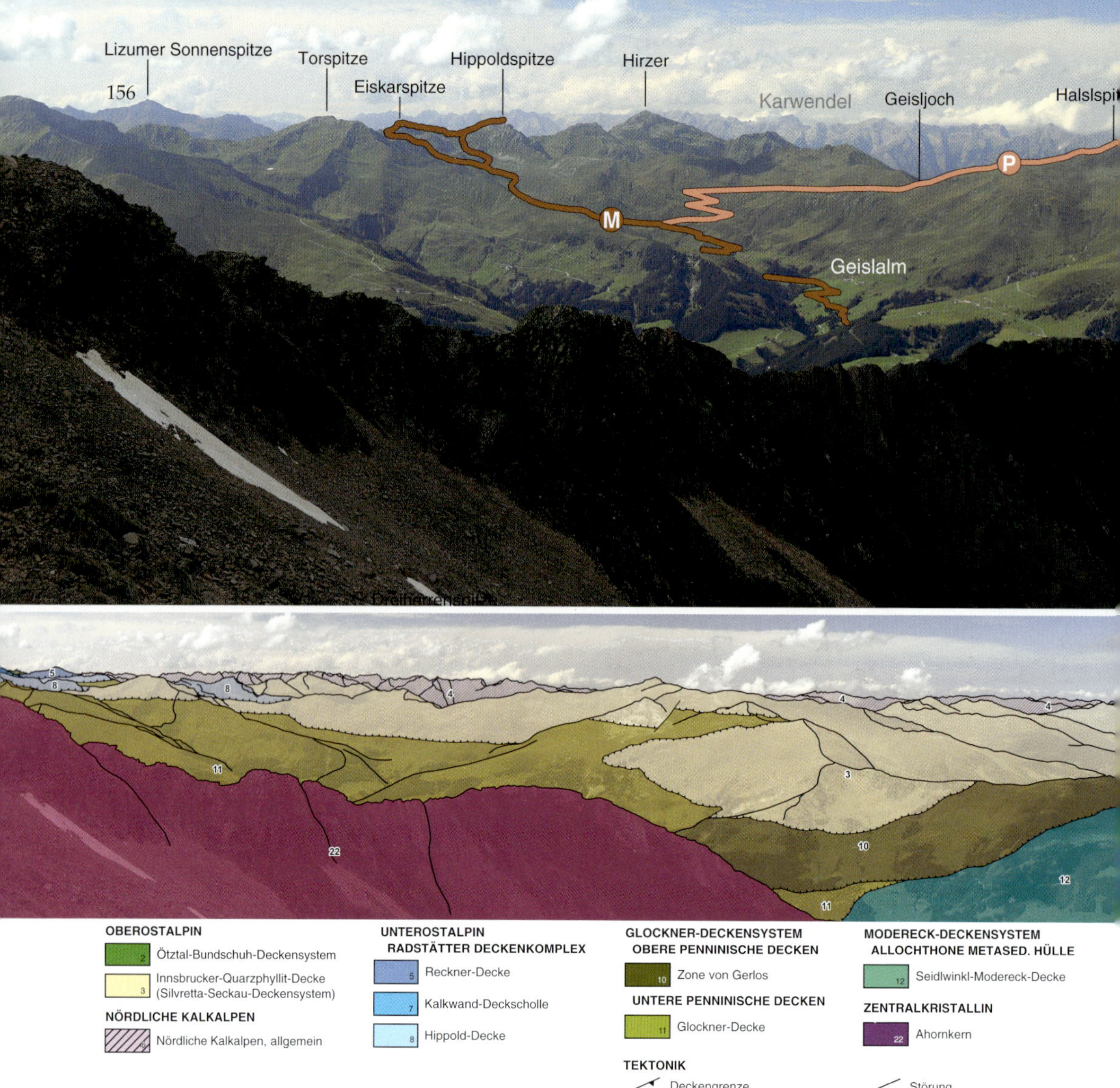

Abb. 139. Aussicht nach Norden: Das hier sichtbare Panorama reicht von der Kalkwand (ganz links) über die West- und Nord-Einrahmung des Tuxertals bis Rastkogel und Penken. Darunter sind die wichtigen strukturgeologischen Einheiten transparent überblendet.

Riffler-Schönach-Beckens samt mesozoischem Autochthon und mesozoischen Decken (Modereck-Deckensystem) auf. Diese werden, von unserem Standort aus gesehen, von der etwas höheren Hinteren Grinbergspitze verdeckt. Nur die der Wolfendorn-Decke auflagernde Seidlwinkl-Modereck-Decke mit metamorpher Permotrias zieht aus dem Tuxertal bis zum Penken auf der nördlich gegenüberliegenden Talseite empor (siehe auch Exkursion O in Band 44). Der weit offene Kessel des Tuxertals wird von weichen Gesteinen der Bündnerschiefer-Serie und somit der penninischen Glockner-Decke dominiert. Darüber liegt am Penken ein schmaler Streifen der penninischen "Zone von Gerlos", nochmals darüber die oberostalpine Innsbrucker-Quarzphyllit-Decke (Silvretta-Seckau-Deckensystem). Deren weitflächiger Ausbiss umfasst große Abschnitte der gegen die Nördlichen Kalkalpen strebenden Tuxer Alpen sowie die von hier einsehbaren westlichen Kitzbüheler Alpen östlich des äußeren Zillertals. Auch die Gras- und Schrofenberge über dem Penken (Wanglspitze, Hoarbergspitze und Rastkogel; siehe Exkursionen O und P in Band 44) werden von ihr aufgebaut. Das höchste tektonische Stockwerk bilden die metamorphen, unterostalpinen Klippen der

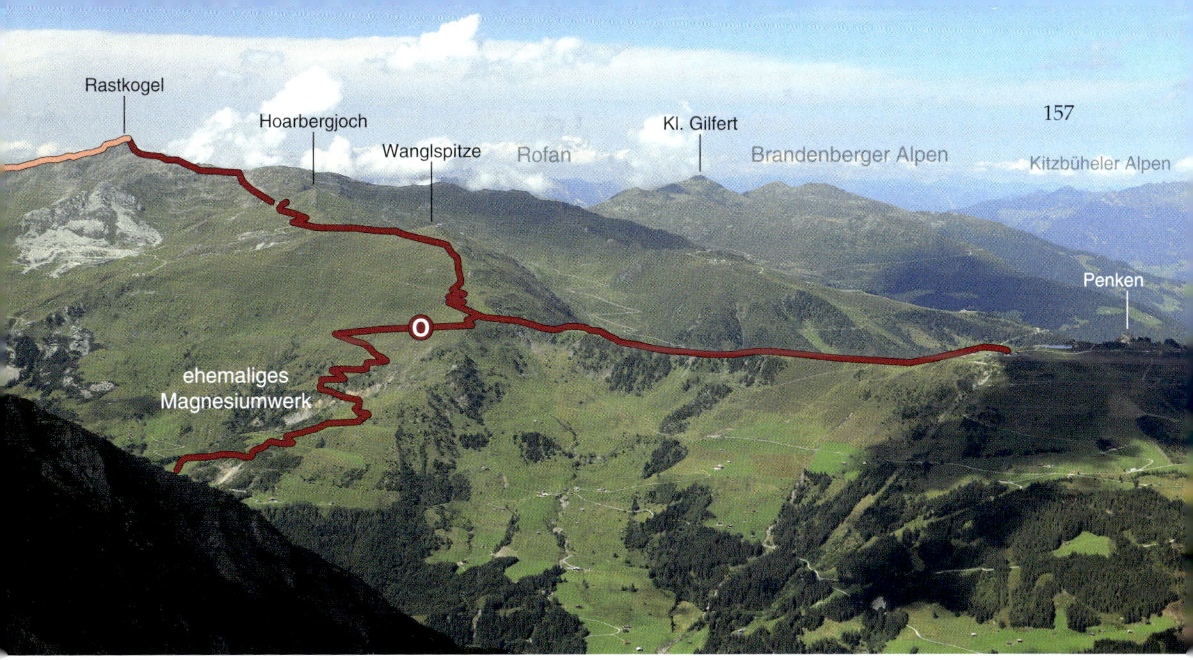

Rastkogel
Hoarbergjoch
Wanglspitze
Rofan
Kl. Gilfert
Brandenberger Alpen
Kitzbüheler Alpen
Penken
O
ehemaliges Magnesiumwerk

Hippold-Decke, der Kalkwand-Deckenscholle sowie der Reckner-Decke ganz im Westen unseres Blickfeldes (Exkursionen Ⓜ und Ⓝ in Band 44). Sie vermitteln zu den oberostalpinen Nördlichen Kalkalpen, wurden aber auf adriatischem Schelf etwas weiter gegen Nordwesten abgelagert und im Zuge des kalkalpinen, nordgerichteten Deckenschubes über die Zentralgneiskerne hinweg "verloren". Die Nördlichen Kalkalpen schließen als bleiche Mauer im Norden den Horizont.

Abwärts zur Gamshütte sollten wir uns nicht allzu sehr beeilen und mit Bedacht absteigen – gerade über die Gratschneide bis zum übergrünten Sattel P. 2506 m. Knapp anderthalb Stunden sollte man für die 800 Höhenmeter veranschlagen.

④ Auf der Gamshütte: Freiluftdusche garniert mit Glaziomorphologie

Der Tag war lang und da kommt uns die Gamshütte mit ihren Annehmlichkeiten genau recht! Im Jahr 1928 von privater Hand erbaut, kam die Hütte 1949 in den Besitz der Sektion Berlin und 1993 zur Sektion Otterfing (Oberbayern). Erst im Sommer 2021 wurde die Generalsanierung des Schutzhauses abgeschlossen, doch die Gamshütte hat ihren besonderen Charme bewahren können und hat sich nicht zu einer der immer mehr aufkommenden "Hightech-Hütten" mit allen touristischen Gastlichkeiten gewandelt. Für Strom sorgt eine leistungsstarke Photovoltaik-Anlage, die sogar den Lastenlift betreibt. Sehenswert ist
40 auch die Freiluft-Dusche vor der Hütte mit Tiefblick nach Ginzling und der Aussicht zum Zillertaler Hauptkamm. Wer müde ist, dem sei ein Duschgang mit erfrischendem Quellwasser nahegelegt.

Abb. 140. *Freiluft-Dusche der Gamshütte – selbstverständlich mit frischem Quellwasser.*

Wenn die Betten oder Lager bezogen sind, fürs leibliche Wohl gesorgt ist und man einen gemütlichen Platz in der Stube mit Glasfront und Blick auf den gegenüberliegenden Dristner gefunden hat, ist vielleicht noch ein wenig Zeit
41 für einen "Nachschlag" Glazialmorphologie. Die scharf zugeschnittene Gratschneide zeigt einige morphologische Merkmale, anhand derer man Rückschlüsse auf die Überformung durch fließendes Eis während des letzten Glazials ziehen kann. So ist die Schliffgrenze an

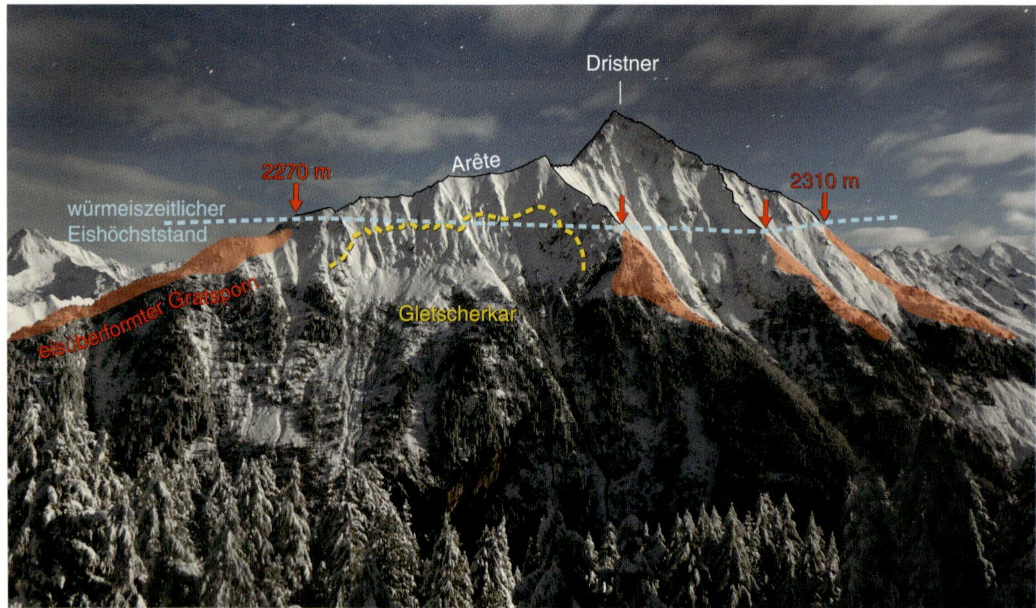

Abb. 141. Blick von der Gamshütte zum Dristner mit überblendeten glazigenen Erosionsmarkern (Foto nach einem frühherbstlichen Wintereinbruch, entnommen aus www.foto-webcam.eu, Station »Gamshütte« vom 26.09.2020 um 23:00 Uhr).

den vom gezackten Gipfelgrat steil talwärts strebenden Felspfeilern zu sehen – unten abgerundet, oben scharf zugeschnitten und von durchgängiger Verwitterung gezeichnet. Der als Nunatakker aus dem würmzeitlichen Eismeer reichende Gipfelgrat bildet eine schroffe Arête – darunter finden sich in der Westflanke Überreste eines einstigen steilen Gletscherkares.

5 Über die Hochstegen-Zone in die Lachtalscharte

Der kommende Tag steht ganz im Zeichen eines erlebnisreichen Höhenwegs. Dieser zweigt unmittelbar zwischen Gamshütte und einem kleinen Nebenbau mit Lagerplätzen nach links ab und quert zunächst ein Kar unterhalb der Vorderen Grinbergspitze.

Auch wenn man sich erst ein wenig einsehen muss zu so früher Stunde: Unter dem von der Hinteren Grinbergspitze zum Spitzegg (2647 m) gegen das Tuxertal abfallenden Kamm liegt eine wichtige
142 geologische Grenze, nämlich das Nordwest-Ende des Ahornkerns. Im Kar vor uns sowie an der Flankenbasis zum darüber liegenden Kamm erkennen wir dieselben dunklen, bräunlich verwitternden Metagranite beziehungsweise Augen- und Flasergneise des Ahornkerns wieder, die uns den gesamten gestrigen Tag begleitet haben. Die Kammhöhe jedoch, die es mit der Querung der steilen Hänge in weiterer Folge zu ersteigen gilt, zeigt hellere, teilweise deutlich gebänderte Metakarbonate der Hochstegen-Zone und damit die Grenze zwischen Kristallin kontinentaler Kruste zu autochthoner, metasedimentärer Überdeckung.

Entlang des Steiges, der aus dem Grinbergkar die steilen Hänge unter dem Spitzegg zu queren
143a beginnt und dann in engen, drahtseilgesicherten Kehren die Gratanhöhe erreicht, ist der Kontakt zwischen Kristallin und Hochstegen-Zone durch Schutt überdeckt und nicht unmittelbar erschlossen.
143b Die Basis der Hochstegen-Zone bilden dunkel- bis sattgraue, gebänderte Quarzmarmore, die von einem schmalen Band rostbrauner, eisenoxidreicher Quarzite und stark absandender Metakarbonate
143c überlagert werden. Darüber liegen die hellen Hochstegen-Kalkmarmore. Auf Letztere treffen wir erst an der Gratschneide beziehungsweise im dahinter liegenden kleinen Kar, das es in weiterer Folge zu queren gilt. Seit man vor vielen Jahrzehnten in einem aufgelassenen Steinbruch nahe

Abb. 142. Der Kamm von der Hinteren Grinbergspitze über das Spitzegg gegen das Tuxertal zeigt bereits vom Grinbergkar knapp hinter der Gamshütte die Grenze des Ahornkerns gegen autochthone, mesozoische Metasedimentgesteine der Hochstegen-Zone. Erschlossen ist die jurassische Hochstegen-Formation mit dunkelgrauen, graubräunlichen bis hellgrauen Quarz- und Kalkmarmoren. Die durchgezogenen gelben Linien zeigen größere tektonische Bruchlinien. Der weitere Routenverlauf ist rot punktiert eingezeichnet.

Abb. 143. Die Grenze zwischen Quarzmarmoren und Hochstegen-Kalkmarmor ist nicht scharf ausgebildet, sondern geschieht in einem allmählichen Übergang. a, Steil nach Norden einfallende Metakarbonate sind an der Gratschneide aufgeschlossen, die der Steig quert. Der Unterschied zwischen b, Quarzmarmoren und c, Hochstegen-Kalkmarmoren ist ein Farbumschlag zwischen Dunkel- und Hellgrau.

Abb. 144. *Querung eines Steilhanges mit Serien von Hochstegen-Kalkmarmor hinüber in Richtung Lachtalscharte. Links unten liegt der Eingang des Tuxertals mit der Ortschaft Finkenberg.*

Ginzling in den Hochstegen-Kalkmarmoren einen bestimmbaren Ammoniten, einen Perisphinctiden, gefunden hat, weiß man um ihr oberjurassisches Alter. Entsprechend vermutet man, dass die unterlagernden rötlichen Metakarbonate und Quarzite aus dem Mittleren Jura stammen und die dunklen Quarzmarmore den Unteren Jura repräsentieren dürften. Quarzmarmore, rostbraune Quarzite und Hochstegen-Kalkmarmore werden übergeordnet zur "Hochstegen-Formation" zusammengefasst, die somit vermutlich den gesamten Jura zeitlich abdeckt.

Nach der leicht ansteigenden Querung des Schuttkares erreichen wir eine zweite, diesmal etwas stumpfere Gratschneide. Die jenseitig gelegenen, sehr steilen Hänge gilt es auf den kommenden
paar hundert Wegmetern auf schmalem Pfad zu 14
queren. Dabei ist ein gewisses Maß an Schwindelfreiheit und Trittsicherheit unabdingbar – ein Fehltritt und eine Unkonzentriertheit können hier an den mit teilweise 50° gegen das Tuxertal abfallenden, grasig-schrofigen Hängen fatale Folgen haben.

Abb. 145. *Die schmale Lachtalscharte zwischen der Nordwand des Spitzeggs (links) und dem pyramidenförmigen Lachtalspitzl erschließt ein geringmächtiges, stark geschiefertes und tektonisch ausgewalztes Band von Metakonglomeraten des Riffler-Schönach-Beckens. Der felsige Bergkamm am rechten Bildrand im Mittelgrund wird ebenfalls von Hochstegen-Kalkmarmoren aufgebaut. Diese gehören jedoch zur Wolfendorn-Decke und somit dem nächsthöheren tektonischen Stockwerk permomesozoischer Decken (vgl. mit Abb. 147).*

Abb. 146. Dunkle Metakonglomerate des Riffler-Schönach-Beckens stehen in auffallendem Kontrast zu den umgebenden Hochstegen-Kalkmarmoren und zeigen eine starke tektonische Überprägung mit engständigen und seidig glänzenden Schieferungsflächen.

Nach der etwas kniffligen Hangquerung erreichen wir unter der steil aufragenden Nordwand des Spitzeggs flachere Schuttfelder aus hellem Hochstegen-Kalkmarmor und steigen zur markanten Lachtalscharte auf, einem schmalen Übergang zwischen dem Spitzegg und der ebenmäßig geformten Pyramide des Lachtalspitzls.

Das Kar erschließt eine schmale Zone von dunkelgrüngrauen, paläozoischen Metakonglomeraten
des Riffler-Schönach-Beckens, das hier als ein nur wenige Zehnermeter breiter, tektonisch stark ausgewalzter Span zwischen Hochstegen-Kalkmarmoren eingefaltet ist. Das schmale Band zieht gegen
Nordosten hinab ins äußere Tuxertal und verliert sich erst östlich von Finkenberg unter mächtigen
Talsedimenten des Mayrhofener Beckens. In westlicher Richtung läuft es von der Lachtalscharte in
den Nordabfällen des Tuxer Kammes von der Grinbergspitze bis in den Bereich der Elsalm und
keilt dort oberflächlich aus. Die aufgrund tektonischer Beanspruchung intensiv geschieferten Metakonglomerate verwittern in Relation zu den umgebenden quarzitischen Hochstegen-Kalkmarmoren
deutlich schneller und bilden deswegen tief eingeschnittene Rinnen und Jöcher wie das Lachtal- 145
schartl heraus. Letzteres sollten wir nach etwas mehr als einer Stunde Gehzeit ab der Gamshütte
erreicht haben und können dort die Metakonglomerate mit ihren seidig schimmernden, wie poliert 146
wirkenden Schieferungsflächen in aller Ruhe begutachten – ein entsprechender kleiner Aufschluss
liegt unmittelbar unterhalb der Einschartung.

6 Zur Elsalm

Der Abstieg ins Kitzkar bis in den flachen Karboden unterhalb verläuft steil über spätwürmzeitliche Moränenreste mit einigen wenigen Sträuchern und einem halb verfallenen Schaf-Unterstand.

Auch der das Kitzkar nach Westen begrenzende Kamm zeigt vom tiefen Einschnitt der Kitzscharte 147
nach Norden Gesteine aus drei unterschiedlichen tektonischen Stockwerken. Beidseits der Kitzscharte
stehen Hochstegen-Kalkmarmore der autochthonen, metasedimentären Hülle des Ahornkerns an
(=Hochstegen-Zone) und bilden insbesondere gegen Norden einen markanten, scharf zugeschnitte-

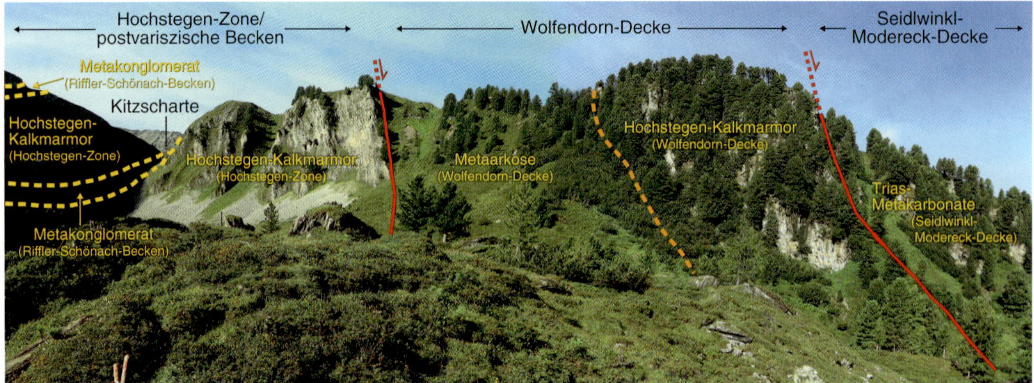

Abb. 147. Der das Kitzkar von der weiter westlich gelegenen Elsalm trennende namenlose, von der Spitzegg-Nordwand gegen das Tuxertal ziehende Kamm erschließt Gesteine aus drei unterschiedlichen tektonischen Stockwerken: Hochstegen-Zone, Wolfendorn-Decke und Seidlwinkl-Modereck-Decke.

nen Gratverlauf. Der enge Übergang der Kitzscharte an der Basis der Spitzegg-Nordwand erschließt dasselbe schmale, eingefaltete Band jungpaläozoischer Metakonglomerate wie die zuvor besuchte Lachtalscharte. Ein markanter Gratabsatz etwas weiter oben in der Spitzegg-Nordwand zeigt ein weiteres eingefaltetes Band von Metakonglomeraten des Riffler-Schönach-Beckens. Beide schmalen Zonen vereinigen sich westlich oberhalb der Elsalm. Nördlich der Hochstegen-Zone sind Sequenzen der Wolfendorn-Decke überschoben – die Deckengrenze fällt dabei sehr steil nach Norden ein. Die Abfolge beginnt dort mit weichen, vermutlich permotriassischen Metaarkosen, die ihrerseits von jurassischer Hochstegen-Formation überlagert werden. Die Wolfendorn-Decke ist in diesem Bereich nur knapp 250 Meter mächtig und wird ihrerseits von triassischen Metakarbonaten der Seidlwinkl-Modereck-Decke tektonisch überlagert – ebenfalls unter einer steil nach Norden einfallenden Deckengrenze.

Die Aufschluss-Situation im flachen Karboden ist nicht allzu gut. Einige glazial abgeschliffene Felskuppen lassen sich stark überwachsenen, permomesozoischen Metaarkosen der Wolfendorn-Decke zuordnen. Die etwas weiter nördlich anstehende, stratigraphisch hangende Hochstegen-Formation ist derzeit entlang des Weges nicht erschlossen. Wenige Minuten unterhalb, bereits im Abstieg zur Elsalm, treffen wir hingegen auf dunkelblaugraue, gebänderte Kalkmarmore und Quarzite, 14
die zu einstigen mitteltriassischen Sedimentserien gestellt werden und bereits auf der Seidlwinkl-Modereck-Decke liegen.

Abb. 148. Auf dem Weg zur Elsalm anstehende, dunkle Metakarbonate werden in die Mitteltrias der Seidlwinkl-Modereck-Decke gestellt und könnten anisisch-ladinische Gutenstein- und Reifling-Formation kalkalpiner Abfolgen repräsentieren.

Die gebänderten Kalkmarmore begleiten uns bei der Unterquerung besagten Kammes bis nahe der bereits sichtbaren Elsalm. Leicht absteigend gelangen wir in flachere Bereiche mit Hangschutt- und Moränen-Überdeckung und erreichen das stratigraphisch Liegende der Kalkmarmore. Die mitteltriassische Seidlwinkl-Formation im weiteren Sinne, eine lithologisch heterogene Abfolge aus Dolomitmarmoren, (Serizit-)Quarziten, Rauwacken und Chloritschiefern (Matura 2011) ist entlang des Weges nicht direkt erschlossen. Um diese Abfolge zu

Abb. 149. Die Elsalm liegt in landschaftlich beeindruckender Lage zwischen 1800 und 2000 Meter Höhe unter dem Äußeren und Inneren Elskar. Im Hintergrund stehen Hintere Grinbergspitze (links) und Nestspitze (rechts). Der daumenförmige, schmale Gipfel ist der Lappin (2430 m) aus steil nach Norden einfallenden Hochstegen-Kalkmarmoren und -quarziten (Foto © Hochgebirgs-Naturpark Zillertaler Alpen, Horst ENDER*).*

sehen, müsste man knapp 50 Höhenmeter tiefer nordwärts zum Elsloch absteigen. Der Bereich rund um die Elsalm erschließt gelblich-ockerfarbene Metapsammite und Metarauwacken der triassischen Wustkogel-Serie – hier jedoch auch nur dürftig erschlossen und größtenteils von spätwürmzeitlicher Moräne überdeckt.

Die Elsalm ist wunderschön gelegen, in einem überraschend weiten Talkessel zu Füßen zweier 149
langer, nach Norden offener Kare, dem Äußeren und dem Inneren Elskar. Beide Kare trennt der markante, elegant fingerförmige Lappin mit steil nordfallender Hochstegen-Formation. Den Hintergrund der Kare beherrschen die wenig gegliederten Mauern von Hinterer Grinbergspitze (auch "Kristallner" genannt, 2886 m) und Nestspitze (2965 m). Die Besonderheit: Beide Kare tragen große, aktive Blockgletscher von beachtlicher Größe mit einem deutlich zungenförmigen Umriss. Der Blockgletscher im Äußeren Elskar hat eine Länge von 1100 Metern und ist bis zu 300 Meter breit.
Seine schmal zulaufende Zunge ist von der Elsalm über der Karschwelle gut zu sehen. Er beginnt 150
unter der Nordwand des Kristallners auf circa 2650 Meter Höhe und endet auf etwa 2200 Meter Höhe direkt über der niedrigen Karschelle zum Schartboden mit der Elsalm. Der Blockgletscher im Inneren Elskar ist von der Elsalm nicht einzusehen. Im Aufstieg zum Kreuzjoch und den nördlich darüber liegenden Gipfeln "Am Flach" und Tettensjoch jedoch steuern wir diesbezüglich einen hervorragenden Aussichtspunkt an.

> Dazu steigen wir an den Almhütten vorbei und am westlichen Talhang über sumpfig-morastiges Moränengelände in die Höhe.

Bald hat man einen schönen Überblick über den flachen Talboden und erahnt mehrere Generationen von sinusförmig geschwungenen, staffelartig angeordneten Moränenwällen unter den Ausgängen von Äußerem und Innerem Elskar. Sie dokumentieren unterschiedlich alte Gletscherstände aus dem Egesen-Stadial, deren Endzungen bis auf etwa 1900 Meter Höhe hinabreichten und beinahe die Position der heutigen Elsalm erreichten. Im Aufstieg queren wir etwa 50 Meter über der Forststraße den markanten Seitenmoränenwall eines deutlich größeren, weiter talwärts fließenden Gletscherstroms, dessen Endzunge im Bereich des Elsloches auf etwa 1750 Meter Höhe lage und der das Elstal bis dorthin vermutlich komplett ausfüllte.

Abb. 150. Die schmal zulaufende Zunge des Blockgletschers im Äußeren Elskar ist von der Elsalm gut zu sehen. Der steil dahinter aufragende Gipfel ist die Hintere Grinbergspitze.

7 Am Tettensjoch: Geologie im Nordosten des Tuxer Kammes

Eine knappe dreiviertel Stunde Anstieg braucht es von der Elsalm bis zum weiten Sattel des Kreuzjoches (2168 m). Zu den nahegelegenen Zweitausendern "Am Flach" und Tettensjoch ist es von dort ein kurzer Spaziergang auf bestens angelegten Steigen in beeindruckender Position vor dem Nordabfall des Tuxer Kammes. Den "Am Flach" ersteigt man am besten aus der seichten Einschartung zwischen beiden Gipfeln über einen unmarkierten, aber deutlichen Steig.

151 Bereits von hier haben wir einen beeindruckenden Blick gegen das Tettensjoch und die beiden Elskare.

Auffallend sind mehrere von West nach Ost verlaufende, seichte Gräben in der Nordflanke unseres soeben erstiegenen Berges: Hierbei handelt es sich um alte Anrisse von talwärts geglittenen Sackungsschollen, die eine vermutlich inaktive Bergzerreißungszone kennzeichnen. Diese höchstwahrscheinlich spät- bis postglazial initiierte Massenbewegung kann man entlang des Hauptweges weiter zum Tettensjoch (2276 m) verfolgen. Den obersten Abriss bildet eine etwa 5 Meter hohe Felsstufe, die vom Steig auf einem breiten Band überwunden wird. Eine weitere Zerrspalte setzt sich mit einer markanten Doppelgratbildung vom Gipfel des Tettensjoches über den gegen die Elsalm abfallenden Bergrücken nach Nordosten fort. Die Massenbewegung des Tettensjoches scheint zur Ruhe gekommen zu sein (Matura 2007). Eine aktive Bergzerreißung und entsprechend instabile Hänge bis auf etwa 1950 Meter Höhe hingegen liegen auf der Nordwestflanke des Berges gegen das Tuxertal (Matura 2011). Dieser Bereich wird von der Exkursion jedoch nicht berührt.

An der leicht zu überwindenden Felsstufe bekommen wir erstmals seit dem Beginn des Elstals wieder
152 Einblick in den Untergrund. In diesem Fall ist es die "Wustkogel"-Serie der Seidlwinkl-Modereck-Decke, die hier mit leicht grünstichigen, quarzitischen Metaarkosen ansteht.

153 Vom Tettensjoch haben wir den besten Überblick über den Nordostbereich des Tuxer Kammes und können uns dort etwas eingehender mit der geologischen Situation beschäftigen. Deutlich fällt der Lithologie-Wechsel von den massig wirkenden Zentralgneisen des Ahornkerns zur auffällig

Abb. 151. Aussicht vom »Am Flach« gegen das Tettensjoch und in die Elsalm. Äußeres und Inneres Elskar mit ihren Blockgletschern sind auf der rechten Bildhälfte zu erkennen.

gebankten, steil nach Norden einfallenden Hochstegen-Zone ins Auge. Die bereits zuvor beschriebene Grenze zwischen Kristallin und seiner metasedimentären Hülle läuft vom Spitzegg knapp oberhalb der kleinen Gamsgrube auf etwa 2400 Meter Höhe ins Äußere Elskar und knapp hinter dem Felsturm des Lappin ins Innere Elskar. Weiter westwärts steigt die Grenze bis zum Vorgipfel der Nestspitze an und läuft jenseitig über das Lange-Wand-Kar und das Mitterschneidkar gegen den Rosskopf – zuletzt flach, beinahe deckenartig den Zentralgneisen aufliegend. Die Hochstegen-Zone aus Quarziten und Kalkmarmoren ist hier auffallend breit und zieht von der Elsalm über das

Abb. 152. Die jungpaläozoische Wustkogel-Serie steht mit quarzitischen Gneisen knapp unter dem Gipfel des Tettensjoches an.

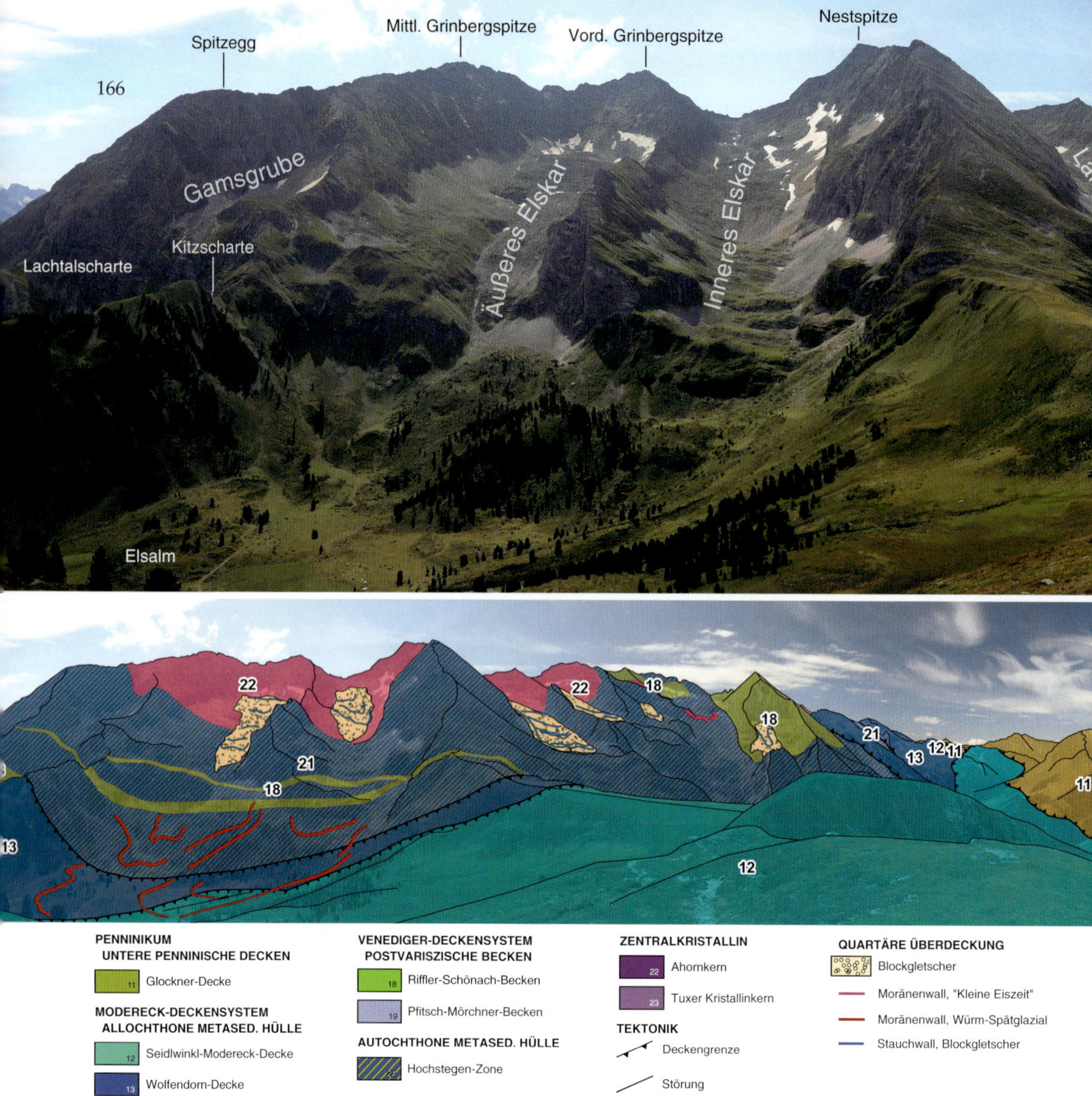

Abb. 153. Panoramafoto vom Tettensjoch gegen den nordwestlichen Tuxer Kamm zwischen Grinbergspitze und Höllenstein. Im Bild darunter ist die strukturgeologische Situation mit den wichtigen Einheiten sowie die Lage von Blockgletschern und Moränenwällen eingezeichnet.

Kreuzjoch hinweg unter den pyramidenförmigen, etwas von der Realspitz-Nordflanke abgesetzten Höllenstein. Insbesondere dort treten die mächtigen "Knollengneise des Höllensteins" als oberer Teil der postvariszischen Füllung des Riffler-Schönach-Beckens eindrucksvoll zutage. Sie bilden in diesem einst tiefen Sedimentationstrog (siehe Kapitel zum postvariszischen Becken, S. 42ff.) das autochthone Unterlager der Hochstegen-Zone mit vermutlich auch stratigraphischer Konkordanz. Die Hochstegen-Formation wurde in diesem Bereich über ein bereits eingeebnetes Becken akkumuliert. Am Verbindungsgrat von der Realspitze zum Höllenstein kann man mit einem guten Fernglas den Übergang von den Knollengneisen zu den jurassischen Metakarbonaten noch gut erkennen. Die Knollengneise des Höllensteins vermitteln zu den schmalen, aus etwas älteren Konglomeratgneisen aufgebauten, tektonisch stark ausgewalzten Bändern des Riffler-Schönach-Beckens in der Nordflanke der Nestspitze sowie der Grinbergspitzen, wenngleich ein Teilbereich unter dem Lange-Wand-Kar komplett mit Hochstegen-Formation überdeckt ist. Die Bänder ziehen sich – nicht immer leicht

erkennbar – durch die gesamte Nordflanke unter dem Äußeren und Inneren Elskar, markieren die tiefen Einkerbungen von Kitz- und Lachtalscharte und ziehen weiter nach Osten aus unserem Sichtbereich hinaus.

Die der Hochstegen-Zone vorgelagerte Wolfendorn-Decke zieht von der Elsalm bis über den breiten Sattel des Kreuzjoches – und auf der nördlich vorgelagerten Seidlwinkl-Modereck-Decke stehen wir gerade. Der Aufbau der Gesteinsschichten erinnert ein wenig an eine aufgeplatzte Zwiebel: Im Inneren stehen die Zentralgneiskerne an, darum herum schmiegt sich zunächst parautochthones Mesozoikum beziehungsweise das postvariszische Riffler-Schönach-Becken mit auflagernden, allochthonen und metasedimentären Einheiten von Wolfendorn- und Seidlwinkl-Modereck-Decke. Wenden wir uns weiter nach Nordwesten, sehen wir die nächsthöhere Einheit der Penninischen Decken ("Zonen von Matrei und Gerlos") im Tuxertal beziehungsweise am Penken. Und nochmals darüber liegen die metamorphen unterostalpinen Einheiten von Hippold-Decke, Reckner-Komplex und Kalkwand-Deckenscholle (vgl. mit Abb. 139). Wir sehen demnach das Bauprinzip des westlichen Tauernfensters wie ab Seite 22 in geraffter Form erläutert und in Abbildung 12 (S. 24) gezeigt.

Noch ein Wort zu den bereits angesprochenen Blockgletschern. Neben jenen des Äußeren und Inneren Elskares tragen auch das westlich des Kreuzjoches verlaufende Lange-Wand-Kar und das Mitterschneidkar derartige Bildungen. Der Blockgletscher im Lange-Wand-Kar ist mit einer Länge von etwa 1500 Metern und einer durchschnittlichen Breite von 200 Metern der größte dieser rezenten Glazial-Formen und zeigt eine besonders schön ausgebildete, knapp 20 Meter hohe Zunge. Es lässt sich also zusammenfassen: Alle vier genannten Blockgletscher sind aktiv, sie wandern demnach auf einem eisdurchsetzten Geröllkern langsam talwärts. Sie zeigen entsprechend charakteristische, durch das langsame Zergleiten entstehende Oberflächenmerkmale wie längs- und quergerichtete Stauchfalten sowie eine sehr steile, frische und unbewachsene Stirn mit einem Böschungswinkel von etwa 40°. Nach Krainer (2006) sind die Blockgletscher an ihrer Oberfläche sehr grobkörnig ausgebildet – erst unter dieser 1 bis 3 Meter mächtigen Lage findet sich auch entsprechend Feinmaterial. Sie bestehen beinahe ausschließlich aus kristallinen Blöcken des Ahornkerns, lediglich im Stirnbereich liegen auch Hochstegen-Kalkmarmore. Randlich werden die Blockgletscher durch blockig-grasig- *154*
überwachsene Wallstrukturen rezent aufgeschobenen Materials begrenzt. Erstaunlich ist, dass keiner der Blockgletscher einen oberirdisch sichtbaren Abfluss zeigt, was daran liegen mag, dass etwaig vorhandenes Schmelzwasser über die verkarsteten Metakarbonate der Hochstegen-Zone oberflächlich nicht sichtbar abfließen kann und weiter talwärts in Karstquellen zutage tritt. Entsprechende Karsterscheinungen wie ein großes Höhlenportal sieht man an der Basis des Höllensteins innerhalb der kalkig ausgebildeten Hochstegen-Formation (siehe auch Abb. 157).

Die frische Geröllhalde im Hochkar zwischen Realspitze und Höllenstein ist übrigens kein Blockgletscher, sondern kennzeichnet eine Moräne aus der historischen "Kleinen Eiszeit" um das Jahr 1850. Damals reichte der Höllensteingletscher bis auf knapp 2200 Meter Höhe hinab. Rechts daneben, unter dem Steilabbruch der Höllenstein-Ostwand, liegt ein weiterer, kleinerer Blockgletscher.

Abb. 154. Detailfoto der Blockgletscher im Lange-Wand-Kar und Mitterschneidkar unter dem Rosskopf (2968 m, rechts oben). Deutlich erkennt man transversale (quergestellte) Stauchfalten, die an die Falten eines zusammengeschobenen Tischtuches erinnern. Ebenfalls gut sichtbar sind die frischen, steilen Stirnbereiche beider Blockgletscher.

Abb. 155. Das Gebiet um das Kreuzjoch, aus einer anderen Perspektive betrachtet (Standort Pluderling, 2776 Meter, siehe Exkursion Ⓝ, *Band 44). Deutlich fällt der Morphologie-Wechsel zwischen den schroffen Graten und Wänden des Tuxer Kammes und den abgerundeten, wie poliert wirkenden Bergformen der Seidlwinkl-Modereck-Decke (Tettensjoch und Am Flach) mit dem breiten, während der letzten Glaziale eisüberflossenen Sattel des Kreuzjoches auf. Der nachfolgend beschriebene Aufschluss der Kreuzjoch-Brekzie ist rot eingekreist. Ebenfalls hervorgehoben sind die gut sichtbaren Zerrspalten an der Nordwestseite des »Am Flach« sowie die sehr gut erkennbare lithologische Grenze zwischen dem Zentralgneis des Ahornkerns und der hellen Hochstegen-Zone als autochthone, unmittelbar auflagernde metasedimentäre Hülle (dick gelb strichliert).*

⑧ Die rätselhafte Kreuzjoch-Brekzie

Das Kreuzjoch ist ein auffallend ebener, wie abgehobelt wirkender Übergang. Tatsächlich gab es genau hier während des LGM ("Last Glazial Maximum", Würm-Eiszeit) eine Transfluenz des Tuxer Eisstromnetzes und demnach eine glazigene Überprägung. Davon kündet zumindest eine mächtige *155* Moränendecke beidseits des Sattels und an den Hängen gegen Am Flach und Tettensjoch bis knapp 2200 Meter Höhe (siehe auch ZASADNI 2007a).

Bevor wir zur Höllensteinhütte und gegen Juns im Tuxertal absteigen, sollten wir einen letzten interessanten Aufschluss am Kreuzjoch besuchen. An dessen Südrand, bereits nach Westen gegen das breite Kar der Rotböden unter dem Höllenstein abfallend, liegt ein Vorkommen einer sehr groben, schlecht sortierten Brekzie. Am besten kommen wir dorthin, indem wir am Wegweiser circa 50 Meter in Richtung Höllensteinhütte absteigen und dann weglos nach links über Weideböden eine verbrannte, offenbar vom Blitz getroffene Zirbelkiefer ansteuern. Von dort sehen wir den besten Aufschluss der Kreuzjoch-Brekzie. *156a*

Aufgrund der stark verfestigten, kalkig-zementierten Matrix ist davon auszugehen, dass es sich um eine präwürmzeitliche Bildung, eventuell aus dem Riß-Glazial, handeln könnte. Sie liegt auf oberjurassischen Hochstegen-Kalkmarmoren, wobei der direkte Kontakt von Geröll überdeckt und nicht erschlossen ist. In diesem Bereich ist die Brekzie undeutlich geschichtet und fällt hanggegensinnig mit 25° nach Nordosten ein. Ob es sich aufgrund der schlechten Sortierung – die Komponentengröße *156b* variiert zwischen wenigen Millimetern und mehreren Metern – nun um eine Hangschuttbrekzie oder *156c* aber den Rest einer rißzeitlichen Moräne handelt, muss offen bleiben. Die Herkunft der enthaltenen Komponenten liegt im lokalen Bereich: Es finden sich sowohl Kristallingesteine des Ahornkerns als auch jene der Hochstegen-Formation.

Abb. 156. Die Kreuzjoch-Brekzie unter dem Höllenstein. a, Der zurzeit beste Aufschluss liegt auf der Westseite des breiten Sattels gegen die Rotböden. Im Hintergrund erkennt man anstehenden Hochstegen-Kalkmarmor. b, Eine undeutliche, mit 25° nach Nordosten (hanggegensinnig) einfallende Schichtung ist trotz der schlechten Sortierung einigermaßen zu erkennen. c, Neben groben Abschnitten gibt es auch feinere Bereiche der Brekzie. Die hier sichtbaren Komponenten sind maximal 10 Zentimeter groß.

Abb. 157. Abstieg über die weiten Moränenböden unterhalb des Kreuzjoches auf circa 2000 Meter Höhe. Den Hintergrund dominiert der 2874 Meter hohe Höllenstein, dessen Metakarbonate lokal stark verkarstet sind – so erkennt man etwa in der Nordostwand des vorgelagerten Felspfeilers das Portal einer größeren Karsthöhle. Man darf sich nicht verwirren lassen: Die steil nach Norden einfallende Hochstegen-Formation bildet das stratigraphisch Hangende zu den Knollengneisen des jah dahinter aufragenden Höllensteins (Riffler-Schönach-Becken-Grenze zur Hochstegen-Zone ist weiß strichliert hervorgehoben). Nach Norden auf- und überschoben ist die bereits in Abbildung 147 gezeigte Abfolge von Wolfendorn- und Seidlwinkl-Modereck-Decke – zur tektonischen Situation in diesem Bereich siehe auch Exkursion (F)*).*

(9) Abstieg über die Höllensteinhütte nach Juns

Von der Kreuzjoch-Brekzie wandern wir am besten zurück zum Steig, der in Richtung Rotböden talwärts führt. Zunächst noch stets über eine mächtigere, hochwürmzeitliche Moränenauflage wandernd, gelangen wir auf 157
etwa 2060 Meter Höhe an einen Moränenwall aus dem Egesen-Stadial, der einen aus dem Lange-Wand-Kar kommenden Gletscherhalt dokumentiert. Kurz bevor wir einen Fahrweg erreichen, folgt ein weiterer, etwas näher an der Karschwelle situierter und damit jüngerer Moränenwall.

Vielleicht sei noch ein Wort zur Verkarstungsfähigkeit der den Kristallinkernen auflagernden Hochstegen-Zone und ihrer Metakarbonate erlaubt. Aufgrund der im Zuge der alpinen Orogenese initiierten Metamorphose sind sie zwar nicht ganz so anfällig gegenüber Karst, wie man das von den Nördlichen Kalkalpen – beispielsweise dem Steinernen Meer der Berchtesgadener Alpen oder dem Karwendelgebirge Tirols – kennt. Dennoch gibt es Höhlen und vermutlich zusammenhängende unterirdische Wegsamkeiten, die sich durch die gesamte Hochstegen-Zone ziehen. Immerhin gilt die Hochstegen-Formation als wichtiges, hydrologisch wirksames Aquifer im Tuxertal und spielt bei der Anlage vieler Quellen eine wichtige Rolle (HELDMANN 2020). Auch für die Entstehung weitläufiger Höhlensysteme zeichnet der Karst verantwortlich, wie die Spannagelhöhle in beeindruckender Position unter dem Gefrorene-Wand-Kees beweist (siehe auch Exkursion (L) in Band 44).

Wir überqueren den Fahrweg mehrfach und steigen hinab in die Rotböden – zuletzt entlang eines weiteren Endmoränenwalls, der einen egesenzeitlichen Gletscherhalt unter dem Höllensteinkar dokumentiert. Von hier sind es keine zehn Minuten mehr bis zur Höllensteinalm (Einkehrmöglichkeit) und den im flachen Talboden 158
liegenden, mehrfach geschwungenen Endmoränenbögen eines älteren Gletscherhaltes des Egesen-Stadials.

Abb. 158. Die Höllensteinalm (1710 m) mit mehrfach gewundenen Endmoränenbögen eines Gletscherhaltes aus dem Egesen-Stadial. Der schroffe Berg im Hintergrund ist die Kalkwand über dem Junstal (siehe Exkursion Ⓝ*, Band 44).*

Talwärts der Höllensteinalm folgen wir zunächst knapp 200 Wegmeter dem Forstweg, zweigen dann aber nach links auf einen Steig ab und kürzen so zwei Spitzkehren der Fahrstraße ab. Zuletzt halten wir uns den Wegweisern folgend nach "Juns" und bleiben in nördlicher Richtung, bis wir nach einer weiteren knappen halben Stunde Abstieg den kleinen Talort zwischen Lanersbach und Madseit im Tuxertal erreichen. Nur wenig taleinwärts finden wir die Bushaltestelle, an der in den Sommermonaten jede Stunde die Buslinie zwischen Tux und Mayrhofen pendelt und uns zurück nach Finkenberg zum Ausgangspunkt unserer Exkursion bringt.

Weiterführende Literatur

Heldmann, C.-D. J. (2020): Der hydrothermale Aquifer des Hochstegenmarmors im Tuxertal – Dissertation Technische Universität Darmstadt, 204 S., Darmstadt (veröffentlicht unter https://tuprints.ulb.tu-darmstadt.de/17753/1/Dissertation_Heldmann_2021-03-06.pdf)

Hornung, T. & J. Zasadni (2023): Geologische Karte des Hochgebirgs-Naturparkes Zillertal, der Gemeinden Tux, Finkenberg und Brandberg, Maßstab 1:25000, 3 Kartenblätter, Hochgebirgs-Naturpark Zillertaler Alpen, Ginzling.

Krainer, K. (2006): Bericht 2006 über geologische Aufnahmen im Quartär auf Blatt 149 Lanersbach – Jahrbuch der Geologischen Bundesanstalt, 147 (3): 661–662, Wien.

Matura, A. (2011): Bericht 2007 über geologische Aufnahmen in der Umgebung von Lanersbach auf Blatt 149 Lanersbach – Jahrbuch der Geologischen Bundesanstalt, 151 (1): 134–136, Wien.

Zasadni, J. (2007a): Bericht 2005 über geologische Aufnahmen der quartären Sedimente im oberen Tuxertal auf Blatt 149 Lanersbach – Jahrbuch der Geologischen Bundesanstalt, 148 (2): 294–295, Wien.

Zasadni, J. (2007b): Bericht 2006 über geologische Aufnahmen der quartären Sedimente im Nordteil des Tuxer Kammes auf Blatt 149 Lanersbach – Jahrbuch der Geologischen Bundesanstalt, 148 (2): 296–297, Wien.

E Von grünen Steinen und rotem Wasser: Vom Schlegeisspeicher auf die Rotbachlspitze

Wegstrecke: Zamsgatterl am Schlegeisspeicher (1782 m) – Klobenstein – Lavitzalm (2092 m) – Pfitscher Joch (Staatsgrenze, 2276 m) – Rotbachlspitze (2897 m) – Pfitscher Joch – Stampfler Boden – Kastenschneid – Oberes Schrammachkar – Unteres Schrammachkar – Seen am Hinterboden – Schramerwald – Schlegeisspeicher.

Geologie: Glaziale Überprägung des Zamser Grundes – Naturpark-Info Lavitzalm – Glazialgeschichte und archäologisch-historischer Hotspot Pfitscher Joch – Grenze zwischen Pfitsch-Mörchner-Becken und Greiner-Synklinale am Pfitscher Joch und im Anstieg zur Rotbachlspitze – Aussicht Rotbachlspitze.

Sehr schöne, nur im obersten Abschnitt unter dem Gipfel der Rotbachlspitze anspruchsvolle Rundtour (etwa 1350 m Höhenunterschied, circa 18 km Wegstrecke, Gehzeit 8 bis 10 Stunden), ansonsten auf bestens ausgebauten und markierten (Höhen-)Wegen. Kann bei einer Übernachtung beziehungsweise zweimaligen Nächtigung auf dem Pfitscher-Joch-Haus mit den Exkursionen F und I zu einer ausgedehnten Trekking-Runde kombiniert werden. Beim Gipfelanstieg auf die Rotbachlspitze ist Ausdauer und Trittsicherheit erforderlich. Beste Jahreszeit ist Mitte Juni bis Anfang Oktober an Tagen ohne Gewitterneigung und mit guter Sicht.

Wenn man einem Berg das Prädikat "Einstieg in die Hochgebirgswelt der Zillertaler Alpen" vergeben darf, dann sollte die Rotbachlspitze an der österreichisch-italienischen Grenze unbedingt genannt werden. Sie vereint die in den einleitenden Kapiteln in knapper Form abgehandelten Hauptthemen des Buches miteinander und macht auf besonders anschauliche Weise deutlich, wie untrennbar Geologie und Landschaftsmorphologie miteinander verbunden sind. Und mit einer Gipfelhöhe von immerhin 2897 Metern ist man gar nicht mehr so weit von den "ganz Großen" entfernt und kann ihnen zumindest erhobenen Hauptes auf die Schultern blicken.

1 Vom Schlegeisspeicher in den Zamser Grund

Wir beginnen unsere Exkursion am Schlegeisspeicher an der Talvereinigung von Schlegeisgrund und Zamser Grund. Nicht nur aufgrund des zu bewältigenden Höhenunterschiedes von etwas mehr als 1300 Metern bis zum Exkursionsziel samt späteren Zwischenanstiegen, sondern auch aufgrund der nicht immer ganz komplikationsfreien Anreise braucht es einen zeitigen Aufbruch. Die mautpflichtige Straße von Breitlahner zum Stausee ist einspurig und mit einer Ampelschaltung versehen. Zählt man zu den Spätaufstehern und glaubt partout an den guten Willen des sommerlichen Wettergottes, hat man oft schlechte Karten. Zunächst muss man sich mit zahlreichen gleichgesinnten Tagesausflüglern in die vor allem im Juli und August ab 9 Uhr stets vorhandene lange blecherne Warteschlange vor der Mautstation Breitlahner einreihen und stoische Geduld zeigen, dann einen der rar gewordenen Parkplätze am Stausee ergattern und später kommt man durchaus wahrscheinlich in eines der häufig auftretenden nachmittäglichen Sommergewitter. Deswegen sollte man in der Hochsaison ab 7 Uhr morgens am Speicher sein (die Straße ist im Juli und August ab 6 Uhr für den Verkehr freigegeben) – oder mit dem ersten der von Mayrhofen startenden Wanderbusse fahren. Ab 8 Uhr verlassen diese den Zillertaler Hauptort, aber immerhin spart man Nerven und kann sich die Landschaft aus "erhabener" Position über die Autodächer hinweg ansehen.

Am Schlegeisspeicher fahren wir die Uferstraße bis an den Beginn des Zamser Grundes entlang und suchen uns dort einen Parkplatz. Wenn wir zu früher Morgenstunde unterwegs sind, haben wir den langen Zamser Grund oft ganz für uns alleine. Gemütlich startet die Tour an einem Holzgatter, das die Autos draußen und uns Wanderer durch lässt. Dahinter beginnt der Weg gemächlich in einem schütteren Berg- und Latschenwald anzusteigen.

Nur kurze Zeit später stehen wir in einem überraschend offenen Tal mit Blick nach Nordwesten zu den jäh aufragenden Wänden von Olperer und Schrammacher. Bereits hier sollte uns die glazigene Überprägung des Zamser Grundes auffallen. Der Einschnitt ist zwar kein U-Tal im klassischen Sinne – steile bis senkrechte Talflanken gibt es nicht – aber die Talmorphologie lässt sich mit einem "muldenförmigen Trogtal" treffend beschreiben, wie es typisch ist für hochgelegene Seitentäler mit 161
etwas geringer ausgebildeter Tiefenerosion. Die glazigene Überprägung ist auch für das Fehlen von Festgesteins-Aufschlüssen verantwortlich. Auf knapp 1900 Meter Höhe im Talgrund stehen wir auf Grundmoränen-Till des spätwürmzeitlichen Egesen-Stadials. Flache und unscheinbare Wallstrukturen ganz zu Beginn der Wanderung können mit einigen Fragezeichen vermutlich dem etwas älteren

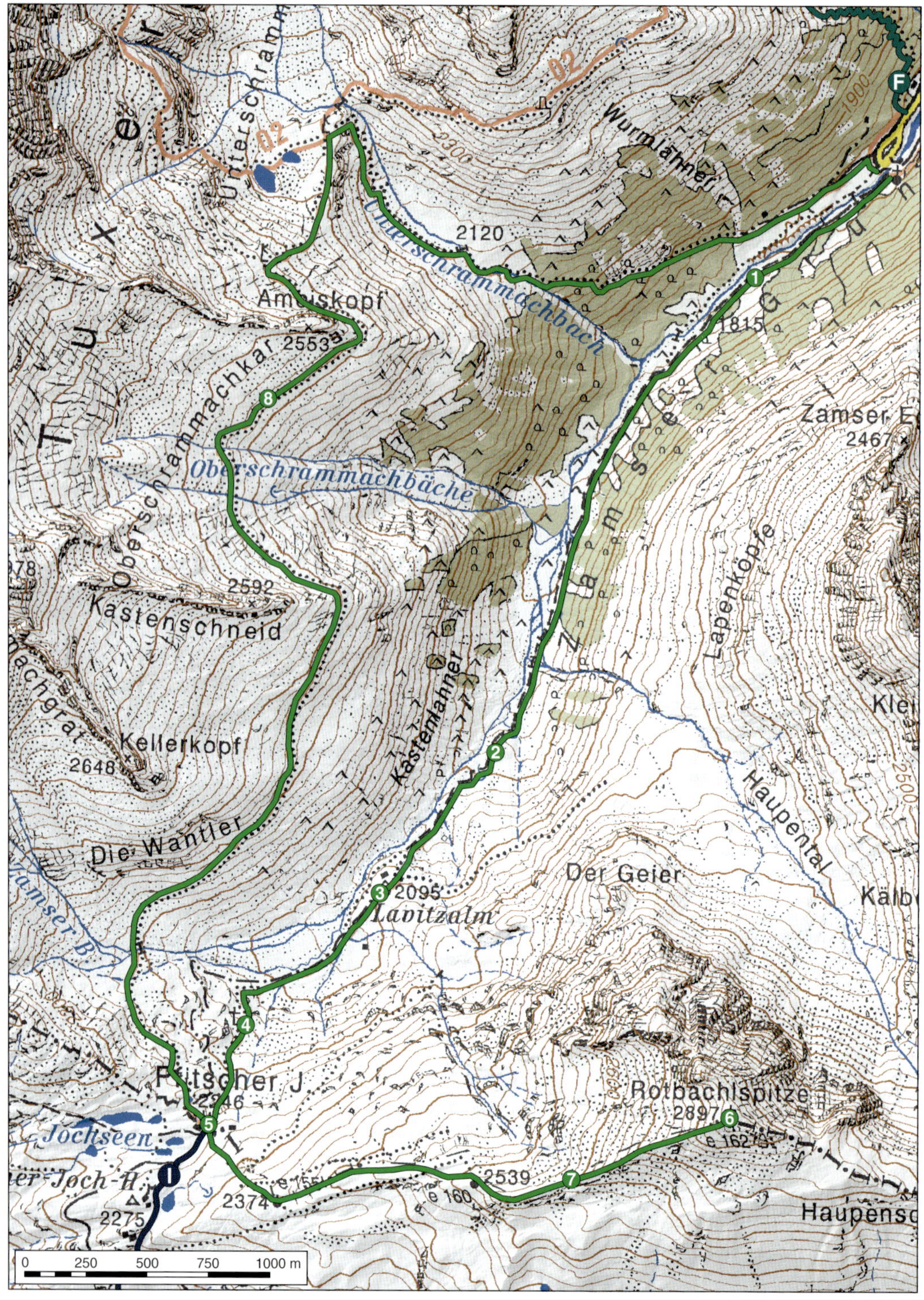

Abb. 159. Topographische Übersichtskarte der Exkursion E *– Rotbachlspitze (Geodatenbasis: BEV Österreich). Eingezeichnet sind die Anschlüsse zu den Exkursionen* F *und* I.

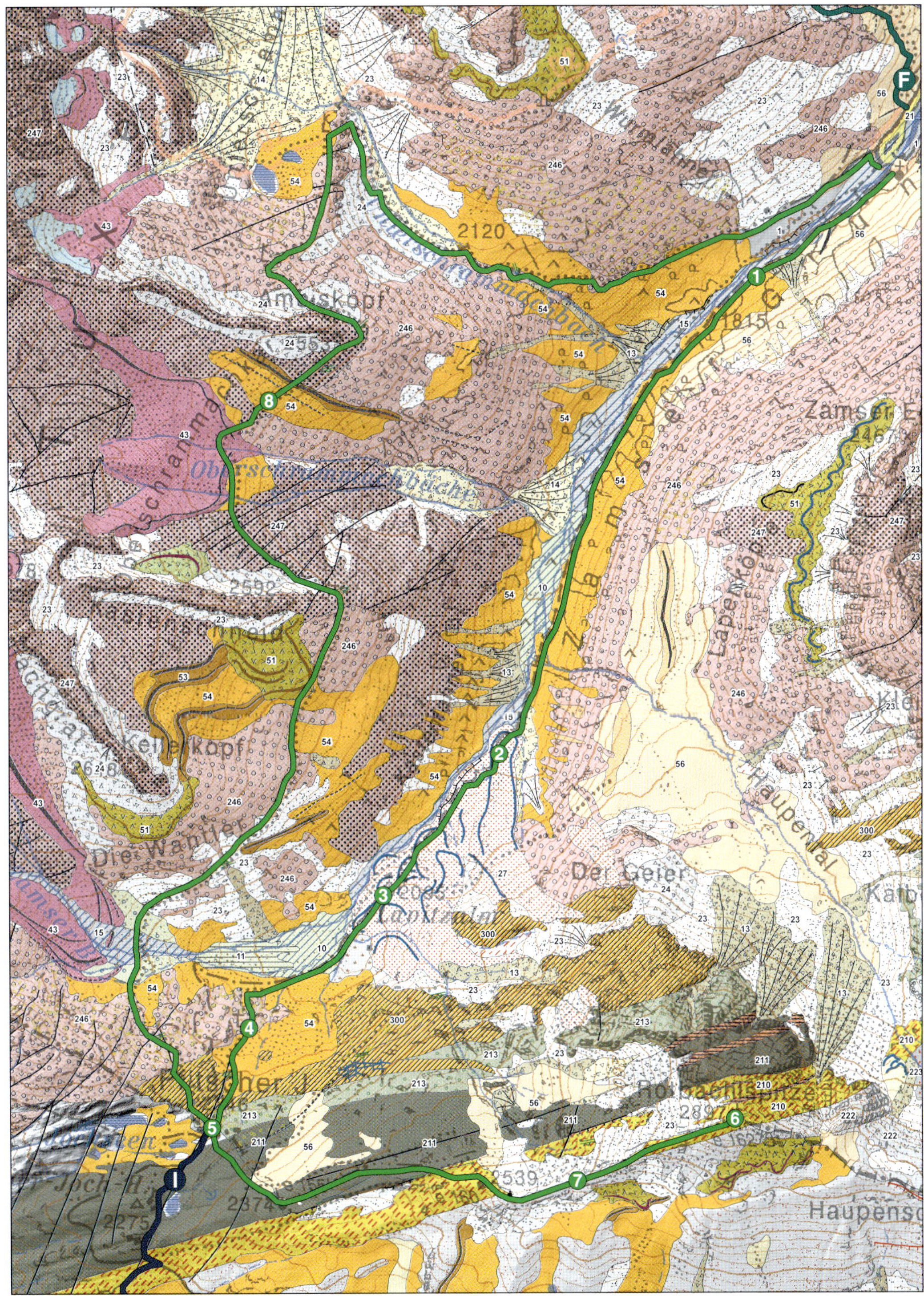

Abb. 160. Geologische Karte der Exkursion **E** *– Rotbachlspitze (Auszug aus* HORNUNG & ZASADNI *2023; Geodatenbasis: BEV Österreich). Legende siehe Seiten 75–77.*

Abb. 161. Der Zamser Grund, vom Schramerwald (Weg Nr. 535) aus circa 2000 Meter Höhe auf dem Weg ins Unterschrammachkar gesehen. Morphologisch ist der Zamser Grund ein glazigen überprägtes, muldenförmiges Trogtal (das rote Oval kennzeichnet den Fundpunkt der holozänen Torflage).

Gschnitz-Stadial zugeordnet werden. Beide werden von neuzeitlichem, fluviatilem Murschutt mit zwischengeschalteten Zopfstromsedimenten durchschnitten und überzogen, die der Zamser Bach mit sich trägt. Die den einstigen eiszeitlichen Gletscherstrom im Zamser Grund begrenzenden Seitenmoränenwälle werden wir hier vergebens suchen – sie liegen auf etwa 2150 Meter Höhe am orographisch rechten Hang des Zamser Grundes, beispielsweise am Talausgang des Haupentals, und gehören vermutlich dem Gschnitz-Stadial an. Die quartäre Lockergesteins-Auflage des Egesen-Stadials reicht auf beiden Talflanken flächenhaft bis circa 2000 Meter Höhe. Darüber erkennen wir Steilstufen in Granodioritgneisen des Tuxer Kristallinkerns, auch glaziale Trogstufen genannt, die von Wasserfällen durchschnitten werden. Derartige glazigen geprägte landschaftsmorphologische Elemente finden wir auch am Unterschrammachbach und unter dem Oberschrammachkar weiter südlich unseres Standpunktes.

Jedoch nicht nur der Blick nach oben zu den Bergen lohnt, auch jener nach unten zum Boden: Bei genauem Hinsehen erkennen wir am Beginn des Zamser Grundes eine zeitweise erschlossene,
162 holozäne Torflage unter einer geringmächtigen Überschotterung, die einen alten, überschütteten
Talboden darstellt. Wann die Akkumulation des fluviatilen Sedimentes geschah, ist unbekannt. Das Alter müsste durch entsprechende ^{14}C-Datierungen geklärt werden.

Der breite Weg zieht unmerklich steiler ansteigend durch den gerölligen Abschnitt des Zamser Bodens.

Hier auf circa 1950 Meter Höhe sind eine kleine Rast und ein kurzer Blick zurück in Richtung Schlegeis angebracht. Kommen wir ein weiteres Mal auf die glazigene Überprägung des Zamser Grundes zurück und zur bereits angesprochenen Trogstufe des Unterschrammachbaches: Solche Trog- oder auch Karstufen bilden sich oft an der Mündung kleinerer Seitentäler in größere Talungen und werden durch die unterschiedliche Tiefenerosionsrate eiszeitlicher Gletscher gebildet. Als Faustregel gilt: je größer der Gletscher, desto schneller wirkt auch seine Tiefenerosion. Deswegen bilden sich

Abb. 162. a, Von fluviatilem Bachschutt überdeckte Torflage als einstiger Talboden – gesehen im unteren Bereich des Zamser Bodens. Die Fotos b und c zeigen Details.

an der oft rechtwinkligen Mündung kleinerer Seitentäler in größere Haupttäler solche Steilstufen,
deren Höhe je nach Größe des Haupttals von "unmerklich" bis mehrere 100 Meter Höhenunterschied
variieren kann. Mit diesem Wissen können wir uns – etwas Phantasie vorausgesetzt – den aus dem
Unterschrammachkar kommenden Gletscherast mit einem kleinen Eisbruch vorstellen, der einst in
den Zamser Gletscher mündete. Der über der Trogstufe stehende, 2764 Meter hohe Schramerkopf
übrigens zeigt den klassischen Fall eines glazigen überprägten, da an seiner Basis abgeschliffenen 163
Bergsporns und belegt eine Maximalmächtigkeit des zuströmenden Gletschers aus dem Unterschrammachkar von immerhin circa 300 Metern.

② Durch Felssturzmassen zur Lavitzalm

Südlich der breiten Schotterfläche des Zamser Grundes beginnt der Steig entlang des Baches etwas steiler anzusteigen und die Lavitzalm kommt in Sicht – sie thront auf einer größeren Massenbewegung, die aus der Südwestflanke der Rotbachlspitze (auch "Der Geier" genannt) ausgebrochen ist und durch den Zamser Bach sukzessive im distalen Bereich ausgeräumt wurde. Hier vom Zamser

Abb. 163. Der mittlere Bereich des Zamser Grundes, vom Anstieg zur Lavitzalm gesehen. Deutlich erkennen wir die Trogschulter (orangefarbener Pfeil) sowie mit dem Schramerkopf (2764 m) einen an seiner Basis glazial überformten Felssporn (gelb strichlierte Linie und Pfeil). Auch die Karstufe des kleinen von links kommenden Unterschrammachtals in den Zamser Grund ist zu sehen (weißer Pfeil). Darüber steht der Olperer (3476 m).

Abb. 164. Blick aus dem hintersten Winkel des Zamser Grundes gegen den Talschluss und die Lavitzalm (schwarzer Pfeil). Bereits von hier sind die beiden Felssturzmassen gut einzusehen (rot bzw. orangefarben transparent hervorgehoben), die aus der Südwestflanke der Rotbachlspitze (»Der Geier«) ausgebrochen sind.

Grund lassen sich eine nördliche und eine süd-
164 liche Bergsturz- beziehungsweise Gleitmasse
offenbar jüngeren Datums differenzieren
(auf Letzterer steht die Lavitzalm). Der Steig
durchquert – teilweise mit großen Steinplatten ausgelegt – einen Irrgarten aus zahlreich
165 umherliegenden, metergroßen Blöcken.

Abb. 165. Der Steig zur Lavitzalm führt durch die Trümmermassen aus metergroßen Sturzblöcken (Foto: Anna HORNUNG*).*

Vermutlich im unmittelbaren Postglazial nach Wegfall der die Bergflanken stützenden Eismassen brachen die Gesteinsmassen aus und stürzten auf Moränensedimente. Wie auf Schmierseife glitt die Melange aus großen Sturzblöcken und zerriebenem, konsolidiertem Moränen-Till ab. Ob es sich um ein einmaliges, in zeitlichem Zusammenhang stehendes Bergsturz-Ereignis handelt oder unabhängig voneinander niedergegangene Massenbewegungen, bleibt Interpretationssache: Fakt ist, dass es in der nördlichen, langgezogenen Massenbewegung deutlich größere Blöcke gibt als in der südlichen, auf der die Lavitzalm steht. Dafür finden sich hier schöne, girlandenförmig angeordnete und seitlich auskragende, gebogene Stauchwall-Strukturen, die eher an ein puddingartiges Gleiten denn an katastrophales Stürzen denken lassen. Heute ist die Gleitbahn des nördlichen Felssturzes aufgrund der zahlreich umherliegenden, wie dahingestreuten und teilweise hausgroßen Blöcke aus hellem Hornblendegarbenschiefer und dunkelgrünen Serpentiniten sehr gut nachzuvollziehen. Der Anriss liegt ziemlich genau lotrecht über dem Felssturz-Lobus am Zamser Bach im Bereich stark geschieferter, paläozoischer Serien des Variszischen Basements ("Altes Dach"), das in diesem Bereich an den Augen- und Flasergneis des Tuxer Kristallinkerns grenzt. Etwas westlich von diesem Ausbruch liegt auch der Ursprung der südlichen, eher gleitenden Massenbewegung. Diese erfolgte zunächst in westlicher Richtung, bog nach einer Felsinsel aus Hornblendegarbenschiefer nach Süden um und erreichte letztendlich auch den Zamser Bach.

③ Die "grenzenlose" Lavitzalm

Zuletzt etwas steiler ansteigend, erreichen wir die Lavitzalm auf 2094 Meter Höhe. 166

Die dicht an den Hang gebauten Almhütten sind nicht nur wegen der Möglichkeit einer Almjause,
sondern auch aus kulturell-geschichtlichen Aspekten ein kurzes Innehalten wert: Die vom Hochgebirgs-Naturpark Zillertaler Alpen initiierte, dreisprachige Wanderausstellung "Pfitscher Joch 167
grenzenlos" ist im renovierten Wirtschaftsgebäude der Alm kostenlos zu besichtigen und widmet sich den unterschiedlichen Spuren menschlicher Arbeit, die die Gegend unter dem Pfitscher Joch in den vergangenen knapp 10000 Jahren seit unmittelbar nach dem Abschmelzen der eiszeitlichen Gletscher bis heute gesehen hat. Man erfährt Wissenswertes von jungsteinzeitlichen Jägern, die Bergkristalle für Klingen und Pfeilspitzen suchten, von Specksteindrehern auf der Lavitzalm, alten Schmugglerpfaden übers Pfitscher Joch zwischen Italien und Österreich, diversen politischen Zerwürfnissen der jüngeren Vergangenheit, Resten eines Bergwerkes mit Flussspat-Abbau ("Knappenstollen"), einem nie bezogenen Zollhaus auf der Passhöhe und letztendlich von Bombenanschlägen der Südtirol-Aktivisten der 1960er-Jahre.

Die Bezeichnung "Wanderausstellung" trägt sie deswegen, weil sie nur in den Sommermonaten der Alm-Saison hier einzusehen ist – während der übrigen Zeit tingeln die Info-Kisten durch diverse Gemeinden in Nord- und Südtirol und "grenzenlos", weil Landesgrenzen von Menschen gezogene

Abb. 166. Die Lavitzalm im obersten Zamser Grund. Die Wanderausstellung »Pfitscher Joch grenzenlos« ist im aus Legsteinen errichteten, kürzlich renovierten Wirtschaftsgebäude (links) einzusehen. Den Hintergrund dominiert der Hohe Riffler (Exkursion **F***).*

Linien sind, die eigentlich nicht sein sollten. Und übrigens – auch der etwas eigentümlich anmutende Name "Lavitz" hat einen geschichtlichen Hintergrund: Im Mittelalter wurde in der näheren Umgebung der Alm "Lavez" abgebaut, heute als Steatit oder Speckstein bekannt. Diese Fundstelle (es gibt noch eine weitere Fundstelle in der Steiermark) diente besagten mittelalterlichen Steindrechslern als Rohstoff und gab der Alm letztendlich auch den Namen.

Abb. 167. Sehr informativ: »Pfitscher Joch grenzenlos« auf der Lavitzalm.

Heute ist die Lavitzalm wirklich grenzenlos. Südtirol und damit italienisches Staatsgebiet sind nicht weit weg, gerade mal eine knappe halbe Stunde Gehzeit. Die Alm mag zwar in Österreich liegen, bewirtschaftet jedoch wird sie von Südtirol aus – über einen über das Pfitscher Joch kommenden Fahrweg, den wir in weiterer Folge zumindest teilweise verfolgen werden.

4 Ab aufs "Alte Dach" und hinein ins Pfitsch-Mörchner-Becken

Von der auf der südlichen der beiden zuvor erwähnten Massenbewegungen erbauten Lavitzalm öffnet sich der Blick über den weitläufigen, von einem breiten, grobschottrigen Schwemmkegel durchzogenen Stampfler
Boden. Der Zamser Bach durchläuft ihn in 168
einem typischen Zopfstrommuster ("braided

Abb. 168. Der Stampfler Boden unmittelbar südlich der Lavitzalm (orangefarbener Pfeil) ist weitgehend durch Schmelzwasser-Schutt- und Schwemmmassen des Stampflerkeeses aufgefüllt. Das rote Oval markiert den Zufluss des Rotbachls (b und c), der mit seinem auffällig rost- bis karminrot gefärbten Bachbett Namenspate für die Rotbachlspitze ist, aus deren Nordwestflanke er auf circa 2500 Meter Höhe entspringt.

river") in zahlreichen, sich ständig verlagernden Seiten- und Nebenarmen und transportiert das Schmelzwasser des Stampflkeeses talwärts. Unmittelbar links von uns rinnt ein kleiner Bach durch das Blockgetrümmer, der mit seinem auffällig rot gefärbten Bachbett für den Berg, aus dessen Flanke
er entspringt, namensgebend war: "Rotbachl" und "Rotbachlspitze". Die intensiv karmin- bis rostrote *168b*
Färbung verdankt der Bach seinem hohen Eisengehalt. Das Wasser ist sehr sauer und so verwundert *168c*
es nicht, dass es nur wenig Leben zulässt. Lediglich einige Algen können es mit dem feindlichen Mikromilieu hoher Eisenoxidgehalte aufnehmen.

Abb. 169. Glazigen überprägter Rundhöcker aus Granodioritgneis des Tuxer Kristallinkerns. Eindeutig ist die Striemung durch den eiszeitlichen Gletscher zu sehen, die logischerweise eine Fließrichtung talwärts anzeigt (blauer Pfeil). Die rot strichlierten Linien heben die erhaltene, steil stehende, nordfallende Schieferung hervor, die von West nach Ost streicht.

Vom Stampfler Boden beginnt der Pfad in angenehmer Steigung über grasiges, felsdurchsetztes Gelände gegen das Pfitscher Joch anzusteigen. Natürlich kann man auch die ruppige Fahrstraße für den weiteren Anstieg wählen, aber über den Steig ist es kürzer und auch etwas bequemer – und man bekommt mehr von der Landschaft mit.

169 Gleich zu Beginn des Anstieges fallen abgerundete Felsbuckel aus hellen Granodioritgneisen auf, die eindeutig glazial als "Rundhöcker" geformt sind und deren Bildungszeit irgendwann im Verlauf des Würm-Glazials zu suchen ist. Grundsätzlich sind zwei prägende lineare Strukturen zu sehen, zwischen denen man jedoch strikt unterscheiden sollte. Undeutlich ausgebildete, sehr schmale Riefen zeichnen die Schieferung nach, die im Zuge der metamorphen Überprägung entstanden ist und in etwa von West nach Ost verläuft. Die deutlicher ausgeprägten Rillen, die in nördliche Richtung zeigen, sind viel jüngeren, nämlich glazigenen Ursprungs und damit genauso alt wie die abgeschliffene Form des Rundhöckers. Sie zeichnen nichts anderes als die Fließrichtung des Gletschers auf der harten Oberfläche des Granodioritgneises nach.

Unmittelbar nach einer aufschlusslosen, da mit Moränen-Till erfüllten Senke treffen wir auf ganz andersartige Gesteine als bisher. Keine hellen, harten Gneise, sondern dunkelgraue, ins Grünliche
170a gehende und zudem stark geschieferte Amphibolite und Hornblendegarbenschiefer. Mit diesem markanten lithologischen Wechsel haben wir den Tuxer Kern hinter uns gelassen und wandern nun über vermutlich (alt-)paläozoische Paragneise und Grüngesteine des Variszischen Basements ("Altes Dach"), quasi Anteile der präintrusiven Hülle der Kristallinkerne (siehe das Kapitel zum Variszischen Basement, S. 37f.). Auch hier verläuft die Schieferung strikt in WSW-ONO-Richtung und steht ähnlich steil wie bei den Granodioritgneisen. Sie ist aufgrund der andersartigen Lithologie und besseren Spaltbarkeit wesentlich deutlicher ausgeprägt. Mit ein wenig Glück und ein paar Minuten Zeit las-

Abb. 170. Stark geschieferte Hornblende-Glimmerschiefer und Amphibolite am Weg zum Pfitscher Joch (a). Erstere sind am augenscheinlichsten, zeigen sie doch zahlreiche idiomorphe, mehrere Zentimeter lange Hornblendekristalle (b).

sen sich auf diesen Metern bestimmt schöne Handstücke mit ein paar idiomorphen, länglichen und dunkelgrünen Hornblendekristallen finden. Ob man die Stücke dann auch mitnimmt, bleibt jedem 170b
selbst überlassen, schließlich liegt der Großteil der Exkursion noch vor uns. Wir kommen allerdings an dieser Stelle nicht wieder vorbei.

a

b

c

Abb. 171. Satt- bis dunkelgrüne Serpentinite am Steig vom Stampfler Boden zum Pfitscher Joch: Im Gegensatz zu den Hornblendegarbenschiefern zeigen sie kaum eine deutliche Schieferung (a, c), lassen sich aber ebenfalls schön durch eiszeitliche Gletscher zu großen Rundhöckern hobeln (b).

Auf die Hornblendegarbenschiefer folgen wirklich grüne, massige, das heißt kaum geschieferte
171 Serpentinite. Auch sie stehen in metergroßen Aufschlüssen entlang des Steiges an und ziehen als schmales Band in östliche Richtung gegen das nahe Pfitscher Joch.

Vermutlich oberkarbonisch- bis unterpermisches Alter haben die Konglomeratgneise des Pfitsch-Mörchner-Beckens, die sich unmittelbar südlich an die Amphibolite anschließen. Sie ziehen in einem schmalen Streifen von hier bis ins Pfitscher Joch. Dass es sich tatsächlich um einstige Konglomerate handelt, ist auf den Schichtflächen noch zu erahnen – an Komponenten finden sich größtenteils kristalline Gesteine, die eine Aufarbeitung des Untergrundes bezeugen. Im Anbruch senkrecht zur Schieferung sind die Komponenten nur noch schwer zu erkennen, da sie stark gelängt sind. Wie bereits im Kapitel zu den postvariszischen Becken (S. 42ff.) kurz beschrieben, ist das Pfitsch-Mörchner-Becken eine postvariszische Senke, die sich als Halbgraben zwischen zwei erhabenen

Abb. 172: a, Arkosegneise bilden ein mächtiges, WSW-ONO-streichendes Band und sind vom Pfitscher Joch (hier am Jochsee unter dem Pfitscher-Joch-Haus gelegen) bis in den Gipfelbereich der Rotbachlspitze zu verfolgen. b, Detail der Arkosegneise mit zahlreichen Biotit- und Hornblendekristalliten.

Gneishochgebieten ("tektonische Horste") über abgesenkten Greiner Schiefern (heutige Greiner-
Scherzone, siehe Exkursion (H)) gebildet hat. Die Stratigraphie reicht hier bis in die Obertrias und
wird von der Hochstegen-Zone gedeckelt, die erst nach kompletter Auffüllung der submarinen
Senke akkumuliert wurde. Die Abfolge reicht von besagten Metakonglomeraten über Quarzite
und mächtigere Arkosegneise bis in die obertriassische Aigerbach-Formation. Da diese zusammen 172
mit den Arkosegneisen über den höchsten Punkt der Rotbachlspitze zieht, wird uns das Pfitsch-
Mörchner-Becken für den Rest des Anstieges begleiten. Die Arkosegneise gleichen Gesteinen der
"Wustkogel"-Serie und werden deswegen neuerdings nicht zur weiter südlich folgenden Greiner-
Scherzone, sondern zur permotriassischen metasedimentären, autochthonen Hülle des Tuxer Kristallinkerns gestellt (TÖCHTERLE 2011). Ihre steil geschieferten Abfolgen überziehen weite Teile der
grasigen Schrofen bis scharf zugeschnittenen Felspfeilern und -rippen. Der Name "Arkose" stammt
vom feldspatreichen, terrigen geprägten Ausgangsgestein, das nachfolgend im Zuge der Alpenauffaltung vor mehr als 50 Millionen Jahren metamorph umgewandelt wurde und das aufgrund
dessen komplett seinen Habitus verändert hat. Legen wir eine nichtmetamorphe, rein sedimentäre
Arkose – meist rötlich-bräunlich und eher an einen Grobsandstein erinnernd – neben den eintönig
grauen bis leicht graugrünen Arkosegneis mit auffallend vielen Hornblende- und Biotitkristalliten,
werden wir keinerlei Ähnlichkeit feststellen.

Abb. 173. Am Pfitscher Joch liegt die Landesgrenze zwischen Nord- und Südtirol beziehungsweise zwischen Österreich und Italien.

5 Geschichtsträchtiger Boden am Pfitscher Joch

Wenn wir auf der Lavitzalm als Kulturbeflissene besagte Wanderausstellung angesehen haben, sind wir bereits geschichtlich vorgebildet auf das Pfitscher Joch gestiegen. Der 2246 Meter hohe Pass liegt nicht nur an der Grenze zwischen Nord- und Südtirol bezie- 173
hungsweise Österreich und Italien, sondern auch auf durchaus geschichtsträchtigem Boden. Die Bedeutung als wichtiger, vielbenutzter und lange im Jahr schneefreier Übergang ist archäologisch seit der Mittelsteinzeit nachgewiesen. Die Historie des Joches reicht bis in die jüngste Vergangenheit, sei es als Schmugglerroute vor und während der Weltkriege oder als politisch missbrauchtes Gebiet zwischen Italien und Österreich. Wie wiederholt seit dem Jahr 2012 in der Nähe der Passhöhe stattfindende archäologische Grabungen der Universität Innsbruck belegen konnten, gab es drei mittelsteinzeitliche Jägerlager aus dem 8. bis 6. Jahrtausend v. Chr. beidseits des Joches. Man fand entsprechende Feuerstellen sowie Bergkristall- und Feuersteingeräte. Steatit oder Speckstein wurde vor allem im 7. Jahrhundert n. Chr. auf Nordtiroler Seite abgebaut. Nach eher zeitgenössischen Episoden wie Schmugglertum und etwas radikalem Tiroler Patriotismus ist dennoch heute am Pfitscher Joch die Grenze unübersehbar. Kontrolliert wird seit dem Jahr 1998 zwar nicht mehr, aber die nie benutzte, halb verfallene Zollhütte oben neben dem Fahrweg liegt unmittelbar südlich

Abb. 174. Das Pfitscher-Joch-Haus liegt auf 2276 Meter Höhe knapp über dem eigentlichen Pass. Im Hintergrund steht der Schrammacher (3411 m).

Abb. 175. Blick vom Grat wenig oberhalb des Pfitscher Joches gegen Hohe Wand und Schrammacher. Das zwischen den beiden Dreitausendern liegende Stampflkees ist von diesem Standpunkt aus nicht zu sehen – seine während des Höhepunktes der »Kleinen Eiszeit« gebildeten Seitenmoränen-Bögen mit dem aktuellen Murkegel des Zamser Baches jedoch allemal (vgl. auch mit Abb. 41).

des Grenzschildes. Bleibt das Pfitscher-Joch-Haus, italienisch das "Rifugo Passo di Vizze", das bereits 174
1882 von der Sektion Prag errichtet wurde. Während der bewegten Zeit des 1. Weltkrieges blieb die Hütte geschlossen und wurde daraufhin zum größten Teil von der italienischen Finanzwache beschlagnahmt. Auch im 2. Weltkrieg erging es dem nunmehr ehemaligen Schutzhaus nicht besser, es blieb Zoll- und Grenzstation der Finanzer. Überdies wurde es wegen der Unruhen in Südtirol 1965 gar vom italienischen Militär besetzt. Seit seiner teilweisen Bewirtschaftung ab 1973 und seiner grundlegenden Renovierung und Erweiterung im Jahr 2012 hat sich das Haus ziemlich herausgeputzt und zu einer echten Schutzhütte gemausert, wenn sie auch bis heute in privater Hand blieb. An der Alpenüberquerungs-Route München-Venedig gelegen, warten einige Zimmer mit Dusche und WC, gar eine Biosauna sowie 30 Stellplätze für Mountain- und E-Bikes auf potenzielle Gäste.

Der Name "Pfitsch" stammt übrigens von *Phize*, beruhend auf dem romanischen *fictas*, was mit eingerammten Pfählen als Verbauung in Verbindung gebracht werden kann.

6 Ein "Fast-Dreitausender" auf steilen Pfaden

Der Anstieg vom Pfitscher-Joch-Haus in Richtung Rotbachlspitze ist klar vorgezeichnet, verläuft er doch auf dem breiten Gratrücken, der von der Passanhöhe zunächst ziemlich genau in südöstliche Richtung auf das gewaltige Massiv des Hochferners im Oberbergtal zustrebt. Entsprechende Wegweiser finden sich nahe der Fahrstraße zum verlassenen Zollhaus unmittelbar am Grenzverlauf. Zunächst in scharfen Graten zugeschnittenen paläozoischen, grauen Arkosegneisen verlaufend, biegt er am P. 2374 m in östliche Richtung ab und folgt dem breiten Rücken mäßig steil bergauf.

Von diesem Punkt an haben wir stets einen schönen Blick hinüber auf die Dreitausender nördlich des Pfitscher Joches, so die Hohe Wand (3289 m) und den Schrammacher (3411 m) mit dem 175
dazwischenliegenden Plateau-Gletscher des Stampflkeeses. Der Gletscher hat sich in den vergangenen Jahrzehnten so weit zwischen die beiden genannten Gipfel zurückgezogen, dass man seine Oberfläche von unserem Standpunkt aus nicht sehen kann. Was jedoch mehr als augenscheinlich

Abb. 176. Die Rotbachlspitze, von einem Punkt etwas nördlich des Anstiegsweges gesehen. Am augenscheinlichsten ist der starke farbliche Kontrast zwischen den grauen Arkosegneisen und der mit leuchtend weißen Quarzitbändern durchsetzten, rot anwitternden Aigerbach-Formation. Beide gehören zum Pfitsch-Mörchner-Becken. Die Furtschaglschiefer der älteren Greiner-Synklinale stehen an der Südflanke des Berges an. Einzelne Bänke reichen jedoch in den Bereich des Anstieges (rote Linie) hinein.

ist, sind perfekt erhaltene und scharf zugeschnittene Seiten- und Endmoränen, die sich aus dem Stampflkar bis auf knapp 2200 Meter, also unter das Höhenniveau des Pfitscher Joches herabziehen. Geologisch betrachtet wurden diese Moränenbögen "erst gestern" gebildet, denn sie definieren den Gletscher-Höchststand aus dem Jahr 1850, als die Eisströme der "Kleinen Eiszeit" weit in die Täler reichten und damit sogar beinahe an die würm-spätglazialen Gletscherstände des Egesen-Stadials vor knapp 12000 Jahren herankamen (vgl. auch mit dem Kapitel "Eiszeiten" sowie Abb. 41, S. 66ff.). Man kann gar nicht oft genug darauf hinweisen, dass periodisch wiederkehrende Fluktuationen der Gletscherstände auch in jüngerer historischer Vergangenheit durchaus natürlichen Ursprungs sind, dass aber das, was wir durch den Klimawandel der vergangenen Jahrzehnte seit der Industriellen Revolution sehen, beängstigend schnell seine Bahnen zieht. Die fehlende Gletscherzunge des weit gegen sein Nährgebiet zurückgezogenen Stampflkeeses ist nur eines von vielen Beispielen, die uns in den Zillertaler Alpen, aber auch in ausnahmslos allen Hochgebirgsregionen der Alpen immer wieder begegnen werden (siehe auch Exkursionen B und C).

Ab dem Grathöcker P. 2374 m bleiben wir auf dem zunächst breiten Westrücken der Rotbachlspitze. Nur vereinzelt sind einige leichte felsige Passagen zu überkraxeln – nirgends ist es ausgesetzt oder gefährlich. Unsere Route folgt dem breiten Kamm oberhalb einer markanten Abbruchkante, gleichbedeutend mit der Landesgrenze zwischen Italien und Österreich.

Südlich des Pfitscher Joches, bereits auf italienischem Boden, erkennen wir leuchtend beigerötlich gefärbte, sandige Gesteinsschichten, die – weicher als die Metakonglomerate des Pfitsch-Mörchner-Beckens – deutlich zurückgewittert sind und deswegen jene Geländestufe herausgebildet haben, auf der wir gerade aufsteigen. Erst beim P. 2539 m, an dem der Grenzverlauf ein kurzes Stückchen nach Süden springt, queren wir die als Aigerbach-Formation beschriebenen Gesteine. Es handelt sich um eine Abfolge stark eisenschüssiger Glimmerschiefer mit Muskovit und Biotit gleichermaßen, karbo-

Abb. 177. Aussicht vom P. 2539 m gegen die Pfunderer Berge auf italienischem Staatsgebiet. Die bis knapp über dreitausend Meter aufsteigende, recht einsame Gebirgsgruppe wird zum größten Teil aus stark deformierten Bündnerschiefern der penninischen Glockner-Decke aufgebaut. Ganz unten links erkennt man jenseits der erahnbaren Geländestufe die rostrot verwitternden Metasedimentgesteine der Aigerbach-Formation.

natischen und dolomitischen Metasedimentgesteinen und hin und wieder sandigen Quarziten. Der Steig quert diese nur etwa 200 Meter breite Zone, die sich aufgrund ihrer auffallenden Gesteinsfärbung sehr gut im Gelände verfolgen lässt: sowohl talwärts, wo sie südlich des breiten Pfitscher Joches an den orographisch rechten Hang des Pfitschtals zielt, als auch bergwärts bis zum breiten Gipfelaufbau der Rotbachlspitze. Der nach Norden führende und von unserem Standpunkt am Grat stets gut sichtbare sattelähnliche Gipfelgrat zeigt sehr gut die gerade beschriebene Aigerbach-Formation mit eingeschalteten, leuchtend weißen Quarzitbändern. Die Arkosegneise, die bis zum Pfitscher Joch ziehen und die in Abbildung 172 bereits gezeigt wurden, bilden den markanten dunkelgrauen 176
Felspfeiler, der nicht nur aufgrund seines härteren Gesteins schön von Wind und Wetter herauspräpariert wurde, sondern auch in einem starken farblichen Kontrast zu den Metasedimentgesteinen der Aigerbach-Formation steht.

Weiter südlich grenzt die Aigerbach-Formation mit relativ scharfer Grenze an die dunkelgrauen bis dunkelgrünlichgrauen "Furtschaglschiefer" der Greiner-Synklinale. Benannt nach ihrer Typlokalität unter dem Furtschaglhaus im Zemmgrund (siehe Exkursion H), ist das Typgestein ein stark geschieferter Graphit-Biotitschiefer und repräsentiert altpaläozoische, prävariszische Metasedimentgesteine.

Die Metasedimentgesteine der Greiner-Synklinale reichen übrigens noch etwas weiter nach Westen ins Pfitschtal. Jenseits der breiten Talfurche stehen die Pfunderer Berge mit auffallend scharf zuge- 177
schnittenen, zerfurchten und sägezahnähnlichen Berggraten. Dieser Bereich rund um das gut von hier aus sichtbare, 2945 Meter hohe Rote Beil sowie die 3058 Meter messende Grabspitze gehört zu penninischen Einheiten (Glockner-Decke mit Bündnerschiefer-Serie) und lässt sich südwestwärts bis ins Eisacktal verfolgen. Dieses Gebiet wird im Anstieg zum Hochfeiler teilweise durchwandert (siehe auch Exkursion I).

Abb. 178. a, Die Grenze zwischen beinahe saiger stehenden Furtschaglschiefern und der Aigerbach-Formation ist aufgrund der unterschiedlichen Gesteinshärte scharf ausgebildet und verläuft direkt am Grat bis zum höchsten Punkt der Rotbachlspitze. Die Aigerbach-Formation nimmt beinahe den gesamten Gipfelsattel bis zum P. 2882 m ein und grenzt an Arkosegneise und Metakonglomerate. Die dunkelgrauen, leicht grünstichigen Furtschaglschiefer (b,c) zeigen hin und wieder zentimetergroße, idiomorphe Hornblende-Nadeln.

178 Der letzte Abschnitt des Anstieges verläuft ziemlich genau auf der Grenze zwischen Furtschaglschiefer und Aigerbach-Formation und wird nach oben zum höchsten Punkt hin sukzessive steiler – zuletzt wird es derart abschüssig, dass man im kleinstückigen, steilen Schutt die Hände zu Hilfe nehmen sollte.

179 Am Gipfel angekommen, erwartet uns eine spektakuläre Aussicht – vor allem die gegenüberliegende Nordwand von Hinterer Weißspitze (3436 m) und Hochferner (3463 m) wird die meisten Blicke auf sich ziehen. Auch der Kontrast der blendend hellen, schmalen und durch Steilrinnen talwärts stürzenden Eisbrüche zu den dunklen Sequenzen der penninischen Bündnerschiefer-Serie (Glockner-Decke) mit den randlich gegen Westen eingelagerten Metabasiten beziehungsweise Amphiboliten sticht ins Auge. Zusammen mit dem von der Rotbachlspitze nicht sichtbaren, da südlich jenseits des

Abb. 179. Aussicht vom Gipfel der Rotbachlspitze auf die beeindruckende Nordwand von Hochferner und den beiden Weißspitzen. Die tief eingeschnittene Grießscharte leitet über zur Haupenhöhe und zum Hochsteller (links außerhalb des Bildes).

Hochferners versteckten Hochfeiler bildet dieses Massiv die höchsten Erhebungen der Zillertaler Alpen überhaupt. Die tief eingeschnittene, 2811 Meter hohe Grießscharte trennt das Hochferner-Massiv vom sich anschließenden, gegen Norden vorgreifenden Hochstellerkamm – nicht nur topographisch, sondern auch in geologischer Hinsicht: Im Bereich um die Scharte liegen gleich mehrere Deckensysteme in enger Folge übereinandergestapelt, die die hier nach Osten vorgreifende Glockner-Decke 180
konturieren (siehe auch Exkursion I). Unter der Bündnerschiefer-Serie des Hochferner-Massivs liegt die dünne, ausgewalzte Seidlwinkl-Modereck-Decke mit triassischen Metakarbonaten der Seidlwinkl-Formation, darunter Paragneise der Tulfes-Senges-Einheit und nochmals darunter die autochthone Hochstegen-Zone auf kristallinen Serien des Zillertaler Gneiskerns. Dieser flach nach Norden gegen die Grießscharte einfallende Deckenstapel seinerseits grenzt an die beinahe saiger stehenden, geschieferten Metasedimentgesteine der Greiner-Synklinale. Dazwischen liegt am Südgrat des Hochstellers ein schmaler Span Granit- und Quarzdiorit des Zillertaler Kerns. Die steilstehenden Furtschaglschiefer an der Rotbachlspitze setzen sich im östlich gegenüberliegenden Hochstellerkamm in einem breiter werdenden Streifen fort. Die leuchtend rötlichbeigen Metasedimentgesteine der Aigerbach-Formation reichen in einem schmalen, auskeilenden Span bis in die Südwand des Kammes zwischen Kleinem und Großem Hochsteller.

Der Blick nach Norden umfasst die Dreitausender des Tuxer Kammes von der Hohen Wand über Schrammacher und Olperer bis zum Hohen Riffler. Diese Gipfel gehören zum Tuxer Kristallinkern. Dazwischen liegen, in schmalen Streifen an die Aigerbach-Formation der Wolfendorn-Decke anschließend, permomesozoische Sedimentgesteine von Arkose- und Konglomeratgneisen des Pfitsch-Mörchner-Beckens (P. 2882 m bzw. Nordgipfel der Rotbachlspitze) sowie die vorhin bereits besuchten Paragneise und Grüngesteine des Variszischen Basements ("Altes Dach").

Hohe Wand
Schrammacher
Olperer
Hoher Riffler
Realspitz

GLOCKNER-DECKENSYSTEM
OBERE PENNINISCHE DECKEN

- 10 Zone von Gerlos

UNTERE PENNINISCHE DECKEN

- 11 Glockner-Decke

TEKTONIK

- Deckengrenze

MODERECK-DECKENSYSTEM
ALLOCHTHONE METASED. HÜLLE

- 12 Seidlwinkl-Modereck-Decke
- 13 Wolfendorn-Decke
- 14 Tulfer-Senges-Gruppe, ungegliedert

VENEDIGER-DECKENSYSTEM
POSTVARISZISCHE BECKEN

- 18 Riffler-Schönach-Becken
- 19 Pfitsch-Mörchner-Becken

HABACH-SERIE

- 20 Greiner-Synklinale (oder Greiner-Scherzone)

AUTOCHTHONE METASED. HÜLLE

- 21 Hochstegen-Zone

ZENTRALKRISTALLIN

- 23 Tuxer Kristallinkern
- 24 Zillertaler Kristallinkern
- 25 "Altes Dach"

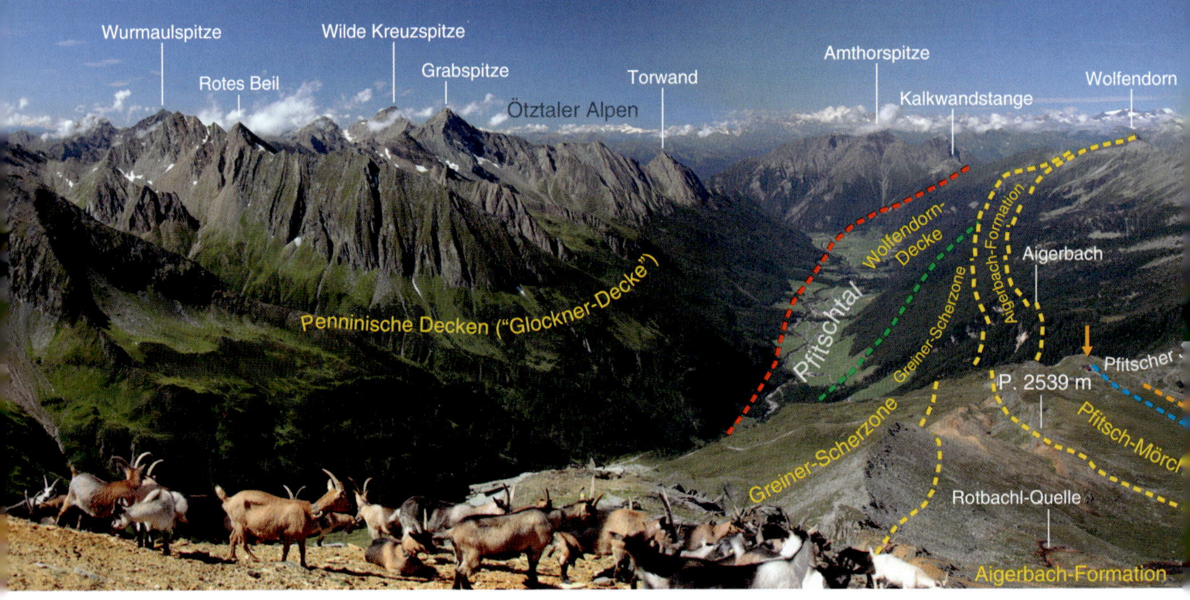

Abb. 180. Das aus mehreren Bildern zusammengesetzte Panoramafoto zeigt die Gipfelaussicht der Rotbachlspitze nach Osten und Norden gegen den Hochstellerkamm und den Tuxer Kamm. Im untenstehenden Foto mit überblendeten geologischen Großeinheiten wird der morphologische Kontrast zwischen dem Tuxer Kristallinkern rund um die höchsten Berge des Tuxer Kammes und den südwärts angrenzenden Metasedimentserien des Variszischen Basements, des Pfitsch-Mörchner-Beckens sowie der Greiner-Synklinale besonders deutlich. Die Aigerbach-Formation mit rostbraun verwitternden Metasedimentgesteinen zieht in einem schmalen, auskeilenden Span bis in die Südwand des Kammes vom Großen zum Kleinen Hochsteller.

Abb. 181. Aussicht von der Rotbachlspitze nach Westen. Die Pfunderer Berge mit stark deformierten Bündnerschiefern der Glockner-Decke links (südlich) des Pfitschtals grenzen als auflagernde tektonische Einheit an die Greiner-Synklinale, die sich von der Rotbachlspitze mit dunklen Furtschaglschiefern ins Pfitschtal zieht und dort von der Aigerbach-Formation und der Wolfendorn-Decke überlagert wird. Am namensgebenden Wolfendorn (2774 m), einem markanten Gipfel am Kamm zwischen Pfitschtal und Eisacktal, liegt eine überkippte Schichtfolge der Wolfendorn-Decke auf Gneisen des Tuxer Kristallinkerns, der vom Kraxentrager (2999 m) weiter zur Hohen Wand und ostwärts zieht (Fortsetzung siehe Abb. 180). Der orangefarbene Pfeil markiert das Pfitscher-Joch-Haus.

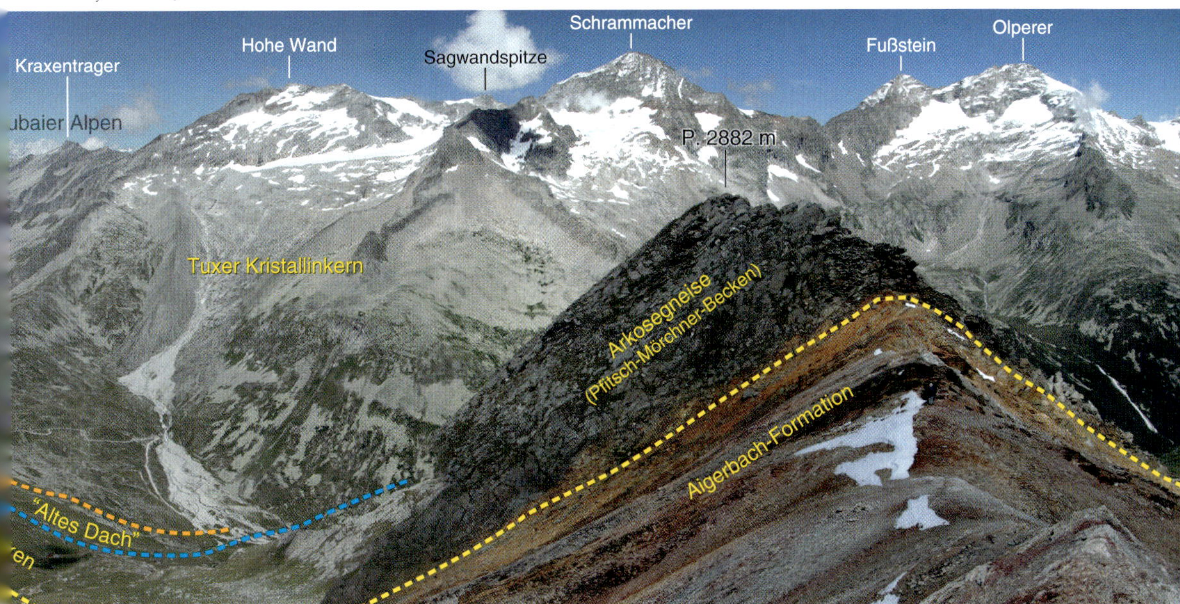

Abb. 182. Stark geschieferte karbonatische Glimmerquarzite als linsenartige Einschaltungen in der Aigerbach-Formation knapp nördlich des Gipfels der Rotbachlspitze.

181 Die Aussicht nach Westen geht über das Pfitschtal zu den Pfunderer Bergen und den westlichsten Ausläufern der Zillertaler Alpen. Den Hintergrund dominieren die vergletscherten Dreitausender von Ötztaler und Stubaier Alpen. Im langgestreckten, über die Ortschaften St. Jakob und Kematen bis zu einem markanten Knick von Westen nach Osten verlaufenden Pfitschtal liegt eine wichtige tektonische Grenze: Den von uns aus gesehen linken, südlichen Talhang bilden steil nordwärts geschieferte Bündnerschiefer der penninischen Glockner-Decke mit den typischen, scharf zugeschnittenen und schroffen Schiefer-Grasbergen. Dem Talverlauf folgend liegt die Wolfendorn-Decke, die noch vor der Kalkwandstange im unteren Pfitschtal nach Norden umbiegt und den markanten, deutlich abgesetzten Gipfel des Wolfendorns (2774 m) und zugleich auch ihre Typlokalität erreicht. Die Greiner-Synklinale liegt nördlich davon und zieht von unserem Standort aus gesehen noch ein wenig nach Westen, bevor sie zwischen Wolfendorn-Decke und Aigerbach-Formation des Pfitsch-Mörchner-Beckens auskeilt. Letztere zieht in einer nur wenige hundert Meter breiten Zone in westliche Richtung über die Typlokalität des Aigerbaches etwa vier Kilometer westlich des Pfitscher Joches bis unter den Wolfendorn im Kamm zwischen Pfitsch- und Eisacktal. Noch weiter nördlich stehen Gneise des Tuxer Kristallinkerns an, die sich über den Kraxentrager zur Hohen Wand und weiter nach Nordosten zu Schrammacher und Olperer ziehen.

Ein interessanter, nur minutenkurzer Abstecher führt vom Gipfel der Rotbachlspitze nach Norden gegen den aus Arkosegneisen aufgebauten P. 2882 m. Knapp 20 Meter unter dem höchsten Punkt sind in den monotonen, rötlich- bis rotbraunen Metasedimentgesteinen der Aigerbach-Formation leuchtend weiße, stark geschieferte karbonatische Quarzite mit Hellglimmerschüppchen auf den Schieferungsflächen aufgeschlossen. Sie ziehen als schmale Linsen in der steilen Schutthalde nach Westen talwärts. Wir sollten nicht in die steile Flanke absteigen, um einen eventuell besseren Auf-
182a schluss zu suchen – die Quarzite sind am Grat am besten erschlossen. Auffallend ist vor allem der farbliche Kontrast von stark verwitterten, eisenoxidhaltigen Kalkglimmerschiefern, die als dünne Lagen die Quarzit-Linsen durchziehen, und den weißen Quarziten mit beinahe silbrig schimmernden
182b Schieferungsflächen.

Abb. 183. Das Rotbachl entspringt auf circa 2500 Meter Höhe unter dem breiten Westrücken der Rotbachlspitze (oben rechts im Bild).

⑦ Einmal mehr: Das Rotbachl

Der Abstieg erfolgt am Aufstiegsweg. Wer möchte, kann auf circa 2550 Metern einen kurzen Abstecher über die schrofige Schuttflanke hinab zur Quelle des Rotbachls machen.

Besagte, stark eisenoxidhaltige Zweiglimmerschiefer lassen hier auf ziemlich genau 2500 Meter Höhe
den von Beginn an dunkelrot gefärbten Bachlauf entspringen, der wie ein blutiges Band kontrastreich 183
zwischen immer grüner werdenden Schrofen talwärts zieht.

Nach etwa einer weiteren halben Stunde Abstieg sollten wir das Pfitscher-Joch-Haus erreicht haben und können mit der zweiten Etappe der Exkursion beginnen.

⑧ Die lange Querung ins Schrammachkar

Unmittelbar an der Landesgrenze Italien/Österreich (halb verfallene Zollwachthütte) zweigt unser Weiterweg nach links ab. Wir steigen durch schrofiges Gelände mit zahlreichen eiszeitlich abgeschliffenen kleinen Rundhöckern in den Stampfler Boden unter den beeindruckenden, neuzeitlichen Endmoränenbögen des Stampflkeeses ab. Den vor allem während der Schneeschmelze wilden Zamser Bach überqueren wir auf circa 2200 Meter Höhe mittels "mobiler"
84 Holzbrücken. Diese werden oft jedes Jahr neu gesetzt, weil die starke Geschiebeführung des Wildbaches für eine ständige Verlagerung der Bachläufe sorgt.

Vom Zamser Bach steigt unser, oft mit Steinplatten aufwändig ausgebauter Steig (Nr. 528), stetig in die Höhe.

Im weiten Kar "Die Ebenler" überqueren wir knapp südwestlich der Kastenschneid die Stirn eines kleinen, fossilen Blockgletschers sowie unterlagernde egesenzeitliche Moränenablagerungen. Aus dem weiten Kar haben wir einen schönen Blick zurück auf den
85 weiten Übergang des Pfitscher Joches und die

Abb. 184. Der Zamser Bach unterhalb der 1850er-Moränen der »Kleinen Eiszeit« wird mittels »mobiler« Brücken überquert. Vor mehr als 170 Jahren musste der Blick von hier bergwärts mit dem beinahe an unseren Standpunkt heranfließenden Stampflkees weitaus beeindruckender gewesen sein.

Abb. 185. Aus dem Kar »Die Ebenler« geht der Blick zurück zum weiten Sattel des Pfitscher Joches mit dem darauf erbauten großen Schutzhaus. Dahinter liegen die Gipfel der Pfunderer Berge (Südtirol).

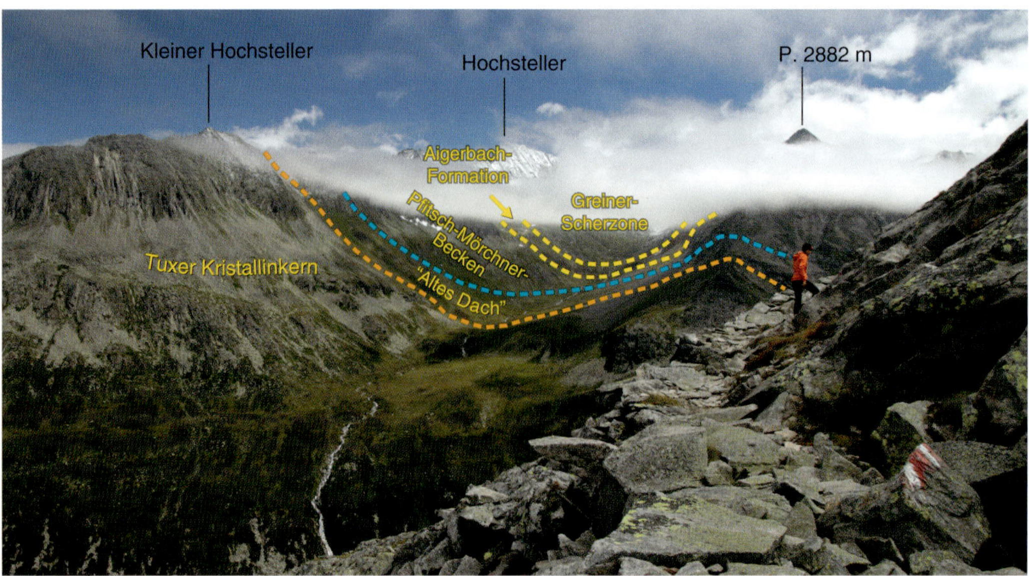

Abb. 186. Ausblick von der Kastenschneid ins Haupental jenseits des Zamser Grundes. Der spätsommerlich frisch verschneite Gipfel über dem langsam abziehenden Hochnebel ist der Hochsteller (3097 m). Über der Person im Vordergrund ist der P. 2882 m zu erkennen, ein nördlich der Rotbachlspitze vorgelagerter Nebengipfel. Er gehört zur postvariszischen Füllung des Pfitsch-Mörchner-Beckens. Die markanten, rotbraun verwitternden Metasedimentgesteine der Aigerbach-Formation erkennen wir in einem schmalen, gegen den Kleinen Hochsteller ziehenden Streifen. Nördlich des Pfitsch-Mörchner-Beckens liegt ein ebenfalls schmaler Span von paläozoischen Metasedimentgesteinen des Variszischen Basements (»Altes Dach«). Dieses bildet die Hülle des Tuxer Kerns, auf dem wir uns befinden.

Abb. 187. Im südlichen Abschnitt des Oberschrammachkares. Im Hintergrund sind die Endmoränenwälle des Oberschrammachkeeses aus der »Kleinen Eiszeit« gut zu erkennen (gelbe Linien). Der Gratrücken ganz rechts ist der Ameiskopf (2553 m), der Oberschrammachkar von Unterschrammachkar trennt.

soeben erstiegene Rotbachlspitze. Die Kastenschneid bildet die Grenze zwischen Granodioritgneis im Süden und feinem Zweiglimmergneis im Norden. Wir befinden uns seit dem Pfitscher Joch im Tuxer Kristallinkern und werden diesen im Laufe der noch zu wandernden Exkursionsroute auch nicht mehr verlassen. Mit dem Blick hinüber ins jenseits des Zamser Grundes gelegene Haupental 186
bekommen wir nochmals Einblick in die stark geschieferte, paläozoische Metasedimentserie der Greiner-Synklinale.

Der von West nach Ost talwärts ziehende, zerklüftete Kamm der Kastenschneid trennt das Kar "die Ebenler" vom Oberen Schrammachkar. Hier erreicht der Steig mit knapp 2400 Metern seine "Zielhöhe" – viel höher werden wir auf der langen Querung zurück zum Schlegeisspeicher und zu unserem Ausgangspunkt nicht mehr steigen müssen. Immer noch bestimmen graue, monotone Zweiglimmergneise das Bild.

Der Steig – abermals in großen Platten ausgelegt und sehr gut zu gehen – durchquert das Kar auf seiner 187
gesamten Breite und erreicht an den Oberschrammachbächen kurz das Ostende des 1850er-Moränenwalls des Oberschrammachkeeses.

Dieses hat sich über egesenzeitlichen Moränenablagerungen beinahe talwärts geschoben und ist zu – aus heutiger Sicht – kleinen, unscheinbaren Gletscherresten weit oben unter den Ostwänden des Schrammachers zurückgeschmolzen. Den morphologisch noch einigermaßen erkennbaren, aber stark abgerundeten spätglazialen Seitenmoränenwall des Oberschrammachkeeses erreichen wir unmittelbar südlich des Ameiskopfes am Nordende des Oberschrammachkares.

Der Ameiskopf trennt Ober- von Unterschrammachkar und ist ebenfalls aus Zweiglimmergneisen 188a
aufgebaut. Neben Feldspäten und Quarz dominieren Hell- und Dunkelglimmer (Muskovit bzw. Biotit), deren gesprosste, plattige Minerale die Schieferung nachzeichnen. Die nachfolgend im Zuge der Exhumierung entstandenen Brüche sorgen zusammen mit der Schieferung für ein schlierig- 188b
wolkiges Gefüge.

Mit der Unterquerung des Ameiskopfes auf circa 2430 Metern haben wir den höchsten Punkt unserer Routenetappe und mit dem Unterschrammachkar den letzten zu durchquerenden Karboden vor dem Abstieg zum Schlegeisspeicher erreicht.

Abb. 188. *a, Zweiglimmergneis steht unter dem Ameiskopf flächig an. b, Vor allem die namensgebenden Glimmer-Minerale sind lagig gesprosst und zeichnen die Gesteinsschieferung in einem schlierig-wolkigen, feinen Gefüge nach.*

Abb. 189. *a, Granodioritgneise, oder auch »Augen- und Flasergneise« aufgrund der zahlreichen größeren Feldspatblasten, stehen im Unterschrammachkar flächig an. b, Am Beginn des Abstiegs hinab zu den Seen am Hinterboden durchschlagen dunkelgrüne, stark geschieferte Amphibolit-Bänder den Gesteinskörper.*

Hier dominieren wieder Granodioritgneise – wegen größerer Feldspatkristall-Einsprenglinge auch
189a "Augen- und Flasergneis" genannt. Dabei ist die Schieferung im angewitterten Aufschluss nur schwer nachzuvollziehen, am ehesten, wenn dunkle, verwitterte und biotitreiche Amphibolit-Bänder den Gesteinskörper durchziehen. Dort, wo der Steig zu den bereits sichtbaren Seen im Hinterboden abzusteigen beginnt, durchziehen sie zu mehreren Bändern den Gneiskörper. Und da sie ausnahmslos

Abb. 190. Die namenlosen kleinen Seen in den Hinterböden (Unterschrammachkar) liegen auf spätwürmzeitlichen Moränenablagerungen.

parallel zur Schieferungsrichtung angeordnet sind und selbst eine intensive Schieferung erfahren 189b
haben, dürfte ihre Anlage als dünner, mafischer Intrusionsgang während oder bereits vor der alpidischen Gesteins-Metamorphose geschehen sein.

Nur knapp 150 Höhenmeter Abstieg sind es bis zu den kleinen, namenlosen Seen in den Hinterböden des 190
Unterschrammachkares. Hier lässt es sich angesichts der Bergszenerie im Süden (Hochstellerkamm) zwanglos pausieren, bevor wir die letzte Etappe zum Schlegeisspeicher absteigen.

Wer plant, die nachfolgend beschriebene Exkursion F anzufügen, dem sei ein direkter Anstieg von den Seen gegen die Olpererhütte auf einer Fortsetzung des Höhenweges unter dem Schramerkopf empfohlen. So spart man sich den Abstieg zum Schlegeisgrund und den neuerlichen Anstieg von etwa 600 Höhenmetern. Lithologisch bleiben wir in den im ersten Kapitel von Exkursion F beschriebenen Gesteinen.

Etwa eine Stunde werden wir bis zum Ende der hier vorgestellten Exkursionsroute unterwegs sein, und dabei zunächst über eine felsige Karschwelle auf einen tiefer gelegenen Karboden und dann in gemütlichem Gefälle entlang des Unterschrammachkarbaches absteigen. Auf etwa 2000 Meter Höhe verlässt die Wegführung den Bachlauf und quert in nordöstliche Richtung gegen den bereits sichtbaren Stausee im Schlegeis.

Weiterführende Literatur

HORNUNG, T. & J. ZASADNI (2023): Geologische Karte des Hochgebirgs-Naturparkes Zillertal, der Gemeinden Tux, Finkenberg und Brandberg, Maßstab 1:25000, 3 Kartenblätter, Hochgebirgs-Naturpark Zillertaler Alpen, Ginzling.

F Der lange Weg durch den Tuxer Kern: Vom Schlegeis übers Petersköpfl auf den Hohen Riffler

Wegstrecke: Schlegeisspeicher (1782 m) – Olpererhütte – Berliner Höhenweg – Blockgletscher Friesenbergkar (ca. 2720 m) – Petersköpfl (2679 m) – Friesenberghaus (2498 m, Übernachtung) – Hoher Riffler (3231 m, nur für Geübte!) – Lapenkar – Friesenbergalpe – Dominikushütte – Schlegeisspeicher.

Geologie: Gneise des Tuxer Kerns: Augen- und Flasergneis, Altkristallin, Leukogranitgneis, "Ahorngranit" und Tuxer Granitgneis – holozäne Gletscherstände – Blockgletscher Seewand – Übersicht Grenzbereich Tuxer Kristallinkern zu Riffler-Schönach-Becken.

Bis auf den Gipfelanstieg vom Friesenberghaus auf den Hohen Riffler stellt die hier beschriebene Route eine nicht allzu anspruchsvolle Rund-Wandertour auf bestens ausgebauten und markierten Wegen dar. Bei einer Ersteigung des Hohen Rifflers ist Trittsicherheit, Schwindelfreiheit und Bergerfahrung nötig. Aufgrund der großen Höhe können sich dort das ganze Jahr über Firn- und Schneefelder halten, die teilweise auch überquert werden müssen (insgesamt 1800 m Höhenunterschied, 18 km Gehstrecke und circa 12 Stunden reine Gehzeit). Ungeachtet von Gipfel-Ambitionen wird eine Übernachtung am Friesenberghaus empfohlen. Die Exkursion kann gut mit der nachfolgend beschriebenen Exkursion G kombiniert werden. Beste Jahreszeit ist Mitte Juli bis Mitte/Ende September, vorausgesetzt, am Riffler liegt nicht allzu viel Neu- oder Altschnee.

Die Reihe der Dreitausender im Tuxer Kamm reicht von der Hohen Wand, dem Schrammacher und dem 3476 Meter hohen Olperer bis zur einsamen, unvergletscherten Realspitze. Dieser lange Grat trägt neben dem Zillertaler Hauptkamm an der österreichisch-italienischen Grenze die höchsten Erhebungen der Zillertaler Alpen. Die Gipfel setzen jedoch einiges an alpinistischer Erfahrung voraus und sind deswegen für Bergwanderer eher ungeeignet. Auch der hier vorgestellte Anstieg auf den Hohen Riffler hat durchaus seine Tücken, vor allem nach Schneefall in höheren Lagen, der auch im Hochsommer vorkommen kann. Sollte man sich entscheiden, den Dreitausender zu ersteigen, gehören Bergerfahrung, Trittsicherheit und am Gipfelgrat auch "ein gerüttelt Maß" an Schwindelfreiheit zum benötigten alpinistischen Repertoire. Außerdem ist stabiles, gewitterfreies Bergwetter vonnöten, weswegen man die Tour mit einer Übernachtung am Friesenberghaus planen sollte, um den Gipfelanstieg frühmorgens starten zu können. Die hier vorgestellte Abstiegsvariante zum Schlegeisspeicher ist die kürzeste Verbindung zurück zum Ausgangspunkt, führt allerdings durch ähnliche Gesteine wie am Aufstiegsweg über die Olpererhütte. Eine sinnvolle Kombination ist deswegen der alternative, deutlich längere Abstieg vom Friesenberghaus nach Ginzling (Exkursion G). Dann sollte man jedoch bereits vorher seinen PKW dort abgestellt haben und mit dem Bus zum Schlegeisspeicher anreisen. Das spart vor allem in der Hochsaison Nerven bei der Anfahrt und Zeit bei der Parkplatzsuche.

1 Von "High-Five" und Selfiewahn: Zur Olpererhütte und der berühmten Hängebrücke

Über die landschaftlichen Reize des gewaltigen Stausees im Schlegeisgrund lässt sich trefflich streiten, besonders, wenn der See sein Stauziel (noch) nicht erreicht hat und kahle Geröllhänge über der Wasserlinie entblößt. Nichtsdestotrotz gibt es an Schönwettertagen von Juni bis Anfang September ein tagtägliches Gewusel an Tagesgästen, Wanderern und Bergsteigern – die drei jedoch in deutlich abnehmender Häufigkeit. Und gefühlt die Hälfte derer, die aus Bussen oder Privat-PKWs auf die umliegende Bergwelt losgelassen werden, strömt in Richtung Olpererhütte. So ist man hier ganz bestimmt nicht allein unterwegs.

Der Anstieg beginnt nahe der Mündung des Zamser Baches in den Schlegeisspeicher und verläuft im unteren Abschnitt über Moränen-Till des Gschnitz-Stadials (Würm-Spätglazial). Da sich bis auf knapp 2100 Meter Höhe Hangschutt- und Blockfelder anschließen, haben wir bis zu den ersten Festgesteins-Aufschlüssen in Orthogneisen des Tuxer Kristallinkerns genügend Zeit zum Warmlaufen. Der Steig ist bestens ausgebaut und über weite Strecken mit großen Gesteinsplatten ausgelegt. Wir wandern dabei auf einer Teiletappe des Berliner Höhenwegs, die jedoch in der Regel von der Olpererhütte absteigend zum Stausee und weiter zum Furtschaglhaus begangen wird.

Die ersten kristallinen Gesteine, die uns auf unserer Exkursion begegnen, gehören zum auffallend hellen (leukokraten), mittelkörnigen Granodioritgneis des Tuxer Kerns. Das Gefüge zeigt bereichsweise zahlreiche Feldspatkristalle mit umgebenden schwarzen Biotit-Säumen (teilweise vertreten

Abb. 191. Topographische Übersichtskarte der Exkursion F – Hoher Riffler/Petersköpfl sowie dem Beginn der Absteigsvariante G nach Ginzling (Geodatenbasis: BEV Österreich).

Abb. 192. Geologische Karte der Exkursion **F** *– Hoher Riffler/Petersköpfl mit der Abstiegsvariante* **G** *nach Ginzling (Aus* HORNUNG & ZASADNI *2023; Geodatenbasis: BEV Österreich). Legende siehe Seiten 75–77.*

Abb. 193. Granodioritgneis oder »Augen- und Flasergneis« steht auf dem ersten Abschnitt des Weges vom Schlegeisspeicher zur Olpererhütte an. Das metamorphe Gestein zeigt hier ein treppenartig angeordnetes Trennflächensystem, kombiniert aus Schieferung und dominanter Klüftung (a), sowie ein helles, mittelkörniges Gefüge mit zahlreichen Feldspatblasten und Biotitsäumen (b).

durch Muskovit). Vor allem das linsenartige Umfließen idiomorpher Feldspatblasten mit Biotit hat der Lithologie deswegen zur Bezeichnung "Augen- und Flasergneis" verholfen. Das tafelartig angeordnete, regelmäßig geklüftete Gefüge erinnert ein wenig an Treppenabsätze. 193b 193a

> Der Steig bleibt noch eine Weile links des Riepenbaches, und im offenen Gelände jenseits der Waldgrenze erscheint der klitschblaue Schlegeisspeicher wie ein Fjord. Den Hintergrund beherrschen der 3480 Meter hohe Große Möseler und der Hohe Weißzint (3380 m).
>
> Die mäßige Steigung verflacht tendenziell ab etwa 2200 Meter Höhe mit Erreichen einiger zum Teil staunasser Böden, die von kleinen Bächen und Rinnsalen durchflossen werden.

Dieser Abschnitt des Berliner Höhenwegs ist eindeutig durch die letzte Eiszeit überformt. Zunächst lassen sich Bereiche mit starker Staunässe beobachten, bedingt durch feinkörnige, geringmächtige Grundmoränenablagerungen. Zudem erkennt man flache, stark abgerumpfte Seitenmoränenwälle eines Gletscherhaltes aus dem Egesen-Stadial. Sowohl dessen west- als auch ostseitige, durch einen ehemaligen Eisstrom aufgeschobene Wallstrukturen sind erhalten und ziehen sich beidseits des Riepenbaches talwärts. Sie zeichnen undeutlich eine bis knapp auf Höhe des Schlegeisspeichers reichende, kleine Gletscherzunge nach (siehe geologische Karte in Abb. 192). Zudem zeugen einige glattgeschliffene Felsen auf circa 2300 Meter Höhe von der abrasiven Tätigkeit einstigen Gletschereises. 194a Hier finden wir auch die zweite, für den Tuxer Kristallinkern sehr typische Lithologie unserer Exkursion: den "Ahorngranit". Mit einer etwas sperrigen petrographischen Bezeichnung als "grob-

Abb. 194. »Ahorngranit« steht unter der Olpererhütte in glazigen überprägtem Gelände großflächig an. Foto a zeigt einen von eiszeitlichen Gletschern glatt geschliffenen Rundhöcker (ca. 2300 m) mit Blick auf den Zillertaler Hauptkamm über dem Schlegeisspeicher (Großer Möseler links, Hoher Weißzint rechts über dem See). Das Detailfoto (b) zeigt den typischen »Ahorngranit« mit zahlreichen idiomorphen, rautenförmigen Kalifeldspateinsprenglingen.

Abb. 195. Wie poliert wirkendes »Altkristallin« (a) in Form eines grauen Biotitschiefers mit zahlreichen Feldspatblasten (b) steht unterhalb der Olpererhütte auf circa 2330 Meter Höhe an.

Abb. 196. Im Jahr 2008 neu erbaut: die Olpererhütte auf 2389 Meter Höhe über dem Schlegeisspeicher.

porphyrischer Biotitgranitgneis mit Kalifeldspateinsprenglingen" charakterisiert, ist er im Gelände
aufgrund seiner idiomorphen, bis zu 2 Zentimeter großen, meist rautenförmigen Feldspatkristallite 194b
eindeutig und schnell erkennbar.

Nur knapp oberhalb der Gletscherschliffe im Ahorngranit, an einer Stelle, an der der Steig seine
Hangquerung durch das moränenbedeckte Gelände beendet und nach links wieder steiler bergan
zur bereits sichtbaren Olpererhütte führt, treffen wir auf eine dritte Lithologie: Nahe eines Wasser-
risses stehen stark geschieferte, wie geschmirgelt wirkende Gneise des "Altkristallins" an. Hierbei 195a
handelt es sich um dunkle Biotitschiefer mit zahlreichen Feldspatblasten sowie untergeordnet Bänder- 195b
amphiboliten. Der recht schmale Streifen dieses besonderen Gneistyps zieht sich südlich unterhalb der Olpererhütte in einem nur 300 Meter breiten und etwa von Ost nach West ausgerichteten, zwei Kilometern langes Band und liegt randlich einer größeren, lithologisch heterogenen Zone aus Altkristallinbereichen und jüngeren Gneisen.

> Nach einer Anstiegszeit von anderthalb Stunden ab dem Schlegeisspeicher sollten wir die erst im Jahr 2008
> neu erbaute Olpererhütte auf 2389 Meter Höhe erreicht haben. Sie liegt aussichtsreich ziemlich genau in 196
> Fluchtlinie des Schlegeisspeichers mit offenem Blick gegen die Dreitausender des Zillertaler Hauptkammes.

Wie praktisch alle der hier in diesem Exkursionsführer beschriebenen Alpenvereinshütten kann auch dieses Schutzhaus auf eine bewegte Geschichte zurückblicken. Bereits 1881 erbaut, ist die Olpererhütte damit nach der Berliner Hütte das zweitälteste Schutzhaus der Zillertaler Alpen. Aufgrund stetig zunehmender Besucherzahlen wurde der ursprünglich, recht bescheidene Bau in den Jahren 1933 und 1976 bedeutend erweitert. Erwähnenswert ist die Tatsache, dass die voll besetzte Hütte am Abend des 31. Juli 1998 bei dem Abgang einer Eis- und Geröllmure vom Riepenkees nur knapp einer Katastrophe entging. Die zähe Gerölllawine streifte die Hütte nur an einer Hausecke. Letztendlich wurde das Schutzhaus an die Alpenvereinssektion Neumarkt in der Oberpfalz mit dem Ziel einer weiteren Komplettsanierung verkauft – es zeigte sich jedoch, dass ein kompletter Neubau effizienter und kostengünstiger war. So wurde die alte Olpererhütte 2006 abgerissen und die neu gestaltete Alpenvereinshütte bereits Anfang der Sommersaison des Jahres 2008 dem Besucheransturm übergeben, der seither – Corona-Krise hin oder her – unvermindert anhält. Neben der aussichtsreichen Terrasse ist ein besonderer Anziehungspunkt für die moderne "Social-Media-Community" eine

Abb. 197. Welch Kontrast! Zugegebenermaßen ist die Foto-Perspektive gegen den Schlegeisspeicher und die höchsten Zillertaler Dreitausender mit der Hängebrücke im Vordergrund spektakulär. Dementsprechend stark ist oft der Ansturm und lang die Schlange derjenigen, die sich unbedingt vor dieser Bergkulisse in allen erdenklichen Posen ablichten lassen wollen…

unweit der Hütte über die Schmelzwasser-Bäche des Großen Riepenkeeses führende Hängebrücke. Gerade an schönen Sommertagen scheinen die meisten Bergwanderer der jüngeren (und teilweise auch "mittelalten") "Generation Smartphone" nichts anderes im Sinn zu haben, als sich mitten auf der Brücke mit dem blauen Schlegeisspeicher und den Dreitausendern von Großem Möseler bis

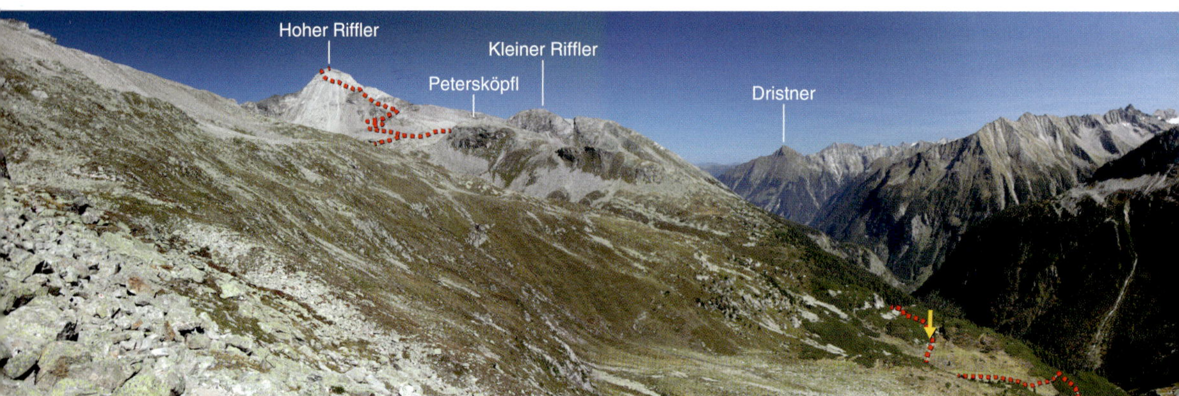

Abb. 198. … doch keine drei Gehminuten oberhalb ist man mit sich und der Bergwelt – zumindest auf den Schrofenhängen in nördlicher Richtung gegen den bereits sichtbaren Hohen Riffler – wieder allein. Das aus mehreren Teilbildern zusammengesetzte und unter dem Keeskopf aufgenommene Panoramafoto mit Blick nach Nordosten zeigt einen Gutteil des Weiterweges auf Riffler und Petersköpfl sowie Teile der direkten Abstiegsoption für den morgigen Tag (der gelbe Pfeil markiert die Friesenbergalpe).

Abb. 199: a, Wie ein breiter Schuttteppich ziehen sich die 1850er-Endmoränen der »Kleinen Eiszeit« unter den Gefrorene-Wand-Spitzen (3289 m) entlang und reichen fast bis zum Berliner Höhenweg hinab. b, Der Dreitausender wird aus einem feinkörnigen Leukogranitgneis mit nur millimetergroßen Kristalliten aufgebaut – entsprechende Handstücke finden sich längs des Weges unter den Moränen.

zum Hochfeiler im Hintergrund für diverse "Postings" ablichten zu lassen. Klar, dass es bei einer regulären Begehung des Weiterwegs zu langen Verzögerungen kommt, weil man erst geduldig
den Abbau der langen Schlange abwarten muss. Deswegen ist es besser, die nicht allzu breiten 197
Schmelzwasserbäche etwas oberhalb auf Pfadspuren zu überqueren und danach wieder kurz zum Berliner Höhenweg abzusteigen, der uns in Richtung Friesenberghaus bringen wird. So turbulent das bunte Treiben zwischen Alpenvereinshütte, Hängebrücke, "High-Five" und "Selfie-Wahn" oft
ist, so ruhig geht es keine 100 Meter weiter nördlich am Berliner Höhenweg mit der Teiletappe 198
zum Friesenberghaus zu.

❷ Die lange Querung zur Seewand

Von der Hängebrücke steigt der Berliner Höhenweg in nördlicher Richtung beständig an, dies jedoch in einer sehr angenehmen Weise.

Bald sind die letzten Rufe der zahlreichen Wanderer verklungen und wir wieder allein mit uns, den Bergen und den Gesteinen. Besagte heterogene Mischzone aus Altkristallin und Intrusiva wird uns noch eine Weile begleiten – dazu überschreiten wir den Seitenmoränenwall des spätglazialen Riepenkeeses. Auch die 1850er-Endmoräne der "Kleinen Eiszeit" mit wie frisch angeschüttet scheinenden Geröllfeldern ist zu sehen und verläuft knapp 100 Meter oberhalb unserer Wegführung. Das "Große Riepenkees" selbst hat sich weit gegen den Olperer zurückgezogen und reicht in einer kümmerlichen Gletscherzunge bis zu einigen Schmelzwasserseen auf knapp 2800 Meter Höhe hinab – Tendenz: rapide abschmelzend! Wir können den Gletscher von hier nicht einmal mehr sehen.

Auf die Mischzone folgt ein breites Vorkommen von Ahorngranit, während wir knapp unter den
neuzeitlichen Endmoränenwällen des Kleinen Riepenkeeses weiter nach Norden queren. Darüber 199a
thronen die schroffen Gefrorene-Wand-Spitzen mit der von hier aus gesehen etwas deplaziert wirkenden Gipfelstation des Ganzjahres-Skigebiets "Tuxer Gletscher".

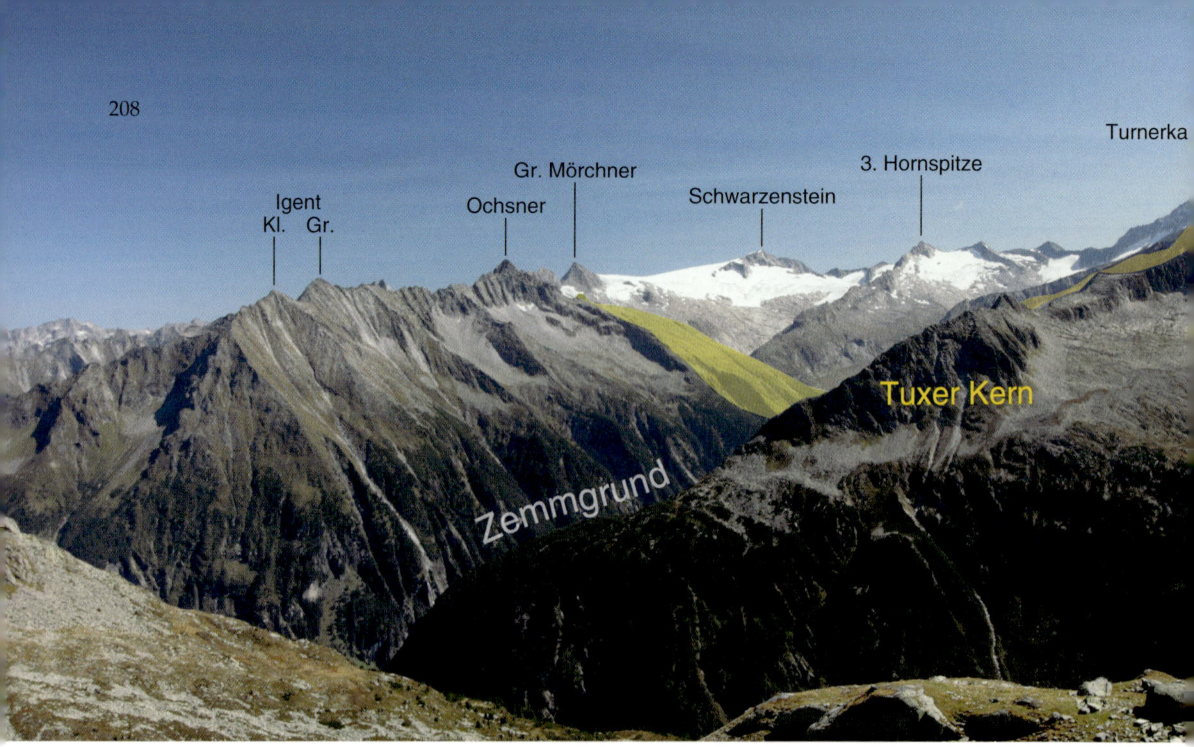

Abb. 200. Die Aussicht vom Berliner Höhenweg aus etwa 2500 Meter Höhe nach Süden gegen den Zillertaler Hauptkamm zeigt strukturgeologische Bauelemente jenseits des Tuxer Kristallinkerns. Die Greiner-Synklinale zieht vom Hochsteller über Großen Greiner und Zemmgrund. Daran gebunden ist eine schmale Zone altpaläozoischer Metasedimentgesteine des Variszischen Basements (»Altes Dach«) samt postvariszischen Metasedimentgesteinen des Pfitsch-Mörchner-Beckens (siehe Exkursionen E *und* H*). Der Zillertaler Hauptkamm noch weiter südlich wird aus Gneisen des Zillertaler Kristallinkerns aufgebaut. Das Penninikum mit der Glockner-Decke liegt als nächsthöheres tektonisches Stockwerk über den Kristallinkernen und baut die höchsten Zillertaler Gipfel westlich des Schlegeisspeichers auf (mit Ausnahme des Hochfeilers).*

Die Gefrorene-Wand-Spitzen werden aus feinkörnigem Leukogranitgneis mit Kalifeldspäten, einem dem "Augen- und Flasergneis" nicht unähnlichen, hellen, aber feineren Gneis mit nur wenige
199b Millimeter großen Kristalliten gebildet. Sein Vorkommen zieht von der steilen Ostwand des Berges über unseren Standort bis zum Friesenberghaus, das wir auf der gegenüberliegenden Talseite bereits sehen können.

Wie mehrfach angesprochen, befinden wir uns im Tuxer Kristallinkern – einen Blick über diesen
200 strukturgeologischen "Tellerrand" hinweg erlaubt die Aussicht von unserem Standpunkt nach Süden: Die Ausdehnung des Tuxer Kerns reicht auf der gegenüberliegenden Talseite des Zamser Grundes bis zum Kleinen Greiner – der dahinter liegende, 3201 Meter hohe Große Greiner besteht aus intensiv geschieferten Hornblendegarbenschiefern der Greiner-Synklinale. Er liegt damit in Bereichen altpaläozoischer Metasedimentgesteine, die den Tuxer Kristallinkern vom südlicher gelegenen Zillertaler Kristallinkern trennen. Die Greiner-Synklinale (oder auch Greiner-Scherzone genannt) zieht vom Großen Greiner nach Westen über den Hochsteller bis zur Rotbachlspitze (Exkursion E), nach Osten über den Zemmgrund hinweg und unter den Ochsner (3106 m). Dort greift sie zungenartig in eine Zone paläozoischer Metamorphite des Variszischen Basements ("Altes Dach") über (siehe Exkursion H). Das Hochferner-Massiv, welches den Hochsteller überragt, wird aus ehemaligen Tiefseesedimentgesteinen des Penninischen Ozeans gebildet. Heute liegen sie als stark verfaltete und metamorph überprägte Bündnerschiefer der Glockner-Decke den Kristallinkernen auf.

201 In anderer Richtung mit Blick gegen Norden haben wir einen guten Überblick auf das, was heute noch vor uns liegt, vor allem, da das Friesenberghaus bereits in Sicht gekommen ist. Die zuvor angesprochenen Leukogranitgneise ziehen gegen Norden bis über den Kamm der knapp 3000 Meter hoch gelegenen Friesenbergscharte, gehen allerdings dort in die noch helleren Tuxer Granitgneise

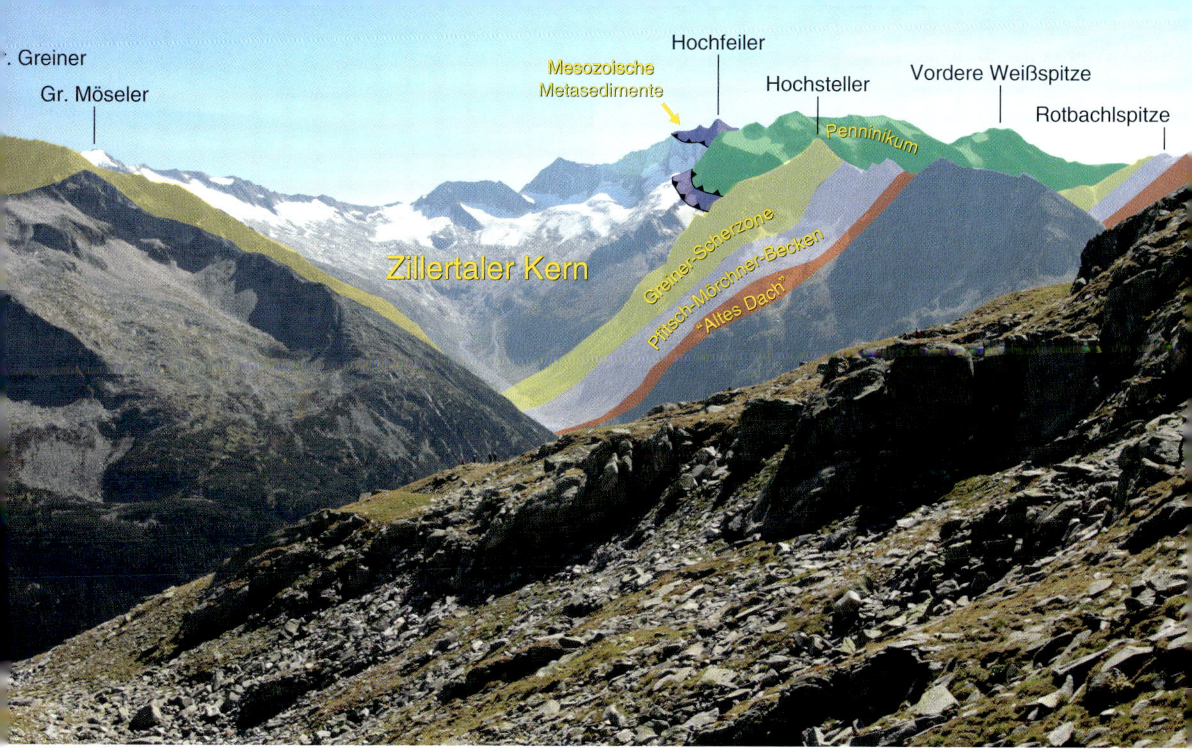

über. Aus diesen Gesteinen ist der Hohe Riffler vornehmlich aufgebaut. Im Kontaktbereich von Leukogranit- zu Tuxer Granitgneis ist das Gestein von dunklen, an riesige Schlieren erinnernden Altkristallin-Schollen durchzogen. Diese bestehen hier in der Hauptsache aus Grüngesteinen, also Amphiboliten und Serpentiniten. Beim Blick in die geologische Karte fällt auf, dass die Vorkommen von Altkristallin alle in Schieferungsrichtung gelängt sind, was bedeutet, dass sie bei der Nord-Süd-gerichteten Einengung im Zuge der alpinen Orogenese stark überprägt wurden. Dabei belegt der scharfe Kontakt zwischen hellen und dunklen Granitoiden nicht etwa eine Platznahme der Grünge-

Abb. 201. Ausblick vom Bereich unterhalb der Gefrorene-Wand-Spitzen in Richtung Hoher Riffler. Der Weiterweg des heutigen Tages ist orangefarben punktiert eingezeichnet, jener des morgigen Tages auf den Hohen Riffler rot punktiert. Ebenfalls hervorgehoben sind die Bereiche mit Altkristallin, die sich wie riesige Schlieren durch die Leukogranitgneise ziehen (grün transparent eingefärbt). Der orangefarbene Pfeil markiert das Friesenberghaus.

Abb. 202. Der Blockgletscher über der Seewand reicht von neuzeitlichen Moränenablagerungen (1850er-Wall der »Kleinen Eiszeit«) hinab bis zur Abbruchkante der Seewand. a, Im Gelände sieht man vor lauter »Geröll« den Blockgletscher nicht; b, Erst knapp 200 Meter weiter oben, von der Friesenbergscharte (2910 m), erkennen wir nahe der gegen Süden vorgewölbten Stirn einem dicken Tuch ähnliche Stauchfalten. Die äußere Form des Blockgletschers ist gelb strichliert umrandet. Das Friesenberghaus ist durch den orangefarbenen Pfeil hervorgehoben.

steine in den Zillertaler Intrusiva, sondern genau umgekehrt. Spätestens jetzt sollte klar sein, dass das Altkristallin (oder seine Ausgangsgesteine) älter ist als die leukograten Granitschmelzen, die erst später eindrangen und zu den Zillertaler Gneiskernen metamorph umgewandelt wurden. Wir erkennen das Altkristallin auch auf einer breiten Rippe, auf der das Friesenberghaus gebaut wurde.

Immer noch leicht ansteigend, erreichen wir auf einer Höhe von circa 2640 Metern zunächst eine Abzweigung nach rechts zum Friesenberghaus. Wir könnten auf direktem Wege dorthin absteigen und einiges an Wegstrecke abkürzen, würden jedoch den Blockgletscher unter der Seewand nicht erreichen und müssten vom

Abb. 203. Die aus hellem Tuxer Granitgneis aufgebaute, stumpfe Gipfelpyramide des Hohen Rifflers bröselt gewaltig: Bei der Querung der Südflanke des Berges sollte man zügig wandern. In starkem farblichen Kontrast zu den hellen Tuxer Granitgneisen stehen die dunklen Altkristallin-Amphibolite am Westgrat des Berges (links im Bild).

Friesenbergsee bis zum Petersköpfl umso mehr ansteigen. Deswegen wählen wir zunächst den Steig nach links in Richtung Friesenbergscharte. Auf circa 2680 Meter Höhe gelangen wir an eine weitere Abzweigung. Links weist der Wegweiser zur Friesenbergscharte. Dieser über steile Felsrippen und schiefrige Schrofen führende, im oberen Abschnitt klettersteigähnliche Anstieg ist für jene interessant, die die Überschreitung vom Friesenberghaus zum Spannagelhaus und weiter zum Tuxer-Joch-Haus (dort jeweils Anschluss an Exkursion L in Band 44) gehen oder nach Hintertux absteigen möchten. Wir hingegen halten uns rechts und beginnen, die stark geröllige Flanke unter dem Hohen Riffler in östliche Richtung zu queren.

3 Der Blockgletscher über der Seewand

Mit dem Geröll ist das so eine Sache. Der Begriff wird sehr gern und oft verwendet, sagt allein aber eigentlich nicht viel aus: Er gibt keine Information über Komponentengröße, Rundungsgrad, sonstige Beschaffenheit sowie Modalbestand des angetroffenen Lockergesteins – und er gibt keine Informationen zur Genese. Geologen können das jedoch bedeutend informativer gestalten – so ist es nicht nur eine Geröllwüste, die wir auf den folgenden paar hundert Metern Wegstrecke vor uns *202a* haben, sondern ein Blockgletscher, der bergwärts aus Moränenablagerungen der Kleinen Eiszeit genährt wird. Dass es sich wirklich um einen sich träge nach unten wälzenden Blockstrom handelt, können wir direkt im Zuge der Querung nicht erkennen. Von der Friesenbergscharte beispielsweise, einem Standort knapp 200 Höhenmeter weiter oben, würde man Fließstrukturen innerhalb der *202b* vorgewölbten Blockgletscherstirn einsehen können. Die gegeneinander aufgeschobenen Stauchwälle erinnern an die Falten eines dicken Teppichs.

Wie ein überaus träges Fließband schiebt sich der Blockgletscher ziemlich genau in südlicher Richtung über die Seewand – nur in seinem südwestlichen Bereich konnte sich eine Zunge mit Stauchwällen ausbilden, gegen Südosten bricht er in Form eines steilen Schuttfeldes über die Wandstufe gegen den Friesenbergsee ab. Hier erreichen wir mit circa 2720 Metern den höchsten Punkt unserer heutigen Tagesetappe und queren die brüchige sowie latent steinschlaggefährdete Südflanke des Hohen Rifflers. *203*

Wenngleich hier keine akute Gefahr durch herabfallende Steine besteht, sollten wir auf diesem Wegabschnitt nach Möglichkeit zügig wandern. In der Nähe des vom Hohen Rifflers nach SSO herabziehenden, plattigen Grates merken wir uns die Abzweigung zum Gipfel für den kommenden Tag und queren in ein paar weiteren Minuten hinüber in die flache Scharte vor dem Gratbuckel des Petersköpfls.

Abb. 204. Schon von Weitem ist der besondere Gipfelschmuck des Petersköpfls zu sehen – vor den im herbstlichen Nachmittagslicht erstrahlenden Dreitausendern Turnerkamp (3419 m) und Großer Möseler (3480 m, rechts) im Hintergrund (Situation Ende September 2020).

④ Das Petersköpfl: "Stoamandln-Show" mit Aussicht

Bereits vor Erreichen des Sattels unter dem nur gering abgesetzten Grat- 204
buckel des Petersköpfls erahnen wir die Besonderheit, der diesen an sich unscheinbaren und wenig besuchenswerten Punkt so besonders macht. Wer damit angefangen hat, den ersten Steinmann – tirolerisch "Stoamandl" – auf der sanft nach Süden abfallenden Gipfelfläche zu bauen, wird man wohl nie erfahren. Vermutlich stehen manche Steinmännchen schon Jahrhunderte dort oben, zählen sie doch im Allgemeinen zu den ältesten menschengemachten Markierungszeichen im Gebirge überhaupt. Ob nun archaische Markierung, Weg- und Vermessungszeichen oder religiöses Symbol, in Europa stehen die stummen Steinmänner heute für die Verbundenheit der Menschen mit einem gewissen Ort.

Abb. 205. Abendliche »Stoamandln-Show« am Petersköpfl. Im Hintergrund gibt das Hochfeiler-Massiv mit Breitnock, Hohem Weißzint, Hochfeiler und Hochferner (linke Bildhälfte) sowie den Pfunderer Bergen über dem tiefen, breiten Sattel des Pfitscher Joches (knapp rechts der Bildmitte) eine überaus würdige Kulisse. Ganz rechts erhebt sich der 3411 Meter hohe Schrammacher. Das Foto wurde freundlicherweise vom Hochgebirgs-Naturpark Zillertaler Alpen zur Verfügung gestellt.

Abb. 206. a,b. Das Friesenberghaus – ein stattlicher und gastlicher Bau vor der beeindruckenden Kulisse des Hochfeiler-Massivs. c, Im Sommer ziehen zahlreiche Schafe zwischen Friesenberghaus, Friesenbergsee und Peterskögfl umher.

Gegenwärtig überziehen das Gipfeldach des Peterskögfls wohl einige hundert Steinmännchen in allen Größen: von simpel übereinander gestapelten, kleinen Stoamandln und aufgestellten Riesenplatten bis hin zu kunstvollen, brücken- und bogenähnlichen Strukturen, die eine gewisse Kunstfertigkeit, Muße und Phantasie voraussetzen. In allen Fällen ist das Baumaterial heller, geschieferter und deswegen plattig brechender Leukogranitgneis.

In nur wenigen Minuten erreichen wir von der Scharte über eine leichte Kraxel-Passage den 2679 Meter hohen Gipfel mit überragender Aussicht zu den höchsten Dreitausendern der Zillertaler Alpen am südwärts gegenüberliegenden österreichisch-italienischen Grenzkamm.

Ein magischer Ort – vor allem an einem Frühherbstabend bei tiefstehender Sonne. 205

5 Abstieg zum Friesenberghaus: Ein Stück Zeitgeschichte

Am Peterskögfl können wir, gutes und stabiles Bergwetter vorausgesetzt, lange sitzen und schauen. Hinab zum Friesenberghaus ist es nicht mehr weit und der Abstieg kann in weniger als einer halben 206
Stunde zurückgelegt werden. Das stattliche, aber gemütliche Schutzhaus liegt auf 2498 Meter Höhe auf einem kaum ausgeprägten Geländerücken, der vom Peterskögfl westwärts verläuft. Wie viele Hütten heutzutage bietet es einige Annehmlichkeiten, die es noch vor 20 Jahren so nicht gegeben hätte – eine warme Dusche gehört auch dazu.

Abb. 207. Eine Gedenktafel am Friesenberghaus erinnert an düstere Zeiten.

Jetzt, da das "Tageswerk" geschafft ist und wir hoffentlich unsere Zimmer beziehen konnten, lässt es sich in der holzgetäfelten Stube wunderbar sitzen.

Jede Schutzhütte schreibt im Laufe der Jahrzehnte ihre eigene Geschichte, und natürlich kann auch das Friesenberghaus eine solche zum Besten geben. Sie berichtet von einem dunklen
Kapitel in der Historie des Alpenvereins, das – 207
Sie ahnen es vielleicht – mit dem Regime der Nationalsozialisten zu tun hat. Konkret geht es um die Rolle des Antisemitismus im Deutschen und Österreichischen Alpenvereins. Die Sektion Donauland, eine der größten Sektionen des ÖAV überhaupt, wurde im Jahr 1921 von jüdischen und nichtjüdischen Mitgliedern gleichermaßen gegründet, aber bereits 1924 diffamiert und von Hauptversammlungen des Alpenvereins ausgeschlossen. Deswegen versuchte man es zunächst erfolgreich durchs "Hintertürchen": Die Sektion Donauland schloss sich mit 600 Bergsteigern zu einem neuen Verein, dem Deutschen Alpenverein Berlin, zusammen. Dieser war es auch, der den Bau des Friesenberghauses plante und den Rohbau bereits im Jahr 1929 fertigstellte. Von 1931 an startete die Bewirtschaftung des Hauses oberhalb des wundervoll gelegenen Friesenbergsees, doch es kam, wie es in jener Zeit kommen musste: Der Deutsche Alpenverein Berlin wurde 1934 verboten, die Sektion Donauland nach dem Anschluss Österreichs an Nazi-Deutschland im Jahr 1938 aufgelöst und die Hütte daraufhin von der Wehrmacht beschlagnahmt. Nach 1945 vollständig geplündert, verfiel der Bau nach und nach, denn es gab schlicht zu wenige Holocaust-Überlebende der wiedergegründeten Sektion Donauland, um das Haus instandsetzen zu können. So wurde es 1968 der Sektion Berlin übereignet, im Jahr 2003 grundlegend saniert und bis heute immer wieder renoviert und erweitert. Die Grundsubstanz und der alte Charme blieben erhalten und so steht heute ein kleines Stück Zeitgeschichte unter dem Großen Riffler, eine offizielle internationale Begegnungsstätte gegen Hass und Intoleranz. Ein schönes und vor allem wichtiges Zeichen in diesen bewegten Zeiten.

❻ Entrückt: Abendstimmung am Friesenbergsee

Wer noch "Schmoiz" (tirolerisches Wort für "Kraft") in den Beinen hat, dem sei ein Abendspaziergang der besonderen Art empfohlen. Nur knapp 50 Höhenmeter unter dem Friesenberghaus liegt der Friesenbergsee.

> Am besten, wir wählen den Steig unmittelbar nördlich der Alpenvereinshütte und steigen in ein paar Minuten ins kleine Kar darunter ab.

208 So kommen wir ans Nordufer des Sees und haben eines *der* Postkartenmotive der Zillertaler Alpen vor uns. Mit dem richtigen Wetter lohnt es sich, bis zur untergehenden Sonne und einsetzenden Dämmerung zu warten. Das flach aus Westen einfallende Licht lässt die dem See gegenüberliegende Hochfeilergruppe bronzefarben bis leuchtend rot erglühen. Sollte es dazu noch weitgehend windstill sein, spiegelt sich die entrückte Szenerie im Friesenbergsee und hat wohl schon so manchen Fotografen in helle Verzückung gebracht (siehe auch das Titelbild dieses Bandes).

❼ Himmelsstürmer: Der anspruchsvolle Weg auf den Hohen Riffler

Das Friesenberghaus ist seiner Geschichte gerecht geworden. Es ist ein freundlicher, ruhiger Ort – sofern man kein Pech bei der Zuordnung von einem der 32 Betten und Lagerplätze hatte und mit einem "Schnarchzapfen" zusammengelegt wurde. Die Verpflegung ist hervorragend, die Eier für Abendessen und Frühstücksbuffet stammen von "Hüttenhühnern", die hinter der Küche in den grasigen Schrofen umherwuseln. Und der Hüttenwirt höchstselbst verkündet nach dem Abendessen in gemütlicher Runde den Wetterbericht für den morgigen Tag. Ausgeruht und bestens über Wetter und aktuelle Gegebenheiten informiert, lässt es sich so entspannt in den neuen Tag starten.

Abb. 208. An klaren Spätsommer- und Herbsttagen besonders schön: Die vom letzten Licht des Tages erstrahlende Hochfeiler-Gruppe spiegelt sich im Friesenbergsee.

Die Etappe auf den Hohen Riffler hat es trotz der "nur" 725 Anstiegshöhenmeter in sich. Zunächst 209
müssen wir über den uns bereits bekannten Geländerücken aus Ahorngneisen wieder hinauf gegen die flache Scharte vor dem Peterskӧpfl. Knapp unterhalb zweigt nach links die Querung ab, die wir ebenfalls beim gestrigen Abstieg begangen haben, und auch der Abzweig zum Riffler sollte uns noch in Erinnerung sein.

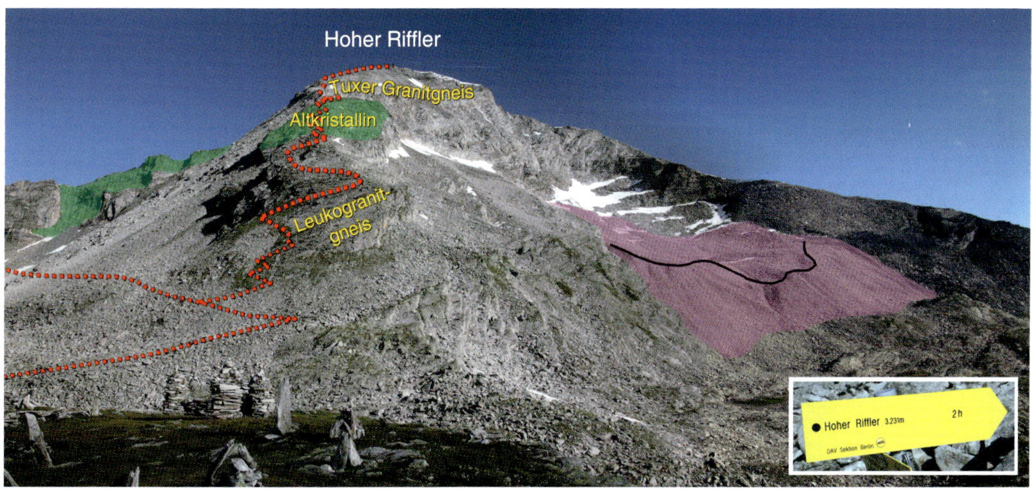

Abb. 209. Vom Peterskӧpfl erscheint der Hohe Riffler als großer, stumpfer Gipfel. Als die hauptsächlichen drei den Aufstieg berührenden Lithologien bilden Leukogranitgneise den Sockel des Berges, gefolgt von einem vom Südwestgrat herüberziehenden Altkristallin-Band. Der Gipfelaufbau besteht aus Tuxer Granitgneis. Der Anstieg dorthin ist als gepunktete rote Linie eingezeichnet, die neuzeitlichen Moränenstände der »Kleinen Eiszeit« im oberen Wesendlekar sind violettfarben hervorgehoben. Kleines Foto: Die knappen zwei Stunden Anstiegszeit zum Riffler sind eher »sportlich« berechnet: Besser ist es, je nach Verhältnissen etwas mehr Zeit einzuplanen. Immerhin ist ein mit »schwer« gekennzeichneter Weg zu bewältigen.

Abb. 210. *Bis zum ersten Gratabsatz auf etwa 2840 Meter Höhe sind auf den letzten Metern einige plattige Passagen in den hellen Leukogranitgneisen zurückzulegen.*

Von der Scharte weg geht es zunächst über
blockige Geröllfelder zu einem Felsriedel
aus plattig ausgebildetem Leukogranitgneis. Der Steig nutzt grasige Bänder, quert
teilweise auch direkt über Platten, um den 210
ersten Gratabsatz auf circa 2840 Meter
Höhe zu erreichen (Steinmann).

Auf den kommenden knapp 150 Höhenmetern folgen wir dem breiten, gut gangbaren Südrücken des Berges ohne größere Schwierigkeiten – zuletzt über dunkle Grüngesteine des Altkristallins zum zweiten Gratrücken auf circa 3000 Meter Höhe (zahlreiche Steinmänner).

Ab diesem Punkt sind vor allem im Frühsommer, aber auch bereits im Frühherbst, steilere, je nach Tagesgang auch noch hartgefrorene Schneefelder zu begehen. Am besten, wir halten uns links gegen den in einem weiten Bogen nach rechts aufstrebenden, blockigen Gipfelgrat.

Stets gut und engmaschig markiert,
verlaufen die noch ausstehenden
200 Höhenmeter in Tuxer Granitgneis.
Es handelt sich um einen sehr hellen,
gleichförmig grobkörnigen und horn-
blendeführenden Gneis. Sein gesprenkel-
tes Aussehen verleihen ihm zahlreiche
großkörnige, braune bis braunschwarze
Biotite – hin und wieder findet sich auch
mal ein karminroter Granat (Pyrop). Das
sehr dichte Gefüge zeigt im frischen
Anbruch keine deutlich ausgeprägte
Schieferung – lediglich in den verwitterten Partien wird das Trennflächengefüge aus Schieferung und dominanter
Klüftung wirksam. Entlang des Rückens
steigt, kraxelt und klettert man auf
gut gestuften, griffigen Felsen – wie in 211
einem gigantischen Treppenhaus! Und
mittlerweile ist der Tiefblick hinab zum
Peterskopfl, dem Friesenberghaus und 212
dem darunter liegenden Lapenkar beeindruckend angewachsen.

Abb. 211. *Der Schlussanstieg vor dem höchsten Punkt des Hohen Rifflers verläuft in stufig-plattigem »Tuxer Granitgneis«, einem ausgesprochen hellen, grobkörnigen, hornblendehaltigen Gneis (Höhe circa 3120 m).*

Abb. 212. a, Tiefblick vom Gratgipfel P. 3160 m, knapp unterhalb des Gipfels des Hohen Rifflers, hinab zum Petersköpfl und gegen den Zillertaler Hauptkamm: Rechts liegt unverkennbar der Schlegeisspeicher mit der Hochfeiler-Gruppe darüber, links der Zemmgrund mit den Hornspitzen und der dunklen Felspyramide des Turnerkamps. b, Selbst von hier sind die »Stoamandln« am Peterskopfl zu erkennen!

Auf den letzten Metern unter dem Gipfel erreichen wir an die Gratkante und den Abbruch zum Schwarzbrunnenkees. Hier ist ein wenig Vorsicht und vor allem bei schlechter Sicht genaues Steigen angeraten, um nicht zu weit gegen die Abbruchkante zu gelangen. 213

Abb. 213. Bei guten Bedingungen sind auch die noch ausstehenden Meter über den sich zusehends verschmälernden Grat kein Problem: ausreichend markiert, griffig und blockig. Umsicht braucht man jedoch bei schlechter Sicht (auch bei sommerlichem Schönwetter durch aufkommende Quellbewölkung jederzeit möglich), um nicht zu weit an den Abbruch nach rechts gegen das Schwarzbrunnenkees zu kommen.

Abb. 214. Erst knapp unter dem Gipfel des Hohen Rifflers öffnet sich der Blick über das Gefrorene-Wand-Kees nach Norden zu den Tuxer Alpen. Vor allem die höchsten Gipfel dort kontrastieren farblich gut zur Bündnerschiefer-Serie, die den Großteil der übergrünten Hänge im Vordergrund überzieht. Die Deckenklippen von Geier, Kalkwand und Hippoldspitze bestehen aus mesozoischen Metasedimentgesteinen – denselben Karbonatsequenzen, die in den Nördlichen Kalkalpen (im Hintergrund in den Wolken) thermisch weitgehend unbeeinflusst blieben. Die ① zeigt die unterostalpine Reckner- beziehungsweise Hippold-Decke – die ② die darunterliegende oberostalpine Innsbrucker-Quarzphyllit-Decke des Silvretta-Seckau-Deckensystems.

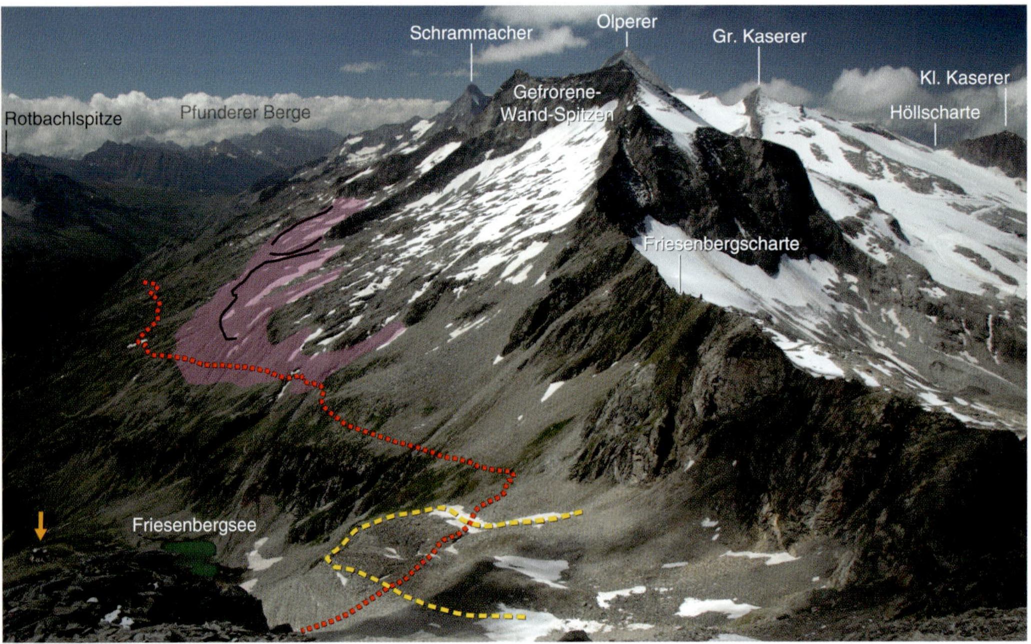

Abb. 215. Blick vom P. 3210 m, einem exponierten Vorgipfel des Hohen Rifflers, die Südwestflanke hinab zu Friesenberghaus (orangefarbener Pfeil) und Friesenbergsee. Wir erkennen gut den gestern überquerten Blockgletscher (gelb strichliert umrandet) sowie beinahe den gesamten Wegverlauf von der Olperer Hütte bis zum Friesenberghaus (rot punktiert). Darüber stehen die Hauptgipfel des Tuxer Kammes mit Schrammacher und Olperer, nach rechts gefolgt von Großem und Kleinem Kaserer (Exkursion L, Band 44). Die Gletscherstände der »Kleinen Eiszeit« sind zur besseren Verdeutlichung des Gletscherschwundes der vergangenen anderthalb Jahrhunderte transparent violett, die Endmoränenwälle mit schwarzen Linien hervorgehoben.

Abb. 216. *Endlich ganz oben!*

Erst auf diesen Metern werden im
214 Norden die übergrünten Bergkämme der Tuxer Alpen sichtbar. Wir erkennen die höchsten Gipfel der Gebirgsgruppe mit dem Geier, dem Lizumer Reckner sowie der Kalkwand (siehe auch Exkursionen (M) und (N), Band 44). Deren bleiche Flanken ähneln sehr stark den nochmals dahinter sichtbar werdenden Ketten der Nördlichen Kalkalpen. Tatsächlich handelt es sich jeweils um dasselbe Ausgangsgestein, nur mit dem Unterschied, dass die Gipfel der Nördlichen Kalkalpen im Zuge der Alpenauffaltung thermisch weitgehend unbeeinflusst geblieben sind, wohingegen die Kalke und Dolomitgesteine der höchsten Tuxer Gipfel metamorph umgewandelt wurden.

Ebenfalls beeindruckend ist der
15 Blick von hier hinab auf die bisherige Exkursionsroute: Der Berliner Höhenweg unter den Hängen der Gefrorene-Wand-Spitzen ist von der Olpererhütte bis zum Friesenberghaus einsehbar. Erstaunlich sind die Unterschiede der neuzeitlichen Gletscherstände zwischen "Kleiner Eiszeit" und Gegenwart: Die tiefliegenden und ausgreifenden Schuttfelder der 1850er-Moräne scheinen die rapide schmelzenden heutigen Gletscherreste des Riepenkeeses geradezu zu verspotten! Etwas größer ist noch das Gefrorene-Wand-Kees auf der Nordseite des Tuxer Kammes, das (noch!) ein Ganzjahres-Skigebiet trägt. Darüber liegen die pyramidenförmig scharf zugeschnittenen Gipfel von Olperer und Großem Kaserer sowie – rechts der Höllscharte – der stumpfe Bergrücken des Kleinen Kaserers (Exkursion (L) in Band 44).

Bei guten Bedingungen sollte auch dieser Bereich für bergerfahrene Wanderer – apere Verhältnisse
vorausgesetzt – kein Problem darstellen. Endlich stehen wir auf einem der "Großen" im Tuxer Kamm. 216

(8) Der Hohe Riffler und seine besondere Geologie

Der Gipfel präsentiert sich überraschend geräumig. So steil der Abbruch in Richtung Zamser Grund und unserer Aufstiegsroute sein mag, so weitläufig ist das Gebiet nach Norden und Nordosten. Der einst ausgreifende, flache Plateaugletscher des Federbettkeeses (*nomen est omen!*) ist nur noch ein Schatten seiner selbst und umfasst kaum mehr als zwei Bereiche mit ausgedehnten Firnfeldern, die durch eine Felsrippe zwischen Hohem Riffler und Oberer Rifflerscharte am Kamm zur Realspitze unterteilt wurden. Die Berg-Szenerie jedoch ist davon unbeeindruckt geblieben, im Gegenteil – das wegschmelzende Eis hat Bereiche und Aufschlüsse freigegeben, die vor Jahrzehnten noch nicht sichtbar gewesen wären. Deswegen vielleicht noch ein paar Worte zur ganz speziellen Geologie, die sich von unserem Standpunkt am Rifflergipfel vor allem mit Blick nach Norden und Nordosten zu Realspitze und Höllenstein präsentiert. Wenngleich es im Rahmen dieser Exkursion nicht geplant

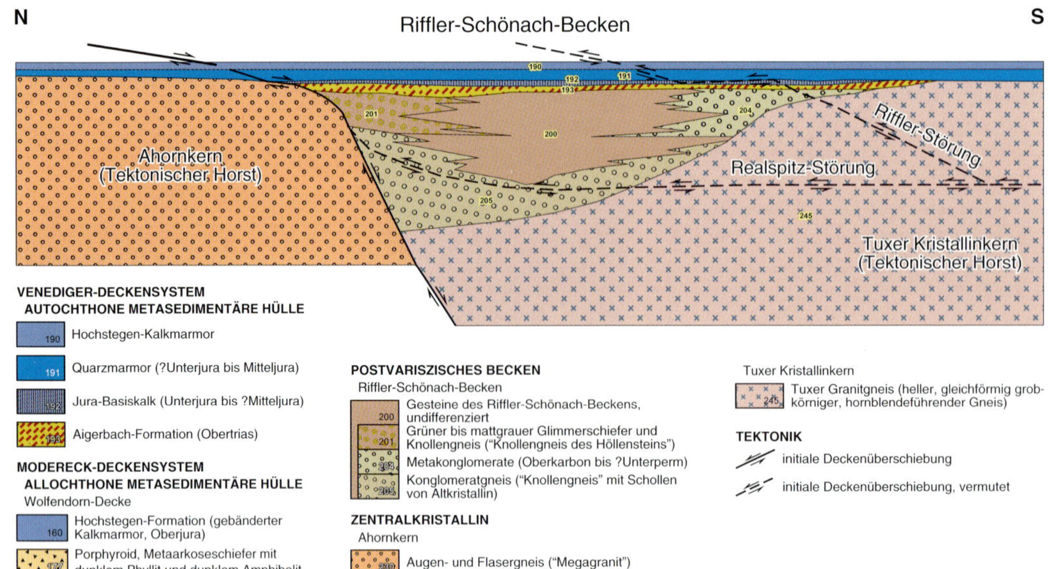

Abb. 217. Das rekonstruierte und entzerrte Riffler-Schönach-Becken wurde als postvariszischer Sedimentationstrog in einer Halbgraben-Position auf kontinentaler Kruste angelegt und mit mächtigen, oberkarbonischen bis triassischen Sedimentgesteinen zur Gänze aufgefüllt. Erst darüber lagerte sich im Zuge einer weitreichenden Transgression jurassische Hochstegen-Formation ab (verändert nach VESELÁ *et al. 2008). Man beachte die bereits zu dieser Zeit vorhandenen, flachliegenden Hauptstörungszonen, die im Zuge der alpinen Orogenese reaktiviert werden – ebenso zu beachten ist, dass die Hochstegen-Formation autochthon über Ahornkern, Riffler-Schönach-Becken und Tuxer Kristallinkern sedimentiert wurde.*

ist, aufgrund der Abgeschiedenheit in diese Richtung abzusteigen, sollten wir doch wissen, dass knapp nördlich unseres Standpunktes ein markanter Lithologie-Wechsel vollzogen wird: Hier am höchsten Punkt steht jenes Altkristallin-Band an, das wir bereits im Anstieg vom Verbindungskamm Riffler – Friesenbergscharte gesehen haben. Nördlich davon beißt noch ein schmaler Bereich mit hellem Tuxer Granitgneis aus, der im Anstieg durchquert wurde. Jenseits davon jedoch, ab einer Höhe von 3160 Metern, treten jungpaläozoische, das heißt permokarbonische Metakonglomerate und Metasedimentgesteine unterschiedlicher Ausbildung zutage, die sich bis zur Grierer-Kar-Spitze und Realspitze erstrecken. Diese Abfolgen bilden die Hauptmasse des postvariszisch gefüllten Riffler-Schönach-Beckens (siehe auch das Kapitel zum postvariszischen Becken, S. 42ff.). Dieses wurde im Nachgang der variszischen Orogenese als tief abgesenkter Halbgraben auf granitoider, europäischer Kontinentalkruste zwischen Granit-Hochgebieten angelegt. Das entstandene Becken ist bis in die
217 Obere Trias nach und nach mit maximal 2000 Meter mächtigen, vorwiegend terrigen geprägten Sedimentserien gefüllt (BOSCH 2004; VESELÁ et al. 2008, 2011; siehe auch Exkursion G). Erst mit Beginn des Jura sorgte eine weitreichende Meeresüberflutung (= Transgression) für die Sedimentation mariner Sequenzen über ein bereits weitgehend nivelliertes Becken.

Kruste, Becken und Sedimentüberdeckung wurden im Zuge der alpinen Orogenese überprägt,
218 komprimiert und verfaltet. Heute zieht sich das "Riffler-Teilbecken" von den kläglichen Resten des Federbettkeeses zur Realspitze und weiter nach Norden zum pyramidenförmigen Höllenstein, der über der Grierer-Kar-Spitze zu sehen ist. Die jurassische Auflage ist am Verbindungsgrat vom Höllenstein zur Realspitze, namentlich an der Rötschneide, als verfaltetes Band über den einheitlich graugrünen Konglomeratgneisen zu erkennen. Dort liegt die komplette Hochstegen-Formation mit einer dunklen Lage unterjurassischer Quarzite, einem farblich markant hervorstechenden rötlichen Band mitteljurassischer Metasandsteine und -karbonate sowie dem hellemn Hochstegen-Kalkmarmor obenauf.

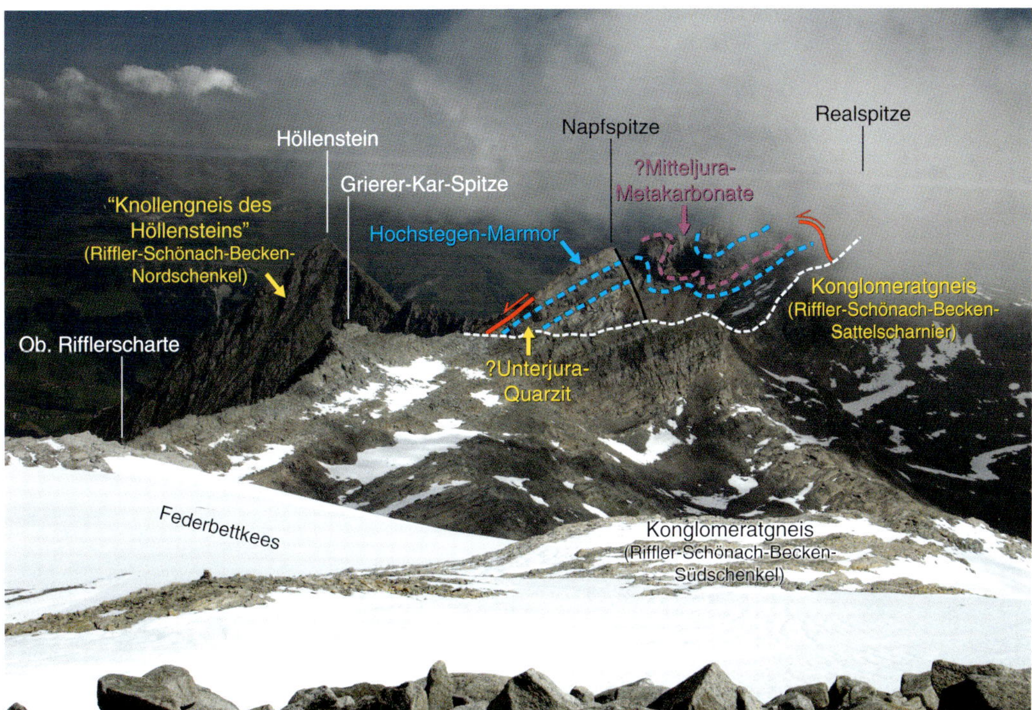

Abb. 218. Blick vom Hohen Riffler nach Norden gegen das wolkenverhangene Tuxertal. Zu sehen ist die metasedimentäre Abfolge über der Grierer-Kar-Spitze mit mächtigen Metakonglomerat-Lagen. Am dahinterliegenden Verbindungskamm Realspitze–Höllenstein erkennt man sowohl ein dunkles, unterjurassisches Quarzitband als auch auflagernde rötliche Mitteljura-Marmore, die eine s-förmige Doppelfalte bilden. Die helle Kalkklippe wird durch gebänderte Quarzmarmore gebildet (»Hochstegen-Kalkmarmor«). Die nochmals etwas weiter nördlich liegende, symmetrische Pyramide des Höllensteins ist aus Höllenstein-Metakonglomeraten (»Wustkogel-Gruppe« i.w.S.) aufgebaut, die nach Norden überschoben wurden. Der Gratverlauf von der Grierer-Kar-Spitze zur Realspitze ist weiß strichliert hervorgehoben.

Die großtektonische Situation nach Veselá et al. (2008), die dieser Szenerie zugrunde liegt, ist komplex: Gesehen in einem Profil von SSO nach NNW über den Hohen Riffler hinweg zu Realspitze und Höllenstein, trennt das Riffler-Schönach-Becken mit seinen zu heutigen 900 Meter Mächtigkeit komprimierten, metamorph umgewandelten Schichten zunächst einmal den Tuxer Kristallinkern im Süden vom Ahornkern im Norden. Zusammen mit dem Ahornkern wurde es in diesem Bereich zu einer großen Sattelstruktur verformt: Der Südschenkel umfasst das Gebiet zwischen Grierer-Kar-Spitze und Hohem Riffler und taucht knapp nördlich dessen Gipfels unter Tuxer Granitgneis steil nach Süden ab. Der Höllenstein ist ein Teil des Nordschenkels ("Höllenstein-Tauchfalte"), der allerdings an seiner Basis von permotriassischen Metasedimentgesteinen der Wolfendorn-Decke abgeschnitten wurde. Die Realspitze mit dort anstehenden Metakonglomeraten formt quasi den verbliebenen Rest des Sattelscharniers – das Meiste ist erodiert: So dargestellt, würde die vollständige Beckenfüllung als Sattelstruktur einen gewaltigen Dom bilden, der weitaus höher wäre als 4000 Meter! Die Metasedimentgesteine der Hochstegen-Formation, die man an der Rötschneide zwischen Höllenstein und Realspitze erkennen kann, bilden nicht etwa die autochthone Auflage des Riffler-Schönach-Beckens, sondern jene des darunterliegenden Ahornkerns, und zwar ziemlich genau im Sattelscharnier. Es wird etwas verständlicher, wenn man die flache Realspitz-Störung mit einbezieht, die Teile des Riffler-Schönach-Beckens samt dort auflagernder Hochstegen-Formation als Out-of-Sequence-Überschiebung (siehe Infokasten auf S. 52) wie eine Zwiebelschale vom Untergrund 219

NNW
SSO
0 500 1000 m
Höllenstein
Realspitze
Hoher Riffler
Riffler-Schönach-Becken
201
192
190
177
160
205
230
Ahornkern
Riffler-Schönach-Becken
204
Riffler-Störung
245
Tuxer Kristallinkern
205
Realspitz-Störung

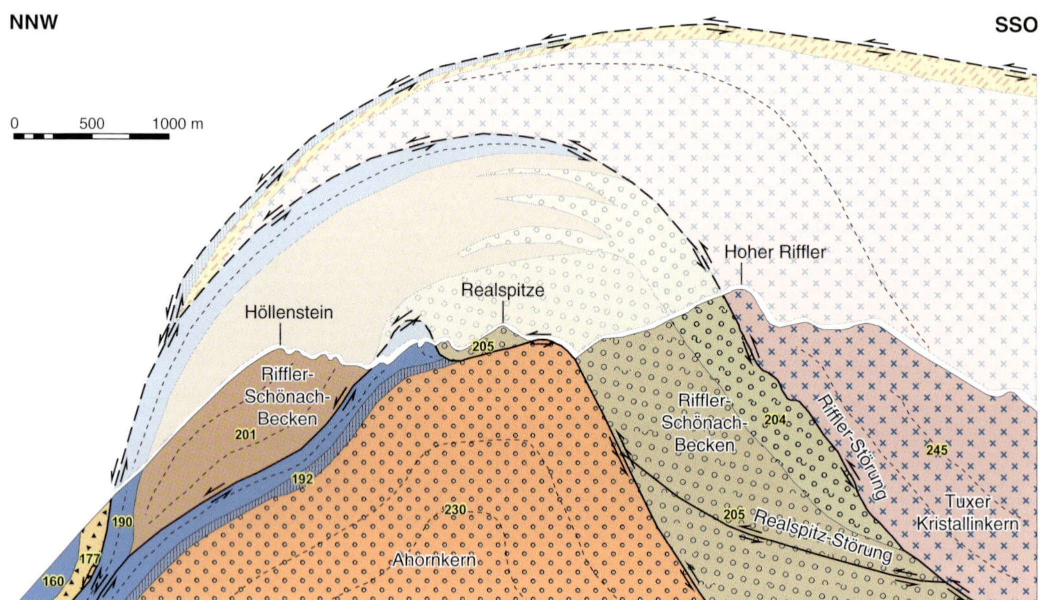

Abb. 219. Ein geologischer Profilschnitt von Nord nach Süd offenbart die großtektonische Struktur des Riffler-Schönach-Beckens am Hohen Riffler, wie sie heute interpretiert wird (verändert nach VESELÁ *et al. 2008). Legende siehe Abbildung 217.*

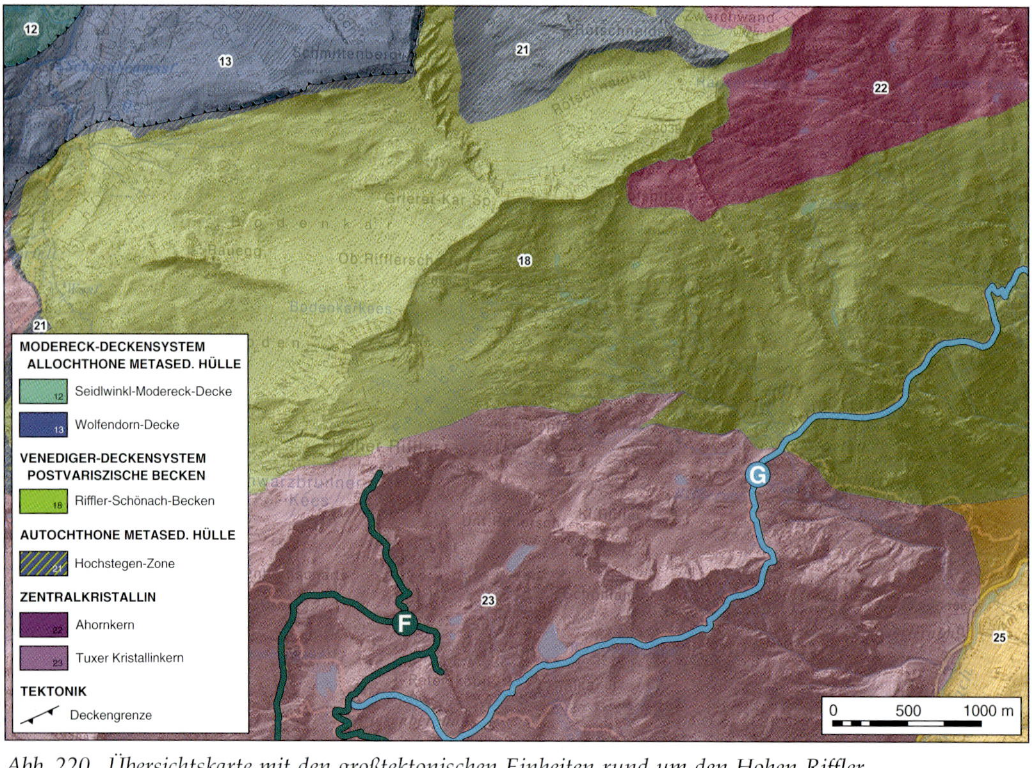

12
13
21
22
18
21
23
25
G
F
MODERECK-DECKENSYSTEM
ALLOCHTHONE METASED. HÜLLE
12 Seidlwinkl-Modereck-Decke
13 Wolfendorn-Decke
VENEDIGER-DECKENSYSTEM
POSTVARISZISCHE BECKEN
18 Riffler-Schönach-Becken
AUTOCHTHONE METASED. HÜLLE
21 Hochstegen-Zone
ZENTRALKRISTALLIN
22 Ahornkern
23 Tuxer Kristallinkern
TEKTONIK
Deckengrenze
0 500 1000 m

Abb. 220. Übersichtskarte mit den großtektonischen Einheiten rund um den Hohen Riffler.

Abb. 221. Der erste Abschnitt des langen Abstiegs etwa 200 Meter unter dem Hohen Riffler zeigt nochmals schön den aus hellen Tuxer Granitgneisen aufgebauten Gipfelbereich – der höchste Punkt selbst liegt hinter dem schmalen, gegen rechts erkennbaren Schneeband am Gipfelgrat. Die rostbraun anwitternden Gneise im Vordergrund gehören bereits zum Altkristallin.

abtrennt und diese nach Norden auf den Ahornkern aufschiebt. Die dem Riffler-Schönach-Becken am Höllenstein auflagernde Hochstegen-Formation befindet sich heute an der Nordflanke des Berges und wird dort von der Wolfendorn-Decke und der Seidlwinkl-Modereck-Decke überschoben (siehe auch Abb. 157 auf S. 171 in Exkursion D).

Heute erstrecken sich die Sedimentgesteine des Riffler-Schönach-Beckens als breites Band nördlich 220
und westlich des Rifflers bis um den Bereich der Spannagelhöhle (siehe Exkursion L in Band 44) – nach Osten ziehen sie sich von der Oberen Rifflerscharte zwischen Riffler und Grierer-Kar-Spitze über den Südhang des Tuxer Kammes und den Zemmgrund nördlich von Ginzling hinaus und werden von der nachfolgenden Exkursion G teilweise durchwandert.

Ganz anders präsentiert sich der Blick nach Süden gegen den Zillertaler Hauptkamm. Wir sehen auf den Zillertaler Gneiskern, der vom Tuxer Kristallinkern durch das bereits in Abbildung 200 gezeigte schmale Band der Greiner-Synklinale getrennt ist. Dieses bleibt als schmale, stark geschieferte Zone auch aus der Totalen erkennbar und bildet vor allem am Hochstellerkamm eine messerscharfe, zerzackte Gratschneide.

Was uns noch bevorsteht, ist der lange Abstieg über den Aufstiegsweg hinab zum Friesenberghaus – zunächst wieder über den Gipfelaufbau aus Tuxer Granitgneisen. Gerade jetzt am späten Vormittag ist auf etwaig vor- 221
handenen Alt- beziehungsweise Neuschneefeldern im Früh- und Spätsommer besondere Vorsicht geboten, da sie über Geröllhalden liegen und der zunehmend weich werdende Schnee die Gefahr von Einbrüchen über Hohlräumen birgt!

Wenn alles glatt läuft, sollten wir in etwa anderthalb Stunden wieder am Friesenberghaus sein. Ab jetzt gibt es zwei Möglichkeiten: Entweder wir wählen den langen, aber landschaftlich wunderschönen Abstieg entlang des Berliner Höhenwegs durch Sequenzen des Riffler-Schönach-Beckens nach

Abb. 222: a, Biotitreicher Bänderamphibolit (»Altkristallin«) steht unmittelbar unterhalb des Friesenberghauses an. b, Im frischen Anschlag erkennt man die feine, durch eingeregelte Biotitplättchen und Amphibolitkristalle akzentuierte Schieferung.

Ginzling (Exkursion G), oder den kürzeren Weg vom Friesenberghaus direkt zum Schlegeisspeicher.

9 Abstieg zum Schlegeisspeicher

Gleich unterhalb des Friesenberghauses treffen wir wieder auf Grüngesteine des Altkristallins, die sich hier im Wesentlichen aus feinkörnigen, biotitführenden 222
Bänderamphiboliten zusammensetzen. Teilweise ist eine interne Fältelung erkennbar. Die Altkristallin-Vorkommen unter dem Friesenberghaus bilden dabei die ostwärtige Fortsetzung jener Bereiche, die wir bereits gestern bei der Querung von der Olpererhütte unter den Gefrorene-Wand-Spitzen gesehen haben. Da auch hier die interne Fältelung relativ scharf von den umgebenden, etwas tiefer am Steig gegen das Lapenkar erschlossenen Leukogranitgneisen abgeschnitten wird, bestätigt sich das höhere Alter des Altkristallins, das in großen Schollen im Tuxer Kristallinkern schwimmt. Dabei sind die Schollen senkrecht zur SSO-NNW-orientierten Kompressionsrichtung und demnach parallel zum Schieferungsgefüge, also in etwa von Westen nach Osten gelängt.

Die feinkörnigen Leukogranitgneise mit ihren charakteristischen, circa 5 Millimeter großen Feldspat-Augen begleiten uns auf dem Weg hinab ins weite Lapenkar, bevorzugt an der Ostseite des Tals unter der Schrofenkarschneide, der nordwärtigen Verlängerung des Petersköpfls. Vorbei an einigen kleinen, späteiszeitlich gebildeten und deswegen fossilen Blockgletschern, die aus seiner Westseite gegen das Lapenkar vorgreifen, steigen wir teilweise auf würmzeitlicher Moränenabdeckung schnell tiefer.

Bald lässt die Steilheit nach und wir erreichen auf circa 2100 Meter Höhe einen flachen Talboden.

223 Hier bietet sich nochmals ein schöner Rückblick zu Friesenberghaus und Hohem Riffler, bevor der
224 Steig an einem Kamm in westliche Richtung abbiegt und bald darauf die Friesenbergalpe erreicht.
Die entlang der markanten Wegbiegung ("Kluppe" in der AV-Karte) anstehenden Gesteine werden
225 wieder der petrographisch heterogenen "Mischzone an Altkristallin und Intrusiva" zugerechnet.

Das feucht-sumpfige Almgelände mit einer wasserstauenden, geringmächtigen würmzeitlichen Moränenauflage wird mit ausgelegten Steinen und Holzbohlen bequem absteigend überquert.

In weiterer Folge geht der Pfad in einen dichter werdenden Lärchenwald über und erreicht in zahlreichen kleinen Kehren – zuletzt wieder entlang von Augen- und Flasergneisen – die Dominikus-Hütte oberhalb des

Abb. 223. An der »Kluppe«, einer markanten Wegbiegung des Abstiegsweges nach Westen, geht der Blick durch das Lapenkar nochmals zurück zum Talschluss zwischen Friesenbergscharte, Hohem Riffler, Petersköpfl und Schrofenkarschneide. Das Friesenberghaus ist durch den orangefarbenen Pfeil hervorgehoben.

Abb. 224. Die Friesenbergalpe (2036 m).

Abb. 225. Geländekuppe innerhalb der »Mischzone aus Intrusiva und Altkristallin« unweit der Friesenbergalpe.

Schlegeisspeichers. Bevor wir die letzten Höhenmeter zum großen Stausee und damit wieder zum Ausgangspunkt absteigen, können wir uns hier bei guter Tiroler Küche stärken.

Weiterführende Literatur

BOSCH, S. (2006): Bericht 2004 über geologische Aufnahmen am Tuxer-Hauptkamm auf Blatt 149 Lanersbach - Jahrbuch der Geologischen Bundesanstalt 146 (1): 140, Wien.

HORNUNG, T. & J. ZASADNI. (2023): Geologische Karte des Hochgebirgs-Naturparkes Zillertal, der Gemeinden Tux, Finkenberg und Brandberg, Maßstab 1:25000, 3 Kartenblätter, Hochgebirgs-Naturpark Zillertaler Alpen, Ginzling.

VESELÁ, P., B. LAMMERER, A. WETZEL, F. SÖLLNER & A. GERDES (2008): Post-Variscan to Early Alpine sedimentary basins in the Tauern Window (eastern Alps). – In: SIEGESMUND, S., B. FÜGENSCHUH & N. FROITZHEIM (Ed.): Tectonic Aspects of the Alpine Dinaride-Carpathian System. – Geological Society, Special Publications, 298: 83–100, London.

VESELÁ, P., F. SÖLLNER, F. FINGER & A. GERDES (2011). Magmatosedimentary Carboniferous to Jurassic evolution of the western Tauern Window, Eastern Alps (constraints from U–Pb zircon dating and geochemistry). International Journal of Earth Sciences, 100: 993–1027.

Ⓖ Durch das Riffler-Schönach-Becken: Der Abstieg vom Friesenberghaus nach Ginzling

Wegstrecke: Friesenberghaus – Schrofenkarschneide (2490 m) – Wesendlekarsee – Rifflerrinnen – Kesselalm – Lackenalm – Pitzenalm – Feldalm – Oberböden – Ginzling.

Geologie: Leukogranite des Tuxer Kerns – Blockgletscher am Wesendlekar – Altkristallin mit Intrusiva – Gesteine des Riffler-Schönach-Beckens – Moränen an der Feldalm – Bergzerreißung Wildalm.

Langer Abstieg vom Friesenberghaus nach Ginzling (13 km, 200 m im Aufstieg, circa 1700 m im Abstieg, ca. 7 Stunden Gehzeit), der bis zur Feldalm den Berliner Höhenweg verfolgt. Obgleich diese Etappe des berühmten Zillertaler Weitwanderweges in Richtung Gamshütte bestens ausgebaut und markiert ist, hat er einige Querungen von steilen Hängen mit nur schmaler Wegführung, an denen Trittsicherheit und etwas Bergerfahrung nötig sind. Die Tour lässt sich bestens mit Exkursion Ⓕ kombinieren beziehungsweise daran anschließen, etwa als Variante des Abstiegs.

Die vorliegende Exkursion startet den langen Abstieg nach Ginzling am Friesenberghaus und folgt damit dem Pfad des bekanntesten Zillertaler Weitwanderwegs, dem Berliner Höhenweg, auf seiner längsten Teiletappe in umgekehrter Richtung: Normalerweise steigt man in neun Stunden reiner Gehzeit (!) von der Gamshütte zum Friesenberghaus und quert dabei den orographisch linken Talhang des Zemmgrundes auf mehreren Kilometern in mittlerer, aussichtsreicher Hanghöhe. Die vorliegende Route lässt sich sehr gut mit Exkursion Ⓕ kombinieren, die vom Schlegeisspeicher zu Olpererhütte, Friesenberghaus, Petersköpfl und – wer will und kann – auf den Hohen Riffler führt. Sollte man sich dafür entscheiden, die hier beschriebene Route auf sich zu nehmen, sollte man im Vorfeld schon vorgesorgt und bereits ein Auto in Ginzling abgestellt haben.

Abb. 226. Topographische Übersichtskarte der Exkursion Ⓖ – Abstieg Friesenberghaus (Geodatenbasis: BEV Österreich).

1 Über die Schrofenkarschneide zum Wesendlekarsee

228 Der Abstieg nach Ginzling beginnt direkt hinter der Terrasse des Friesenberghauses. Zunächst queren wir die mit steinigen Moränenablagerungen überzogenen Schrofen hinter der Hütte südostwärts unter das Peterskӧpfl.

Dabei wandern wir zunächst im "Altkristallin" des Tuxer Kerns mit besonders alten, vermutlich jungproterozoischen bis altpaläozoischen Ausgangsgesteinen, die in kleineren und größeren Schollen in helleren, leukokraten und variszischen Intrusivgesteinen des Tuxer Kristallinkerns schwimmen (siehe das Kapitel zum Tuxer Kern, S. 34ff.). Die dunkelgrauen bis dunkelgraugrünen, zumeist feinkristallinen Gesteine sind reich an Hornblende und nur kleinflächig aufgeschlossen. Sie tauchen an dieser Position rasch unter die Geröllhalden ab, die von der Westflanke des Peterskӧpfls talwärts ziehen. Dort findet sich auch der Leukogranitgneis des Tuxer Kerns, ein auffallend helles, feinkörniges Gestein mit Feldspatblasten (siehe Exkursion F, Abb. 199b auf S. 207).

Nur kurz ist nach der Geröllhalde eine schrofige Passage zurückzulegen, dann bringt uns der Weg, zuletzt leicht ansteigend, auf den breiten Rücken der Schrofenkarschneide.

Hier treffen wir wieder auf die dunklen, undeutlich geschieferten Gneise des Altkristallins, die als breites Band unter den Geröllhalden des Peterskӧpfls bis hierher und dann weiter ostwärts ins Wesendlekar ziehen.

Die wenigen Meter zum höchsten Punkt der Schrofenkarschneide auf 2490 Meter Höhe kann man optional und weglos zurücklegen. Der eigentliche Höhenweg quert den Hang etwas weiter oberhalb ostwärts.

229 Ein Steinmann markiert den Gipfel, von dem man eine beeindruckende Sicht hinüber zum Hochfeiler-
230 Massiv hat, aber auch einen guten Rückblick nach Norden zum von hier behäbig wirkenden, breiten
Klotz des Hohen Rifflers.

Abb. 227. Geologische Karte der Exkursion G – Abstieg Friesenberghaus (Auszug aus HORNUNG & ZASADNI 2023; Geodatenbasis: BEV Österreich). Legende siehe Seiten 75–77.

Abb. 228. Das Friesenberghaus vor den Gefrorene-Wand-Spitzen an einem schönen Frühherbstmorgen (Situation Ende September 2020).

Abb. 229. Der breite Gipfel der Schrofenkarschneide im Morgenlicht. Den Hintergrund dominiert das Hochfeiler-Massiv. Die Sicht auf den österreichisch-italienischen Grenzkamm reicht vom Breitnock (3215 m), und dem Hohen Weißzint (3380 m) über den Hochfeiler (3510 m) bis zur Rotbachlspitze (2897 m). Die in der Morgensonne liegenden, hohen Dreitausender gehören zum Zillertaler Kristallinkern, die zerfurcht wirkenden, schroffen Gipfel im Mittelgrund wie die spitze Pyramide des Hochstellers zur Greiner-Synklinale. Die Rotbachlspitze liegt im Grenzbereich zwischen Greiner-Synklinale und postvariszischem Pfitsch-Mörchner-Becken (siehe auch Exkursion E).

Abb. 230. Gleicher Standort wie in Abb. 229, nur geht hier der Blick vom Gipfelsteinmann der Schrofenkarschneide nach Norden zu Petersköpfl und Hohem Riffler, dessen Gipfelaufbau mit hellem Tuxer Granitgneis und Altkristallin-Schollen in der Morgensonne strahlt.

Abb. 231. Verwittertes Altkristallin dominiert den Abstieg von der Schrofenkarschneide zum Wesendlekarsee. Man muss die eintönig grau verwitterten und mit leuchtend grünen Landkartenflechten überzogenen Gesteine allerdings anschlagen, um deren dunkelgrüngraue Farbe zu sehen (siehe Abb. 222b).

Von der Schrofenkarschneide steigen wir über geröllüberdecktes Gelände zunächst auf dem schmalen Altkristallin-Band in 23
Richtung des bereits sichtbaren Wesendlekarsees ab.

Wie der Name impliziert, handelt es sich um einen echten Karsee, vermutlich auf einer geringmächtigen Grundmoräne aus dem Egesen-Stadial. Die Besonderheit an diesem Ort ist ein aus der Südwestflanke des Kleinen Rifflers "abfließender" aktiver Blockgletscher, 23
dessen steile Stirn wie eine Walze das Ostufer des Sees überrollt. Erst aus der Totalen – etwa vom Gipfel des Petersköpfls oder vom Anstieg zum Hohen Riffler – wird deutlich, dass der aktive Blockgletscher nur ein kleiner Teil eines bedeutend größeren Trümmerstromes ist, der eventuell älter zu sein scheint (?Egesen-Stadial) und mutmaßlich nicht mehr aktiv sein dürfte. Er konnte sich nach Süden bis in einen tiefer gelegenen

Abb. 232. Der Blockgletscher am Wesendlekarsee schiebt mit seinem aktiven, kleineren und nördlichen Seitenast den Karsee von Osten her zu (a). Dieser Bereich ist etwas besser vom Petersköpfl einzusehen (b). Einen ebenfalls guten Überblick über den gesamten, zum größten Teil ?inaktiven Blockgletscher gewinnt man im Anstieg zum Hohen Riffler (Foto c). ▷

a
b
"?inaktiv"
"aktiv"
Wesendl-
karsee
c
Kleiner Riffler
Schönlahnerkopf
"?inaktiv"
"aktiv"

Abb. 233. Morgendlicher Blick in den Zemmgrund vom Ende der Querung durch die Rifflerrinnen. Im Gegenlicht stehen die Dreitausender des Zillertaler Hauptkammes Spalier: Turnerkamp (knapp links über der kleinen Latsche im Vordergrund), Großer Möseler und Großer Greiner (dunkler, breiter Berg im Mittelgrund). Rechts dahinter ist noch das Hochfeiler-Massiv zu erkennen.

Karboden auf circa 2200 Meter Höhe wälzen (weitere Informationen zu Blockgletschern siehe das Eiszeit-Kapitel, S. 66ff.). Diesen ?inaktiven Part des Wesendlekar-Blockgletschers lernen wir intensiv kennen, quert ihn doch der Berliner Höhenweg auf gesamter Breite. Entstanden ist der Blockgletscherstrom wohl durch ein Felssturzereignis mit der Ausbruchsnische in der Südwestflanke des Schönlahnerkopfes – ein südöstlich dem Kleinen Riffler vorgelagerter Felskopf.

2 Vom Wesendlekarsee ins Birglbergkar

Östlich des Wesendlekar-Blockgletschers beginnt eine längere Querung auf schmalen Pfaden durch die steile, felsige Südflanke des Schönlahnerkopfes ("Rifflerrinnen"). Obgleich nicht besonders ausgesetzt, sollte man dennoch bei der Querung einiger der steilen Rinnen – besonders im Frühsommer, wenn sich in den Nordflanken der Berge noch Altschnee halten kann – Vorsicht walten lassen!

Die gesamte Hangquerung wird aus feinkörnigen Leukogranitgneisen des Tuxer Kristallinkerns aufgebaut – etwas tiefer und vom Steig nicht berührt, geht die Abfolge in eine Mischzone aus leukokraten Intrusiva und Altkristallin über. Von dieser Position ergeben sich immer wieder beeindruckende Tiefblicke von nahezu 1200 Metern hinab in den Zemmgrund – die durchschnittliche Hangneigung des Talquerschnittes beträgt ziemlich konstant 45 Grad. Am Ende der Querung steigen wir mehr
233 als 100 Höhenmeter ab und erreichen einen kleinen Absatz mit schönem Blick in den gegenüberliegenden Zemmgrund. Den Hintergrund bilden die Dreitausender der Hornspitzen, der Turnerkamp sowie der markante Große Möseler (alle Zillertaler Kristallinkern). Die davor lagernden, schroffen und unnahbar wirkenden Gipfel von Schönbichler Horn (siehe Exkursion H) und Großem Greiner gehören zur Greiner-Synklinale.

Durch dichte Latschenfelder führt der Steig auf einer schräg nach Norden abfallenden Felsrampe ins große Birglbergkar.

Zunächst muss man sich im weiten Rund etwas einsehen, aber bald erkennt man in der weglosen Ödnis des gewaltigen Kares unter der 3039 Meter hohen Realspitze wieder Elemente des glazigenen Formenschatzes: Von oben links reichen die aschgrauen Geröllhalden neuzeitlicher Moränenabla-

Abb. 234. Zusammengesetztes Bild vom Südwestrand des Birglbergkares mit Blick auf die Realspitze – farblich hervorgehoben sind die von hier erkennbaren, eis- und neuzeitlichen glazigenen Elemente (violett: »Kleine Eiszeit«; gelb: Egesen-Stadial). Der weitere Verlauf des Höhenweges beziehungsweise unseres Abstiegs nach Ginzling von der Kesselalm (gelber Pfeil) über die steilen Hänge querend ist rot eingezeichnet. Mit dem orangefarbenen Pfeil hervorgehoben ist die kleine Gschwandtner Alm – unser Tagesziel Ginzling liegt knapp außerhalb des rechten Bildrandes im Dunst des morgendlichen Gegenlichtes.

gerungen (1850er-Moräne der "Kleinen Eiszeit") ins Blickfeld; darunter erstrecken sich weitläufige Schrofen. In diesem Bereich lassen sich nur zwei spätwürmzeitliche Moränenwälle erkennen – der 234
oberste konturiert auf knapp 2600 bis 2700 Metern den unmittelbar unter der felsigen Südflanke der

Abb. 235. Oberhalb der Kesselalm überblickt man das Birglbergkar von Osten. Der Hohe Riffler wirkt von hier noch behäbiger als von der Schrofenkarschneide – eingezeichnet ist der Berliner Höhenweg (gepunktete rote Linie), der ungefähre Standort der Rifflerhütte (gelbes Oval) und der beste Anstieg dorthin (gepunktete orangefarbene Linie).

Realspitze gelegenen Karboden, die untere Wallstruktur verläuft am östlichen Karrand unter dem nach Südosten von der Realspitze vorgreifenden Felskamm talwärts. Während ersterer einen Rückzugswall aus dem späten Egesen-Stadial dokumentiert, ist die tiefergelegene Wallstruktur als östliche Begrenzung eines älteren, deutlich größeren Kargletschers zu interpretieren. Über seine südwestlichen Seitenmoränenwälle wandern wir, sobald wir flacheres Gebiet im Birglbergkar erreicht haben – zuletzt in der zuvor angesprochenen Mischzone aus leukokraten Intrusiva und Altkristallin.

③ Die ehemalige Rifflerhütte

Noch eine kleine, fast vergessene Geschichte am Rande, wo doch schon von "Hüttenschicksalen" die Rede war: Macht man sich die Mühe und zweigt auf Höhe besagter südwestlicher Moränen-Randwälle 235
zwischen 2100 bis 2120 Meter Höhe weglos nach links ab, erreicht man über einen begrünten Schrofenhang in Richtung Rifflersee (eingezeichnet in der Alpenvereinskarte, vom Berliner Höhenweg aus nicht zu sehen!) knapp 70 Höhenmeter unterhalb des Sees die Ruinen einer seit langer Zeit verfallenen 236
Hütte. An diesem aussichtsreichen Standort auf 2234 Meter Höhe stand in den Jahren 1888 bis 1945 die Rifflerhütte, ein Schutzhaus der Sektion Prag des Deutschen und Österreichischen Alpenvereins (DuÖAV). Sie war als Selbstversorgerhütte nach den Plänen von Johann Stüdl errichtet worden und bot immerhin 20 Personen Platz. Nachdem sie im Jahr 1896 durch eine Lawine stark beschädigt wurde, übernahm sie die Sektion Berlin und setzte sie wieder instand. Hochfrequentiert war sie jedoch nie. Das Friesenberghaus war Anfang des 20. Jahrhunderts noch nicht erbaut und der Übergang zur Olpererhütte, der damals weit höher als der Verlauf des

Abb. 236. Die Rifflerhütte liegt etwa 100 Höhenmeter über dem Verlauf des Berliner Höhenwegs im südwestlichen Birglbergkar. Foto a zeigt eine historische Aufnahme aus dem Jahr 1908, die Fotos b und c die verfallenen Mauerreste vor den Nordabstürzen des Greinerkammes auf der gegenüberliegenden Seite des Zemmgrundes (Bildquellen: Wikimedia commons).

Abb. 237. a, Undifferenzierte, geschieferte Metasedimentgesteine des Riffler-Schönach-Beckens stehen entlang der Querung von der Kessel- zur Gschwandtneralm an. b, Interessant sind die mit dem Gefüge im Zuge der alpidischen Deformation mitverfalteten hellen Quarzitbänder, die wohl ehemalige quarzreiche Sandsteinlagen darstellen.

heutigen Berliner Höhenweges über die 2776 Meter hohe Untere Rifflerscharte nördlich des Kleinen Rifflers führte, beanspruchte fünf Stunden reine Gehzeit. Die Rifflerhütte blieb in diesem Teil des Gebirges somit der einzige Stützpunkt – dennoch dürften es kaum mehr als 100 Besucher pro Jahr dorthin geschafft haben. Im Jahr 1945 wurde der Bau durch eine Staubschneelawine zerstört und seither krümeln die noch sichtbaren Mauerreste von Jahr zu Jahr stärker zusammen und werden bald komplett überwachsen sein. Auch ein Hüttenschicksal – nur keines mit so glücklichem Ausgang wie jenes am Friesenberghaus.

4 Von der Kesselalm zur Feldalm: Der Gang durch das Riffler-Schönach-Becken

Über einen latschenüberwucherten Rücken steigen wir zu einem kleinen Karboden ab, den der aus dem Birglbergkar kommende Kesselbach durchschneidet.

Genau an diesem Punkt verlassen wir den Tuxer Kristallinkern und werden ab sofort bis zum Endpunkt der Exkursion in den stark geschieferten Metasedimentgesteinen des Riffler-Schönach-Beckens weiterwandern. Der Wechsel vom metamorphen Mischmasch aus leukokraten Intrusiva zu sandigen, glimmerreichen Schiefern ist mehr als augenscheinlich – vor allem an der sich anschließenden Querung des steilen Hanges zwischen der kleinen Kesselalm und der Lackenalm weiter nordöstlich.

Wie im Kapitel der postvariszischen Becken (S. 42ff.) vorgestellt und in der vorherigen Exkursion F knapp beschrieben, repräsentiert das Riffler-Schönach-Becken einen postvariszisch angelegten Halbgraben zwischen Hochgebieten des Tuxer Kristallinkerns und des Ahornkerns. In ihm kamen terrigen geprägte Sedimentgesteine oberkarbonischen bis triassischen Alters zur Ablagerung, die noch vor der nachfolgenden Akkumulation der jurassischen Hochstegen-Formation die Senke zur Gänze auffüllen konnten. Der Hochstegen-Formation werden wir auf unserem Abstieg nicht begegnen –

Abb. 238. Auf der Querung von der Kessel- zur Lackenalm sind die Hänge steil und der Pfad ausnehmend schmal. Hier sollte kein Fehltritt passieren!

stattdessen durchwandern wir jene stark geschieferten Metasedimentgesteins-Abfolgen, die aufgrund ihrer Erosions-Unbeständigkeit in dieser mittleren Hanghöhe oft stark verwachsen und schlecht erschlossen sind. Aber man gewinnt doch an einigen kleinen Aufschlüssen einen Eindruck von der kompletten "Andersartigkeit" in Relation zu den harten, hellen Kristallingesteinen des Tuxer Kerns beziehungsweise zum dunklen Altkristallin.

Die Ausgangsgesteine der im Riffler-Schönach-Becken ab dem jüngeren Paläozoikum sedimentierten Sequenzen waren größtenteils Konglomerate, Brekzien, Arkosen und quarzreiche Sandsteine. Heute ist davon in dieser Form freilich nichts mehr erhalten und die Serien wurden zu Metakonglomeraten,
237 Metaarkosen sowie Quarziten umgewandelt. Vor allem die intensive Schieferung sowie die blättrige
Brüchigkeit der Gesteine belegen eine durchgreifende Deformationsgeschichte. Teilweise erkennt man im Gefüge wolkig verteilte und stark gefaltete helle Bereiche oder Bänder: Diese stammen wohl von dünnen Quarzitlagen, die im Zuge der alpidischen Verfaltung verbogen wurden.

Auf der Querung nach der Kesselalm über steile Hänge müssen knapp 150 Meter Anstieg bewältigt werden – und das anspruchsvollste Teilstück des langen Abstiegs vom Friesenberghaus nach Ginzling. Die 45 bis 50 Grad steilen Wiesenflanken fallen mehr als 1000 Höhenmeter bis ins Tal ab. Der Pfad hingegen ist kaum zwei
238 Fuß breit und durchschneidet den gesamten Hang "ohne Punkt und Komma" auf mehr als einem Kilometer
Länge. Da kann nicht allzu viel Zeit bleiben, um Gesteine zu beklopfen und genauer zu inspizieren. Ein Bein vors andere setzen und bitte keinen Fehltritt!

Mit Erreichen des kleinen Kessels, in dem die neu gebaute Lackenalm liegt, können wir etwas durchschnaufen, da Steilheit und unmittelbare Ausgesetztheit des Pfades wegfallen. Hinter dem Hüttchen ist ein weiterer Latschenriegel zu durchqueren, stets mit Blick auf den jäh über Ginzling aufragenden Floitenkamm mit Dristner
239 und Floitenturm. Gut 150 Höhenmeter absteigend, gelangen wir zur Pitzenalm – hier gäbe es einen Not-Abstieg
über die Liechteckalm und die Paschbergalm "in's" Tal, der vor allem bei einem plötzlichen Schlechtwetter-Einbruch wichtig sein kann. Dieser Weg erreicht etwa zweieinhalb Kilometer talaufwärts von Ginzling den Zemmgrund – zum Zielort verläuft dann die neben dem Zemmbach gelegene "Via Alpina".

Von der Pitzenalm zu unserem nächsten Etappenziel, der Feldalm, heißt es ein letztes Mal knapp 100 Höhenmeter bergwärts steigen. Zunächst queren wir den kleinen Kessel komplett aus und überschreiten dabei zwei

Abb. 239. Die Pitzenalm (1871 m) – mit Abstiegsmöglichkeit »in's« Tal.

flache, egesenzeitliche Moränenwälle jenes Gletschers, der aus dem weiten Hauserkar zwischen Rosskopf (2971 m) und Realspitze (3039 m) gegen den Zemmgrund abfloss. Ohne größere Aufschlüsse wandern wir in weiterer Folge entlang eines Steilhangs mit viel Niederholz und Buschwerk, bis wir den Scheitelpunkt der Querung auf 1950 Meter Höhe erreicht haben und – erneut absteigend – abermals Freigelände erreichen.

Die sanften, glatten Hangformen kurz vor der Feldalm lassen es erahnen: Wir befinden uns erneut auf Moränengelände. Der Überstieg des Weidezauns zur Feldalm liegt genau auf der Firstlinie
40 einer spätwürmzeitlichen Seitenmoränenwall-Struktur. Da wir zwischen Pitzen- und Feldalm einen breiten Geländerücken ("Hauser Manndl" und "Richtzeiter") gequert haben und uns im Nestkar unter Nestspitze (2965 m) und Hinterer Grinbergspitze (2886 m) befinden, gehören diese Seitenmoränenwälle zum späteiszeitlichen "Nestkar-Gletscher", der vor circa 13000 Jahren noch bis wenigstens 1700 Meter Höhe hinab reichte und dessen westseitige Seitenmoränenwälle sich bis zur Nestalm auf 2400 Meter Höhe verfolgen lassen.

Abb. 240. Seitenmoränenwall kurz vor Erreichen der Feldalm. Rechts im Hintergrund liegt der steile, scharf zugeschnittene Dristner (2768 m), der Hausberg Ginzlings. Von dieser markanten Pyramide nach rechts ist der tiefe und schmale Taleinschnitt des Floitengrundes erahnbar, der auf mehr als 10 Kilometer Länge südwärts zum Zillertaler Hauptkamm führt.

Bleiben wir noch einen Augenblick gedanklich in der Eiszeit, bevor wir uns an den endgültigen Abstieg nach Ginzling

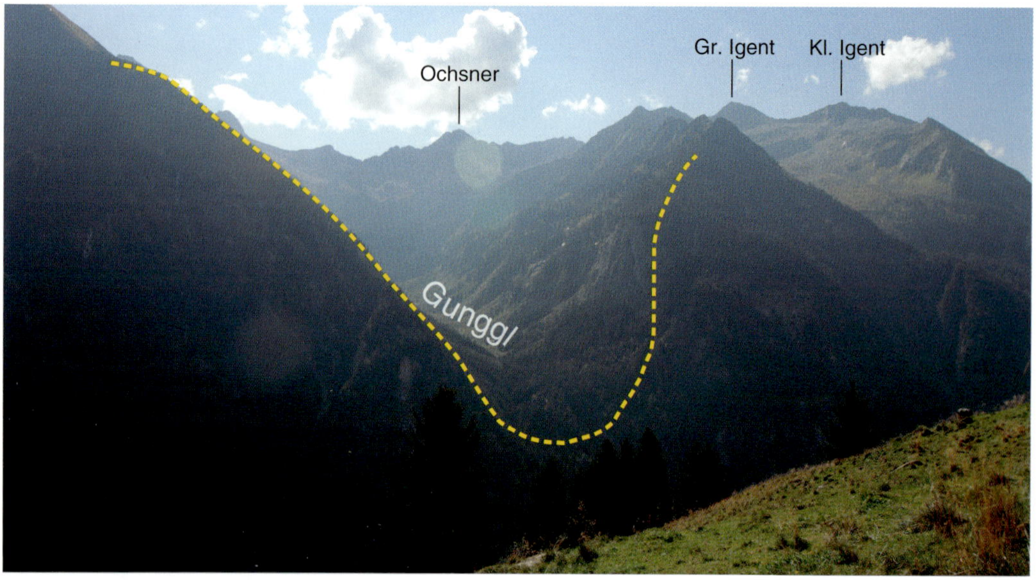

Abb. 241. *Die Gunggl im morgendlichen Gegenlicht von der Feldalm gesehen. Die mehr als 300 Meter hohe Karschwelle, mit der das Hochtal in den Zemmgrund mündet, ist im dunklen Bergwald unterhalb des Talausganges zu erahnen. Die typische von eiszeitlichen Gletscherströmen ausgeschliffene Trogtalform wurde mit der gelb strichlierten Linie nachgezeichnet.*

machen. Auf der gegenüberliegenden Talseite haben wir von der Feldalm einen schönen Einblick in
241 die Gunggl, ein einsames Hochtal, das zwischen Ginzling und Breitlahner mit einer ausgeprägten Karschwelle in den Zemmgrund mündet. Von der Anlage her ist es wie eigentlich alle Zillertaler Gründe ein klassisches Trogtal mit übersteilten Talflanken zu beiden Seiten und einem vergleichsweise flachen Talgrund.

5 Panta rhei: Durch die Wildalm-Bergzerreißung nach Ginzling

Das Ende der letzten Eiszeit mit dem kompletten Abschmelzen der Gletscher in den Tallandschaften hinterließ in den unteren und mittleren Hangbereichen nicht nur eine vollkommen veränderte Landschaftsmorphologie, sondern auch zunehmend instabile Talflanken. Wie bereits im Eiszeit-Kapitel (S. 63ff.) erwähnt, fehlte den Bergfluchten das stützende Element Eis. Da der Abschmelzvorgang in Relation zum Eisaufbau rasch, in vermutlich nur wenigen hundert Jahren, geschah, fiel der seit einigen Jahrtausenden bestehende Eis-Auflastdruck schnell von den Bergflanken ab. Entsprechende Ausgleichsbewegungen der Hänge führten zu Massenbewegungen unterschiedlicher Dimension. Je weicher das Gestein und je anfälliger hinsichtlich Erosion – auch in Verbindung mit entsprechender Tektonisierung, dem Zusammenspiel von Schieferung und Klüftung und somit der Beschaffenheit

Abb. 242. *Die Wildalm-Bergzerreißung reicht vom Südostgrat der Hinteren Grinbergspitze bis in den Talboden nach Ginzling. Erst im digitalen Geländemodell lässt sich die Form des dreieckigen Ausbruches sehr gut erkennen (a): Der Westrand ist im Gelände – etwa knapp östlich der Feldalm (orangefarbener Pfeil) – als etwa 20 Meter hohe, glatte Wandstufe zu erkennen (vermutlich eine ältere Störungszone, siehe Foto b beziehungsweise rotes Oval). Im Talzuschub-Körper sind wenigstens vier unterschiedliche Anrisskanten zu erkennen: Die höchste reicht bis auf etwa 2500 Meter unter die Hintere Grinbergspitze (rot strichliert), eine andere liegt knapp darunter (orangefarben strichliert) sowie eine dritte parallel verlaufend etwa 150 Höhenmeter tiefer (grün strichliert). Der aktuelle Massenbewegungskörper innerhalb der Massenbewegung ist mit der blau strichlierten Linie umrissen.* ▷

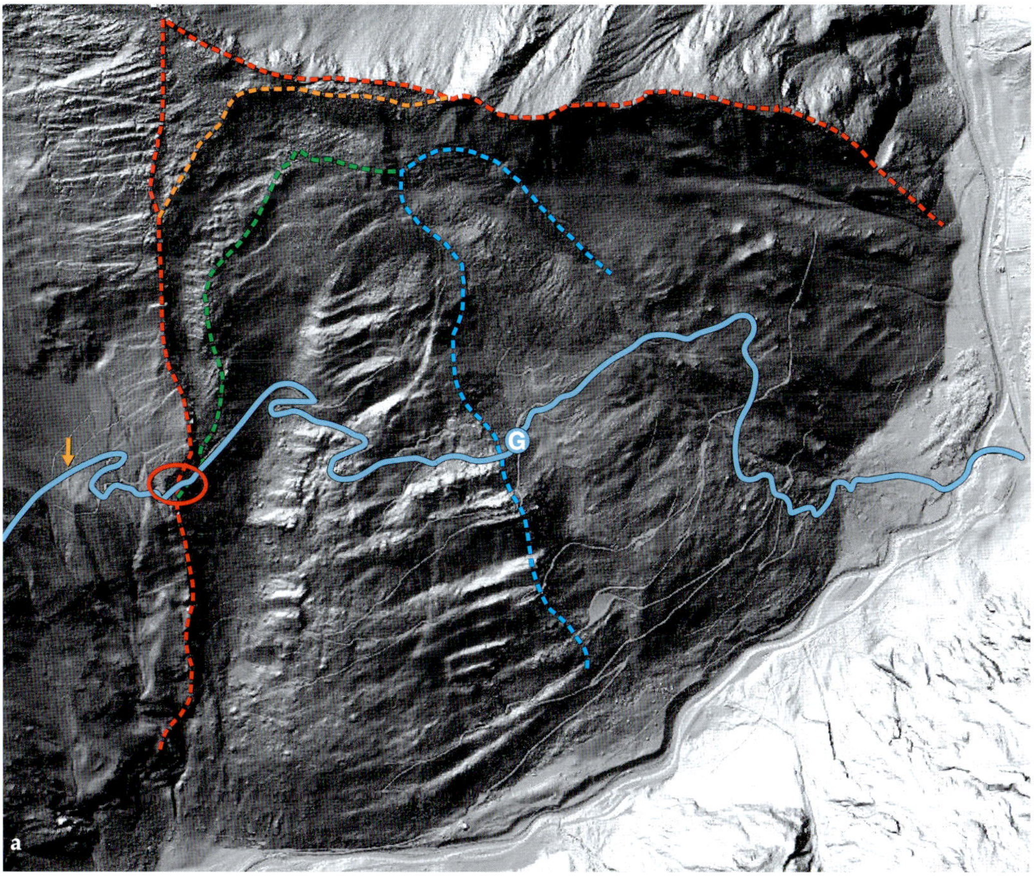

G

a

Abb. 243. Intakt wirkender Festgesteinsaufschluss mit jungpaläozoischen Metakonglomeraten des Riffler-Schönach-Beckens innerhalb des Wildalm-Talzuschubes auf circa 1600 Meter Höhe.

und Orientierung des Trennflächengefüges – desto größere Ausmaße konnten solche Massenbewegungen annehmen. Von den sanft gewellten Weiden der Feldalm, die die Straße in ausholenden Kehren quert, gelangen wir in eine solche Massenbewegung (in diesem Rahmen benannt nach der ziemlich genau im Zentrum der Massenbewegung situierten Wildalm). Deren westliche Grenze ist eine markante Geländestufe in Form einer von Norden nach Süden verlaufenden, den Hang hinaufziehenden, durchgehenden Felswand. Zugegeben, im Gelände wirkt diese Grenze reichlich unspektakulär – erst der Blick ins Geländemodell verrät die wahre Natur der abgesackten Zone. Der gesamte Hang auf orographisch linker Seite im Mündungsbereich zwischen Zemm- und Floitengrund vom Talboden bei Ginzling bis auf etwa 2500 Meter Höhe im Südostgrat der Hinteren Grinbergspitze ist eine einzige Gleitmasse und war zumindest tiefgründig instabil. Bei Massenbewegungen derartiger Größe, bei denen zudem der Festgesteins-Untergrund im Verband in Bewegung kam, spricht man von einer Bergzerreißung.

Folgen wir der Straße bergab, werden wir zwar Aufschlüsse sehen, jedoch meist in zerrüttetem
242 Untergrund. Die im Geländemodell erkennbaren markanten, terrassenartigen Geländestufen sind einzelne Sekundär-Gleitkörper. Wie tief die Bewegungen in den Untergrund reichen, ist nicht genau bekannt – man darf jedoch von einigen hundert Metern ausgehen, wobei die tiefste Gleitbahn parabelförmig gegen den Talboden geschwungen sein dürfte. Durch die Sackungs- und Talwärtsbewegungen wurde das auflagernde Gestein in mehrere Teilkörper zerlegt, die teilweise hanggegensinnig, teilweise talabwärts rotiert sind. Dabei lassen sich wenigstens vier Anriss-Spuren von Sekundär-Bewegungskörpern feststellen. Die höchste verläuft vom Südostgrat der Hinteren Grinbergspitze in gerader Linie nach Norden (über unseren Standpunkt) beziehungsweise ihr östlicher Ast verläuft über die Graue Platte bis ins Tal nach Ginzling-Dornau. Die jüngste und vermutlich bis in die Gegenwart aktive Rutschung liegt leicht östlich des Zentrums der Massenbewegung und reicht immer noch aus knapp 2000 Meter Höhe unter dem Wildschrofen bis in die Talregionen.

Abb. 244. Komplett aufgelockerter und brekziiert wirkender Gesteinsverband von jungpaläozoischen Metakonglomeraten des Riffler-Schönach-Beckens im Bereich der Oberbödenalm auf circa 1500 Meter Höhe. Hier befindet man sich im mutmaßlich aktuellsten Bereich der Massenbewegung.

Die Frage nach der Aktivität besagter Massenbewegung beziehungsweise der Brisanz in Sachen Naturgefahren für den Talort Ginzling kann nicht letztgültig beantwortet werden. Auf unserem weiteren Abstieg sehen wir zwar einige Aufschlüsse stark geschieferter Metasedimentgesteine des
Riffler-Schönach-Beckens mit einem noch weitgehend intakt wirkenden Festgesteinsverband. An 243
vielen Stellen jedoch wirkt dieser zur Gänze aufgelöst und teilweise brekziiert, zerrüttet und durch- 244
bewegt. Insbesondere im Bereich der Oberbödenalm und der darunter liegenden Straßenquerung werden wir mehrere solcher Aufschlüsse sehen.

Zu besagter Oberbödenalm können wir den Fahrweg mittels eines markierten Steiges etwas abkürzen. Dazu müssen wir auf circa 1570 Meter Höhe auf Pfadspuren linker Hand von der Straße auf eine Geländeverflachung absteigen. Wir queren diese in östlicher Richtung bis zu einem weiteren steilen Hang, über den wir knapp 50 Höhenmeter zur bereits sichtbaren Oberbödenalm absteigen.

Mit diesem Hang überschreiten wir den Anrissbereich der mutmaßlich aktuellsten Rutschung, die sich vom Wildschrofen auf circa 2000 Meter Höhe bis nach Ginzling-Dornauberg zieht und sukzessive nach unten breiter wird.

An der Oberbödenalm endet der von Ginzling kommende Fahrweg und wir folgen den Wegweisern in Richtung Tal auf dem Hochalmweg, zunächst vorbei an einem Viehtrog, dann an einem kleinen Bacheinschnitt (östliche Grenze der aktuellen Teil-Rutschmasse), und bleiben auf dem Pfad, der uns in einer knappen dreiviertel Stunde nach Ginzling hinab bringt.

Weiterführende Literatur

Hornung, T. & J. Zasadni (2023): Geologische Karte des Hochgebirgs-Naturparkes Zillertal, der Gemeinden Tux, Finkenberg und Brandberg, Maßstab 1:25000, 3 Kartenblätter, Hochgebirgs-Naturpark Zillertaler Alpen, Ginzling.

Ⓗ Geologisches vom Berliner Höhenweg: Entlang der Greiner-Synklinale auf Schönbichler Horn und Melkerschartenkopf

Wegstrecke: Zamsgatterl am Schlegeisspeicher (1782 m) – Furtschaglboden – Furtschaglhaus (2295 m) – Furtschaglkopf (2602 m) – Furtschaglhaus (Übernachtung) – Furtschaglkar – Schönbichler Scharte – Schönbichler Horn (3134 m) – Berliner Hütte (2042 m, Übernachtung) – Feldkar – Schwarzensee

Abb. 245. *Übersichtskarte der Exkursion* Ⓗ *– Schönbichler Horn, Abschnitt West (Geodatenbasis: BEV Österreich).*

– Eissee – Melkerscharte (2802 m) – Melkerschartenspitze (2899 m) – Berliner Hütte – Gasthof Alpenrose – Grawand – Breitlahner (1234 m).

Geologie: Granodioritgneis des Tuxer Kristallinkerns – Gesteine der Greiner-Synklinale – Aussicht Schönbichler Horn – glazigene Historie der Berliner Hütte – amphibolitfazielle Gesteine am Schwarzensee (Greiner-Synklinale sowie Pfitsch-Mörchner-Becken) – Glazial-Historie des Zemmgrundes.

Abb. 246. Übersichtskarte der Exkursion **H** *– Schönbichler Horn, Abschnitt Ost (Geodatenbasis: BEV Österreich).*

Die Zillertaler Alpen und der Berliner Höhenweg sind beinahe untrennbar miteinander verbunden. Die hier vorgestellte, ausgedehnte Trekkingtour umrundet beinahe den kompletten Greinerkamm und stellt mit dem Schönbichler Horn den "alpinistischen Höhepunkt" des berühmten Höhenwegs dar (32 km Weglänge, 2400 m Höhenunterschied, circa 20 Stunden reine Gehzeit). Obgleich man sich bis auf den eher einsamen Anstieg vom Schwarzensee auf Melkerscharte und Melkerschartenspitze auf bestens ausgebauten und markierten,

Abb. 247. Geologische Karte der Exkursion **H** *– Schönbichler Horn, Abschnitt West (Auszug aus* HORNUNG *&* ZASADNI *2023; Geodatenbasis: BEV Österreich). Legende siehe Seiten 75–77.*

vielbegangenen Pfaden befindet, ist gerade die “Königs-Etappe” des Berliner Höhenwegs zum Schönbichler Horn keinesfalls zu unterschätzen. Der Abstieg von der Schönbichler Scharte zur Berliner Hütte ist in seinem obersten Abschnitt klettersteigähnlich gesichert. Beste Jahreszeit ist Anfang Juli bis Mitte September. Ausgezeichnete Kondition, Trittsicherheit und Schwindelfreiheit sind neben stabilem Bergwetter Grundvoraussetzung für eine erfolgreiche Durchführung der hier vorgestellten Route.

Abb. 248. Geologische Karte der Exkursion **H** *– Schönbichler Horn, Abschnitt Ost (Auszug aus* HORNUNG *&* ZASADNI *2023; Geodatenbasis: BEV Österreich). Legende siehe Seiten 75–77.*

Abb. 249. a, Heller Augen- und Flasergneis an einer aktuellen Rutschfläche am Beginn der Forststraße unter dem Zamser Eck. b, Detailfoto der flaserigen Struktur, die durch Biotit-Bänder hervorgerufen wird, die Feldspatblasten umschmiegen.

1 Am Schlegeisspeicher: Der Beginn einer langen Reise

Der Schlegeisspeicher an der Schnittstelle Zamser Grund/Schlegeisgrund ist in jeder Hinsicht ein beeindruckendes Bauwerk, dessen Anlage zur Kraftwerksgruppe Zemm-Ziller gehört und der Gewinnung von Energie aus Wasserkraft dient. Die Staumauer ist mit einer Kronenlänge von 725 Metern und einer Bauhöhe von 131 Metern das größte derartige Bauwerk in der weiteren Umgebung und hält einen Speichersee mit über 100 Meter Tiefe samt Volumen von 129 Millionen Kubikmeter Wasser hinter sich. Dass dieses dort bleibt, wo es soll, überwachen insgesamt 700 Messeinrichtungen. Dennoch hat es etwas Beklemmendes, wenn man mit eigenem Auto oder öffentlichem Bus die gewundene Straße unter der aschgrauen Betonwand zum großen Parkplatz am Westufer des Speichersees hinauffährt, ahnt man doch die schiere Wassergewalt, die sich dahinter verbirgt. Und zählt man zu den Glücklichen, die gegen Mittag noch einen freien Parkplatz ergattern konnten, darf man sich schon mal mit dem Gedanken versöhnen, dass ebenjener Stausee auf den ersten Kilometern unserer langen Wanderung entlang des berühmten Berliner Höhenwegs das Landschaftsbild mehr als bestimmen, ja dominieren wird.

> Wir beginnen unsere Exkursion am Zamsgatterl, wandern an der Gaststätte und den steilen Hängen mit einer geringmächtigen, gschnitzzeitlichen Moränenauflage vorbei und beginnen die lange Hangquerung unter der steilen Ostflanke des Zamser Eggs hinein in den Schlegeisgrund.

249a Gleich nach dem Gasthof treffen wir an einer relativ jungen Rutschfläche auf anstehende Granodiorit-Gneise des Tuxer Kerns, die das Zamser Eck in der Hauptsache aufbauen. Es handelt sich um verhältnismäßig helle, mittelkörnige, durch dunkle Biotitsäume auffallend geflaserte Gneise mit
249b Feldspatblasten, die deswegen auch als "Augen- und Flasergneise" des Tuxer Kristallinkerns bekannt

Abb. 250. Dunkelgrüner Amphibolit repräsentiert entlang des Schlegeisspeichers stark metamorph überprägte paläozoische Metavulkanite des Variszischen Basements (»Altes Dach«). b, Detailfoto des harten, geschieferten Gesteins mit einzelnen, sehr dünnen aplitischen Bändern aus Quarz und Kalifeldspat.

geworden sind. Ihr Vorkommen zeigt einen weitflächigen Ausbiss und umfasst neben dem Zamser Eck auch die unteren Hänge des Olperers auf der dem Zemmgrund gegenüberliegenden Talseite bis etwa auf Höhe der Olpererhütte (siehe Exkursion F).

Von diesem ersten Aufschluss wandern wir knapp zwei Kilometer ohne weitere Lithologie-Änderung taleinwärts, bevor wir unmittelbar nach der Überschreitung des zweiten größeren Murschuttkegels auf dunkel- bis schwarzgrüne Amphibolite treffen. Diese zeigen wie die Augen- und Flasergneise *250a*
steil nach NNW einfallende Schieferungsflächen. An dieser Stelle haben wir den Tuxer Kristallinkern *250b*
verlassen und befinden uns in der Zone des Variszischen Basements ("Altes Dach"). Dessen Serien repräsentieren paläozoische, metamorph durch zwei Gebirgsbildungen stark überprägte Metasedimentgesteine, in die die ehemaligen Zillertaler Plutonite intrudierten, bevor sie durch die alpidische Gebirgsbildung zu Gneisen umgewandelt wurden.

Im Bereich des größten und letzten Murkegels vor dem Südende des Schlegeisspeichers queren wir ohne oberflächlichen Aufschluss die Greiner-Scherzone. Dabei überschreiten wir auch einen schmalen, tektonisch stark ausgedünnten Span permotriassischer Metakonglomerate der autochthonen, metasedimentären Hülle, die einst die Zillertaler Plutonite (und später Kristallinkerne) in einem postvariszischen Becken unmittelbar überdeckte. Die Anlage des hier gelegenen Pfitsch-Mörchner-Beckens erfolgte zeitlich wie jene des Riffler-Schönach-Beckens (siehe Exkursionen F und G) als Halbgraben. Letzteres trennt nördlich von uns den Tuxer Kristallinkern vom Ahornkern.

Die hier im Pfitsch-Mörchner-Becken anstehenden Metakonglomerate sind als graue bis gelbgraue, derbe und leicht absandende Paragneise erhalten geblieben und kontrastieren auffallend zu den Lesefunden, die wir auf dem folgenden knappen Kilometer Querung unter den Osthängen des

Abb. 251. Blick vom Südende des Schlegeisspeichers gegen den Zillertaler Hauptkamm: Von links nach rechts erheben sich Großer Möseler (3480 m), Breitnock (3215 m) sowie Hoher Weißzint (3381 m). Dazwischen liegt der breite Nevessattel (3029 m), unter dem sich das Schlegeiskees durch die rasant an Fahrt aufgenommen habende Gletscherschmelze in eine kleinere östliche und eine größere westliche Eisfläche geteilt hat – Tendenz rapide abnehmend! Nur wenig über der Geschiebesperre (knapp über der Seefläche den verwilderten Schlegeisbach querend) erkennt man Wallstrukturen unterschiedlicher historischer Gletscherstände der »Kleinen Eiszeit« sowie des frühen 20. Jahrhunderts. Um das Jahr 1804 (weiße Linie) reichte das Schlegeiskees bis auf etwa 1850 Meter Höhe hinab und auch das von rechts hinabfließende Rötkees dürfte den Talboden erreicht haben. Die Jahreszahlen wurden Prohaska *(2019) entnommen.*

Hochstellers bis ans Ende des Schlegeisspeichers in den Murkegeln finden können: In der Mehrheit sind dies Graphitschiefer, Hornblendegarbenschiefer, Glimmergneise und auffallend dunkle, feinkörnige Schiefer mit hellen, etwas gröberen Gneis-Lagen. Dieses heterogene, eher dunkel gefärbte Lithologie-Spektrum gehört der Greiner-Synklinale oder Greiner-Scherzone an, die prävariszische, (alt-)paläozoische, metasedimentäre Gesteinsserien enthält (Rockenschaub et al. 2003). In ihr werden wir uns von nun an bis zum morgigen Exkursionstag hauptsächlich bewegen.

❷ Aufstieg zum Furtschaglhaus: Kleine Kristallin- und Glazialgeschichten

Die Wanderung zum südlichen Ende des Schlegeisspeichers bietet beeindruckende Blicke auf den immer näher rückenden Zillertaler Hauptkamm mit der Einrahmung des Schlegeisgrunds durch den Großen Möseler, das Breitnock und den Hohen Weißzint. Unter den vergletscherten Dreitausendern erstrecken sich weitläufige, vor allem im Morgenlicht hell schimmernde, frische Gletscherschliff-Flächen, aus denen sich das Schlegeiskees in den vergangenen Jahrzehnten immer weiter zurückgezogen hat. Die einst zusammenhängende Eisfläche präsentiert sich heute als geradezu kümmerliches, unter der breiten Einschartung des Nevessattels zweigeteiltes Gletscherfeld. Die Szenerie stimmt umso nachdenklicher, als wir unmittelbar über der Geschiebesperre, auf der es im Folgenden den
251 Schlegeisbach zu überqueren gilt, flache Endmoränenwälle erkennen können, die unterschiedliche Gletscherstände des 19. und 20. Jahrhunderts dokumentieren. Eine neuere Arbeit (Prohaska 2019)

beschäftigte sich mit der Datierung der Wallstrukturen und fand heraus, dass die Maximalausdehnung des Schlegeiskeeses bereits im Jahr 1804 erreicht wurde – damals reichte die Gletscherzunge bis auf etwa 1870 Meter Höhe hinab, also nur unwesentlich höher als unser jetziger Standpunkt. Auch das kleinere Rötkees, dessen Nährgebiet von uns aus gesehen rechts im Hochkar unter dem Hochferner liegt, erreichte wohl den Talboden. Heute liegt die Untergrenze des Schlegeiskeeses bei etwa 2550 Meter Höhe, das Rötkees hat sich in das oberste Gletscherbecken über dem Pfitscher Grat zurückgezogen. Zurückgeblieben ist im Schlegeisgrund ein typisch glazial überformtes Trogtal.

Hinter der Geschiebesperre folgen wir der Fahrstraße noch ewa einen Kilometer bis nahe der Lastenliftstation des Furtschaglhauses.

An der Stelle, an der der Steig links zum Alpenvereins-Schutzhaus abzweigt, befinden wir uns ziemlich genau im Bereich des tiefsten, nur schwach angedeuteten Endmoränenwalls der "Kleinen Eiszeit" (Gletscherstand von 1804). Die knapp darüber gelegenen, geringmächtigen Moränen-Lockergesteine des Egesen-Stadials dokumentieren eine Epoche, als die späteiszeitlichen Gletscher jene der "Kleinen Eiszeit" bei weitem übertrafen. Bald jedoch tritt unter dem Moränentill das Anstehende zutage, ein graugrüner,
252 gebänderter Amphibolit. Dieser gehört bereits zum Zillertaler Kristallinkern, der sich südlich der Greiner-Scherzone über den Haupt- und Grenzkamm hinaus auf Südtiroler Gebiet ausbreitet und uns auf den kommenden knapp 300 Metern Höhenunterschied in zahlreichen eng gesetzten Kehren im steilen Hang immer wieder begegnen wird – sei es als Gletscherschliff oder in stark verwitterter Form, bei der die sehr steil nach NNW einfallende Schieferung deutlich zutage tritt.

Abb. 252. Dunkelgrüner bis dunkelgraugrüner Amphibolit des Zillertaler Gneiskerns steht auf den ersten knapp 300 Höhenmetern des Anstieges aus dem Schlegeisgrund zum Furtschaglhaus an. Ob als Gletscherschliff (a) oder in verwitterter Form (b) – in beiden Fällen treten feldspat- und quarzreiche Bänder aufgrund ihrer hellen Farbe beziehungsweise größeren Härte augenscheinlich zutage.

Das Furtschaglhaus kommt erst auf den letzten 100 Höhenmetern in Sicht, wenn sich der Hang zurücklegt und etwas von seiner Steilheit verliert. Die noch ausstehende Wegstrecke legen wir auf hell- bis bräunlich grauen
253 Feldspatblasten-Gneisen des Zillertaler Kristallinkerns zurück, teilweise erneut überdeckt von geringmächtigen, spätwürmzeitlichen Moränenablagerungen.

Das Furtschaglhaus kann wie die meisten der großen Zillertaler Alpenvereinshütten auf eine lange Geschichte zurückblicken. Bereits im Jahr 1889 durch die Sektion Berlin erbaut, begann man 1992 mit einer grundlegenden Renovierung, die erst 10 Jahre später abgeschlossen wurde. Dabei dient

Abb. 253. *Typischer geht es für den Zillertaler Kristallinkern fast nicht: leicht eisenoxidhaltiger Feldspatblasten-Gneis mit zahlreichen idiomorphen Kalifeldspatkristallen in einer graubräunlichen Matrix mit feinen Quarzen (dunkelgrau) und Dunkelglimmern (Biotit, schwarz).*

ein eigenes Wasserkraftwerk zur weitgehend autarken Energieversorgung. Heute verfügt das Schutzhaus in zwei Obergeschossen über 120 Schlafplätze und ausreichend Platz. Sogar eine warme Dusche ist möglich – ein Luxus, der auf größeren Alpenvereinshütten mittlerweile immer häufiger zu finden ist.

Kommt man nach dem steilen und anstrengenden Anstieg langsam zur Ruhe, kann man eventuell auf der geräumigen Terrasse den Rundumblick in den hinteren Schlegeisgrund auf sich wirken lassen: Wie in einem gigantischen Amphitheater blicken wir auf die immer noch beeindruckend steile Hochfeiler- 254
Nordwand, deren dunkle Mauer gegen Osten nochmals im scharf zugeschnittenen Hohen Weißzint kulminiert. Nach dem nicht sichtbaren Einschnitt der Schlegeisscharte (3083 m) folgt der dunkle Klotz des Breithorns und der weite,

Abb. 254. *Das Furtschaglhaus wurde in beeindruckender Lage unmittelbar unter dem blockigen Moränenwall der »Kleinen Eiszeit« erbaut. Im Hintergrund steht das Dreigestirn aus Hohem Weißzint (nahe am linken Bildrand neben der tief eingeschnittenen Schlegeisscharte, teilweise in Wolken), dem 3510 Meter messenden Hochfeiler und dem eleganten Hochferner (3463 m). Trotz dieses Anblickes sollte uns mehr als deutlich werden, wie viel Eis seit dem Höhepunkt dieser historischen Kaltzeit vor etwa 170 Jahren bis heute weggeschmolzen ist. Die weiten, wie poliert wirkenden Gletscherschliffflächen unter dem Schlegeiskees sprechen eine mehr als deutliche Sprache – genauso die gerade noch so sichtbaren Seitenmoränenwälle der Gletscherzunge im Schlegeiskees sowie die Seiten- und Endmoränen des Rötkeeses im rechten Bilddrittel unter Hochferner und Griesscharte.*

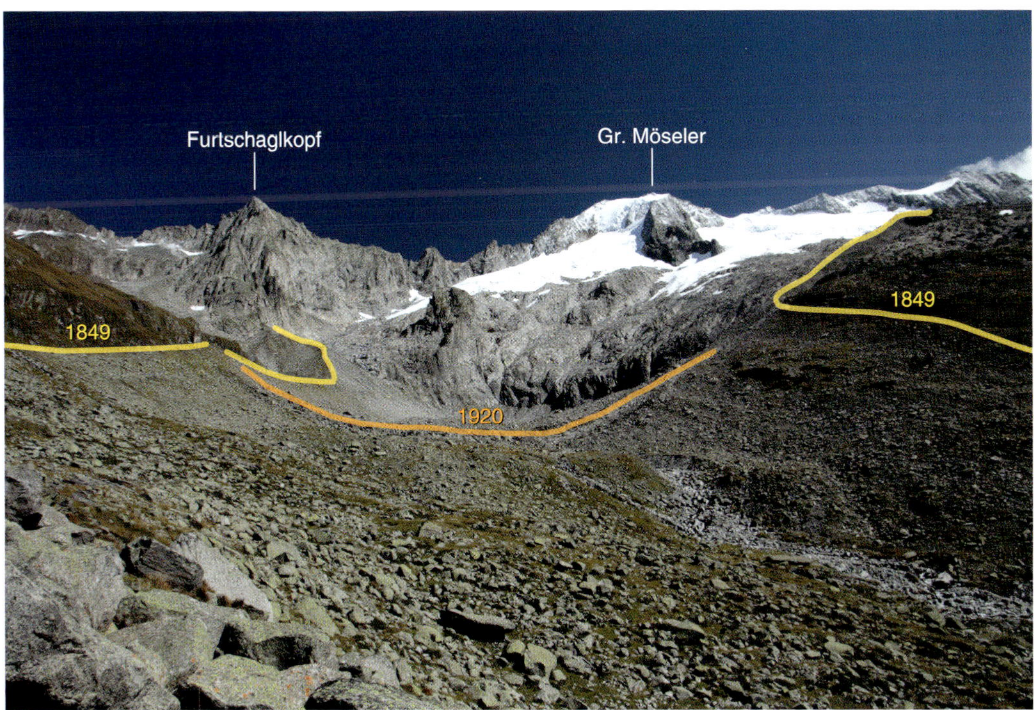

Abb. 255. Kaum zwanzig Meter hinter der Hüttenterrasse auf dem flachen Endmoränenwall der »Kleinen Eiszeit« aus dem Jahr 1849 öffnet sich der Blick in das einstige Gletscherbecken des Furtschaglkeeses – der Eisstrom reichte in der ersten Hälfte des 19. Jahrhunderts in etwa bis zum Standpunkt des Fotografen. Den Hintergrund dominieren die elegante, 3190 Meter hohe Furtschaglspitze und der Großen Möseler. Die orangefarbene Linie kennzeichnet den Endmoränenwall der Jahres 1920 bis 1940 – zu diesem Zeitpunkt stand das Furtschaglhaus bereits mehr als 30 Jahre!

mittlerweile teilweise gletscherfreie Nevessattel (3029 m). Folgt man dem Kamm weiter gegen Westen, findet man das elegante, von hier gedrungen wirkende Firn- und Felstrapez des Großen Möselers, mit 3480 Meter Höhe der zweithöchste Zillertaler Berg.

Unmittelbar hinter der Terrasse und dem kleinen Lastenlift-Häuschen liegt ein mit großen Gneistrümmern übersäter, knapp zwei bis drei Meter hoher Wall. Man muss sich erst ein wenig einsehen, wird aber bald der beiden sehr gut erhaltenen Seitenmoränenwälle links und rechts am Hang gewahr und merkt dann, dass die flache Struktur hinter der Hütte, verziert mit diversen Steinmännern, ein bogenförmiger Endmoränenwall ist – nicht etwa irgendein Gletscherhalt aus dem letzten Spätglazial, sondern ein historischer Gletscherstand aus der "Kleinen Eiszeit". Die zahlreichen, in der schüsselförmigen Mulde liegenden Gneisblöcke sind dabei nichts anderes als die Obermoräne, die das Furtschaglkees langsam aus den Nährgebieten unterhalb der jäh aufragenden Wände talwärts transportiert hat. Mit ein wenig Phantasie kann man sich vielleicht die aus dieser Sicht beeindruckende Gletscherzunge vorstellen. Als das Furtschaglhaus erbaut wurde, lagen zwischen Hütte und Gletscher nur wenige hundert Meter Distanz. Und bei genauerem Hinsehen erkennt man – bereits etwas in die blockige Endzungen-Wanne zurückgezogen – einen weiteren Moränenwall: Dieser kennzeichnet den kurzen Gletschervorstoß von 1920 bis 1940, als alpenweit etwa zwei Drittel aller 255
Gletscher noch einmal kurz an Volumen zulegen konnten. Bis auf die nachfolgenden, kurzfristigen Gletschervorstoß-Phasen in den 1950er- und 1980er-Jahren haben alpenweit die Eisströme – so auch Furtschagl- und Schlegeiskees – kontinuierlich ihre Fläche verkleinert.

Heute liegt die Eisfläche des Furtschaglkeeses weit im obersten Kessel unter den Nordwänden der eleganten Furtschaglspitze und des gedrungen wirkenden Großen Möselers mit seinem sterbenden Firndreieck des Nordgrates – Tendenz rapide abschmelzend!

③ "Nachmittagsspaziergang" auf den Furtschaglkopf

Hat man das Glück eines schönen, stabilen und nicht gewitterträchtigen frühen Sommernachmittags, bei dem die Temperaturen weder zu heiß, zu schwül, noch zu frisch sind, besteht die Möglichkeit eines "Nachmittagsspazierganges" auf den Hüttenberg des Furtschaglhauses. Obgleich der 2604 Meter hohe Furtschaglkopf von keinem durchgehend markierten Steig erreicht wird, ist ein Aufstieg sehr lohnend: Zum einen lernen wir den morgigen Anstiegsweg in Richtung Schönbichler Horn kennen (die Anstiege sind bis wenigstens 2400 Meter identisch) und können uns zum anderen in aller Ruhe die Gesteine der Greiner-Scherzone ansehen. Morgen steht ein langer Tag bis zur Berliner Hütte bevor, und da kann die Geologie während der ersten Stunden bei dem einen oder anderen Begeher gedanklich auch mal zu kurz kommen.

Auf den ersten Metern ab dem Furtschaglhaus verläuft der Steig auf besagter flacher Endmoräne der "Kleinen Eiszeit" und quert das schmal gewordene Kar unter einer seichten Wandstufe. Diese wird nach Westen ansteigend überwunden und der Pfad gewinnt nach einer Spitzkehre gegen Osten schnell an Höhe. Hier haben wir grundsätzlich zwei Möglichkeiten: Entweder wir wenden uns auf etwa 2400 Meter Höhe links nach Norden und steigen weglos über die mäßig steilen Schrofenhänge direkt gegen den Furtschaglkopf – oder wir verfolgen den Anstieg zum Schönbichler Horn bis auf etwa 2550 Meter Höhe und queren ohne viel Höhengewinn westwärts auf den flachen Bergrücken. Vorschlag: Am besten wählt man den steileren Anstieg und quert nachfolgend leicht absteigend vom Furtschaglkopf zum gut sichtbaren Berliner Höhenweg – so findet der Tag mit einem einigermaßen gemütlichen, nicht allzu steilen Abstieg ein hoffentlich gutes Ende.

Besagtes schmales Kar direkt hinter dem Furtschaglhaus bildet die Nordgrenze des Zillertaler Kristallinkerns. Hier treffen die hellen, massigen Feldspatblasten-Gneise auf stark geschieferte Gesteine mit einer auffallenden Wechsellagerung von dunklen Schiefern mit vergleichsweise schmalen, hellen Gneisbändern. Diese "Furtschaglschiefer" wurden ihrem Vorkommen am Furtschaglbach nach benannt und nicht, wie man meinen könnte, nach der Furtschaglspitze (diese wird aus Feldspatblasten-
256a Gneisen des Zillertaler Kristallinkerns aufgebaut). Das Typgestein ist ein dunkler Schiefer, der zu
256b großen Platten mit glatten, seidenmatt schimmernden Schieferungsflächen zerfällt. Der beinahe metallische Glanz kommt von feinen, entlang der Schieferung gesprossten Hell- und Dunkelglimmer-
256c schüppchen, die bei näherem Hinsehen für eine granulare Textur sorgen. Die auffallend dunkel- bis stahlgrüne Gesteinsfärbung wird von dispers enthaltenem Chlorit verursacht, der neben Biotit und Muskovit als Hauptmineral vorkommt. Die zwischengeschalteten hellen Horizonte sind quarziti-
257 sche Paragneis- und Glimmergneislagen mit Hornblendegarben und – etwas seltener – graublauen Disthen-Büscheln. Der augenscheinliche Farbwechsel zwischen Hell und Dunkel hat übrigens einen sedimentären Hintergrund: Das Ausgangsgestein der dunklen Schiefer bildeten wohl bituminöse Tonschiefer (LAMMERER et al 1976), die hellen Gneislagen gehen auf Quarz- und Glimmersandsteine zurück. Auch über das Alter der Furtschaglschiefer weiß man Bescheid: Nach KEBEDE et al. (2005) entstanden sie vor 368 Millionen Jahren im Unteren Devon (Mittleres Paläozoikum) und damit noch vor der variszischen Gebirgsbildung. Diese konservierte die auffallende Wechsellagerung bei der Gesteinsumwandlung vor mehr als 300 Millionen Jahren und auch die deutlich später stattfindende alpine Orogenese konnte diese nicht mehr überprägen. Somit haben die Furtschaglschiefer gleich zwei Gebirgsbildungen erlebt (und überlebt). Heute ziehen sie am Südrand der Greiner-Scherzone als breites Band von der Rotbachlspitze (Exkursion Ⓔ) nahe dem Pfitscher Joch ostwärts über den Hochsteller (3097 m) westlich des Schlegeisgrundes, weiter gegen das Furtschaglhaus bis zum Schönbichler Horn und knapp östlich darüber hinaus. Da unser Weiterweg morgen genau in dieser Richtung liegt, werden wir die Furtschaglschiefer noch in zahlreichen Aufschlüssen und unterschiedlichen Ausprägungen sehen können.

Den Furtschaglkopf erreicht man in einer knappen Stunde Anstiegszeit ab dem Schutzhaus – er bildet keinen deutlich abgesetzten Gipfel im eigentlichen Sinn, sondern einen langgezogenen Kamm, der eine Verlängerung des Westgrates der Talggenköpfe darstellt, einsamen Bergspitzen im Kamm

Abb. 256. In der Südflanke des Furtschaglkopfes sind »Furtschaglschiefer« mit ihren unterschiedlichen lithologischen Ausprägungen allgegenwärtig. Das Typgestein ist ein dunkler Schiefer, dessen Schieferungsflächen gemäß der alpinen Hauptkompressionsrichtung steil nach NNW einfallen. Diese Richtung zeigen im Übrigen auch die südlich angrenzenden Feldspatblasten-Gneise des Zillertaler Kerns, die im Hintergrund die Furtschaglspitze aufbauen und deren dominierendes Haupt-Trennflächengefüge man selbst aus der Distanz gut erkennen kann. b, Die dunklen Schiefer zerfallen zu teilweise großformatigen Platten mit auffallend glatten, seidenmatt schimmernden Schieferungsflächen – bei genauerem Hinsehen erkennt man eine granulare Textur mit schieferungsparallel angeordneten Hell- und Dunkelglimmerplättchen (c).

zwischen Schönbichler Horn und Großem Greiner. Diese Kammschneide trennt das vielbesuchte Furtschaglkar vom nördlicher gelegenen, ungleich einsameren Reischbergkar. Nur wenige Bergsteiger und Gebietskenner kommen weglos in diese Gegend, etwa wenn der anspruchsvolle Große Greiner auf dem Tagesplan steht.

Abb. 257. Auch diese lithologische Ausprägung findet man mit gröberen Paragneishorizonten im Furtschaglschiefer (auf circa 2550 m am Anstiegsweg zum Schönbichler Horn): a, Bisweilen stößt man neben ordinären rostbraun bis braungrau gefärbten Glimmerschiefern und quarzitischen Gneisen auf Hornblendegarbenschiefer (b), in seltenen Fällen auch in Form von blaugrüne Disthen-Büschel (c bis f).

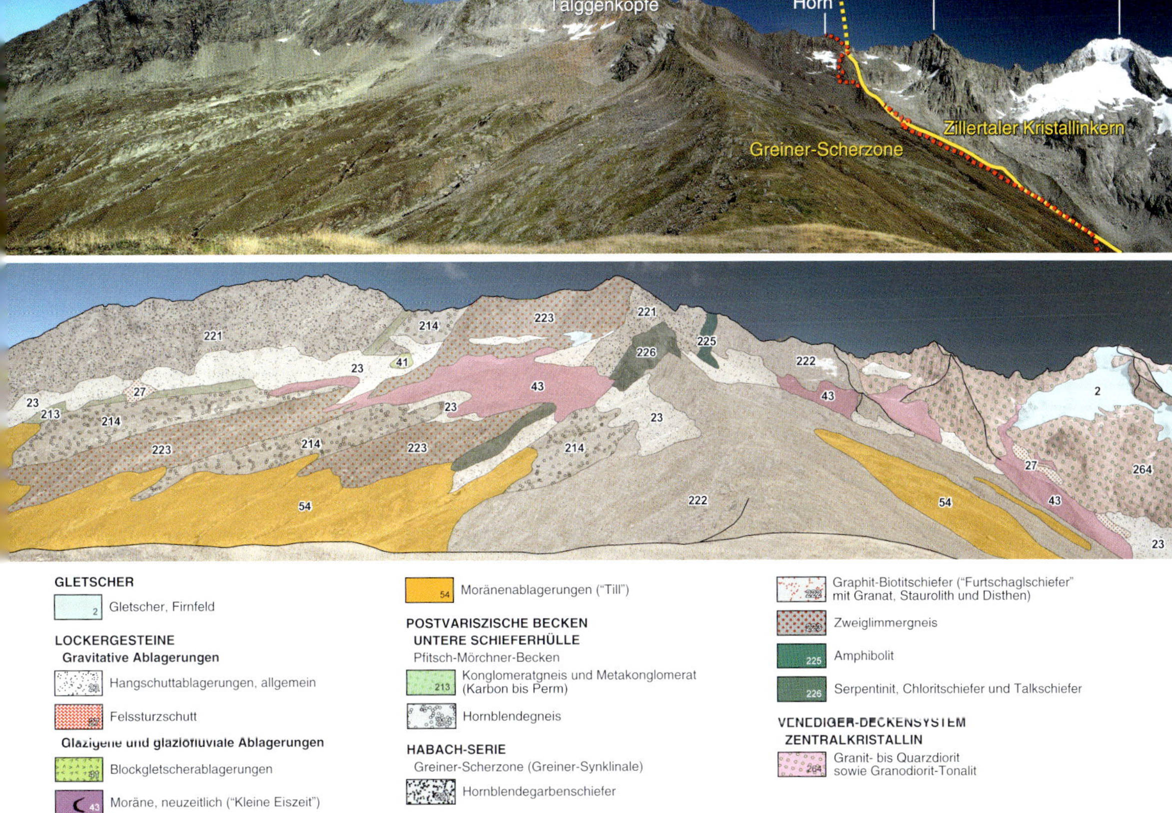

Abb. 258. Die Aussicht vom Furtschaglkopf nach Osten gegen den vom Großen Möseler abzweigenden Greinerkamm zeigt die Greiner-Scherzone beinahe auf ihrer gesamten Breite. Zur besseren Orientierung sind im unteren Ausschnitt die geologischen Einheiten überblendet.

Meistens teilt man sich die beeindruckende Aussicht am Furtschaglkopf mit zahlreichen Schafen, 258
die halbwild zwischen den Karen ganze Bergsommer lang umherstreifen. Unser Gipfel bietet einen guten Überblick nicht nur über den hinteren Schlegeisgrund, sondern in erster Linie über die Greiner-Synklinale, die hier ihre größte Breite (Nord-Süd-Ausdehnung) erreicht und aus weitaus mehr verschiedenen Lithologien als den Furtschaglschiefern besteht. Am besten sieht man den Kontrast von besagten paläozoischen Metasedimentgesteinen zum benachbarten Zillertaler Kristallinkern am Schönbichler Horn: Hier trifft das Dunkel der Furtschaglschiefer auf das Hell der Feldspatblastengneise. Erstere erstrecken sich vom Schönbichler Horn entlang des Verbindungsgrates gegen Nordwesten zu den Talggenköpfen und grenzen mit einem schmalen Amphibolit-Band an Hornblendegneise. Noch südlich der Talggenköpfe stehen Zweiglimmerschiefer an, die sich über einen Großteil des Verbindungskammes zum Großen Greiner ziehen. Der höchste Punkt des Greinerkammes wird zur Gänze aus einer breiten Zone aus Hornblendegarbenschiefern aufgebaut. Die Schieferung ist dabei in allen Lithologien konsistent und fällt steil nach N bis NNW ein. Die Nordgrenze der Greiner-Synklinale liegt von unserem Standort nicht einsehbar hinter dem 3201 Meter hohen Großen Greiner auf dessen Nordseite und grenzt am Kamm zum Kleinen Greiner an Feldspatblastengneise des Tuxer Kristallinkerns.

Abb. 259. Vom großen Gipfelsteinmann des Furtschaglkopfes aus ist das Hochfeiler-Massiv der zentrale Blickfang. Hier sehen wir einen komplizierten Deckenstapel, der vom Zillertaler Kristallinkern bis zur penninischen Glockner-Decke reicht. Rechts der tief eingeschnittenen Griesscharte erstreckt sich die Greiner-Scherzone bis zur Kälberlahnspitze. Vergleiche auch mit Abbildung 266.

259 Auch die Aussicht in die genau entgegengesetzte Richtung nach Westen ist beeindruckend, denn hier lässt sich die Greiner-Scherzone in ihrer gesamten Breite überblicken: Sie reicht von der tief zwischen Hochferner und Hochsteller eingeschnittenen Griesscharte über den Hochsteller und seinen scharfen, zerzackten Kamm bis zur Kälberlahnspitze. Natürlich werden die Blicke vom wuchtigen, vergletscherten Dreigestirn Weißzint-Hochfeiler-Hochferner angezogen. Durch die Nordwandflucht der höchsten Zillertaler Gipfel zieht sich ein Deckenstapel teilweise dünner, stark ausgewalzter Einheiten: Die Basis bildet der Zillertaler Kristallinkern mit einer autochthonen, metasedimentären Überdeckung jurassischen Alters ("Hochstegen-Zone"). Darüber liegt mit der Tulfer-Senges-Gruppe eine Zone, die dem Zillertaler Kristallinkern genetisch nahesteht, aber von diesem abgeschert und deckenartig über die Hochstegen-Zone transportiert wurde. Sie wird von der dünn ausgewalzten Seidlwinkl-Modereck-Decke mit triassischen Metasedimentgesteinen überdeckt, die ihrerseits vom nächsthöheren tektonischen Stockwerk der Glockner-Decke überlagert wird. Diese komplexe Thematik ist Gegenstand der nachfolgend beschriebenen Exkursion I, über die man den höchsten Zillertaler Gipfel auf seiner "zahmen" Westseite ersteigen kann.

Mindestens genauso interessant ist die Aussicht vom Furtschaglkopf nach Süden gegen den Zillertaler Hauptkamm zwischen Großem Möseler und Hohem Weißzint: Hier sind es vor allem die nicht zu übersehenden Hinterlassenschaften der "Kleinen Eiszeit", deren Seiten- und Endmoränenwälle sich wie Girlanden über die wie poliert wirkenden, frischen Gletscherschliffflächen und hinein in die grasigen Schrofen unterhalb ziehen. Besonders die Wallstruktur zwischen Furtschagl- und Schlegeisbach, die einst die Verbindung des Furtschaglkeeses mit der Gletscherhauptfläche des Schlegeiskeeses herstellte, ist so gut erhalten, als wäre das Eis "erst gestern" weggeschmolzen. Es bedarf nicht allzu
260 viel Phantasie dazu, sich an unserem Standort 200 Jahre in die Vergangenheit zurückzuversetzen und sich vorzustellen, wie die Eisüberdeckung einst ausgesehen haben mag.

Absteigend ist es am leichtesten, wenn man gegen die flacher werdenden schrofigen Hänge unter dem Schönbichler Horn zum bereits sichtbaren Anstiegsweg quert. Über diesen erreichen wir in einer knappen halben Stunde das Furtschaglhaus. Dort warten alle Annehmlichkeiten, die alpine Schutzhäuser mittlerweile zu bieten haben – inklusive ausgezeichnetem Essen und netter Bewirtung!

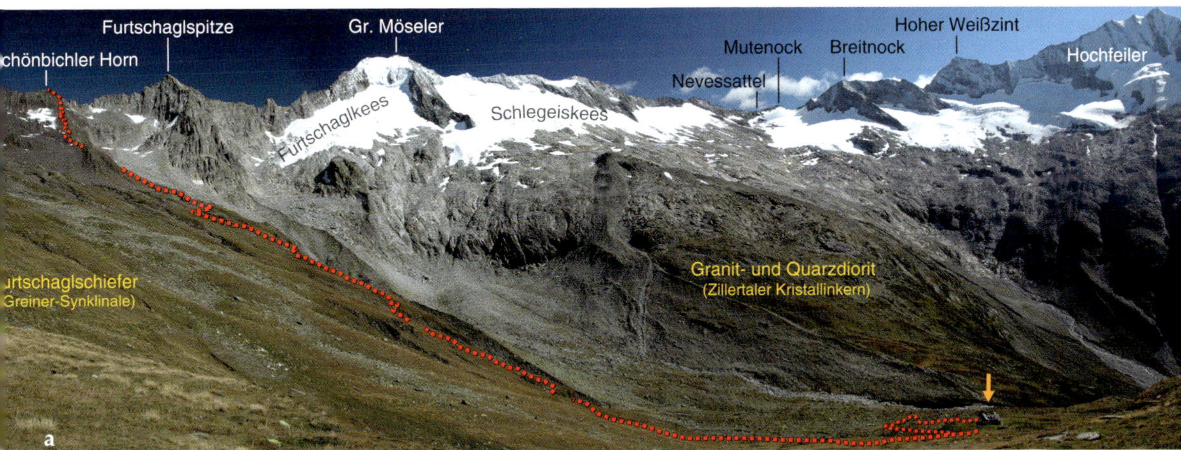

Abb. 260. Aussicht vom Furtschaglkopf gegen den Zillertaler Hauptkamm zwischen Großem Möseler und Hohem Weißzint. Anhand der sehr gut erhaltenen Seiten- und Endmoränen der »Kleinen Eiszeit« sowie der Schliffflächen an den Sockeln der Felsen unter Gipfeln und Kämmen sollte es nicht allzu schwerfallen, sich eine Vorstellung zu verschaffen, wie es zum Vereisungs-Höhepunkt der »Kleinen Eiszeit« in der ersten Hälfte des 19. Jahrhunderts ausgesehen haben mag (siehe unterer Ausschnitt). Das Furtschaglhaus ist im oberen Bildausschnitt mit einem orangefarbenen Pfeil hervorgehoben – unten wird deutlich, wie nahe der Standort an der Stirn des historischen Furtschaglkeeses liegt.

4 Der "Dreitausendsassa" des Berliner Höhenweges: Anstieg auf das Schönbichler Horn

Hat man das Glück einer Kombination von klarem Wetter am Morgen ohne viel Nebel und Bewölkung sowie die Neigung, ein Frühaufsteher zu sein, sollte man den Luxus eines warmen Hüttenschlafsackes noch in der Morgendämmerung aufgeben und nach draußen auf die Terrasse gehen, um den Augenblick nicht zu verpassen, wenn die Morgensonne zunächst die Gipfelpunkte von Hohem Weißzint 261
und Hochfeiler "küsst" , um in der folgenden Viertelstunde deren Nordwand in blutrotes Licht zu tauchen. Ehrlicherweise sind es neben den vielen spannenden Geschichten um Natur, Steine und Geologie genau solche Augenblicke wie diese glutroten Bergflanken unter einer kalten Morgensonne, weswegen wir ins Gebirge gehen, viel Schweiß und das ein oder andere schmerzende Gelenk in Kauf nehmen. Und wenn dieser Augenblick vergangen ist, wartet das Frühstück auf uns. Obgleich die heutige Tagesetappe entlang des Berliner Höhenweges zeitlich und aufgrund ihrer Distanz nicht unterschätzt werden darf, besteht bei stabilem, gewitterfreiem Bergwetter nicht die Notwendigkeit,

Abb. 261. Sonnenaufgang in der Hochfeilernordwand, gesehen von der Terrasse des Furtschaglhauses Anfang September 2020. Mit frisch gefallenem Schnee tritt vor allem die Tulfer-Senges-Einheit mit der überlagernden Seidlwinkl-Modereck-Decke plastisch hervor, die sich vom höchsten Punkt der Zillertaler Alpen in die Nordwand des Hochferners zieht (rechter Bildrand, vergleiche mit Abb. 334 in Exkursion I *auf S. 322).*

sich mit dem ersten "Hahnenschrei" auf den Weg zu machen. Rechnet man sechs Stunden reine Gehzeit für die Überschreitung zur Berliner Hütte und zwei bis drei Stunden für Schauen, Staunen und hoffentlich auch Begreifen, ist 8 Uhr als Aufbruchszeit am Furtschaglhaus ausreichend, um am zeitigen Nachmittag an der Berliner Hütte einzutreffen.

Sollten wir am gestrigen Tag den zuvor beschriebenen Nachmittagsspaziergang unternommen haben, ist der erste Teil des Anstieges bis etwa 2550 Meter Höhe bereits bekannt. Der Steig verläuft teilweise an der Grenze zu geringmächtiger Moränenüberdeckung aus dem spätglazialen Egesen-Stadial: Obgleich sich im Furtschaglkar keine dezidierten Wallstrukturen aus dieser Zeit erhalten haben, darf man davon ausgehen, dass während des würm-spätglazialen Stadials vor 12000 Jahren das Furtschaglkees bis nahe unter den Kamm des Furtschaglkopfes herangereicht hat.

Zwischen 2600 und 2700 Meter Höhe gibt es neben dem Weg jede Menge kleine, teilweise sehr schöne
262 Aufschlüsse mit Furtschaglschiefern, oft mit deutlich ausgebildeter, metasedimentärer Bänderung sowie großen Quarzklasten, die mehr als einen Meter groß werden können und in ihrer dunklen Schiefermatrix geradezu zu leuchten scheinen.

> Der Steig steuert geradewegs auf einen mehrere Zehnermeter hohen, felsig-schrofigen Absatz zu, dessen dahinterliegender seichter Kamm steil gegen das Schönbichler Horn anzusteigen beginnt. Wir umgehen den Felsabsatz zunächst durch eine Querung ins Innere Furtschaglkar und besteigen ihn entlang des Moränenwalls eines während der "Kleinen Eiszeit" aus dem Hochkar unterhalb der Furtschaglspitze entspringenden kleineren Gletschers.

263 Hier auf etwa 2800 Meter Höhe schließt sich ein weiterer, deutlicher ausgeprägter Moränenwall an, der, ebenfalls in die "Kleine Eiszeit" datiert, allerdings von einem Lokal-Eisstrom stammt, der aus der Westflanke der beiden kleinen Hochkare unter Schönbichler Horn und Talggenköpfen talwärts floss.

> Bergwärts hält sich der Steig zunächst an der Grenze von Moränensedimenten (links) und anstehenden Furtschaglschiefern (rechts). In engen Kehren gewinnen wir am steiler werdenden Grat schnell an Höhe und erreichen teilweise über Altschneefelder auf etwas mehr als 3000 Meter Höhe den felsigen Gipfelaufbau des Schönbichler Horns. Sollte es eine Schlüsselpassage auf der heutigen Etappe geben, sind es die folgenden knapp 100 Meter Anstieg bis zum höchsten Punkt des Berges sowie der erste Abschnitt auf seiner Ostseite

Abb. 262. Allgegenwärtige Furtschaglschiefer: Besonders schöne Aufschlüsse mit metergroßen Klasten aus weiß leuchtendem, derbem Quarz gibt es oberhalb von 2600 Metern am Aufstiegsweg zum Schönbichler Horn (a). Ansonsten besticht die Schichtenfolge durch ihre farblich kontrastreiche metasedimentäre Wechselfolge. Teilweise ist das Gefüge mit der steil nach NNW einfallenden Schieferung infolge spätwürmzeitlicher Gletschertätigkeit glattgeschliffen (b, c).

Abb. 263. Seitenmoränenwall aus der »Kleinen Eiszeit« am Gratabsatz P. 2800 m unterhalb des Schönbichler Horns. Den Hintergrund dominiert das Hochfeiler-Hochferner-Massiv.

absteigend bis etwa 2900 Meter Höhe. Das Gelände hier wird steil, aber nicht ausgesetzt. Unter brüchigen, wie Fallbeile abstehenden, dunklen und rostbraun angewitterten Schieferplatten plagt man sich im erdigen
264 Grus gipfelwärts, zuletzt etwas erleichtert durch bergseitig angebrachte Draht-Fixseile.

Die Schönbichler Scharte ist kein Joch im klassischen Sinne, sondern markiert den günstigsten Übertritt vom Schlegeis- in den Zemmgrund. Mit dem 3133 Meter hohen Schönbichler Horn wird zudem ein waschechter Dreitausender quasi frei Haus mitgeliefert, so man denn bereit ist, die noch
265 ausstehenden knapp 50 Höhenmeter über den zerborstenen Gipfelaufbau aus Furtschaglschieferplatten anzusteigen. Auch hier erleichtern Drahtseile das letzte Stück und der freie Rundumblick ist nicht mit der drangvollen Enge in der Schönbichler Scharte zu vergleichen.

Durch seine unmittelbare Nähe zum Berliner Höhenweg ist das Schönbichler Horn einer der meistbestiegenen Dreitausender der Zillertaler Alpen (aber auch einer der leichtesten). Oben angekommen ist man deswegen nicht oder nicht lange allein: Hier trifft sich Jung und Alt, Fit und Müde, Bergerfahren und Anfänger – das Schönbichler Horn ist eben ein "Dreitausendsassa".

Abb. 264. *Der letzte Abschnitt des Anstieges unter der Schönbichler Scharte beziehungsweise unter dem Schönbichler Horn führt steil durch den felsigen Gipfelaufbau, teilweise erleichtert mit Draht-Fixseilen. Im Hintergrund erkennt man das Furtschaglhaus (nahe dem linken Bildrand, orangefarbener Pfeil), den Furtschaglkopf (gelber Pfeil), sowie weite Teile des bisherigen Anstieges (rot punktiert).*

5 Ausblick vom Schönbichler Horn: Irgendwie hängt doch alles zusammen

Im Fokus der allgegenwärtigen Aussicht
266 nach Westen liegt immer noch die wuchtige Felsmauer von Weißzint, Hochfeiler und Hochferner. Während Breitnock und Weißzint sowie der Großteil des Verbindungsgrates zum Hochfeiler dem Zillertaler Kristallinkern angehören, dokumentiert ein vergleichsweise geringmächtiges Band heller Kalkmarmore der "Hochstegen-Zone", das autochthon über den hellen Quarzdioriten des Hauptkammes liegt, die einstige sedimentäre Überdeckung kontinentaler Kruste im Jura. Dieses Band zieht sich schräg durch die Hochfeiler-Nordwand, über den markanten Pfitscher Grat, der in Gipfelfalllinie des Hochferners das kleinere Rötkees vom größeren Schlegeiskees trennt, quert das Rötkar und biegt bergwärts, um den Nordrand der breiten Griesscharte zwischen Hochferner-Massiv und Hochsteller-Kamm zu erreichen. Von dort zieht es durch das Oberbergtal gegen das Pfitschtal

Abb. 265. *Der geborstene Gipfelaufbau des Schönbichler Horns*

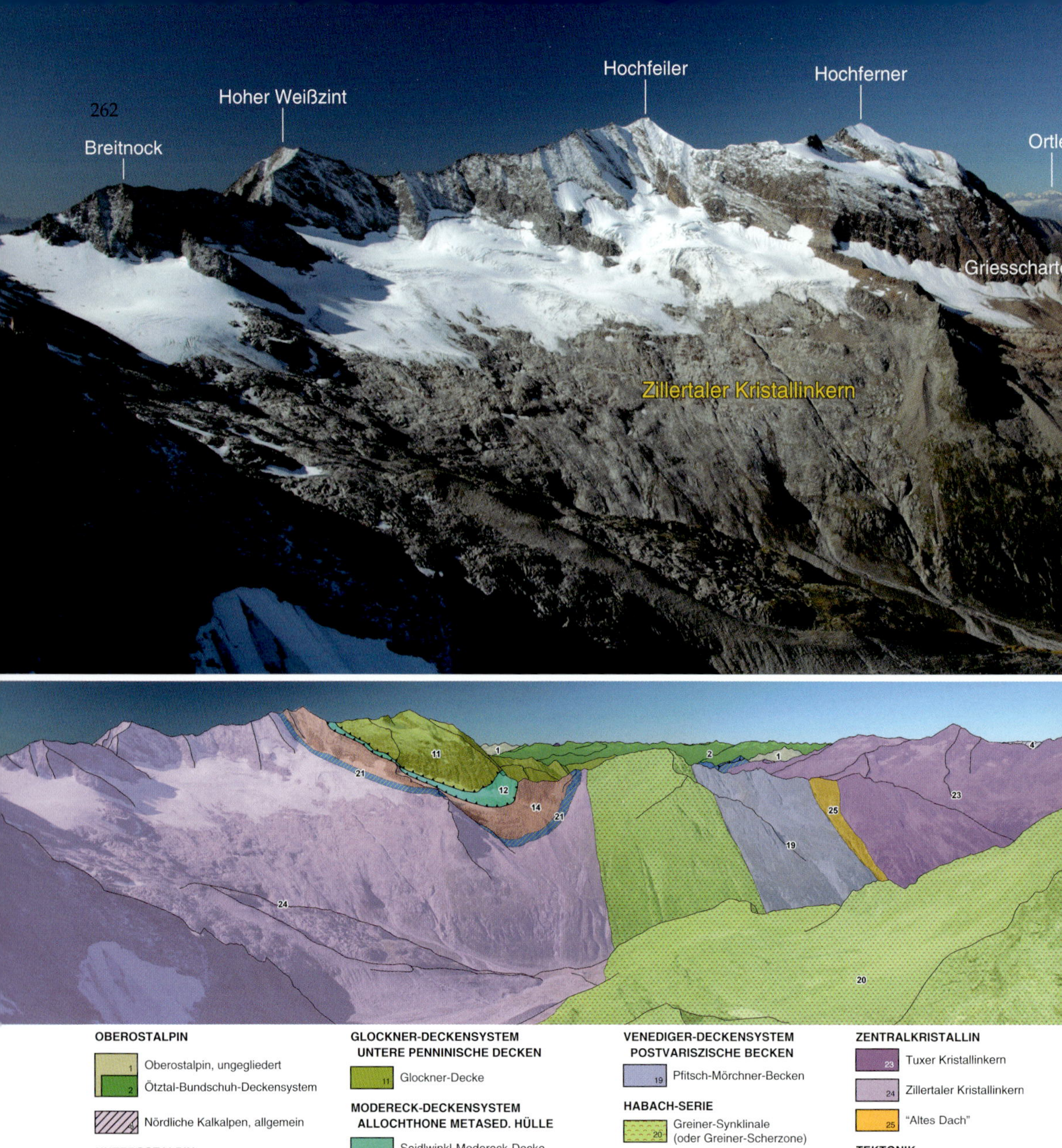

Abb. 266. Aussicht vom Schönbichler Horn nach Westen gegen das Hochfeiler-Massiv und den sich nördlich anschließenden Hochsteller-Kamm. Dahinter liegen die Dreitausender des Tuxer Kammes. Das untere Bild zeigt die überblendeten tektonostratigraphischen Einheiten mit besonderem Augenmerk auf den muldenartig gebogenen Deckenstapel des Hochfeilers sowie die steilstehende, den Zillertaler Kristallinkern nach Norden begrenzende Greiner-Synklinale. Das Furtschaglhaus ist am unteren Bildrand zu erkennen (orangefarbener Pfeil).

und keilt aus. Es bildet den Boden einer schüsselartigen Muldenstruktur, deren Füllung dislozierte Schuppen und zwei Decken unterschiedlicher Genese beinhaltet: Über der Hochstegen-Zone liegt ein breites Band der sowohl metasedimentären als auch kristallinen Tulfer-Senges-Gruppe mit auffallend hellen Kalkmarmoren und Meta-Dolomitgesteinen der Aigerbach-Formation, das direkt über den Hochfeiler-Gipfel zieht (vgl. Abb. 334 aus Exkursion **I**, S. 322). Dieses wird in der weiten

Scharte zum Hochferner von einem schmalen Band permotriassischer Metasedimentgesteine der Seidlwinkl-Modereck-Decke überlagert, die ihrerseits die Basis für die penninische Glockner-Decke mit Bündnerschiefern und Ophiolithen ozeanischer Kruste bildet.

Im breiten Sattel der Griesscharte zwischen Hochferner und Hochsteller sind all diese Einheiten steilgestellt – hier findet sich nördlich der Hochstegen-Zone am Grat zum Hochsteller noch ein schmaler Span Quarzdioritgneis des Zillertaler Kerns, bevor dieser wie mit einem Fallbeil von Furtschaglschiefern der Greiner-Synklinale abgeschnitten wird. Diese baut mit steil nach Norden einfallender Abfolge den schaufelförmigen Hochsteller auf. Der sich gegen Norden zur Kälberlahnspitze anschließende, scharf zugeschnittene Grat zeigt leicht bläulichgraue Gesteine: Hier sehen wir auf permotriassische Metasedimentgesteine des Pfitsch-Mörchner-Beckens (siehe Exkursion E). Nördlich der Kälberlahnspitze ist ein auffallend begrüntes schmales Band von Migmatiten und Anatexiten des Variszischen Basements ("Altes Dach") zwischengeschaltet: Hier liegt die Grenze zum sich nördlich ausdehnenden Tuxer Kristallinkern, der die höchsten Gipfel des Tuxer Kammes zwischen Hoher Wand und Hohem Riffler umfasst.

Gegen Süden zum Zillertaler Hauptkamm ist es die elegante Firnschneide des Möselers, die hinter der düsteren Furtschaglspitze aufragt und alle Blicke auf sich zieht. Dahinter ducken sich der eher unscheinbare Kleine Möseler, die einsame Roßruggspitze und der scharfe Dreikant des Turnerkamps. Alle genannten Gipfel bestehen aus Quarzdioritgneis des Zillertaler Kristallinkerns. Vor allem Turnerkamp, Möseler und Weißzint besitzen dabei eine auffallend dreieckige Pyramidenform. *267*

Eine gänzlich neue Perspektive ist die Aussicht vom Schönbichler Horn nach Osten zum tief eingeschnittenen Zemmgrund , der sich auf Höhe der bereits sichtbaren Berliner Hütte südwärts sternförmig in drei Gletschertäler aufspaltet: Direkt vor uns liegt das Waxeggkar mit dem wild zerrissenen Waxeggkees, im Süden eingerahmt von Großem Möseler, Möselenock (3294 m) und Roßruggspitze (3304 m). Hinter der wie mit einem Lineal konstruiert von der Roßruggspitze herabziehenden scharfen Schneide ("Roßrugg") liegen das Hornkees unter dem Turnerkamp (3418 m) und vier der fünf Hornspitzen. Von der höchsten, der III. Hornspitze (oder Berliner Spitze, 3253 m), zweigt ein ebenso scharfer Grat ab, der "Am Horn", unmittelbar südlich der Berliner Hütte, den oberen Talboden erreicht. Er teilt Hornkees von Schwarzensteinkees unter dem namensgebenden, breiten Schwarzenstein (3368 m), der durch einem weitläufigen, flachen Firnsattel mit dem Großen und Kleinen Mörchner verbunden ist (3285 m bzw. 3198 m). All diese genannten Gipfel und Seitentäler *268*

des Zemmgrundes gehören zum Zillertaler Kristallinkern. Jenseits des Hauptkammes, bereits auf Südtiroler Gebiet, erkennen wir die charakteristisch trapezförmige Gestalt des Hochgalls und das stumpfe Horn des Schneebiger Nocks. Ersterer gehört zum Rieserferner-Pluton, einer sehr jungen, erst vor knapp 35 Millionen Jahren im Zuge der ostalpinen Hauptauffaltung aufgestiegenen Magmakammer, Letzterer zu umgebenden altpaläozoischen Einheiten des Oberostalpins.

Unweit der Berliner Hütte grenzt der Zillertaler Kristallinkern an die Greiner-Synklinale, die als breites Band von unserem Standort über den Ochsner (3106 m) bis zu den unscheinbaren Rossköpfen oberhalb der Nördlichen Mörchenscharte verläuft und dann unser Blickfeld verlässt. Eingeschaltet ist eine verhältnismäßig schmale Zone mit Metasedimentgesteinen des Pfitsch-Mörchner-Beckens, die über den Schwarzensee bis unter die Mörchenscharte zieht und dort auskeilt. Nördlich der Greiner-Synklinale erstreckt sich der Tuxer Kristallinkern bis zum Tuxer Kamm jenseits des Zemmgrundes. Rechts neben dem breiten Gipfel des Hohen Rifflers (Exkursion F) erkennen wir die 3039 Meter

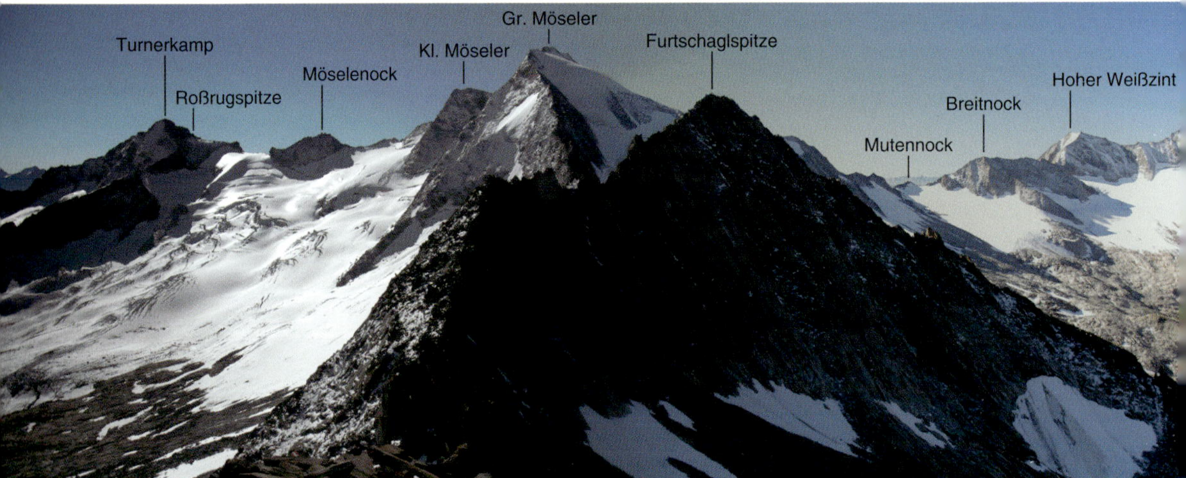

Abb. 267. Der Blick vom Schönbichler Horn über die 3190 Meter hohe Furtschaglspitze hinweg zum Zillertaler Hauptkamm zwischen dem schwierig zu ersteigenden Turnerkamp ganz links und dem Hohen Weißzint rechts. Blickfang der Szenerie ist zweifelsohne der elegante Große Möseler.

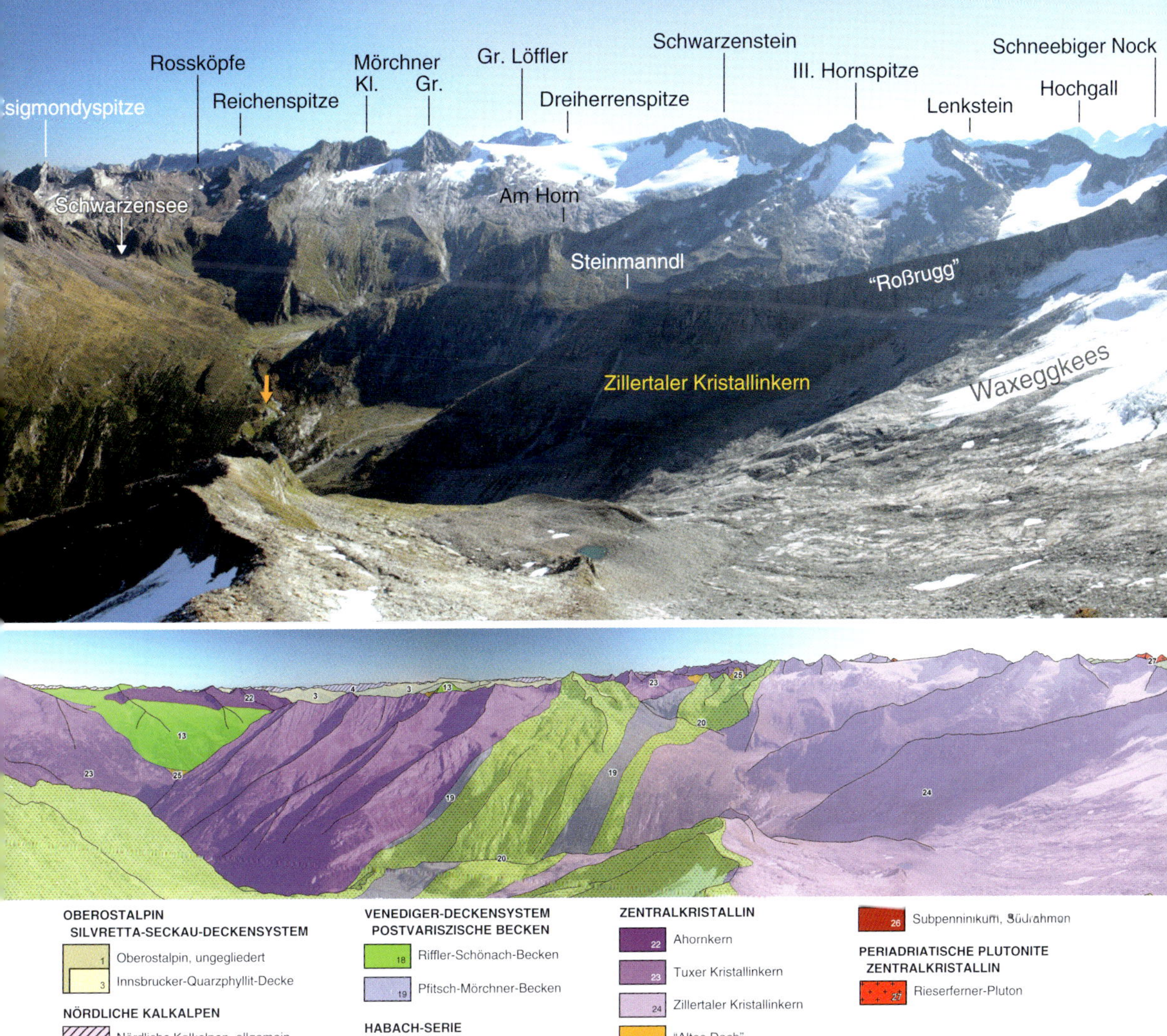

Abb. 268. Ausblick vom Schönbichler Horn nach Osten – zur besseren Übersicht sind die tektonostratigraphischen Einheiten im unteren Ausschnitt transparent darübergelegt. Unter dem orangefarbenen Pfeil ist die Berliner Hütte zu erkennen.

hohe Realspitze, deren höchster Punkt und Unterbau aus stark geschieferten, paläozoischen Metasedimentgesteinen des Riffler-Schönach-Beckens aufgebaut ist. Diese dem Pfitsch-Mörchner-Becken des Greiner-Kammes genetisch nahestehenden Gesteine separieren den Tuxer Kristallinkern vom Ahornkern, der von der Realspitze bis zu den Grinbergspitzen (Exkursion D) reicht. Dahinter erstrecken sich die grasigen Kämme der Kitzbüheler Alpen mit den tektonostratigraphisch höher liegenden Einheiten der oberostalpinen Innsbrucker-Quarzphyllit-Decke (als Teil des Silvretta-Seckau-Deckensystems) und nochmals weiter nördlich, bleich und fern am Horizont, die Nördlichen Kalkalpen zwischen Rofan, den westlichen Chiemgauer Alpen und dem fernen Kaisergebirge. Sie kennzeichnen ebenfalls eine oberostalpine Einheit, liegen allerdings auf dem Silvretta-Seckau-Deckensystem und sind weitgehend von ihrem kristallinen Basement abgeschert. Wir haben demnach vom Schönbichler Horn eine Aussicht, die neben den drei Kristallinkernen der Zillertaler Alpen weitere strukturgeologische Einheiten umfasst. Diese schmiegen sich einer Zwiebel gleich rund um das Tauernfenster mit seiner helvetischen, "ureuropäischen" Kruste. Es sind solche Punkte wie unser Standort, die einem zeigen, wie die großtektonischen Zahnräder der Ostalpen ineinandergreifen und alles mit allem zusammenhängt.

Abb. 269. Auch der erste Teil des Abstiegs vom Schönbichler Horn ostwärts bis knapp 2900 Meter Höhe (a) wird von hell-dunkel gebändertem Furtschaglschiefer dominiert (b). c, Keine »versteinerte Schlange«, sondern eine erosiv ausgeräumte Parasitärfalte, vermutlich hervorgerufen durch einen weichen, glimmerreicheren Einschluss. Gesehen entlang des Abstiegsweges am Ostnordostgrat des Schönbichler Horns auf etwa 2950 Meter Höhe (weißes Rechteck). d, Den teilweise steilen Abstieg erleichtern durchgängig verlegte Draht-Fixseile.

6 Der lange Abstieg zur Berliner Hütte

Der ein oder andere Ersteiger des Schönbichler Horns mag kräftig schlucken, wenn er die ersten Meter des steilen, zerklüfteten Grates in Richtung Osten absteigt, doch keine Bange. Sofern nicht Schnee oder Eis liegen, ist es einfacher, als es zunächst aussieht: Ein fast durchgängig gespanntes Draht-Fixseil erleichtert Orientierung und Abstieg – man könnte sich sogar mit einem Klettersteig-Set einhängen. Zudem findet man auf den zahlreichen hell-dunkel gebänderten Platten aus Furtschaglschiefern immer irgendwo einen guten
269 Tritt. Und nach einer knappen halben Stunde ist ein nach unten flach auslaufender Gratabsatz auf etwa 2900 Meter Höhe erreicht.

In einer seichten Rinne grenzen an diesem Punkt relativ scharf Furtschaglschiefer zur Linken gegen
270 Quarzdiorit-Gneise des Zillertaler Kristallinkerns zur Rechten aneinander. Der lithologische Kontrast könnte nicht größer sein: dunkel gebänderte Metasedimentgesteine gegen hellen, mittelkörnigen Gneis.

Wir bleiben ziemlich genau an der lithologischen Grenze von der Greiner-Synklinale zum Zillertaler Kristallinkern. In einer bis zu 40 Meter steil gegen das Schönbichler Kees abfallenden Wandstufe stehen nördlich unserer Route talwärts fast saiger gegen NNW geschieferte Furtschaglschiefer an. In Richtung Süden und das breite Waxeggkar liegt deutlich flacheres Terrain mit zahlreichen, einst vom Gletscher transportierten Granodiorit-Brocken.

Abb. 270. a, In relativ scharfer Grenze stößt der Zillertaler Kristallinkern mit Granodioritgneis an die geschieferten Abfolgen der Greiner-Synklinale. b, Detail der körnigen Textur mit zahlreichen Quarzen, Kalifeldspäten und dunklem Biotit sowie Hornblendekristallen.

In weiterer Folge hält sich der Steig nahe an der Firstlinie des breiten, vom Schönbichler Horn kerzengerade in ostnordöstliche Richtung gegen den Zemmgrund vorgreifenden Gratverlaufs. Den markanten Kammabsatz P. 2763 m (eingezeichnet auf der Alpenvereinskarte Blatt "Zillertal Mitte") erreichen wir nach einer knappen halben Stunde. Dahinter wird die Gratschneide deutlich schärfer und beginnt, steil in den Zemmgrund zum sogenannten "Krähenfuß" (P. 2567 m) abzufallen. Wer nun glaubt, der Weg halte sich weiter am Grat und es werde wieder ausgesetzter, der kann beruhigt werden: Der Krähenfuß wird nicht erreicht. Der Weg wendet sich nach dem P. 2763 m kurz in südliche Richtung gegen das Waxeggkees und quert auf
71 einem breiten, abgedachten Gras- und Schrofenband die etwa 100 Meter hohe Wandstufe aus grauen Feldspatblastengneisen, die den bisher überschrittenen Quarzdiorit- und Granodioritgneis an der Gratschneide abgelöst haben. Der Steig ist breit und gut gangbar, jedoch sollte

Abb. 271. Der Großaufschluss von Feldspatblastengneisen im Wechsel mit Zweiglimmergneisen befindet sich unterhalb des P. 2763 m am langen Ostnordostgrat des Schönbichler Horns und wird auf einem breiten Gras- und Schrofenband gequert (siehe strichlierte gelbe Linie). Als Größenvergleich dienen zwei nur schwer erkennbare Personen (gelber Pfeil).

Abb. 272. Herangezoomt – die Nordwand des Kleinen und Großen Möselers über begrünten egesenzeitlichen Moränenablagerungen im Vordergrund. Im Mittelgrund ist die noch »frische«, kaum überwachsene Seitenmoräne des Waxeggkeeses aus der »Kleinen Eiszeit« zu sehen.

man bei Nässe seine Tritte mit Bedacht setzen, denn die Wandstufe ist zunächst beeindruckend hoch – die Distanz zum tiefer liegenden Geröll- und Moränenkar sinkt jedoch schnell ab und bald sind Wandfuß und ein steiles Hangschuttfeld erreicht.

Unter dem Gratabsatz wird das Gelände deutlich flacher. Jetzt, da die Hauptschwierigkeiten vor-
272 bei sind, bleibt genügend Zeit zum Schauen und Rasten. Vor allem der Große Möseler mit seinem "Kleinen Bruder" – nunmehr als Doppelmassiv über dem zerrissenen Waxeggkees sichtbar – bleibt ein beständiger Blickfang.

Bald steigen wir über verwachsene blockige, egesenzeitliche Moränensedimente talwärts und kommen in den Bereich der frischen, kaum mit Vegetation überzogenen Seitenmoräne des Waxeggkeeses aus der "Kleinen Eiszeit". Einmal mehr sollte es nicht schwerfallen, sich den beeindruckenden Gletscherstrom zu Zeiten des Eishöchststandes um 1850 vorzustellen, der im wannenförmig ausgeschürften Geröllbett bis in den Zemmgrund auf 1900 Meter Höhe abfloss.

Ab etwa 2300 Meter Höhe verfolgt der Steig den First der linken (nördlichen) Seitenmoräne des Waxeggkeeses. Besonders die gegen das Zungenbecken abfallende, übersteilte Flanke der Wallstruktur ist starker Erosion ausgesetzt, was sich an zahlreichen senkrecht nach unten verlaufenden
273a Erosionsrinnen bemerkbar macht. Diese sehen wir quasi spiegelbildlich am uns gegenüberliegenden Seitenmoränenwall.

Etwa 30 Minuten geht es auf der Firstlinie der Seitenmoräne talwärts, dann zweigt auf etwa 2100 Meter Höhe der Pfad zur Berliner Hütte scharf nach rechts ab und beginnt seinen Abstieg in das schutterfüllte Trogtal der
273b einstigen Waxeggkees-Gletscherzunge.

Nach Durchqueren des Waxegg-Gletschertroges erreichen wir die unterste Schuttflanke des Steinmanndls (Endpunkt des langen, von der Roßruggspitze gegen Norden abfallenden Kammes "Roßrugg").

Nur kurz sind Feldspatblasten-Gneise des Zillertaler Kristallinkerns aufgeschlossen, dann erreicht der Pfad bereits den flachen Seitenmoränenkamm des Hornkeeses aus dem Jahr 1850. Weiter absteigend überqueren wir das flache Trogtal, welches das Hornkees zum Höhepunkt der "Kleinen Eiszeit" Mitte des 19. Jahrhunderts zur Gänze erfüllte und sich einst unweit des Standortes der Berliner Hütte mit dem Waxeggkees vereinigte. Kurz vor Erreichen des bereits sichtbaren alpinen Schutzhauses

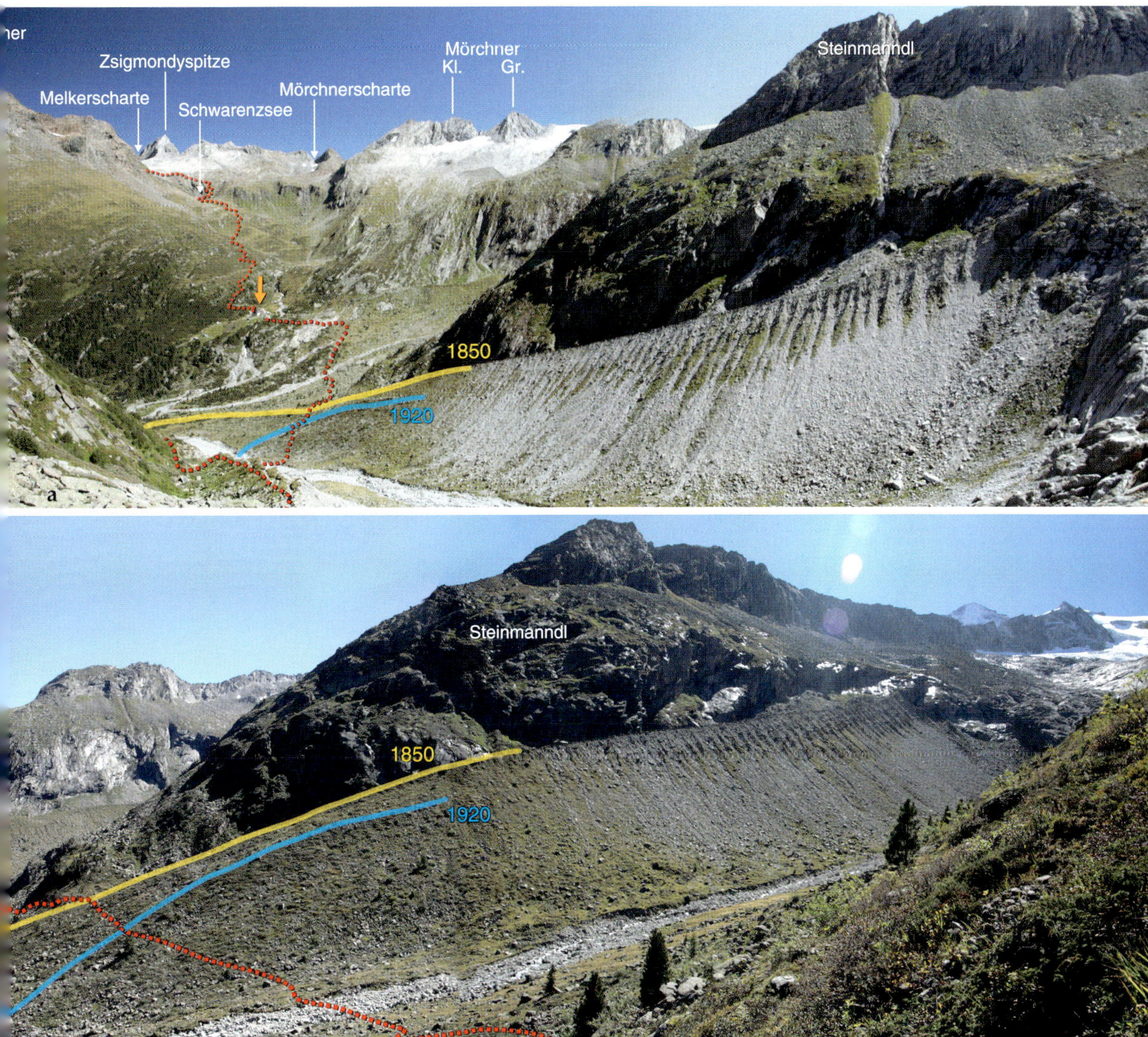

Abb. 273. »Kleine Eiszeit« am Waxeggkees: a, Blick aus circa 2300 Meter Höhe gegen den Seitenmoränen-Kamm des Waxeggkeeses aus der »Kleinen Eiszeit«. Rot punktiert sind der weitere Routenverlauf und Teile der für den morgigen Tag geplanten Etappe hervorgehoben. Unter dem orangefarbenen Pfeil befindet sich die Berliner Hütte, die wir von diesem Standpunkt in etwas mehr als einer Stunde Gehzeit erreichen sollten. b, Vom Standort dieses Bildes weiter nördlich , auf Höhe der deutlich sichtbaren 1920er-Moräne des bedeutendsten Eisvorstoßes des 20. Jahrhunderts, beginnt der Steig seine Durchquerung des Waxeggkees-Trogtals. Auch hier ist der weitere Wegverlauf in Richtung Berliner Hütte rot punktiert akzentuiert.

sind große Gletscherschliffplatten mit migmatitischen Augengneisen zu überqueren. Wer hier noch 274
Kraft und Muße hat, findet eventuell einzelne schwarzgrüne Amphibolit- und Paragneisschollen in einer hellgrauen, granitoiden Matrix. Diese grünlichen, "xenolithischen" Schollen entstammen der nahen Greiner-Scherzone, die unweit nördlich der Berliner Hütte ansteht. Sie wurden im Zuge der Intrusion granitoider Schmelzen während der variszischen Orogenese mobilisiert, die sich zwischen

Abb. 274. Große Gletscherschliffplatten mit migmatitischen (d.h. teilweise aufgeschmolzenen) Augengneisen sind nur wenig unterhalb der Berliner Hütte zu queren (links am Bildrand).

Abb. 275. Vom Bach unmittelbar südlich unterhalb der Berliner Hütte werden granitoide Migmatite mit aus dem Verband der Greiner-Serie losgerissenen Amphibolit- und Paragneis-Schollen glattgeschliffen.

die älteren metasedimentären Schichten der Greiner-Zone gedrängt haben. Und da liegen sie noch heute, unverändert seit etwa 300 Millionen Jahren, in einer Matrix, die seinerseits durch die alpidische Orogenese überformt und verändert wurde. Ganz gute Aufschlüsse dieser Xenolithe, die teilweise noch von einem Schmelzsaum umgeben sind, finden sich auch im Bach unmittelbar südlich unterhalb der großen Terrasse vor der Berliner Hütte.

7 "Ein Stück Berlin in den Alpen"

Dass es sich bei der Berliner Hütte nicht um eine gewöhnliche Alpenvereinshütte handelt, sieht man, bevor man auch nur einen Fuß über ihre Schwelle gesetzt hat. Mit Haupt- und Nebenhäusern besitzt der Gebäudekomplex samt kleinerer Anbauten vier Stockwerke. Und wenn man durch die Doppel-Schwingtür ins große Foyer mit Kronleuchter (!) tritt, wähnt man sich bei all dem verschnörkelten Luxus und Pomp auf einer Zeitreise zurück in die deutsche Kaiser- und Gründerzeit. Tatsächlich ist die Berliner Hütte nicht nur das älteste Schutzhaus der Zillertaler Alpen und eines der ältesten der Alpen überhaupt, sondern das einzige in Europa, das den Status eines Baudenkmals erhielt – "ein Stück Berlin in den Alpen", wie man hin und wieder zu lesen bekommt. Bereits am 28. Juli 1879 eingeweiht, nahm sich der erste Hüttenbau mit Maßen

von etwa 6 mal 10 Metern geradezu bescheiden aus. Bereits im Jahr 1885 wurde der erste Erweiterungsbau unter dem Motto "Dem Sturme Trutz, dem Wanderer Schutz" eingeweiht, doch der rasant steigende alpinistische Zuspruch machte bald weitere Um- und Anbauten notwendig – und das nahezu im Jahreszyklus. Von 1891 bis 1892 entstand das sogenannte Logierhaus, das so groß war wie alle vorherigen Bauten. Nach umfangreichen Grunderwerbungen durch die Sektion Berlin, die man glücklicherweise potenziellen Hotelinvestoren an der nahen Schwarzensteinalpe wegschnappte, gab es bis zum Ausbruch des 1. Weltkrieges weitere, geradezu unverschämt luxuriöse Erweiterungen, darunter einen Damensalon (!) mit 82 Plätzen, eine Dunkelkammer zur Entwicklung von Fotomaterial, eine eigene Schuhmacher-Werkstatt, ein Postamt, einen Telefonanschluss über eine Freileitung von Ginzling, ein Wasserkraftwerk zur Stromerzeugung samt elektrischer Heizung in immerhin 10 Zimmern usw.
276b Dieser schiere Überfluss an Pomp hat wohl auch eine gewisse Art der Eigendynamik entwickelt und darf als absoluter Einzelfall in der anderthalb Jahrhunderte währenden Hüttenbau-Geschichte des Deutschen und Österreichischen Alpenvereins gelten. Zwar bekam die Historie des Hauses durch die Wirren der beiden Weltkriege einige satte Dämpfer: Es wurde annektiert, für Zivilpersonen gesperrt und erst 1956 wieder an die Sektion Berlin zurückgegeben. Aber seit dieser dunklen Zeit ging es stetig bergauf. Und das bis zum erstaunlichen Prädikat "Denkmalschutz", das aber heute ein nicht zu unterschätzender Kostenfaktor für die betreibende Sektion Berlin *in puncto* Instandhaltungskosten ist. Wie dem auch sei – wenn
277 man heute in besagtes Foyer mit dem sieben, acht Meter über dem Betrachter schwebenden Sichtdachstuhl tritt, dazu umkränzt von einem breiten Treppenaufgang, glaubt man, irgendwo in einem altehrwürdigen Hotel der Gründerzeit zu stehen. Und spätestens, wenn man im sehr geräumigen, zur Gänze holzvertäfelten Speisesaal mit den großen Fenstern sitzt, hat man das 21. Jahrhundert irgendwie verlassen. Wären da nicht die moderne Registrierkasse, das stets geforderte und arbeitsame Hüttenpersonal sowie der Ausblick auf die nun gletscherleeren Trogtäler samt umkränzender Dreitausender ringsherum.

Abb. 276. a, Die erste Berliner Hütte im Jahr 1879 war ein vergleichsweise bescheidener und schmuckloser Bau mit einer Grundfläche von 6 mal 10 Metern. Man beachte die beeindruckende Gletscherzunge des Hornkeeses unter den Hornspitzen im Hintergrund (Foto Bernhard JOHANNES*, Quelle: Wikimedia commons, gemeinfrei). b, Knapp 30 Jahre später, kurz vor Ausbruch des 1. Weltkriegs, war die Berliner Hütte zu einer Ikone der Berliner Gründer- und Kaiserzeit geworden und suchte, was Luxus und Ausstattung anbelangte, unter den alpinen Schutzhäusern ihresgleichen: Oben ist die Ansicht von der Nordseite, unten die von der Südseite zu sehen (Foto Unbekannt, Quelle: Wikimedia commons, gemeinfrei).*

Abb. 277. Die Berliner Hütte zählt heute mit über 7000 Übernachtungsgästen pro Sommersaison zwar nicht zu den Spitzenreitern alpiner Schutzhäuser alpenweit, spielt aber mit vielen, vielen tausend Tagesgästen ganz oben mit. Besonders das Foyer mit dem Sichtdachstuhl und der große Speiseraum mit Holzvertäfelung ziehen immer noch die Besucher in ihren Bann, wenn sie mit Bergschuhen »über die Hausschwelle rumpeln«.

Abb. 278. Kaum 100 Höhenmeter über dem Standort der Berliner Hütte hat man einen beeindruckenden Überblick auf die Trogtäler von Horn- und Waxeggkees. b, Fakten und Vergangenheit: So oder so ähnlich könnte es zum Gletscherhöchststand der »Kleinen Eiszeit« um das Jahr 1850 ausgesehen haben.

Ein Besuch auf der Berliner Hütte war und ist aus genannten Gründen immer etwas ganz Besonderes. Vor mehr als 100 Jahren freilich, als das Hornkees noch beinahe bis an den Standpunkt der heutigen Terrasse reichte, mochte es spektakulärer gewesen sein, aber dafür entschädigt allein die schiere Dimension und die Ausstattung der Hütte zwischen all den verwinkelten Gängen, Treppen und der unüberschaubaren Zimmerzahl. Es gibt nahezu 200 Schlafplätze in Hüttenlagern, Mehrbett- und einer größeren Anzahl von Zwei- und Einbettzimmern. Ich habe mal eine geschlagene Viertelstunde den Rückweg von der Dusche zu meinem Zimmer gesucht, nachdem ich zuvor 10 Minuten damit verbracht hatte, der Beschreibung der forschen, aber netten Dame an der Rezeption vom Foyer zu einer Dusche in irgendeiner Zwischenetage zu folgen: rüber ins Nebengebäude, Treppe rauf, dann rechts, einen Absatz nach unten, dann wieder rechts und geradeaus, dann wieder links etwas die Treppen hinab und...

Abb. 279. a, Leukokrater Feldspatblastengneis des Zillertaler Kristallinkerns mit bankartiger, ausgeprägter Schieferung steht nördlich der Berliner Hütte an. b, Das Gefüge im Detail: Hier finden sich schieferungsparallel gesprosste Biotitplättchen, die kleinere Feldspatblasten umkränzen.

Abends sitzt man mit einem bunten Volk an Wanderern, Bergsteigern und "Berliner Höhenweglern" (mit einigen ist man vielleicht bereits gestern vom Speicher Schlegeis zum Furtschaglhaus gestiegen) auf der sonnigen Terrasse zusammen, bekommt sein Abendessen und wird angesichts köstlicher und reichhaltiger Verpflegung samt Gerstensaft ganz "rammdösig". Es ist herrlich hier in "Klein-Berlin"!

8 Aufstieg zum Schwarzensee: Geologie und Glazialnostalgien

Die letzte, ebenfalls lange Tagesetappe steht bevor. Nach dem Frühstück können wir einen Großteil des Gepäcks auf der Berliner Hütte deponieren (bitte an der Rezeption fragen, wo) und folgen dem in gemütlicher Steigung bergan führenden Pfad über der Kastenklamm nach Nordosten. Hier gilt: auf Wegweiser "Schwarzensee" achten und nicht dem unbezeichneten Pfad nachlaufen, der unmittelbar am schluchtartigen Einschnitt in das weit offene Trogtal des einstigen Schwarzensteinkeeses führt.

Abb. 280. Ein beinahe idyllischer Platz auf etwa 2150 Meter Höhe mit einer kleinen Verebnung und moorigen Feuchtstandorten lädt zum Verweilen ein. Im Hintergrund erheben sich Roßruggspitze, Möseler, Schönbichler Horn (in Wolken) und Großer Greiner (ganz rechts).

Steht man ein wenig oberhalb der Hütte und sieht die Landschaft im Hintergrund in der Übersicht, kann man vielleicht einmal versuchen, sich anhand der heute noch mehr als deutlich erkennbaren Moränen-Kämme der "Kleinen Eiszeit" in einen Besucher hineinzuversetzen, der vor etwa 170 Jahren hier gestanden hat. 27

Rein lithologisch betrachtet befinden wir uns (noch) innerhalb des Zillertaler Kristallinkerns. Auf den ersten 100 Höhenmetern des Anstiegs zum Schwarzensee dominieren leukokrate, unterschiedlich deutlich geschieferte Feldspatblastengneise. 27 Mit Erreichen einer kleinen, mit Grundmoränentill dauerfeuchten Verebnung 28 erreichen wir ein mächtigeres, jedoch schlecht erschlossenes Amphibolit-Band, das in diesem Bereich in beinahe west-östlicher Richtung Abfolgen des Zillertaler Gneiskerns durchschlägt.

Abb. 281. a, Furtschaglschiefer stehen entlang des Anstieges zum Schwarzensee ab etwa 2350 Metern Höhe an. Im Detail sieht man wieder: b, dunkel gebänderte Schiefer; c, deren Gefüge lokal von bis zu metergroßen Klasten aus derbem Quarz durchzogen werden kann. Der Aufschluss in Foto a liegt unmittelbar unter dem Schwarzensee – der große Block links im Hintergrund ist ein erratischer Block, hierher transportiert durch einen kleinen, vom Ochsner talwärts fließenden Lokalgletscher.

> Bei einer Abzweigung auf etwa 2250 Meter Höhe halten wir uns links und aufwärts – der rechts abzweigende Pfad ist der Beginn des Anstieges zum Schwarzenstein (3368 m).

Die Südgrenze der Greiner-Synklinale und damit die Furtschaglschiefer erreichen wir erst auf etwa 281
2350 Meter Höhe in stark geschieferter, dunkel gefärbter und oft gebänderter Ausprägung mit teilweise großen Quarzklasten.

Abb. 282. Heute und »damals« am Schwarzensteinkees. a, Ansicht der gegenwärtigen Situation (September 2020). b, Mit aus den Seiten- und Endmoränenbögen rekonstruierten Gletscherstand zum Höhepunkt der »Kleinen Eiszeit« in der ersten Hälfte des 19. Jahrhunderts.

Von diesem Standort öffnet sich allmählich der Blick hinein ins riesige Trogtal des Schwarzensteinkeeses. Auch hier bietet sich dem Betrachter ein ähnliches Bild wie zuvor vom Horn- und Waxeggkees. Die Gletscherflächen haben sich gegenwärtig weit gegen den Zillertaler Hauptkamm zurückgezogen, die noch bestehende Eiszunge wirkt auf den riesigen, blank polierten Gletscherschlifflächen wie verloren. Einzig auf dem flachen Schwarzensteinsattel ist die "Eiswüsten-Welt" noch in Ordnung: Hier halten sich Schneezuwachs und Abschmelzprozess (noch) die Waage. Demgegenüber stehen jedoch die noch gar nicht so lange zurückliegenden Gletscherstände der "Kleinen Eiszeit", deren Spuren beim Blick nach Süden unübersehbar sind: Vor allem die meterhohen, girlandenförmigen Endmoränenbögen, die die Ebene der Schwarzensteinalm unter uns gegen Westen konturieren, dokumentieren die scharf umrissene Grenze des Maximalstandes Mitte des 19. Jahrhunderts. So
282 sollte es – einmal mehr – nicht allzu schwerfallen, sich die Ausmaße des Schwarzensteinkeeses vor mehr als 170 Jahren vorzustellen.

Am schönsten ausgeprägt ist die Grenze zwischen neuzeitlicher Moräne und dem Untergrund unmittelbar südlich des kleinen Baches, der sich talwärts gegen die Berliner Hütte zur Kastenklamm einschneidet: Hier treffen "frische" Endmoränenwälle auf eine lehrbuchhaft ausgebildete Rundhöckerlandschaft aus dem Egesen-Stadial. Zu Zeiten des ausgehenden Spätglazials etwa vor 12 000 Jahren ("Dryas"), als das Schwarzensteinkees noch weiter talwärts reichte als heute und sich am Standort der Berliner Hütte mit dem Hornkees und weiter talwärts mit dem Waxeggkees zu einem gemeinsamen Gletscherstrom vereinigte, wurden die im Bereich der Schwarzensteinalm anstehenden Feldspatblas-

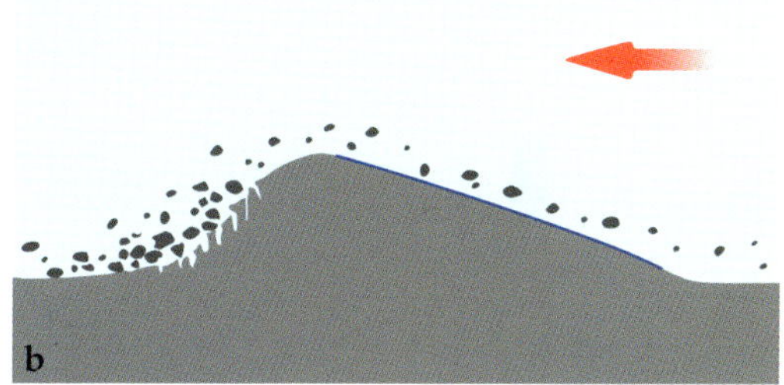

Abb. 283. a, Der Schmelzwasser-Hauptabfluss des Schwarzensteinkeeses durchschneidet die girlandenförmig geschwungene Endmoräne der »Kleinen Eiszeit«. Diese grenzt unmittelbar an eine lehrbuchhaft ausgebildete, würmzeitliche Rundhöckerlandschaft (»roche moutonnée«). b, Entstehungsweise solcher Rundhöcker mit einer flachen Luv- und einer steilen Leeseite (Quelle: Wikimedia commons, Lizenz CC BY-SA 3.0).

tengneise durch fließendes Gletschereis zu stromlinienförmigen Rundhöckern umgeformt (auch als "roche moutonnée" bezeichnet). Charakteristisch ist dabei deren Tropfenform: An der Luvseite entsteht durch die Kombination von Eisauflastdruck und Fließbewegung ein Gleitfilm, der das Gestein abschmirgelt und eine glatte, stromlinienförmige Oberfläche mit Schrammen zurücklässt ("Gletscherschliff" oder Detersion). Auf der Leeseite hingegen lässt der Druck stark nach und das Gestein friert an der Gletscherbasis fest. Als Folge werden einzelne Blöcke entlang von Trennflächen herausgerissen (Detraktion). Daher ist die Luvseite stets steiler als die
283 Leerseite und zeigt unverkennbar die Fließrichtung des Eises an.

> Den Schwarzensee erreichen wir nach etwa anderthalb Stunden Anstiegszeit ab der Berliner Hütte.

Der auf einer Höhe von 2472 Metern
284 gelegene Karsee ist mitnichten schwarz, wie sein Name implizieren könnte, sondern zeigt je nach Lichteinfall und Wetter

Abb. 284. Der Schwarzensee unter dem 2985 Meter hohen Rotkopf (Foto Stefan STRAUB – Wikimedia commons, Lizenz CC BY-SA 4.0)

Abb. 285. Oberhalb der Wegabzweigung vom Berliner Höhenweg queren wir flachere, glazigen überprägte Schrofen- und Karböden, die mit ihren grünlichbraunen Farbnuancen in auffallendem Kontrast zu den hellgrauen, scharf zugeschnittenen Gipfeln der sichtbaren Bergkulisse stehen. Dort erkennt man die 3089 Meter hohe Zsigmondyspitze sowie den vorgelagerten, namenlosen P. 3028 m.

graue, blaue und grünliche Farbnuancen. Seine Anlage verdankt er einer weitgehend wasserundurchlässigen spätwürmzeitlichen Grundmoräne eines kleineren Lokalgletschers, der aus dem Kar unterhalb der Melkerscharte südwärts in ein kleines Becken abfloss.

9 Die einsame Welt zwischen Eissee und Melkerschartenspitze: Von grünen Serpentiniten und hellen Gneisen

Wir wandern am Südufer des Schwarzensees vorbei und beginnen den Anstieg über eine begrünte und steile Schrofenrippe, die dunkle, stark geschieferte Furtschaglschiefer erschließt. Auf etwa 2550 Meter Höhe halten wir uns an einer Abzweigung links in Richtung "Melkerscharte" und "Ginzling" und verlassen den Berliner Höhenweg, der geradeaus weiter in Richtung Nördliche Mörchenscharte führt. In weiterer Folge werden die
285 flacheren, glazigen abgeschliffenen und mit Geröll übersäten Böden in nördliche Richtung bergan gequert. Bald kommt der markante Riesenzahn der Zsigmondyspitze (3089 m) in Sicht, dessen Berggestalt beinahe den gesamten heutigen Anstieg über im Fokus war.

Aufgrund seiner spitz zulaufenden Form wird er auch als das "Matterhorn" des Zillertals bezeichnet und ist einer der beliebtesten Kletterberge der Gebirgsgruppe. Seine von zwei markanten Bändern durchzogene Südwand (hier verläuft auch der Normalweg) gehört mit hellen Granodiorit-Gneisen bereits zum Tuxer Kristallinkern, liegt demnach nördlich der Greiner-Scherzone.

Die Gesteine im flacheren Gelände mit zahlreichen abgerundeten Felskuppen und Riedeln stehen mit ihren grünlichen und grünbräunlichen Farbschattierungen in auffallendem Kontrast zu den hellen, scharf zugeschnittenen Gneis-Gipfeln der das Kar umgebenden Bergkulisse. Auf diesen Metern lohnt sich der ein oder andere Blick nach unten, sobald der Pfad über erdig-bröseligen Grus führt. Die stark verwitterten und intensiv geschieferten, grünlichen Hornblendegneise gehören zur postvariszischen, einst klastisch-sedimentären Füllung des Pfitsch-Mörchner-Beckens. Sie tragen auf den Schieferungsflächen oft sehr schöne, idiomorph ausgebildete und büschelartig angeordnete
286 Hornblendekristalle. Deren Färbung reicht von waldgrün bis pechschwarz, die Kristallgrößen von nur wenigen Millimetern bis über 15 Zentimeter Länge.

Abb. 286. a, Hornblendegneise des postvariszischen Pfitsch-Mörchner-Beckens stehen ab circa 2530 Meter Höhe entlang des Aufstiegsweges an – so etwa nahe der Abzweigung des Steiges vom Berliner Höhenweg zur Melkerscharte. b, Schwarze Hornblendekristalle im Detail; c, waldgrüne Hornblendekristalle auf einer Schieferungsfläche im Detail.

Auf den noch ausstehenden Höhenmetern bis zum auf 2674 Meter Höhe gelegenen Eissee wird die
besondere Geologie des Gebietes deutlich, vor allem, wenn man seinen Blick zum benachbarten dunklen Klotz des bis 3106 Meter hohen Doppelmassivs Ochsner-Rotkopf richtet. Wie ein Fremdkörper 287
wirken seine kaum gegliederten, zerborstenen Flanken mit ihren dunkel grünlichen bis bräunlichen

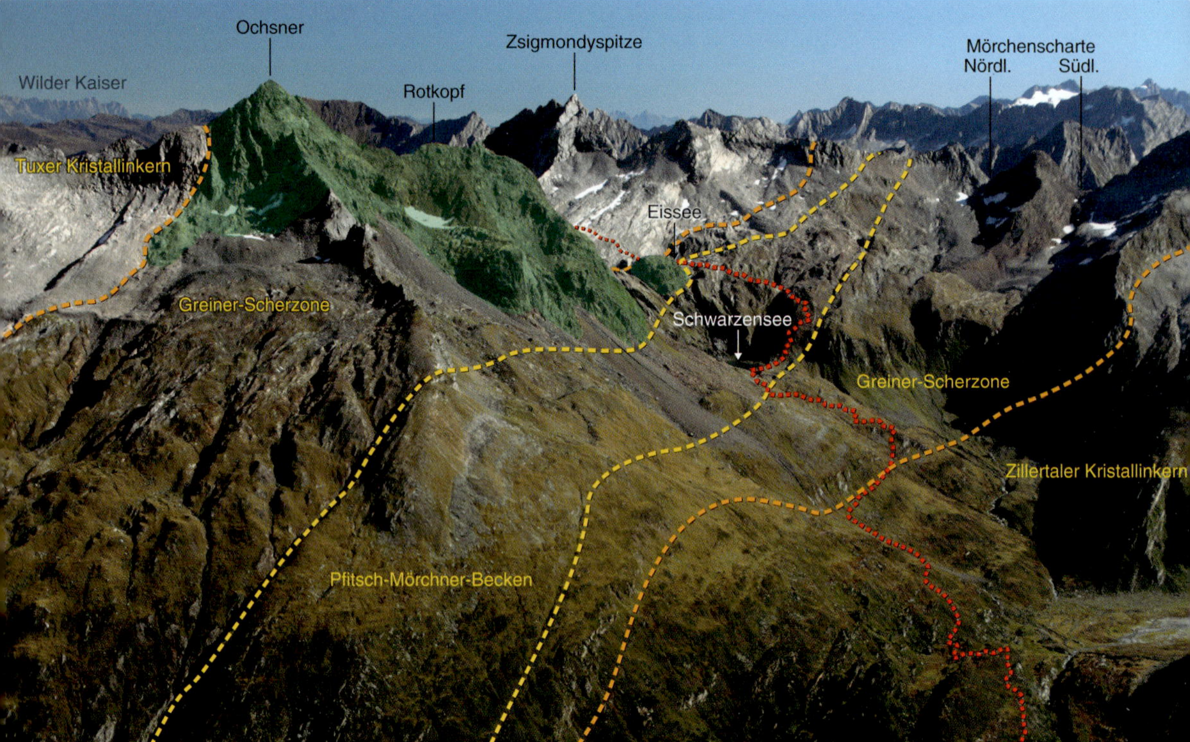

Abb. 287. Das Doppelmassiv von Ochsner und Rotkopf mit seinen alten Serpentiniten liegt wie ein Fremdkörper am Nordrand der Greiner-Scherzone mit dem im Bild nahezu mittig platzierten, tektonisch stark verformten Pfitsch-Mörchner-Becken. Zur besseren Übersicht sind die Grenzen dieser tektonischen Elemente zum Zillertaler und Tuxer Kristallinkern im Süden beziehungsweise Norden orangefarben hervorgehoben, jene des Pfitsch-Mörchner-Beckens in Gelb. Die beiden unterschiedlich großen Serpentinitkomplexe von Ochsner und Rotkopf sowie Eissee sind grün transparent akzentuiert. Der Anstieg von der Berliner Hütte zum Schwarzensee, Eissee und weiter in Richtung Melkerscharte ist in Rot eingezeichnet.

Farbschattierungen. Tatsächlich bilden die beiden Gipfel einen der größten Serpentinitkörper der Zillertaler Alpen, der im Nordbereich der Greiner-Scherzone eingebettet ist und hier kontrastreich an die hellen Gneise des Tuxer Kristallinkerns grenzt. Beide Gipfel sind von unserem Standpunkt nur mühselig und schwierig zu erreichen. Gottlob sitzt ein kleinerer Serpentinit-Körper wie eine Art "Geo-Warze" direkt westlich des kleinen Eissees und damit in unmittelbarer Nähe der Exkursionsroute, so dass wir uns die dunkel gebänderten, teilweise innig verfalteten Grüngesteine dort mit ein paar Minuten mehr Zeitaufwand ansehen können. Geologisch betrachtet sind diese Grüngesteine durch Erosion freigelegte Späne alten Ozeanbodens. Im Gegensatz zu den Serpentiniten des Lizumer Reckners in den Tuxer Alpen (siehe auch Exkursion N in Band 44), die aus dem Penninischen Ozean stammen, dürften jene am Ochsner und Rotkopf älter sein, haben sie doch Verbindung mit
288 den altpaläozoischen Metasedimentgesteinen der Greiner-Synklinale. Der kleine Serpentinitkörper nahe des Eissees ist sowohl durch eine Nord-Süd-, als auch eine West-Ost-verlaufende Scherzone vom großen Serpentinitkomplex am Ochsner-Rotkopf-Massiv getrennt.

Dabei gibt es bei weitem mehr als nur Grüngesteine: Das auffallend heterogene Lithologie-Spektrum zeigt blendend hellgraue Kalksilikatfelse als eingefaltete (Kontakt-)Gesteine des Pfitsch-Mörchner-Beckens zu paläozoischen Metasedimentgesteinen der Greiner-Synklinale. Ferner stechen mehrere Zehnermeter lange und bis zu drei Meter breite, rostbraun gefärbte Rodingitgänge geradezu ins Auge.

Abb. 288. Der kleinere Serpentinitkörper (a) westlich des Eissees mit gebänderten, dunkelgrünen Sequenzen ist ohne jede Schwierigkeit erreichbar (gelb strichliert hervorgehoben). Der Rotkopf im Hintergrund bildet mit dem von hier nicht sichtbaren Ochsner den weitaus größeren Serpentinitkörper. Nahe am Eissee zeigen die gebänderten Grüngesteine überraschend heterogene Lithologien: Neben grünen Serpentiniten mit seidenmatt schimmernden Schieferungsflächen (b) sind auch gebänderte Kalksilikatfelse, Albit- und Chloritgneise (d) oder teilweise rostbraune, eisenoxidreiche Hornblendegarbenschiefer (c) erschlossen.

Abb. 289. Morgenstimmung am Eissee mit der III. Hornspitze (»Berliner Spitze«, links) und dem Turnerkamp (rechts) im Hintergrund (Foto © Hochgebirgs-Naturpark Zillertaler Alpen, Fotograf Paul SÜRTH*).*

Unter einem "Rodingit" versteht man ein metamorphes Gestein, das durch eine metasomatische Reaktion zwischen einem Serpentinit und einem silikatreichen Ausgangsgestein entstanden ist. Es besteht größtenteils aus Amphibolit, Feldspat und Pyroxen, untergeordnet finden sich auch Granat (Grossular), Diopsid, Epidot, Titanit, Magnetit, Vesuvian und weitere akzessorische Mineralphasen.

Gerade die zuletzt genannten Mineralien am Ochsner üben auf die einheimischen Mineralsammler seit Langem eine besondere Anziehungskraft aus: Glaubt man lokalen Größen, sind gerade die Diopsid-Vorkommen die besten der Alpen. Die schwarzgrünen Diopsid-Doppelender ("Schwimmer") konnte man noch vor Jahren in der "Diopsidrinne" aufklauben, einem steilen Schuttfächer, der aus der Südflanke des Rotkopfes gegen den Aufstiegsweg zum Schwarzensee zieht. Mit ein wenig Glück findet man immer noch ein paar Reste (für den Abstieg merken!). Wem die Beschreibungen an dieser Stelle zu dünn sind, dem sei der Artikel von Reiner AUGSTEN in Lapis-Sonderheft Nr. 12 (AUGSTEN 1997) empfohlen. Dort findet sich ein reich bebilderter literarischer Streifzug durch die "Schatzkammer", die Ochsner und Rotkopf dem Mineralkundigen (und -süchtigen) bereithält.

Bleiben uns noch Eissee und Melkerscharte als Etappenziele. Wer zunächst auf all die Gesteine und Minerale "pfeift" und bereit ist, sich in der Dunkelheit eines stillen Sommermorgens hierher zu wagen, kann mit Wetterglück am 2674 Meter hoch gelegenen Eissee einen Sonnenaufgang wie
289 aus Hochglanz-Prospekten erleben. Die ersten rötlichen Sonnenstrahlen kitzeln zunächst die Gipfel von Möseler und Turnerkamp und wandern dann langsam hinab zu den Gletscherflächen des Waxegg- und Hornkeeses.

Der Eissee liegt de facto auf der Nordgrenze des Pfitsch-Mörchner-Beckens zum Tuxer Kristallinkern – sein Südufer erschließt dunkle, postvariszische Metasedimentserien, das Nordufer hellgraue, feldspatreiche Gneise. Wir halten uns zunächst am Westufer, vorbei an einer durch eine Nord-Süd-verlaufende Bruchzone geform-
290a ten, seichten Rinne, und erreichen auf etwa 2730 Meter Höhe den obersten Gletscherschliff-Boden unter Melkerschartenkopf, Melkerscharte und Zsigmondyspitze. Bis zum Kammverlauf breiten sich gleichförmige
290b Granodiorit- oder "Augen- und Flasergneise" aus, wie zu Beginn unserer Exkursion vorgestern am Speicher
290c Schlegeis – der Kreis schließt sich.

Im Schlussanstieg unter der Melkerscharte sind eventuell einige Firnfelder zu queren und es wird über eine steile, erdig-schrofige und brüchige Flanke bis zur Pass-Anhöhe (2811 m) aufgesteigen.

Abb. 290. a, Der oberste Karboden unter der Melkerscharte ist selbst in der Hochsaison meist eine menschenleere »touristische Terra incognita«. Die dort anstehenden Granodiorit- oder auch »Augen- und Flasergneise« gehören zum Tuxer Kristallinkern (b). Hin und wieder findet sich ein derber, mitunter »ungerauchter« Quarz in dezimetergroßen Klasten (c).

Abb. 291. Der Blick von der Melkerscharte nach Norden gegen den Tuxer Kamm offenbart eine der stillsten Ecken der Zillertaler Alpen. Von hier könnte man durch das glazigen überformte, schmale und stille Trogtal in knapp vier Stunden nach Ginzling absteigen, müsste allerdings ein steiles, im schattenerfüllten Tal meistens hartgefrorenes Eisfeld mit teilweise gefährlichen Spalten (von hier nicht einsehbar) überqueren.

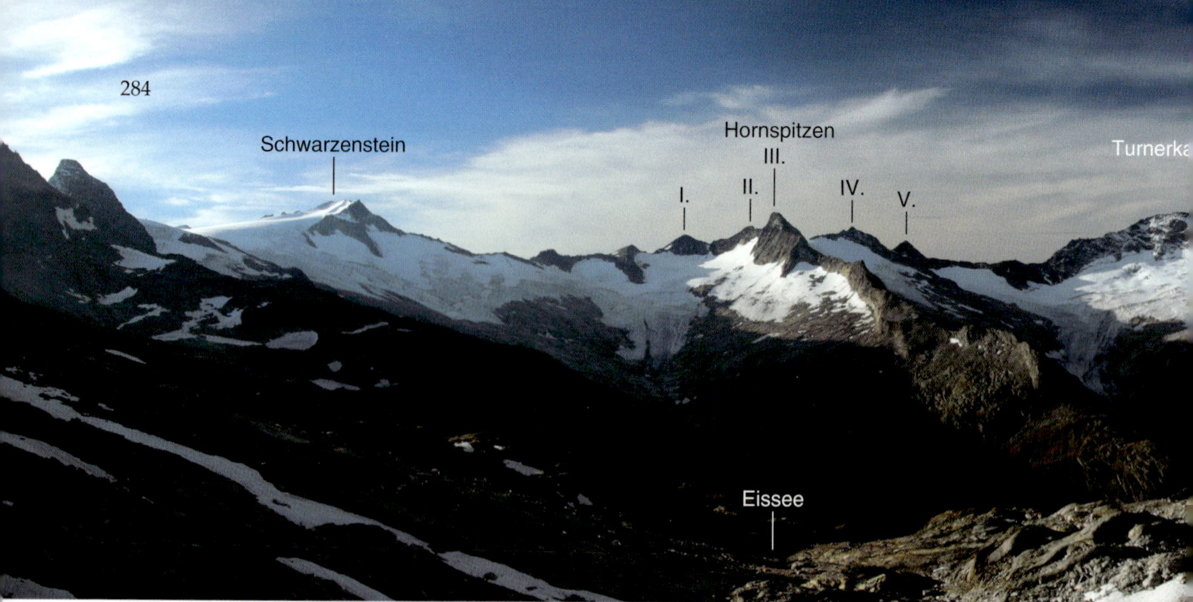

Abb. 292. Aussicht von der Melkerscharte nach Süden gegen den Zillertaler Hauptkamm. Der breite Blockgrat hinauf zur nahen Melkerschartenspitze (rechts im Vordergrund) bietet kaum nennenswerte Schwierigkeiten und erfordert etwas Blockkletterei.

291 Mit dem sich plötzlich öffnenden Tiefblick hinab in die stille Gunggl und gegen den Tuxer Kamm
haben wir es geschafft! Wer noch einen einfachen Gipfel "mitnehmen" möchte, dem sei der Anstieg auf die nahe, 2899 Meter hohe Melkerschartenspitze (oder teilweise auch als "Plattenkopf"
292 bezeichnet) empfohlen. Die Aussicht zum Zillertaler Hauptkamm und seinen Dreitausendern bleibt
293 nahezu gleich, ist aber naturgegeben in Richtung Ochsner und zur nahen Zsigmondyspitze etwas
offener. Der Anstieg folgt dem abgerundeten, zerborstenen Rücken – der Gipfel wird mit einfacher
Blockkletterei erreicht.

Abb. 293. Eine frühherbstliche Morgensonne erreicht den P. 3023 m südlich der spitzen Zsigmondyspitze (links). Dazwischen befindet sich die tief eingeschnittene Feldscharte (2909 m) – gesehen von der Melkerscharte (September 2020).

10 Der lange Abstieg durch den Zemmgrund nach Breitlahner

Da es von einer der stillsten Ecken der Zillertaler Alpen binnen zwei Stunden zur Berliner Hütte hinab geht, an der in den Sommermonaten buchstäblich "das Leben tobt", ist bei dem ein oder anderen ein kleiner Kulturschock durchaus verständlich. Eventuell deponiertes Gepäck bitte nicht vergessen!

Vom Schutzhaus wandern wir den breiten, oft in mehreren Spuren ausgetretenen Pfad talwärts in einen lichten Zirbenwald und erreichen – zuletzt unter hohen Klippen aus Feldspatblasten-Gneisen des Zillertaler Kristallinkerns – das Wirtshaus Alpenrose. Das Gast- und Unterkunftshaus liegt keine 200 Höhenmeter unter der 294
Berliner Hütte und bietet eine Alternative, wenn dort einmal wieder Überlastung und Überbelegung herrscht.

Ab dem Gasthaus Alpenrose führt ein breiter Fahrweg in den Zemmgrund, zunächst gemütlich und beinahe eben talauswärts führend. Auf ihm überschreiten wir ein weiteres Mal die strukturelle Grenzen vom Zillertaler Kristallinkern zu Greiner-Synklinale und nachfolgend Pfitsch-Mörchner-Becken.

Entsprechende Lesefunde von dunklen Furtschaglschiefern und Hornblendegneisen können in diversen Murschuttkegeln gemacht werden, die aus der Südwestflanke der Schwarzensteinalpe den Talgrund erreichen. Man muss sich nicht über Gebühr hier aufhalten, denn die besten Aufschlüsse im Hornblendegneis kommen etwas weiter talwärts "Auf den Wänden". Hier quert die Straße in
5a teilweise abenteuerlicher Konstruktion hoch über dem hier schluchtartig eingeschnittenen Zemmbach das hangparallel geschieferte Anstehende. Entlang dieses wenige hundert Meter langen Abschnittes finden sich schön anzusehende
5b idiomorphe Hornblendekristallbüschel
5c in zahlreichen Lesefunden. In diesem Bereich bitte nicht im Anstehenden klopfen – der Fels ist teilweise mürbe und herabgefallene Brocken müssen von der Wegegenossenschaft "Zemmgrund" mühsam von der Straße gelesen werden.

Abb. 294. Das Wirtshaus Alpenrose liegt nahe der Waxeggalm auf 1878 Meter Höhe. Der Gipfel im Hintergrund ist der Kleine Greiner (2908 m).

Abb. 295. Abenteuerliche Hangquerung der Fahrstraße »Auf den Wänden« (a). Dieser Abschnitt quert ein breites Band von Hornblendegneisen – entsprechende Lesefunde lassen sich bestimmt machen (b,c).

Nach der Querung hoch über dem Zemmbach führt die Straße etwas steiler über einige Kehren hinab zum Grawandbrett, einem mächtigen Murschuttkegel, der vom Hennsteigenkamp aus der Südwestflanke des Ochsners talwärts bricht.

Hier verlassen wir – zum letzten Mal auf dieser Exkursion – die Greiner-Scherzone und bewegen uns erneut in den Kristallingesteinen des Tuxer Kerns.

Abb. 296. Oberhalb der Grawandhütte auf etwa 1650 Meter Höhe ist der Blick zum ersten Mal frei in Richtung Breitlahner, dem Endpunkt unserer Unternehmung, mit dem hohen Riffler im Hintergrund.

Der ein oder andere bemerkt ab der Grawandhütte in den zahlreichen, steil gegen den begrünten breiten, tieferen Zemmgrund vielleicht nun doch allzu viele Höhenmeter die in den Beinen stecken! Deswegen wird eine gewisse Zähigkeit vonnöten, denn ab der Grawand-Hütte ist nach Breitlahner zum Ausgangs- und Endpunkt 296
der Unternehmung noch eine knappe Stunde zu gehen. Wir lassen das Anstehende zurück und bleiben im Wesentlichen auf Murschuttsedimenten – kurz vor Breitlahner durchqueren wir die hausgroßen Trümmer eines nacheiszeitlichen Bergsturzes, gebrochen aus der Westflanke des Kleinen Igent. Sieht man die Holzhäuser der kleinen, letzten ganzjährig bewohnten Siedlung vor dem Schlegeisspeicher, hat man den Zamser Grund und den Schlusspunkt dieser Exkursion erreicht. Und ist hoffentlich zufrieden mit dem geologischen Wissenszuwachs auf einer der großen Runden durch die zentralen Zillertaler Alpen!

Weiterführende Literatur

AUGSTEN, R. (1997): Das Ochsner-Rotkopf-Massiv: ein mineralienreiches Fundgebiet. – Lapis, Sonderheft 12: Zillertal – Das Tal der Gründe und Kristalle, 1997: 70–73, München.

HORNUNG, T. & J. ZASADNI. (2023): Geologische Karte des Hochgebirgs-Naturparkes Zillertal, der Gemeinden Tux, Finkenberg und Brandberg, Maßstab 1:25000, 3 Kartenblätter, Hochgebirgs-Naturpark Zillertaler Alpen, Ginzling.

KEBEDE, T., U. KLÖTZLI, J. KOSTER & T. SKILÖD (2005): Understanding the pre-Variscan and Variscan basement components of the central Tauern Window, Eastern Alps (Austria): constraints from single zircon U-Pb geochronology. – Intern. J. Earth Sci., 94: 336–353.

LAMMERER, B., T. FRUTH, D. D. KLEMM, E. PROSSER & K. WEBER-DIEFENBACH (1976): Geologische und Geochemische Untersuchungen im Zentralgneis und in der Greiner Serie (Zillertaler Alpen, Tirol) – Geologische Rundschau, 65: 436–459, Stuttgart.

PROHASKA, S. (2019): Geologische Kartierung des Schlegeisgrunds (Zillertal) unter besonderer Berücksichtigung der Moränenwälle und ihrer Alterseinstufung mithilfe der Lichenometrie. – Bachelorarbeit Münchner GeoZentrum, 75 S., München.

ROCKENSCHAUB, M., B. KOLENPRAT & A. NOWOTNY (2003a): Das Westliche Tauernfenster – Arbeitstagung der Geologischen Bundesanstalt 2003, Blatt 148 Brenner: 7–38, Wien.

I Der Ozean am Hochfeiler: Vom Schlegeis über das Pfitscher Joch auf den höchsten Gipfel der Zillertaler Alpen

Wegstrecke: Pfitscher-Joch-Haus (bis hierher siehe Exkursion E) – Jochplatte – Pfitscher-Joch-Straße 3. Kehre (1710 m) – Unterberghütten – Platte Glidergang – Unteres Weißkar – Hochfeilerhütte (2710 m, Übernachtung) – P. 2794 m – "Friedhof" (P. 3060 m) – Schulter P. 3175 m – "Weißer Turm" (3373 m) – Hochfeiler (3510 m) – Standort Alte Wiener Hütte (2666 m) – alternativer Abstieg Glidertal – Unterberghütten – Pfitscher-Joch-Straße – Pfitscher-Joch-Haus (evtl. Übernachtung) – Zamsgatterl am Schlegeisspeicher.

Geologie: Vielfältige Geologie im Abstieg vom Pfitscher Joch: postvariszische Metasedimentgesteine des Pfitsch-Mörchner-Beckens (Arkose-Gneise und Aigerbach-Formation) sowie Furtschaglschiefer der Greiner-Synklinale – Metabasite und Bündnerschiefer-Serie der Glockner-Decke – komplexe Geologie des Glidertals: metasedimentäre Decken und Hüllgesteine des Zillertaler Kristallinkerns, kristalline Deckenspäne der Tulfer-Senges-Einheit sowie Bündnerschiefer-Serie und Metabasite der penninischen Glockner-Decke – glazigen überprägtes Glidertal – Gipfelblick Hochfeiler: beinahe alle tektonischen Großeinheiten des Zillertals und des westlichen Tauernfensters auf einen Blick.

Die Bergtour vom Schlegeisspeicher auf den höchsten Zillertaler Gipfel ist quasi die Königstour des vorliegenden doppelbändigen geologischen Wanderführers: Im An- und Abstieg sind jeweils 2800 Meter Höhenunterschied zu bewältigen, dazu in Summe etwa 34 Kilometer Wegstrecke und eine reine Gehzeit von circa 20 Stunden. Obgleich der Anstieg aus dem Pfitschtal auf den Hochfeiler bei guten Bedingungen kaum eine alpinistische

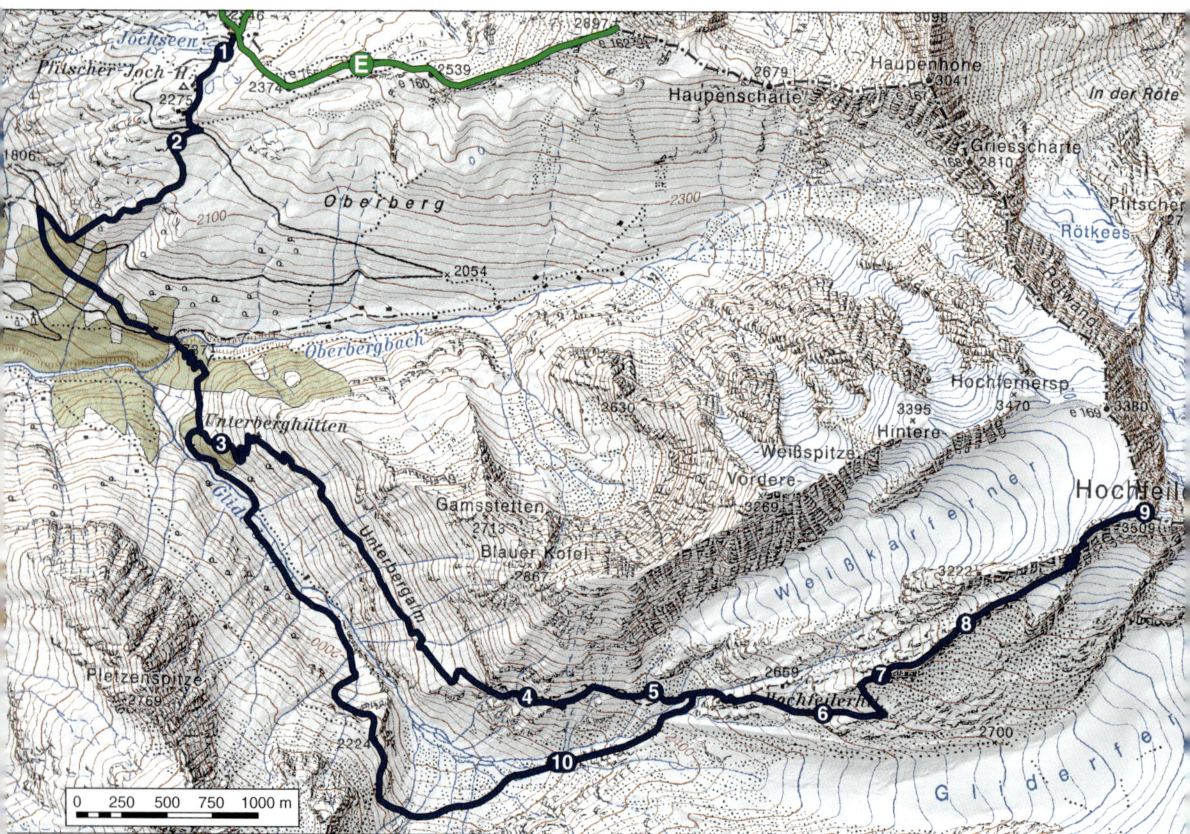

Abb. 297. Übersichtskarte der Exkursion I – Hochfeiler (Geodatenbasis: BEV Österreich).

Herausforderung darstellt, sollte nie die große Höhe des Berges vergessen werden. Allein schon der überragenden Aussicht vom Gipfel wegen ist gutes Wetter eigentlich Grundvoraussetzung, aber auch, weil man sich bei schlechter Sicht im Steigspuren- und Blockgewirr der weitläufigen Gipfelflanke leicht verirren kann. Durch die Benutzung der sporadisch fahrenden Busverbindung von Pfitsch zum Pfitscher Joch könnte man sich den nach der Gipfelbesteigung sicherlich ermüdenden Gegenanstieg zurück zum Grenzkamm sparen und die Tour durch eine zusätzliche Übernachtung am Pfitscher-Joch-Haus etwas "entzerren". In diesem Fall allerdings böte sich eine zwanglose Verbindung mit den Exkursionen E, F sowie G zu einem ausgedehnten "Geo-Trekking" an.

Der Hochfeiler ist der höchste Gipfel der Zillertaler Alpen und hat somit durchaus den Rang eines "Prestige-Berges" inne. Mit knapp über 3500 Meter Höhe gehört er zu den Kulminationspunkten der Ostalpen und gilt gleichzeitig als einer der leichtesten zu ersteigenden Gipfel unter den "Großen" in diesem Teil des Alpenbogens. Das war nicht immer so. Vor 30 Jahren war eine Besteigung von der Südtiroler Seite mit Querung des Gliderferners eine herausfordernde Eistour, die im Schlussanstieg als "Rausschmeißer" einen schmalen, schneidigen Firngrat bereithielt. Heute herrscht auf dieser Route in den Steilflanken unter dem Niederen Weißzint Steinschlaggefahr, der Gliderferner ist nur noch ein Schatten seiner früheren Tage und der Gipfelgrat des Hochfeilers ein Geröll- und Felshaufen. Der Anstieg von Pfitsch (nicht vom Pfitscher Joch!) über die Hochfeilerhütte auf den höchsten Punkt der Zillertaler Alpen ist bei guten Bedingungen eine stramme Tagestour, die von einigen Trailrunnern in dreieinhalb Stunden Anstieg abgerissen wird. Wer deswegen befürchtet, der Berg sei "entmystifiziert" oder ein gutes Stück seiner rauen Natur beraubt, hat zu einem gewissen Teil auch recht.

Abb. 298. Geologische Karte der Exkursion I – Hochfeiler (Auszug aus HORNUNG & ZASADNI 2023; Geodatenbasis: BEV Österreich). Legende siehe Seiten 75–77.

Vor mehr als 30 Jahren war der Hochfeiler mein erster Dreitausender und während meiner Doktorarbeit in Innsbruck habe ich ihn mehr als 10-mal bestiegen, immer an einem Tag außerhalb der Hochsaison, immer sehr früh am Morgen und manchmal ganz allein. Zum Sonnenaufgang, bei Sonnenschein, Wind, Sturm, Schneetreiben, Nebel, alles war dabei. Über die Jahre hinweg habe ich dem Schwund des Gliderferners zugesehen, aber als ich die letzten beiden Male jeweils Ende August in den Jahren 2020 und 2022 zum Berg kam, war ich sehr schockiert, wie stark die Gletscherzunge einer Geröllwüste gewichen war – besonders im "Gletschersterbejahr" 2022. Dennoch, der Hochfeiler bleibt so hoch wie vor Jahren, das Wetter kann schnell umschlagen und plötzlich muss man auf den letzten Metern vor dem Gipfel umdrehen, weil einem die im Auto verbliebenen Steigeisen im vereisten Schlussstück des Grates jedwede Chance verwehren, auch ganz nach oben zu kommen. Deswegen vorneweg: Wie an jedem bekannteren Alpenberg sieht man dort oben Menschen, die der Natur und dem Berg allenfalls bei guten Bedingungen gerade so gewachsen sind. Nur ein klitzekleiner konditioneller Einbruch, nur eine hartnäckige Nebelbank bei gleichzeitiger Unkenntnis des Geländes, und der Berg ist wieder das, was er seit ehedem war: ein ernst zu nehmender hoher Dreitausender! Das sollte man immer im Hinterkopf behalten, wenn man eine Besteigung plant.

1 Geologischer Überblick vom Pfitscher Joch

Will man den Hochfeiler aus dem Gebiet des Hochgebirgs-Naturparkes Zillertaler Alpen heraus ersteigen, bleibt einem nichts anderes übrig, als seine Unternehmung vom Schlegeisspeicher zu starten und damit der in Exkursion E beschriebenen Wegführung bis zum Pfitscher Joch zu folgen. Es ist eine schöne Möglichkeit, sich dem höchsten Zillertaler Gipfel langsam zu nähern. Wenn man das Ganze zusätzlich entzerren möchte oder eventuell eine Besteigung der Rotbachlspitze (Exkursion E) als Akklimatisations-Tour geplant hat, ist die Übernachtung am Pfitscher-Joch-Haus obligatorisch einzuplanen. So ergibt sich bei einem schönen Abend-Bierchen vor der Hütte eine gute Gelegenheit, einige knappe Worte zur generellen geologischen und tektonischen Situation rund um den Hochfeiler zu verlieren und zusammenzufassen, was die hier beschriebene Unternehmung so besonders macht:

Wir befinden uns am Pfitscher Joch ziemlich genau am Südwestrand des Tauernfensters, nahe der Südgrenze des Tuxer Kristallinkerns. Der von hier nicht direkt sichtbare Zillertaler Hauptkamm (und Grenzkamm zu Südtirol bzw. dem Ahrntal) baut sich aus Gneisen des Zillertaler Kristallinkerns auf – beide Gneiskerne trennen vergleichsweise schmale, in etwa West-Ost-verlaufende Zonen von "Altem Dach", dem postvariszischen Pfitsch-Mörchner-Becken sowie der Greiner-Synklinale. Diese drei tektonischen Einheiten waren bereits Thema in den Exkursionen E und H. Die Erhebungen des Hochferner-Massivs sowie der Pfunderer Berge, die von uns aus gesehen auf Südtiroler Gebiet direkt vor uns liegen, werden jedoch nicht zum Zillertaler Kern gezählt, wie man das vielleicht vermuten könnte (da sie unmittelbar südlich der Greiner-Synklinale liegen), sondern zum tektonisch höheren Stockwerk der penninischen Glockner-Decke. Genau an der Tauernfenster-Südwestecke zeigt die
299 Glockner-Decke eine Art "Delle", die an ein gebogenes Rechteck erinnert (siehe auch Abb. 14, S. 26). Das ist keine Knautschzone im buchstäblichen Sinn, sondern wird durch einen zungenartig gegen ONO vorgreifenden Sporn penninischer Einheiten verursacht. Dieser hat sich in Form einer großen Synklinale (tektonische Mulde) über die Kristallinkerne der alten europäischen Kruste geschoben. Dazwischen eingeklemmt, quasi entlang der Grenze zwischen Kristallinkern und Penninikum verlaufend, liegt ein Stapel extrem stark ausgedünnter (allochthoner) metasedimentärer Deckenspäne, die – ebenfalls als Synklinale angelegt – das Penninikum konturieren. Diese Einheiten – von oben nach unten die Seidlwinkl-Modereck-Decke, die komplexe Tulfer-Senges-Einheit sowie die Hochstegen-Zone als metasedimentäre, autochthone Hülle des Zillertaler Kristallinkerns – verlaufen vom Pfitscher Joch aus gesehen zunächst östlich ins Oberbergtal bis zur Griesscharte zwischen Hochsteller und Hochferner-Nordwand, biegen dann in einem rechten Winkel nach Süden ab, durchlaufen die Hochfeiler-Nordwand und ziehen über den höchsten Zillertaler Gipfel schräg das Glidertal hinab. Dort flasern sie gegen Süden etwas auf, schwenken aber in den nordöstlichen Pfunderer Bergen abermals nach Süden um. In weiterer Folge laufen sie – bereits außerhalb des hier vorgestellten Gebietes gelegen – erneut nach Osten und werden östlich des oberen Mühlwalder Tals auf Südtiroler Seite von penninischen Einheiten tektonisch abgeschnitten. Wir haben also zwei Besonderheiten

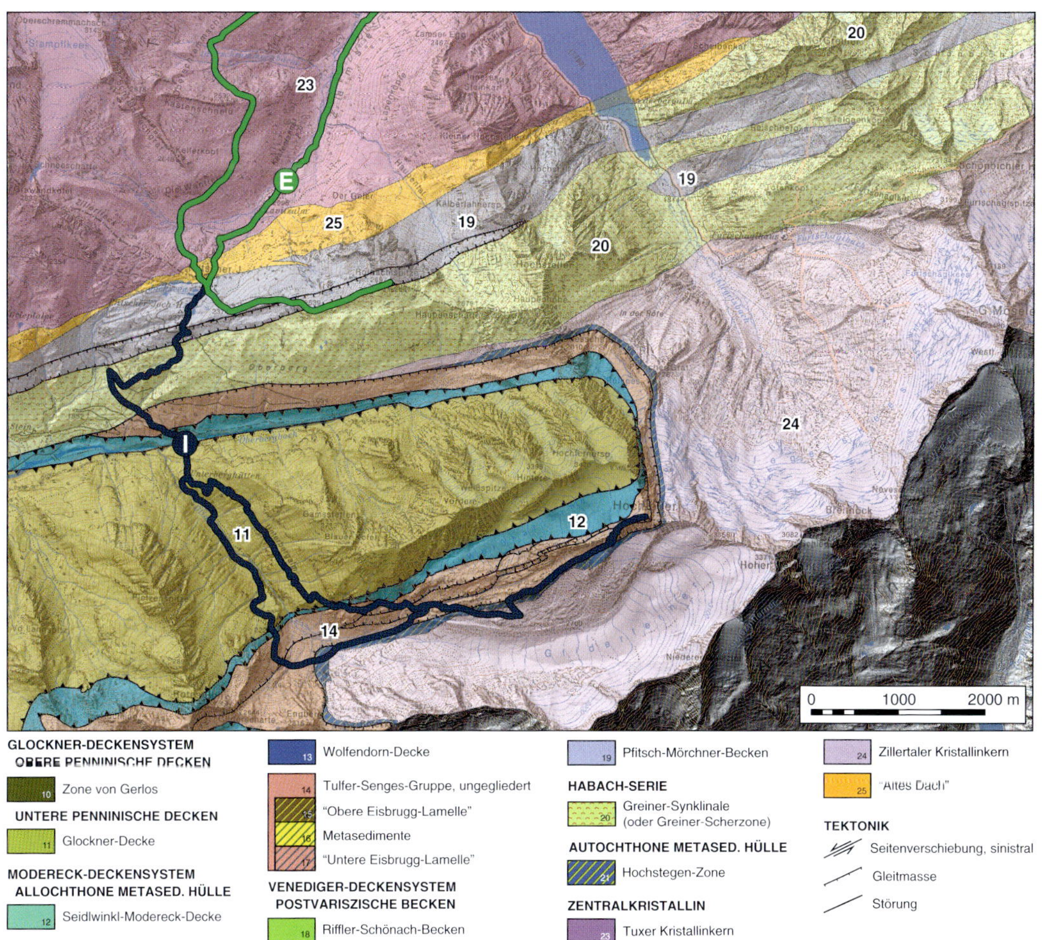

Abb. 299. Übersichtskarte mit den wichtigsten tektonischen Großeinheiten in der Hochfeiler-Region. Am auffälligsten ist die nach Osten vorgreifende, zungenartige Ausstülpung der Glockner-Decke und die sie konturierenden metasedimentären, permomesozoischen Decken über dem Zillertaler Kristallinkern.

auf unserer geplanten Hochfeiler-Tour vor uns: Auf der einen Seite besteht ein lithologisch heterogener Deckenstapel an Metasedimentgesteinen, die unterschiedlichen tektonostratigraphischen Einheiten angehören. Diese werden wir zunächst im Abstieg vom Pfitscher Joch hinab- und dann im Glidertal wieder hinaufsteigen, dort lange Zeit nahezu im Streichen verfolgen und so gesehen zweimal durchlaufen. Auf der anderen Seite haben wir die beeindruckende Situation vor Augen, dass Sedimentgesteine und Krustenspäne des einstigen Penninischen Ozeans (Glockner-Decke) auf einen ehemaligen Kontinentalrand überschoben wurden (Zillertaler Kristallinkern mit überlagernden Metasedimentgesteinen der Hochstegen-Zone sowie dazwischen liegenden, eingeschuppten Deckenspänen der Seidlwinkl-Modereck-Decke und der Tulfer-Senges-Einheit). Ein Ozean über dem Hochfeiler sozusagen.

❷ Vom Pfitscher Joch in die berüchtigte "3. Kehre"

Wir starten unsere Exkursion am flachen Pfitscher Joch, einem sowohl geologisch und glazigen als auch kulturell hochinteressanten Passübergang zwischen Süd- und Nordtirol. Am einfachsten geht das über die alte Militärstraße, die auf italienischer Seite in fünf weit ausholenden Spitzkehren ins Pfitschtal hinab führt. Da jedoch diese Straßenschleifen ins Oberbergtal entlang der Südhänge der Rotbachlspitze sehr lang sind, 300

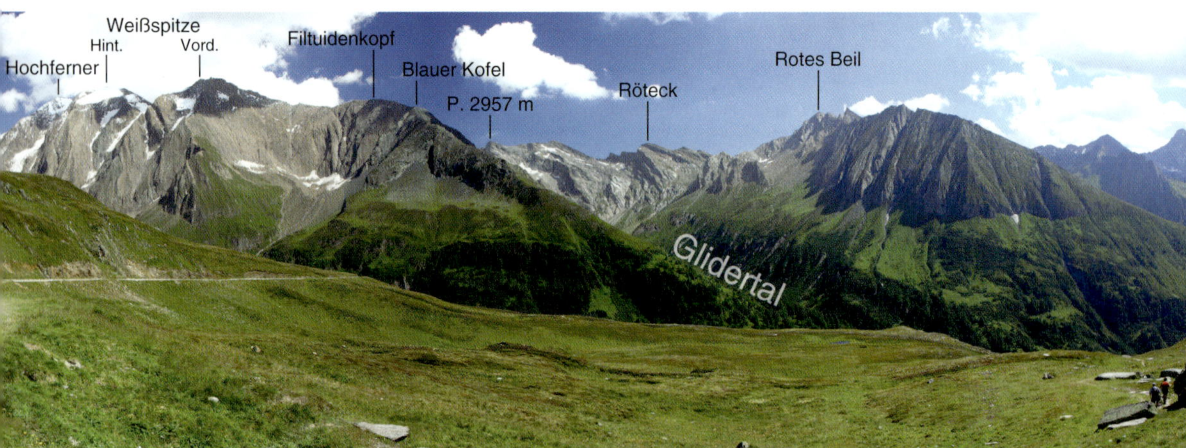

Abb. 300. Aus dem flachen Karboden der »Ösöge« knapp unterhalb des Pfitscher Joches hat man einen offenen Blick über das Oberbergtal hinweg ins Glidertal, in dem sich der Anstieg zu Hochfeilerhütte und Hochfeiler verbirgt. Sowohl Hochferner-Massiv links als auch die scharfzackigen Pfunderer Berge rechts des Glidertals gehören der penninischen Glockner-Decke an. Das Röteck jedoch, das über dem Glidertal sichtbar ist, markiert jene schmale Zone aus gestapelten Deckenspänen, die das tektonostratigraphisch Liegende der Glockner-Decke bildet und unmittelbar dem Zillertaler Gneiskern aufliegt. Zu Letzterem wird der gerade noch rechts des Blauen Kofels sichtbare P. 2957 m im Hochwart-Kamm gezählt (Foto © Hochgebirgs-Naturpark Zillertaler Alpen).

ist eine Steiganlage als kurzer Abschnitt der "Via Alpina" unsere erste Wahl. Sie führt direkt vom Schutzhaus zum nahegelegenen Jochsee und zügig hinab zur 4. Kehre der Pfitscher-Joch-Straße. Von hier ist es noch ein knapper Kilometer entlang der Straße bis zum eigentlichen Ausgangspunkt der Bergtour, der 3. Kehre.

Vorbei an halb verfallenen oder teilweise ganz geschliffenen Militär-Baracken steigen wir zunächst
301 durch permotriassische Arkosegneise des Pfitsch-Mörchner-Beckens. Wir erkennen ferner Hornblendegneise, mürb-brüchige Glimmerschiefer und schiefrige Paragneise. Mit Erreichen der Fahrstraße auf etwa 2200 Meter Höhe nahe der "Ösöge" finden wir steil nordnordwestfallende dunkle, feinkörnige Biotitschiefer sowie grüngraue Gneise, die durch WSW-ONO-laufende Schieferungs-Lineationen intensiv zerlegt sind. Diese entsprechen dem Verlauf der nahegelegenen Greiner-Synklinale oder -Scherzone.

Nicht nur besagte Schieferung zerlegt den Gesteinskörper – auch von NNO nach SSW verlaufende Bruchzonen bestimmen das Trennflächengefüge. Sie schneiden die Schieferung im 60°-Winkel und können als konjugierte Scherbrüche identifiziert werden. Sie sind somit Ausdruck kompressiver Kräfte, die sich während der Alpen-Hauptauffaltung gebildet haben.

Ohne größere Aufschlüsse steigen wir von den Böden der Ösöge nach Südwesten ab. Mit Erreichen der Pfitscher-Joch-Straße knapp unterhalb der 4. Kehre (dort auch letzter Parkplatz, danach Fahrver-
302 bot!) stehen wir vor mehrere Zehnermeter hohen Abbrüchen plattiger Arkosegneise mit steil nach Süden einfallender Schieferung. Eine primäre Schichtung der permotriassischen, ehemals terrigen geprägten Metasedimentgesteine ist nicht mehr zu erkennen.

Ab dem Erreichen der geschotterten Pfitscher-Joch-Straße bleibt uns nichts anderes übrig, als deren sanft talwärts fallendem Verlauf bis zur 3. Kehre, dem eigentlichen Ausgangspunkt einer Hochfeiler-Besteigung, zu folgen.

Kurz darauf queren wir ein von links talwärts sickerndes, leuchtend blut- bis karminrot gefärbtes
303a Gerinne einer kleinen Quelle, die wenig oberhalb des Straßenverlaufs entspringt. Hier haben Quellwässer eisenoxidreiche Verbindungen der in einem etwa 250 Meter breiten Streifen anstehenden Aigerbach-Formation gelöst und in einem sinterartigen Überzug über Gräsern und kleinen Ästen wieder ausgeschieden. Diejenigen von Ihnen, die Exkursion E zur Rotbachlspitze unternommen haben, werden sich sicherlich erinnern: Auch hier ist ein "Rotes Bachl" Thema, und auch hier entspringt es

Abb. 301. Hellgraue, geschieferte Konglomeratgneise des Pfitsch-Mörchner-Beckens stehen knapp unterhalb des Jochsees an. Ihre Schieferung zeigt in Richtung der Achse des Pfitschtals und gibt einen indirekten Hinweis auf dessen Anlage im Zuge der alpinen Orogenese. So stehen auf der südlichen (linken) Talflanke Abfolgen der Glockner-Decke an, die Berghänge rechts werden vom Tuxer Kristallinkern aufgebaut. Dazwischen liegt ein komplexer Deckenstapel mehrerer metasedimentärer Einheiten, deren Streichrichtung und dominierendes Trennflächengefüge die Anlage des langgezogenen Pfitschtal begünstigt hat. Der teils überwucherte Bau links unten gehört übrigens zu einer halb verfallenen Baracke des italienischen Militärs.

Abb. 302. Mächtige permotriassische Arkosegneise des postvariszischen Pfitsch-Mörchner-Beckens stehen oberhalb des Parkplatzes nahe der 4. Kehre an.

Abb. 303. a, Eine nur wenige Meter oberhalb der Pfitscher-Joch-Straße entspringende Quelle sticht mit leuchtend roten Wässern und entsprechend gefärbten, sinterähnlichen Ausfällungen besonders ins Auge: Hier wird anstehende obertriassische und eisenoxidreiche Aigerbach-Formation gelöst. b, Handstücke der Aigerbach-Formation finden sich nur wenige Meter straßenabwärts der Quelle am Straßenrand: hier als rostbraune Oxidkrusten über grauem Glimmerschiefer.

der eisenoxidreichen, obertriassischen Aigerbach-Formation. Wir befinden uns hier in den stratigraphisch hangenden Bereichen des Pfitsch-Mörchner-Beckens (VESELÁ et al. 2008). Stark geschieferte
303b Glimmerschiefer stehen mehr schlecht als recht im Hanganriss wenige Meter straßenabwärts an.

Die glimmerreichen und geschieferten Paragneise, die auf dem letzten Wegabschnitt der Pfitscher-Joch-Straße bis zur 3. Kehre mehr schlecht als recht erschlossen sind, werden neuerdings mit der Tulfer-Senges-Einheit einer eigenen tektonostratigraphischen Einheit zugeordnet (TÖCHTERLE 2011). Hier beginnt der nördliche Abschnitt des oben angesprochenen Deckenstapels in Form einer tektonischen Mulde. Die Tulfer-Senges-Einheit kommt aus dem Oberbergtal von Osten, zieht sich entlang der unteren Hänge der orographisch rechten Talseite, keilt jedoch wenig westwärts der 3. Kehre zwischen der Greiner-Synklinale im tektonisch Liegenden und der Seidlwinkl-Modereck-Decke im Hangenden aus.

Nach etwa einer knappen Stunde Abstieg vom Pfitscher Joch sollten wir die 3. Kehre erreicht haben. Vom Pfitschtal ist sie bis hierher für den allgemeinen Verkehr geöffnet und diejenigen, die von der Südtiroler Seite anreisen, fahren in der Regel bis hierher. Es gibt keinen Parkplatz im eigentlichen Sinne, man quetscht sein Auto so hin, wie es gerade geht. Insgesamt gibt es Platz für 10, maximal 15 Autos. Weitere Parkmöglichkeiten liegen wenige Höhenmeter und knapp 200 Meter Wegstrecke straßabwärts.

Sollten Sie sich im Zuge Ihrer Hochfeiler-Besteigung für eine Anfahrt aus dem Pfitschtal und gegen einen Abstieg vom Pfitscher Joch entschieden haben, seien Sie vorgewarnt: Nicht nur, dass der Parkplatz an schönen Tagen in der Hochsaison bereits ab neun, halb zehn Uhr vormittags rappelvoll ist, auch die Anfahrt über die

Abb. 304. Ausblick von etwa 1940 Meter Höhe in das Glidertal mit dem markanten Röteck im Hintergrund.

ausgewaschene Straße mit stark wechselnden Verhältnissen von brav geschottert bis zu riesigen Schlaglöchern und ruppigen Geröllpassagen ist nicht unbedingt etwas für den tiefergelegten, front- oder heckbetriebenen "Stadttiger". Allrad-Fahrzeuge mit mehr Unterboden-Freiheit haben es da schon bedeutend einfacher.

3 Hinein ins Glidertal

Der Anstieg auf den Hochfeiler beginnt mit einem kurzen Abstieg. Vor wenigen Jahren wäre man entlang eines schmalen Pfades eine steile Schutthalde querend ins Oberbergtal eingestiegen und hätte an einer flachen Almweide den Oberbergbach überschritten.

Seit einem kleinen Felssturz vor wenigen Jahren ist das nur noch erschwert und unter latenter Steinschlaggefahr möglich. Aus diesem Grund wurde der Weg umgelegt und führt uns, zunächst etwa 30 Höhenmeter absteigend, direkt auf einer neuen Holzbrücke über den Oberbergbach. Jenseitig erreicht der Steig in zahlreichen kleinen Spitzkehren einen wallartigen Kamm, der eine tiefgelegene Seitenmoräne eines Gletscherstandes aus dem Egesen-Stadial markiert.

Das direkt Anstehende mit Seidlwinkl-Formation – in diesem Fall befinden wir uns auf der dünn ausgewalzten Seidlwinkl-Modereck-Decke – sehen wir nicht. Dazu sind die eiszeitlichen Ablagerungen zu mächtig.

Nach Erreichen eines kleinen Holzgatters treten wir auf die Glockner-Decke mit dunklen Metabasiten über, die hier in Form gebänderter und geschieferter, dunkel- bis graugrüner Amphibolite anstehen.

Einige kleinere Felsstufen sind zu überwinden – oft ist das Anstehende nur in polierten Gletscherschliffen zu sehen, die bei Nässe unangenehm rutschig werden können. Ohne große Aussichten und von krautigem Gestrüpp umgeben, steigen wir auf einen felsigen Absatz, auf dem verfallene Alm- und Heustadel stehen. Vor zwanzig Jahren konnte man sich bei Schlechtwetter noch in fast allen Almhütten unterstellen, heute ist bei vielen das Dach eingefallen und die Natur holt sich die letzten Holzreste langsam zurück.

Immer wieder blitzen dunkle Grüngesteine, einst Basalte penninischer Ozeankruste, durch die teilweise dichte Vegetationsdecke. Dort, wo sich der Steig in weiteren Spitzkehren nach Osten wendet und an Höhe gewinnt, liegt ein guter Aussichtspunkt auf das Glidertal und den weiteren Aufstieg. 304

Abb. 305. Der sägezahnartig geschnittene Nordwestkamm des Roten Beils dominiert die gegenüberliegende, orographisch linke Flanke des Glidertals und besteht beinahe zur Gänze aus penninischen Metabasiten.

Unser Steig verläuft stets auf der linken Bergflanke unter dem Blauen Kofel taleinwärts. Die grünen, steilen Hänge erschließen Metabasite und zwischengeschaltete Metakarbonate der Bündnerschiefer-Serie. Diese heute zu Kalkmarmoren und Glimmerschiefern umgewandelten Abfolgen bedeckten als einstige Sedimentgesteine den Boden des Penninischen Ozeans, wurden im Zuge seiner Subduktion als Akkretionskeil aufgeschuppt und mit ehemaligen basaltischen Krustenspänen innig verfaltet sowie zerschert. Deswegen liegen heute beide Lithologien unterschiedlicher Genese – Bündnerschiefer und Metabasite – nebeneinander vor. Der Gliderfernerbach hat sich im mittleren Bereich des Glidertals schluchtartig in die Metabasite eingeschnitten. Unser Anstiegsweg verläuft mehr als 200 Höhenmeter über diesem Einschnitt auf der (im Sinne des Aufstieges) linken Bergflanke. Der alternative Abstieg des morgigen Tages liegt auf der gegenüberliegenden Talseite.

Die Berge des Talhintergrunds mit dem 2930 Meter hohen Röteck gehören an der Basis bereits zum Zillertaler Kristallinkern – die höheren Bereiche der Bergflanken sowie ihre Kämme werden der ihm genetisch nahestehenden Tulfer-Senges-Einheit zugeschrieben.

Am Standort der verfallenen Oberen Unterberghütten auf etwa 2020 Meter Höhe erreichen wir die Fortsetzung des am Beginn des Glidertals besuchten Seitenmoränenwalls.

Der Pfad beginnt nun in angenehmer Steigung seine lange Querung der orographisch rechten Talflanke des Glidertals – zunächst ausschließlich in gelegentlich erschlossenen, dunklen Metabasiten.

Nach und nach weitet sich der Blick auf die gegenüberliegende Talflanke mit dem sägezahnartig
305 geschnittenen, scharfen Grat, der im 2945 Meter hohen Roten Beil kulminiert. Auch dieser Kamm
besteht beinahe ausschließlich aus penninischen Metabasiten, deren ausgeprägte, steil nach Norden einfallende Schieferung gut sichtbar ist. Nur der Bereich der Pletzenspitze umfasst eine schmale Zone mit eingefalteten Bündnerschiefern, die sich auf die andere Seite des Glidertals zieht und die wir in unserem weiteren Anstieg queren werden.

306 Erst im mittleren Glidertal nahe einiger tief eingeschnittener Erosionsrinnen sind die Metabasite
etwas besser einzusehen: Eine vom Blauen Kofel (2876 m) bis zum Gliderfernerbach laufende Runse erschließt auf etwa 2150 Meter Höhe gebänderte, grau- bis dunkelgrüne Amphibolite, teilweise mit gelängten Klasten aus derbem, schneeweißem Quarz. Daneben stehen braungraue bis graue,
307 gebänderte Kalkmarmore und Glimmerschiefer der Bündnerschiefer-Serie an.

Der Steig bleibt seiner Linie treu und zieht in mäßiger Steigung die Bergflanke entlang, bis wir zum dritten Mal auf etwa 2250 Meter Höhe einen spätglazialen Seitenmoränenwall erreichen.

Abb. 306. Die Metabasite des Glidertals in Form gebänderter Amphibolite kommen an zahlreichen kleinen Aufschlüssen zutage: teilweise abgeschliffen vom Gletscher (a), direkt im Steig (b) oder als frisch gefallene Sturzblöcke aus der steilen Flanke unter dem Blauen Kofel (c).

Abb. 307. In einer markanten, vom Blauen Kofel talwärts ziehenden Erosionsrinne wird ein schmales Bündnerschiefer-Band mit braungrauen Kalkmarmoren und Glimmerschiefern gequert. ⓐ, Metabasite (Glockner-Decke); ⓑ, Bündnerschiefer (Glockner-Decke).

Dieser zieht sich bis zum schluchtartigen Einschnitt 308
des Glidertals hinab. Alle drei bislang im Anstieg besuchten Wallstrukturen lassen sich einer Gletscher-Haltphase zuordnen, an der das Eis immerhin bis ins Innere Pfitschtal auf etwa 1700 Meter Höhe reichte. Wann dies genau geschah, müssten geeignete Datierungen klären.

Bevor wir den ins Innere Glidertal führenden Abbruch aus Bündnerschiefern queren, lohnt ein Blick zurück in Richtung des Ausgangspunktes. Wir haben in etwa wieder die Höhe des Pfitscher Joches erreicht. Über dem flachen Sattel erhebt sich mit der 3289 Meter messenden Hohen Wand der westlichste Dreitausender des Tuxer Kammes. Von ihm zweigt der lange Grat ab, der das Nordtiroler Wipptal vom Südtiroler Pfitschtal trennt und über Kraxentrager und Wildseespitze bis zum 309
von hier nicht sichtbaren Wolfendorn zur Gänze in Serien des Zillertaler Kristallinkerns verläuft. Durch die bewaldeten Bergflanken unterhalb erstreckt sich jene Abfolge, die wir absteigend vom Pfitscher Joch zur 3. Kehre der Pfitscher-Joch-Straße durchquert haben.

Abb. 308. Eine flache, aber dennoch deutliche Wallstruktur im Äußeren Glidertal kennzeichnet vermutlich einen Gletscherhalt aus dem Egesen-Stadial (ca. 2270 m Höhe).

Abb. 309. Aussicht das Glidertal hinab gegen das Pfitschtal. Darüber erhebt sich die Hohe Wand sowie der lange Grat, der über Kraxentrager (2999 m) und Wildseespitze (2733 m) bis zum Wolfendorn führt (von diesem Standpunkt aus nicht sichtbar).

❹ Komplexe Geologie im Glidertal, Vol. 1: Die Tulfer-Senges-Einheit und die "Eisbrugg-Lamellen"

Der Steig quert im Folgenden auf einem schmalen Grasband eine hohe, felsig-schrofige Felsstufe unter dem Blauen Kofel hinein ins Innere Glidertal. Obgleich nirgends absturzgefährdet, ist diese Passage ein klein wenig ausgesetzt und man sollte nicht stolpern. Einige Drahtseilsicherungen erleichtern den Weiterweg.

Zunächst queren wir von penninischen Metabasiten in metasedimentäre Bündnerschiefer mit Kalk- und Graphitphylliten, unreinen Kalk- sowie Quarzitmarmoren. Der Wechsel zur tektonisch liegenden *310*
Einheit, der Seidlwinkl-Modereck-Decke mit metasedimentärer Seidlwinkl-Formation, geschieht fließend und ist in der steilen Wandstufe nur schwer erkennbar. Die Seidlwinkl-Formation ist als mitteltriassische Metasedimentabfolge definiert und besteht in der Hauptsache aus Dolomitmarmoren, Rauwacken, Phylliten und Quarziten (BRANDNER et al. 2008). Diese sind etwas härter und deswegen nicht ganz so innig geschiefert wie die überlagernde Glockner-Decke.

Darunter wird es kompliziert: Im Verlauf der Querung hinein ins Innere Glidertal bis etwa 2500 Me- *311a*
ter Höhe sowie im letzten steileren Anstieg zur Hochfeilerhütte durchwandern wir die komplexe, lithologisch heterogene "Tulfer-Senges-Gruppe". Im Zuge der geologischen Bearbeitung des Gebietes durch OEHLKE et al. (1993) fand man heraus, dass der Bereich zwischen Rotem Beil, Gliderscharte und Röteck, der einst zur Gänze metasedimentären Einheiten unterschiedlicher stratigraphischer Stellung zugeordnet wurde, eigentlich von zwei "Slabs", will sagen "Deckenlamellen", umschlossen wird. Diese stehen genetisch eher dem unterlagernden Zillertaler Kristallinkern nahe und wurden besagter Tulfer-Senges-Gruppe zugeordnet. Dieses Dreier-Sandwich aus Kristallin-Lamellen und umschlossenen Metasedimentgesteinen zieht sich aus der südwestlichen Umrahmung des Glidertals von der Gliderscharte entlang der Glockner-Decke und der zwischenliegenden, ausgewalzten Seidlwinkl-

Abb. 310. Die Wandstufe am markanten Talknick des Glidertals, die der Steig auf dem Weg zur Hochfeilerhütte quert, gibt instruktive Einblicke in die unter der Glockner-Decke liegenden tektonischen Stockwerke: a, Die Grenze von graugrünen, amphibolitischen Metabasiten zu hellen Metasedimentgesteinen der Bündnerschiefer-Serie ist gut aufgeschlossen. b, Unter den Bündnerschiefern liegt die Seidlwinkl-Modereck-Decke mit einer stark überprägten und reduzierten Abfolge der Seidlwinkl-Formation. ⓐ, Metabasite (Glockner-Decke); ⓑ, Bündnerschiefer (Glockner-Decke); ⓒ, Seidlwinkl-Formation (Seidlwinkl-Modereck-Decke).

Modereck-Decke zunächst nach Norden, biegt im untersten Talkessel des Inneren Glidertals beinahe im rechten Winkel nach Osten ab und läuft – stets unter Glockner- und Seidlwinkl-Modereck-Decke bleibend – bis über den Gipfelbereich des Hochfeilers. Im Pfitschtal finden wir diese Zone in Form der hier nicht weiter unterteilbaren "Tulfer-Senges-Einheit" wieder.

Abb. 311. a, Aus mehreren Fotos zusammengesetztes Panorama vom Anstieg durch die Steilflanke des Inneren Glidertals. Der Steig durchschneidet zunächst die Glockner-Decke, quert die Seidlwinkl-Modereck-Decke und verläuft schließlich längere Zeit innerhalb von Gneisen und Glimmerschiefern der Oberen Eisbrugg-Lamelle. b, Aigerbach-Formation im Bereich der Weißkarbach-Querung auf circa 2500 Meter Höhe. c, Knapp 100 Höhenmeter unterhalb der Hütte verläuft der Weg durch die Untere Eisbrugg-Lamelle und erreicht schließlich die markant hellen Kalkmarmore der Hochstegen-Zone. a, Metabasite (Glockner-Decke); b, Bündnerschiefer (Glockner-Decke); c, Seidlwinkl-Formation (Seidlwinkl-Modereck-Decke); d, Obere Eisbrugg-Lamelle (Tulfer-Senges-Gruppe); e, Aigerbach-Formation (Tulfer-Senges-Gruppe); f, Metasedimente (Tulfer-Senges-Einheit); g, Untere Eisbrugg-Lamelle (Tulfer-Senges-Gruppe); h, Hochstegen-Formation (Hochstegen-Zone); i, Granit- und Quarzdiorit (Zillertaler Kristallinkern).

Benannt nach der Eisbruggspitze, einem in den Pfunderer Bergen südöstlich des Glidertals gelegenen Berg, wird zwischen einer unteren und einer oberen "Eisbrugg-Lamelle" unterschieden (Oehlke et al. 1993). Da wir auf unserem Weg ins Glidertal vom tektonostratigraphisch Hangenden ins Liegende wandern, finden wir unter der Seidlwinkl-Modereck-Decke zunächst Gesteine der "Oberen Eisbrugg-Lamelle": Grob zusammengefasst repräsentieren sie eine Abfolge von teilaufgeschmolzenen (migmatitischen) Orthogneisen, granatführenden Amphiboliten sowie mächtigen Kalkglimmerschiefern und glimmerhaltigen Kalkmarmoren. Letztere stehen der Hochstegen-Formation als mesozoische metasedimentäre Hülle der Zillertaler Kristallinkerne genetisch nahe, wurden allerdings in die Orthogneise eingefaltet. Unter der Oberen Eisbrugg-Lamelle folgen – im Bereich unseres Anstieges allerdings weitgehend von einer lokalen Rutschung mit Bündnerschiefern und Metasedimentgesteinen der Seidlwinkl-Modereck-Decke sowie jungen Moränenablagerungen des Weißkargletschers überdeckt – metasedimentäre Abfolgen vermutlich permomesozoischen Alters, die der Aigerbach-Formation zugeordnet werden (Töchterle 2011). Der beste Aufschluss besteht
an der Überquerung des Weißkarbaches auf etwa 2500 Meter Höhe: Dort treffen die rostbraunen, 311b
teilweise rötlich-ockerfarbenen, rauwackoiden Dolomit- und Kalkmarmore der Aigerbach-Formation 311c
auf Abfolgen der "Unteren Eisbrugg-Lamelle". Diese durchqueren wir ansteigend zur Hochfeilerhütte 312
auf ihrer gesamten Breite. Wieder stehen an der Basis dunkle Mylonite an, die gegen das Hangende

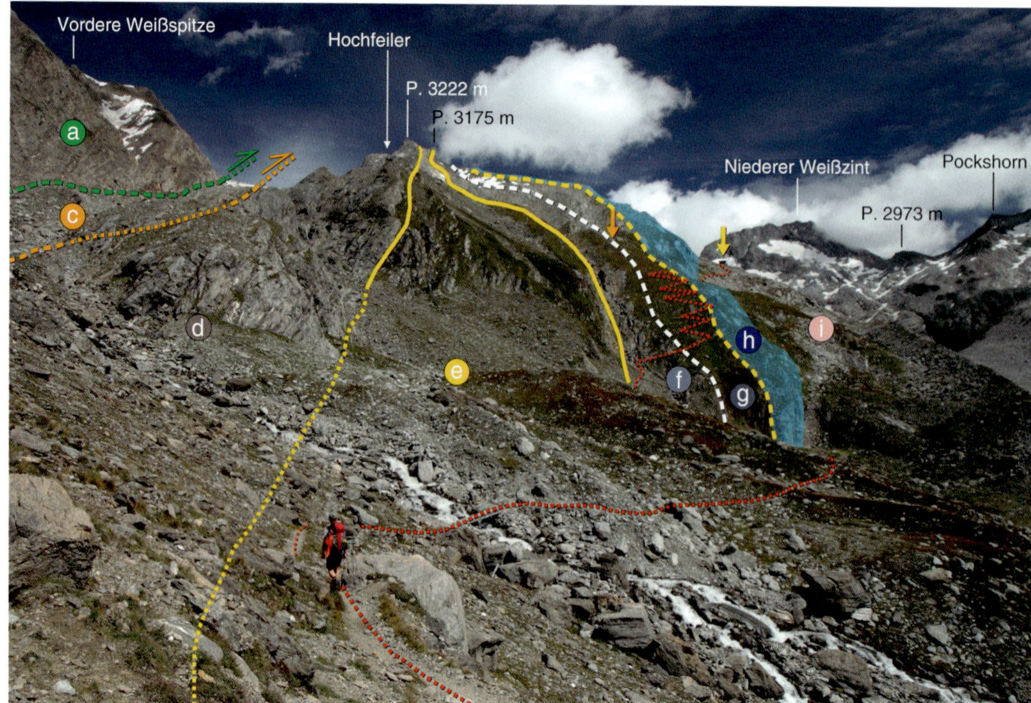

Abb. 312. Gleiches Thema, nur eine andere Perspektive – das Bild zeigt den Bereich des Schlussanstieges zur Hochfeilerhütte auf etwa 2450 Meter Höhe. Der Gipfel ist nicht zu sehen und verbirgt sich hinter dem namenlosen Gratpunkt P. 3222 m. Da die Blickrichtung in etwa parallel zum generellen Streichen der lithologischen Einheiten ist, scheinen sich diese bergwärts zu verjüngen, behalten in Wirklichkeit aber ihre Mächtigkeit nahezu konstant bei. Rot strichliert ist der Anstieg zur Hochfeilerhütte (gelber Pfeil). Der orangefarbene Pfeil markiert den Standpunkt der alten Wiener Hütte. a, *Metabasite (Glockner-Decke);* c, *Seidlwinkl-Formation (Seidlwinkl-Modereck-Decke);* d, *Obere Eisbrugg-Lamelle (Tulfer-Senges-Gruppe);* e, *Aigerbach-Formation (Tulfer-Senges-Gruppe);* f, *Metasedimente (Tulfer-Senges-Einheit);* g, *Untere Eisbrugg-Lamelle (Tulfer-Senges-Gruppe);* h, *Hochstegen-Formation (Hochstegen-Zone);* i, *Granit- und Quarzdiorit (Zillertaler Kristallinkern).*

in leukokrate (= helle) mylonitische Orthogneise übergehen. In diese eingeschuppt beziehungsweise eingefaltet sind sowohl Biotitschiefer als auch dunkle, biotitreiche Gneise. Kalk- und Dolomitmarmore,
313 wie sie in der Oberen Eisbrugg-Lamelle zu beobachten sind, fehlen hier zur Gänze.

❺ Komplexe Geologie im Glidertal, Vol. 2: Der vom Penninischen Ozean überschobene europäische Kontinentalrand und der Hochfeiler-Duplex

Der Steig führt in zahlreichen Spitzkehren auf einen schrofigen Hügel. An einem Markierstock verzweigt sich der Pfad: Geradeaus geht es vorbei am Standort der ehemaligen Wiener Hütte direkt zum Hochfeiler-Gipfel. Unser Pfad zweigt nach rechts ab zur Hochfeilerhütte und setzt die Hangquerung des Inneren Glidertals in östlicher Richtung fort.

Auf etwa 2620 Meter Höhe erreichen wir ein mächtiges Band heller, gebänderter Kalkmarmore, die als Hochstegen-Formation die autochthone, metasedimentäre Hülle der Kristallinkerne bilden (Hochstegen-Zone). Aus farblich stark hervortretenden Hell-Dunkel-Wechselfolgen lassen sich sowohl der einstige sedimentäre Charakter einer Kalk-Mergel-Alteration als auch das ehemalige Einfallen der Schichtfolgen mit etwa 40 Grad gegen NNW erahnen. Die Abfolge ist etwa 30 bis 40 Meter mächtig und liegt unmittelbar über hellen Granodiorit- und Tonalitgneisen des Zillertaler

Kerns. Mit einigen Abscherungen konturiert die Hochstegen-Zone somit sowohl den Zillertaler Kristallinkern nahe des Hauptkammes, den Tuxer Kern (Exkursion F) sowie den sich nördlich anschließenden Ahornkern (Exkursion A) und demonstriert in beeindruckender Weise die einstige sedimentäre Überdeckung von granitoider kontinentaler Oberkruste zu Zeiten des Juras (vgl. mit Abb. 12, S. 24). Sowohl kristallines Basement als auch sedimentäre Hülle wurden durch die nachfolgende alpidische Deformation verfaltet sowie metamorph überprägt.

Zusammengefasst offenbart der bisherige Anstieg auf den höchsten Zillertaler Berg eine beeindruckende geotektonische Entwicklung: Zunächst wurden im Jura in einem ersten Schritt marine Sedimentgesteine über kristalliner Kontinentalkruste abgelagert. Im Zuge der alpidischen Deformation und der parallel zur Zerscherung und Einfaltung stattfindenden Metamorphose wurden offenbar zwei Späne des Zillertaler Kristallinkerns samt einiger Bereiche überlagernder Metasedimentgesteine sowie einem Deckenspan aus permotriassischen Metasedimentgesteinen (der Tulfer-Senges-Einheit im engeren Sinne) abgeschert und in einer Art "Sandwich-Packung" auf den Zillertaler Kern samt autochthoner Hochstegen-Zone überschoben. Und als wäre das alles noch nicht genug, stapelten sich darüber weitere Decken: zuunterst flach ausgewalzte, ebenfalls permotriassische Metasedimentgesteine der Seidlwinkl-Modereck-Decke und darüber die mächtige, aus dem Penninischen Ozean stammende Glockner-Decke mit

Abb. 313. Typische Gesteine der Oberen Eisbrugg-Lamelle: a, Dunkle Mylonite bilden die Basis. b, Verfaltete Quarzbänder zeugen vom hohen tektonischen Stress, den die Abfolge – hier ein granatführender Amphibolit – im Zuge der alpinen Orogenese erfahren hat. c, Granat-Glimmerschiefer-Handstücke finden sich zahlreich direkt am Weg.

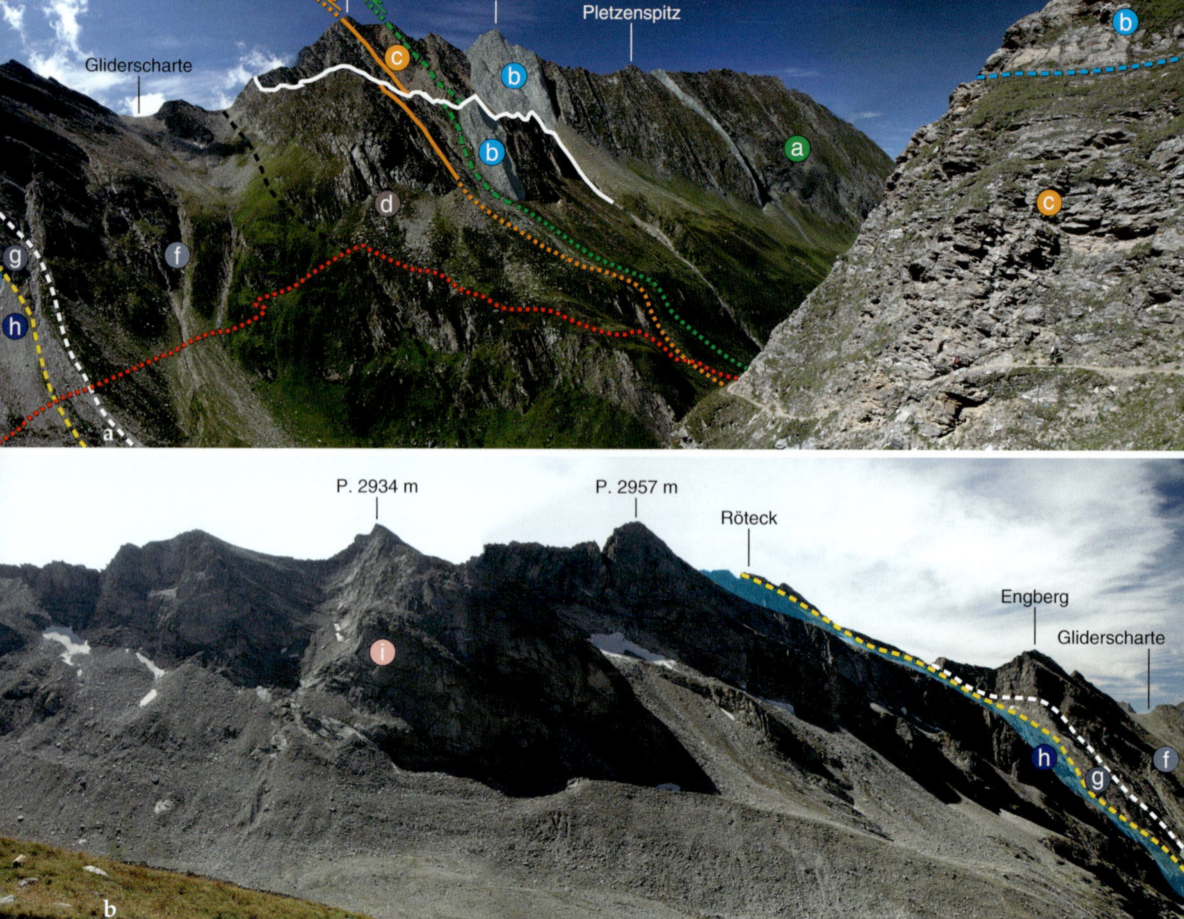

Abb. 314. Die »Tulfer-Senges-Gruppe« mit den beiden »Eisbrugg-Lamellen« kann in der Übersicht sehr gut während des Anstieges durch das Innere Glidertal eingesehen werden. a, Während die Zone im Bereich des Anstieges zur Hochfeilerhütte eine eher schmale Zone ausbildet, fächert sie auf der gegenüberliegenden Talseite zwischen Röteck und Rotem Beil großflächiger auf. Der am Ende der Exkursion beschriebene alternative Abstieg durch das Glidertal ist als rote punktierte Linie hervorgehoben. b, Beeindruckend ist das schmale Band von Hochstegen-Formation, welches quer durch das Innere Glidertal bis zum Röteck zieht. a, Metabasite (Glockner-Decke); b, Bündnerschiefer (Glockner-Decke); c, Seidlwinkl-Formation (Seidlwinkl-Modereck-Decke); d, Obere Eisbrugg-Lamelle (Tulfer-Senges-Gruppe); f, Metasedimente (Tulfer-Senges-Einheit); g, Untere Eisbrugg-Lamelle (Tulfer-Senges-Gruppe); h, Hochstegen-Formation (Hochstegen-Zone); i, Granit- und Quarzdiorit (Zillertaler Kristallinkern).

einstiger Sedimentfüllung und eingeschuppten ozeanischen Krusten-Elementen (Bündnerschiefer und Metabasite). Verkehrte geologische Welt: Am Hochfeiler überschiebt ein Ozean einen Kontinent – normalerweise ist es genau andersherum.

Bleibt noch ein Wort zu den beiden Eisbrugg-Lamellen. Da beide mit einer Sandwich-Packung von innenliegenden Metasedimentgesteinen sowohl im Liegenden als auch Hangenden tektonisch durchschert überliefert wurden, spricht man auch von einem "Duplex" (siehe Info-Kasten auf S. 32), dem "Hochfeiler-Duplex", um genau zu sein (nach OEHLKE et al. 1993). Ein bis heute bestehendes

Abb. 315. a, Kompakter Granodiorit-Gneis steht mit steil gegen NNW einfallender Schieferung entlang der letzten Aufstiegsmeter zur Hochfeilerhütte an. b, Detail der Textur.

Problem ist die Interpretation der tektonostratigraphischen Zugehörigkeit der einzelnen Deckenspäne: Gehören die Eisbrugg-Lamellen nun zum Zillertaler Kristallinkern oder nicht? Oder sollten diese samt ihrer jeweils überlagernden metasedimentären Decken in eine eigene tektonische Einheit gestellt werden? Nun ist es nicht Aufgabe dieses Buches, das zu klären, und deswegen bleiben wir bei der derzeit aktuellen Version von Töchterle (2011), der die Eisbrugg-Lamellen und die innenliegenden 314
Metasedimentgesteine zur "Tulfer-Senges-Gruppe" im weiteren Sinne zusammenfasst. Dieses Modell sollte bestehen bleiben, bis neuere Erkenntnisse gewonnen werden können, betreffend insbesondere die Datierung der zwischen den Eisbrugg-Lamellen liegenden Metasedimentgesteine.

❻ Glidertal, Vol. 3: (Hütten- und) Eiszeitgeschichten

So, ich hoffe, ich habe Sie nicht allzu sehr verwirrt! Aber der Hochfeiler ist nicht nur ein hoher Berg, sondern geologisch betrachtet ein sehr komplexes Gebilde, das nur schwer mit einfachen Worten erklärt werden kann.

Inzwischen sollten wir entlang der hellen Gneise des Zillertaler Kerns die Hochfeilerhütte erreicht 315
haben und können auf der aussichtsreichen Terrasse den alpinistischen Feierabend einläuten. Das 2710 Meter hochgelegene Schutzhaus des Alpenvereins Südtirol bietet für die Höhe einen ganz ordentlichen Komfort (Dusche, Wasch- und Trockenraum) und Dank des aktuellen Hüttenwirtes eine ausgezeichnete Küche! Der solide Steinbau wurde erst im Jahr 1986 eingeweiht, aber das Hüttenwesen am höchsten Zillertaler Gipfel reicht deutlich weiter in die Vergangenheit zurück: Der erste kleine und unbewirtschaftete Bau stand ab dem Jahr 1880 am Gipfelgrat des Hochfeilers auf etwa 3400 Meter Höhe, verfiel allerdings aufgrund mangelnder Wartung bis zum Jahr 1900 recht schnell. Dafür gab es ab 1881 auf 2665 Meter Höhe zwischen den Eisströmen der damals noch mächtigen Glider- und Weißkarferner die ebenfalls unbewirtschaftete, aber deutlich größere Wiener Hütte. Diese wurde in ihren Anfangsjahren mehrfach erweitert und ging 1922 in den Besitz des CAI (Club Alpino

Abb. 316. Das Fundament, ein paar verwitternde Steinmauern und Holzreste sind das, was im Lauf der Jahre von der Wiener Hütte übriggeblieben ist (Quelle: Wikimedia commons, Lizenz CC BY-SA 3.0). Im Hintergrund stehen Röteck und Rotes Beil mit der dazwischen liegenden Gliderscharte.

Italiano, Italienischer Alpenverein) über. Kurz nach Ende des 2. Weltkrieges wurde sie durch Plünderungen stark beschädigt, in den Folgejahren zwar wieder aufgebaut, aber im Jahr 1964 aufgrund der politischen Spannungen um die Autonomie Südtirols vom Militär besetzt und blieb für die Allgemeinheit verschlossen. Drei Jahre später wurde der Bau zerstört – ob durch eine Lawine oder gewaltsame "Eingriffe", weiß man nicht. Ihr mehrstufiges Fundament, ein paar verwitterte Steinmauern *316*
sowie wenige Holzreste sind knapp 600 Meter westlich des Standortes der neuen Hütte noch zu sehen. Die im Jahr 1986 erbaute aktuelle Schutzhütte *317*
bietet Platz für 90 Bergsteiger und ist in den Sommermonaten von Ende Juni bis Anfang Oktober voll bewirtschaftet, ohne jedoch ständig überlaufen zu sein. Nach einem Jahr des wirtschaftlichen Stillstands (2018), als sich kein Pächter fand, ist die Alpenvereinshütte seit 2019 mit Andreas HERNEGGER und seiner Familie wieder in besten Händen. Ein besonderer Wert wird neben dem stets netten Service auf das leibliche Wohl von

Abb. 317. a, Die Hochfeilerhütte (Ende August 2022, frühmorgens vor dem Aufbruch zum Gipfel) steht lawinengeschützt unter einer zum Hochfeiler ziehenden Steilstufe aus Hochstegen-Formation. Den Hintergrund dominieren der mittlerweile fast eisfreie Niedere Weißzint (3273 m) sowie der Hochwart (3063 m). Dazwischen liegt die 2928 Meter hohe Niedere Weißzintscharte. b, Sonnenuntergang vor der Hochfeilerhütte mit Blick das Glidertal hinab zum Wolfendorn (abgesetzte kleine Pyramide knapp links unterhalb der Sonne im Gegenlicht).

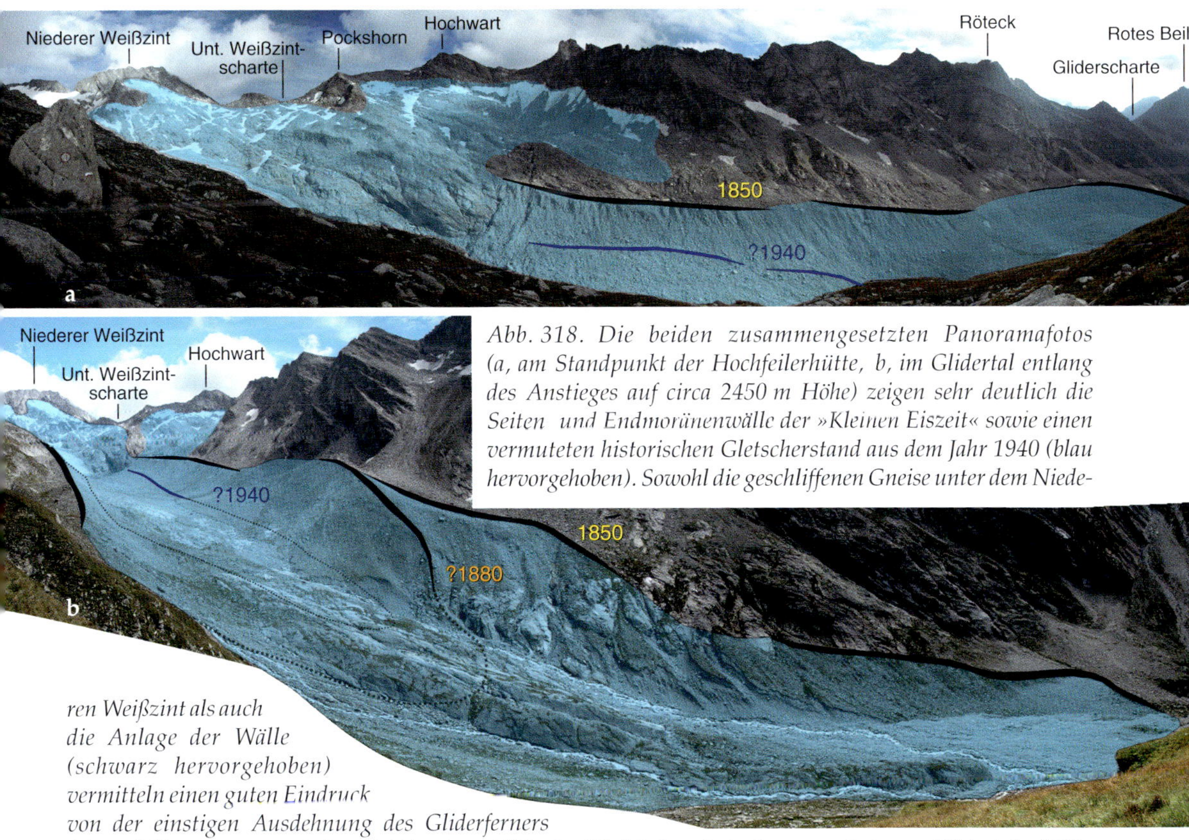

Abb. 318. Die beiden zusammengesetzten Panoramafotos (a, am Standpunkt der Hochfeilerhütte, b, im Glidertal entlang des Anstieges auf circa 2450 m Höhe) zeigen sehr deutlich die Seiten und Endmoränenwälle der »Kleinen Eiszeit« sowie einen vermuteten historischen Gletscherstand aus dem Jahr 1940 (blau hervorgehoben). Sowohl die geschliffenen Gneise unter dem Niederen Weißzint als auch die Anlage der Wälle (schwarz hervorgehoben) vermitteln einen guten Eindruck von der einstigen Ausdehnung des Gliderferners (virtuell blau transparent eingefärbt), wie er Mitte des 19. Jahrhunderts das gesamte innere Glidertal erfüllte.

Tages- und Übernachtungsgästen gelegt: sei es mit einheimischer warmer Küche und Brotzeiten tagsüber oder dem wunderbaren Abendessen, das immer in drei Gängen serviert wird – inklusive selbstgebackenem Brot!

Soweit zur jüngsten Geschichte. Geologisch betrachtet gäbe es – quasi zum Tagesausklang bei einem Glas Südtiroler Rotwein oder einem kühlen Forst-Bierchen auf der Hüttenterrasse – ein weiteres Kapitel aufzuschlagen: Was geschah im Glidertal eigentlich während der ausgehenden Eiszeit sowie während der "Kleinen Eiszeit"?

Wie eingangs angedeutet, ist der Gliderferner heute nur noch ein Schatten seiner selbst und hat sich tief in höhere Bereiche des Inneren Glidertals unter den Kleinen Weißzint zurückgezogen – von der Hütte ist seine Gletscherstirn nicht einmal mehr zu sehen. Als ich 1991 zum ersten Mal vom Tauferer-Ahrntal über die Untere Weißzintscharte zum Hochfeiler kam, war der 2928 Meter hohe Übergang noch zur Gänze vergletschert: Über ein etwa 40° steiles Eisfeld ging es knapp 150 Meter tiefer auf den noch beeindruckend breiten Gliderferner. Dessen Stirn reichte damals bis knapp 2350 Meter Höhe hinab. Selbst in den Jahren 1998 bis 2000 hatte man von der Terrasse der Hochfeilerhütte einen guten Blick auf die zernarbte und zerschrundene Gletscherfläche unterhalb. Bergsommer wie jener des Jahres 2003 haben ihre Spuren hinterlassen. Mittlerweile liegt die Gletscherzunge auf etwa 2600 Meter Höhe – Höhentendenz rapide ansteigend! In etwa 10 Jahren dürfte sie sich zur Gänze ins obere Gletscherbecken unter Hochfeiler und Hohem Weißzint zurückgezogen haben. Das war natürlich nicht immer so und die geomorphologischen Anzeiger dafür sind unübersehbar. Auf der der Hütte gegenüberliegenden Talseite erkennen wir eine frisch wirkende, mächtige Seitenmoräne,

die sich von einem vom Niederen Weißzint kommenden Felssporn mit einigen Unterbrechungen talwärts zieht – das Gegenstück zu dieser Moräne liegt etwa 100 Höhenmeter unter dem Schutzhaus auf unserer Talseite. Kaum zu glauben, aber dieser Moränenstand entspricht dem Gletschermaximum der "Kleinen Eiszeit" vor etwa 170 Jahren! Um das Jahr 1850 erreichten die Eisströme der
318 Alpen ihre größte Ausdehnung seit Ende der letzten Eiszeit und in manchen Bereichen beinahe Gletscherstandsmarken des Spätglazials (Egesen-Stadial). Im Fall des Gliderferners bedeutet dieser historische Maximalstand des Jahres 1850 auf Höhe der Hochfeilerhütte eine Dicke des Eisstromes von knapp 200 Metern bei einer Breite von etwa 500 Metern. Die Gletscherzunge reichte bis auf knapp 2100 Meter Höhe gegen den unteren Boden des Inneren Glidertals hinab und wurde vom Weißkarferner gespeist, der sich aus dem Hochtal zwischen Hochfeiler und Hochferner talwärts schob (vgl. mit Abb. 341). Noch mehr Eis darf man sich im Egesen-Stadial vorstellen – im untersten Boden des Inneren Glidertals auf etwa 2050 Meter Höhe erkennen wir einen überprägten, da 13 000 Jahre alten Endmoränen-Bogen, dessen zugehörige Gletscherzunge somit nochmals 500 Meter weiter talwärts reichte als der 1850er-Maximalstand. In beiden Fällen dürfte der obere Gletscherkessel – dort, wo heute die steinschlaggefährdete Westflanke des Niederen Weißzints sowie die Nordflanke der Unteren Weißzintscharte für ständiges Gepolter sorgen – bis auf etwa 2900 Meter komplett mit Eis erfüllt gewesen sein. Seit dem Maximalstand der historischen "Kleinen Eiszeit" hat der Gletscher nahezu 200 Meter Eisdicke und etwa 2600 Meter Länge verloren!

Wie es während des LGM ("Last Glacial Maximum") vor etwa 21 000 Jahren hier ausgesehen haben mochte, erscheint aus heutiger Sicht kaum vorstellbar: Glider- und Weißkarferner bildeten einen mächtigen Gletscherstrom, der den heute scharf ausgebildeten Kamm zwischen beiden Gletscherbecken überfloss und der zudem über den Kamm zwischen Niederem Weißzint und Hochwart eine Transfluenz nach Süden hatte. Dafür sprechen der weit offene Übergang der Unteren Weißzintscharte sowie der darüberliegende, abgeschliffen wirkende, stumpfe und namenlose P. 2973 m.

❼ Über die Hochstegen-Formation und Tulfer-Senges-Einheit zum "Friedhof" oder: Was der Hochfeiler mit Franken zu tun hat

Nach einer hoffentlich geruhsamen Nacht samt gutem Frühstück sollten wir am kommenden Tag beizeiten losgehen in Richtung Gipfel.

Der Anstieg steuert von der Hütte in nordwestliche Richtung über ein Geröllfeld auf die jäh aufragende Wand zu, die sich wie eine natürliche, bis zu 50 Meter hohe Barriere den gesamten Südhang des Berges entlang gegen den höchsten Punkt zieht und erst auf etwa 3200 Meter Höhe an der "Schulter" in die Gipfelflanke mündet.

Diese langgezogene Wandstufe definiert die Grenze der metasedimentären Überdeckung des Zillertaler Kristallinkerns und zeigt eine lithologisch bunte Abfolge unterschiedlich gefärbter Kalkmarmore, Rauwacken und Dolomit-Marmore der Hochstegen-Formation. Die Basis der Wandstufe erschließt eine Wechsellagerung aus hellen Kalkmarmoren mit bräunlich oxidierten, eisenschüssigen Horizonten sowie dunklen Kalkphyllit-Bändern, entsprechend einer ehemaligen Kalk-Mergel-Wechselfolge.
319a Darüber folgen ockerbeige gefärbte Kalkmarmore. Eine derartige Schichtenfolge in nichtmetamorpher Form wurde im basalen Oberen Jura, genauer im Oxfordium und Kimmeridgium auf den weitläufigen Schelfarealen des alten europäischen Kontinentes gebildet: In der Frankenalb (Band 5 und Band 12 dieser Reihe) beispielsweise findet man die "Unteren Mergelkalke" des Oxfordiums (Kalk-Mergelkalk-
319b Wechselfolge) sowie die "Werkkalke" und "Oberen Mergelkalke" des Unteren Kimmeridgiums. Dass die hier am Hochfeiler anstehenden Hochstegen-Kalkmarmore tatsächlich aus dieser Zeit stammen und der Vergleich mit dem Frankenjura nicht allzu weit hergeholt ist, beweist ein Ammonit, der in Hochstegen-Sequenzen unweit von Ginzling gefunden wurde und zweifelsohne als oberjurassischer Perisphinctide bestimmbar ist. Diese Ammoniten findet man heute sehr häufig gerade in Franken und zeitlich vergleichbaren Ablagerungen Süddeutschlands sowie der Schweiz (dort als "Quintener Kalk" bezeichnet). Und ob nun am Hochfeiler auf 3000 Meter Höhe oder in Nordbayern fernab der Alpen – beide Ablagerungsräume waren mit einem weitläufigen, subtropisch flachmarinen Schelfareal einander sehr ähnlich, nur die erdgeschichtlichen Historien sind unterschiedliche Wege gegangen: Der Hochstegen-Kalkmarmor wurde im Zuge der alpidischen Orogenese metamorph überprägt und ins Hochgebirge gehoben. In Franken sind die Abfolgen "nur" versteinert worden und verblieben im Mittelgebirge.

Abb. 319. Was hat der Hochfeiler mit Franken zu tun? Über der Hochfeilerhütte zieht eine markante, lotrechte und bis zu 50 Meter hohe Wandstufe aus Hochstegen-Kalkmarmoren durch einen Teil der Südflanke des Berges. Sie zeigt an der Basis eine ausgesprochene Wechselfolge von hellen und etwas dunkleren Kalkmarmoren sowie Kalkphylliten, in die rostrot verwitterte, eisenschüssige Horizonte eingeschaltet sind. Der obere Bereich der Sequenz besteht aus gleichförmigen Kalkmarmor-Abfolgen. Datiert werden konnten die Hochstegen-Kalkmarmore mittels eines Ammoniten Perisphinctes sp., der unweit von Ginzling gefunden wurde. Foto b zeigt eine vergleichbare, allerdings nichtmetamorphe Abfolge aus dem unteren Abschnitt des Oberen Juras, wie sie beispielsweise in der Frankenalb Süddeutschlands vorkommt, gesehen im Aufschluss Deuerlein bei Gräfenberg, mit der Grenze zwischen Unteren Mergelkalken und dem Werkkalk. Der dazu passende Ammonit (ebenfalls Perisphinctes sp.) stammt aus dem Untersten Kimmeridgium eines kleinen Steinbruches nahebei.

Abb. 320. Die Hochstegen-Kalkmarmore des Hochfeilers im Detail: Die steil bis sehr steil nach Nordwesten einfallende Einheit ist intensiv geschiefert (a, b), was die Abfolge in wenige Zentimeter dicke Platten verwittern lässt (c). Unterschiedliche Farbmuster sind Hinweise auf eine Schichtung und werden vom engständigen Schieferungs-Trennflächengefüge durchzogen.

Die Wandstufe ist entlang der Hangschuttfelder oberhalb der Hütte beinahe auf ihrer gesamten Länge senkrecht und nicht durchsteigbar, besitzt aber knapp nordwestlich des Schutzhauses eine gestufte Passage, die mit Drahtseilen und Eisenstufen gut zu überwinden ist. Darüber treffen wir auf 2790 Meter Höhe auf überraschend einfaches Gehgelände in einem weitläufigen, schutterfüllten Hochkar. Hier zahlen sich gutes Wetter und freie Sicht aus – zu leicht verliert man in den Schutthalden mit zahlreichen Steigspuren (und Gamspfaden) ansonsten die Orientierung. Und nicht vergessen: Nach rechts bricht stets die mehrere Zehnermeter hohe Wandstufe der Hochstegen-Formation ins Schuttkar über der Hochfeilerhütte ab.

Der Steig verfolgt über längere Distanzen die tektonische Grenze zwischen Hochstegen-Formation und der darüber liegenden "Unteren Eisbrugg-Lamelle". Rechts gegen die Abbruchkante stehen die
320a aufgrund ihrer größeren Gesteinshärte etwas erhaben herausgewitterten Kalkmarmore der Hochstegen-

Abb. 321. Im unteren Teil des Anstieges zum Hochfeiler (ca. 2900 m Höhe) grenzt die Hochstegen-Zone gegen die »Untere Eisbrugg-Lamelle«. Nach Nordwesten folgen Metasedimentgesteine der Tulfer-Senges-Einheit. Der Felskamm, der das Becken des Weißkarferners nordwestlich abtrennt, wird aus hellen Metasedimentgesteinen der Aigerbach-Formation sowie tektonisch überlagernden Gesteinen der »Oberen Eisbrugg-Lamelle« aufgebaut. d, Obere Eisbrugg-Lamelle (Tulfer-Senges-Gruppe); e, Aigerbach-Formation (Tulfer-Senges-Gruppe), f, Metasedimente (Tulfer-Senges Einheit); g, Untere Eisbrugg-Lamelle (Tulfer-Senges-Gruppe); h, Hochstegen-Formation (Hochstegen-Zone); i, Granit- und Quarzdiorit (Zillertaler Kristallinkern).

Formation an. Die Gesteinsabfolge ist intensiv und engständig geschiefert, wobei die Schieferung steil bis sehr steil nach Nordwesten einfällt, das vorherrschende Trennflächengefüge bildet und für
320c plattige Verwitterungsprodukte sorgt.
Dabei ist Schieferung nicht gleich Schichtung. Letztere kann anhand von Farb-
320b abweichungen auf unterschiedliche Ausgangsgesteine zurückgeführt werden: je dunkler, desto ursprünglich mergel- und/oder tonreicher waren die karbonatischen Ausgangsgesteine, je heller, desto kalkreicher. Sowohl Schichtung als auch Schieferung fallen hier nach Nordwesten ein – Erstere flacher, Letztere steiler.

Die Abfolgen der "Unteren Eisbrugg-
321 Lamelle" definieren im Wesentlichen stark geschieferte Paragneise, granatführende Glimmerschiefer sowie weiche und blättrige Talkschiefer mit seidenmatt schimmernden, wie poliert wirkenden
322 Schieferungsflächen.

Abb. 322. Typische Gesteinsserie der »Unteren Eisbrugg-Lamelle«: Meist handelt es sich um geschieferte Paragneise, eisenoxidführende Glimmerschiefer sowie grünliche Talkschiefer mit seidenmatt schimmernden Schieferungsflächen (links im Bild).

Abb. 323. Am »Friedhof« auf etwa 3060 Meter Höhe wurden zahlreiche Paragneis-Platten senkrecht gestellt und geben eine wichtige Wegmarke am Anstieg zum Hochfeiler-Gipfel. Den Hintergrund beherrschen die Gras- und Schrofengipfel der Pfunderer Berge. Dahinter liegen die Kämme von Adamello, Ortler und Ötztaler Alpen (von links nach rechts). Gelb strichliert eingezeichnet ist die Grenze zwischen Hochstegen-Zone und der Tulfes-Senges-Gruppe. Die grün strichlierte Linie gegen den rechten Bildrand kennzeichnet die Grenze zu den überlagernden Metabasiten der Glockner-Decke.

Wir bleiben möglichst nahe der Abbruchkante und der lithologischen Grenze zwischen "Unterer Eisbrugg-Lamelle" und Hochstegen-Formation, teilweise mit Tiefblicken hinab ins Glidertal.

Zur Information: Etwas ältere geologische Karten wie das frei erhältliche GeoFast-Kartenblatt der ehemaligen Geologischen Bundesanstalt in Wien (jetzt "GeoSphere Austria"), Blatt 176 Mühlbach (Pawlick 2006), zeigen an dieser Stelle die in die Unterkreide gestellte Kaserer-Formation als das vermeintlich stratigraphisch Hangende der Hochstegen-Formation. Inwieweit die neuerdings von Veselá et al. (2008) schlüssig in die Unter- und Mitteltrias gestellte Kaserer-Formation mit den neu interpretierten Abfolgen der Eisbrugg-Lamellen und der Tulfer-Senges-Einheit inklusive der triassischen Metasedimentgesteine der Aigerbach-Formation kongruent sind, bleibt abzuwarten. Auch die Innsbrucker Geologen stellen die metasedimentäre, lithologisch sehr heterogene Kaserer-Formation unter Vorbehalt in die Trias – allerdings nur aufgrund lithologischer Ähnlichkeiten zu nichtmetamorphen Serien innerhalb der Nördlichen Kalkalpen sowie ohne geeignete Altersdatierung (Brandner et al. 2008).

323 Auf etwa 3060 Meter Höhe erreichen wir den "Friedhof" mit schöner Aussicht auf die Pfunderer Berge und die dahinterliegenden Gebirgskämme der Stubaier und Ötztaler Alpen.

Die Bezeichnung "Friedhof" ist ein eigener Begriff, der sich auf meinen vielen Hochfeiler-Besteigungen etabliert hat und die zahlreich senkrecht aufgestellten Paragneisplatten meint, deren Erscheinung insbesondere bei diffusem Wetter und neblig-düsterer Stimmung an eine Begräbnisstätte erinnert. Die bis zu zweieinhalb Meter großen Platten geben eine verlässliche Wegmarke am Aufstieg zum Gipfel.

Abb. 324. Auf dem Gratkopf P. 3175 m (»Schulter«) wird der letzte Wegabschnitt zum Hochfeiler-Gipfel einsehbar. Teilweise verläuft er entlang der Grenze zwischen Hochstegen-Formation und Paragneisen der Unteren Eisbrugg-Lamelle. Er quert Letztere über schuttbedeckte, erdige Schrofen bergwärts und erreicht den »Weißen Turm« P. 3373 m, der aus hellen quarzitischen Marmoren der Aigerbach-Formation aufgebaut ist. e, *Aigerbach-Formation (Tulfer-Senges-Gruppe);* f, *Metasedimente (Tulfer-Senges-Einheit);* g, *Untere Eisbrugg-Lamelle (Tulfer-Senges-Gruppe);* h, *Hochstegen-Formation (Hochstegen-Zone). Das weiße Viereck markiert den Ort für Abbildung 325.*

8 Über den Dingen: Ein geologischer Rundumschlag

Bis zur "Schulter", einem Gratkopf auf 3175 Meter Höhe (großer Steinmann), ändert sich an der geo-
logischen Situation wenig, da wir weiterhin nahezu parallel zum Streichen der Lithologien steigen.
An besagtem Geländepunkt erreichen wir einen auffallend flachen Wegabschnitt, der in ein weiteres
Schuttkar unter dem Hochfeiler-Gipfelgrat führt. Der Gratrücken wird aus Hochstegen-Formation
gebildet, das sich gegen den Hochfeiler-Gipfel erstreckende Kar aus Gesteinen der Unteren Eisbrugg- 324
Lamelle. Deren Grenzen ziehen sich schräg die Gipfelwand des Berges hinauf – knapp unter der
Gratschneide durchzieht ein auffallend helles Quarzitband triassischer Aigerbach-Formation die
Gipfelwand. Auch die Grenze zwischen den hellen Kalkmarmoren der Hochstegen-Formation und 325
den dunklen, geschieferten Paragneisen der Unteren Eisbrugg-Lamelle ist entlang des Anstieges
messerscharf ausgebildet – der Steig verfolgt diese entlang mehrerer hundert Meter Wegstrecke.

> Nachdem wir das schmale Hochkar bis an sein östliches Ende nahe dem Abbruch gegen die steile Hochfeiler-Südflanke durchquert haben, führt der Steig über Schrofen und einfach zu überwindende Felsstufen und erreicht bei circa 3340 Metern Höhe den Gipfelgrat. Seit dem rasanten Eisverlust des Weißkarferners ist die Flanke dorthin zunehmend brüchig und abschüssig geworden – unangenehm hangparallel nach NNW geschieferte, oft feuchte Paragneis-Platten erfordern ein Weitersteigen unmittelbar an der Gratkante!

Wir haben mittlerweile die Untere Eisbrugg-Lamelle verlassen und steigen über lithologisch heterogene Metasedimentgesteine der Tulfer-Senges-Einheit. Durch diese verläuft bereits angesprochenes Band heller Kalkmarmore, die nach TÖCHTERLE (2011) zur Aigerbach-Formation gestellt wurden und die im unteren Bereich des Hochfeiler-Gipfelgrates in einem auffallend hellen Gratzacken ("Weißer Turm") kulminieren.

Abb. 325. a–c,e, Der Anstieg durch das Schuttkar unter dem P. 3373 m verläuft mehrere hundert Meter entlang der messerscharf ausgebildeten Grenze zwischen Hochstegen-Formation und der Unteren Eisbrugg-Lamelle. d, Neben Paragneisen und Marmor findet sich auch der ein oder andere quarzitische Glimmerschiefer mit leuchtend roten Granatkristallen (in diesem Fall Pyrope).

Abb. 326: a, Am Gipfelgrat knapp unterhalb des markanten Gratzackens P. 3373 m (»Weißer Turm«) erreicht man die obertriassische Aigerbach-Formation. Besonders eindrucksvoll ist die beinahe ebene Fläche auf etwa 3420 Meter Höhe vor dem letzten Steilanstieg unter dem Gipfel – übrigens der Standort der ersten kleinen Hochfeilerhütte Ende des 19. Jahrhunderts. b, Teilweise können in die Abfolge auch strahlendweiße Kalkmarmore eingeschaltet sein. c, Der hier wieder etwas flachere Gipfelgrat erschließt neben den hellen Kalk- und Dolomitmarmoren eine lithologisch sehr heterogene Schichtenfolge mit dunklen Phyllit- und grauen Glimmerschieferhorizonten. Die widerstandsfähigeren Kalkmarmorhorizonte wurden von Wind und Wetter im Laufe der Jahre seit dem Zurückschmelzen des Weißkarferners vom Hochfeiler-Gipfelgrat entsprechend erhaben herauspräpariert.

Abb. 327. Am Fuß des im Sommer 2022 zum ersten Mal auch in der Nordflanke gegen den Weißkarferner weitgehend eisfreien Gipfelaufbaus des Hochfeilers steigt man in Metakarbonaten, deren Schieferung steil nach NNW einfällt.

Bei Erreichen der hellen, stark absandenden, rauwackoiden Dolomitmarmore sollte man sich nicht stur an der zunehmend schmäleren und brüchigeren Gratkante halten, sondern kurz in die ebenfalls abschüssige, aber gut gangbare Nordflanke des Berges ausweichen. Den P. 3373 m umgehen wir somit links auf der Nordseite, steigen dann jedoch wieder rechts gegen den hier breiten Grat auf.

Mit Querung des "Weißen Turms" haben wir die Aigerbach-Formation mit ihren mürb-brüchigen Dolomitmarmoren und Rauchwacken sowie Glimmerschiefer- und vereinzelten, strahlendweißen
326a Kalkmarmor-Bändern erreicht. Besonders beeindruckend ist eine breite, beinahe ebene Fläche auf etwa 3420 Meter Höhe zu Füßen des sich pyramidenartig zum höchsten Punkt des Berges ver-

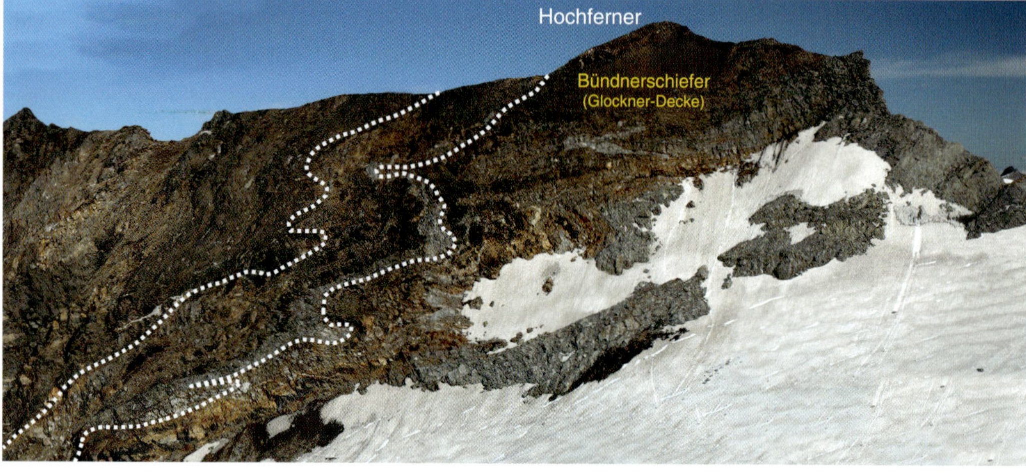

Abb. 328. Blick vom Hochfeiler-Gipfelgrat auf die Südflanke des benachbarten Hochferners (3463 m). Die stark verfaltete, von hellen Quarzitbändern konturierte Bündnerschiefer-Serie liegt nahe der Grenze zur unterlagernden Seidlwinkl-Modereck-Decke (hier nicht sichtbar).

jüngenden Gipfelgrates. An diesem
Punkt stand einst an der Wende vom
19. zum 20. Jahrhundert besagte erste
kleine Hochfeilerhütte. Die noch ausstehenden 100 Höhenmeter bis zum
Ziel bestehen nicht zur Gänze aus
weißen Metakarbonaten, sondern erschließen eine lithologisch heterogene
Abfolge von weißlich- bis hellgrauen
326b Kalk- und Dolomitmarmoren, durchsetzt mit dunkelgrauen Phyllit- und
326c sattgrauen Glimmerschieferbändern.
Diese verwittern wie die Metakarbonate plattig-scherbig und zerfallen
letztendlich zu feinem erdig-sandigen
Grus. Die Schieferung fällt wie am
Beginn des Gipfelgrates nach NNW
und damit weiterhin hangparallel
ein. Das hat zur Folge, dass der
Steig zwischen aufrechtstehenden
327 steinigen Scherben verläuft, die auch
im Hochsommer nach einer kalten
Nacht mit Raureif überzogen sein
und deswegen unangenehm rutschig
werden können.

Interessant ist der Ausblick, der
sich vom Gipfelgrat in das oberste
Gletscherbecken des Weißkarferners
auftut: Dort erhebt sich die dunkle
Südflanke des Hochferners (3463 m).
Vor wenigen Jahrzehnten bis in die
Gipfelregion eine reine Firnflanke,
zeigt sie heute – nahe der Stirn zur
tektonostratigraphisch unterlagernden Seidlwinkl-Modereck-Decke
– stark verfaltete Bündnerschiefer
der Glockner-Decke. Die innige Ver-
328 faltung wird durch helle Quarzit-
Bänder eindrucksvoll konturiert. Die
Seidlwinkl-Modereck-Decke verläuft
größtenteils unter dem Weißkarferner
– nur am Verbindungsgrat vom Hochferner zum Hochfeiler tritt sie in einem
kleinen Gratabschnitt zutage.

Abb. 329. Die letzten Meter bis zum Gipfel laufen über den steilen Kamm, der einst ein schneidiger Firngrat war (Situation August 2020). a, Tiefblick vom Gipfelgrat hinab ins Weißkarferner-Becken beziehungsweise die steile Hochfeiler-Südflanke hinab gegen das Gliderfernerbecken. b, »Froschperspektive« auf die noch ausstehenden Meter in triassischen Metakarbonaten bis zum höchsten Punkt.

Die steile Gipfelpyramide unter dem Kulminationspunkt der Zillertaler Alpen bekleidete noch vor 30 Jahren
ein schneidiger, steiler Firngrat. Das Gletschereis hat sich seit dieser Zeit in die Nordflanke des Oberen
Weißkarferner-Beckens zurückgezogen und einen brüchigen Felsgrat entblößt. Auch hier gilt: Im Herbst ist
die Mitnahme von Grödeln oder leichten Steigeisen auf keinen Fall ein Fehler, denn selbst bei aperen Verhältnissen können gerade diese letzten Meter vor dem Ziel unangenehm vereist oder gefroren und damit nur
329 erschwert begehbar sein. Sind die Bedingungen gut, ist der letzte Abschnitt des Gipfelgrates (Abb. 329) kaum
ein Problem – allenfalls die Tiefblicke in die Südflanke des Berges zum Gliderferner könnten dem ein oder
anderen Bauchschmerzen bereiten.

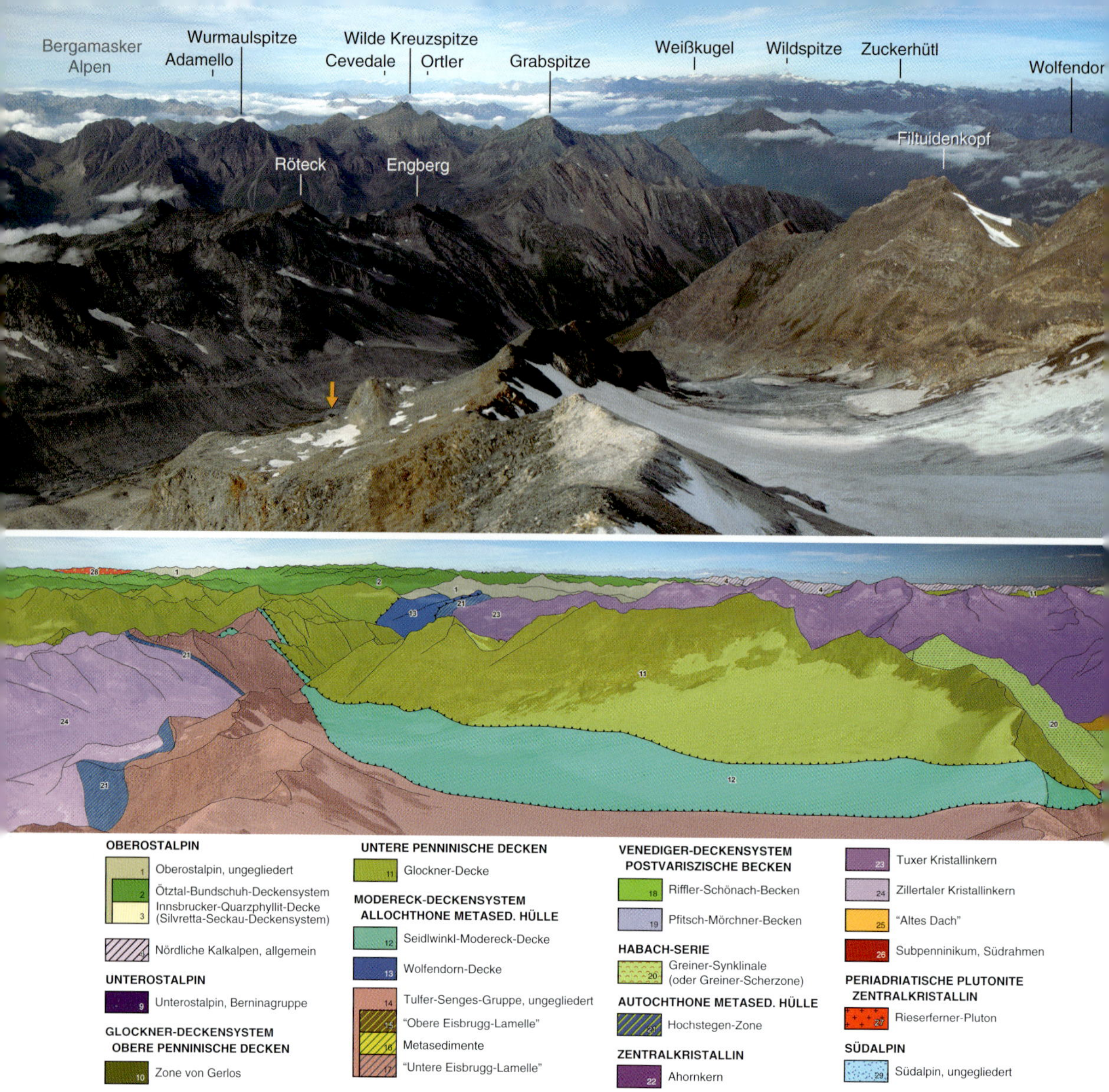
Bergamasker Alpen
Wurmaulspitze
Adamello
Wilde Kreuzspitze
Cevedale
Ortler
Grabspitze
Weißkugel
Wildspitze
Zuckerhütl
Wolfendorn
Filtuidenkopf
Röteck
Engberg
OBEROSTALPIN
1 Oberostalpin, ungegliedert
2 Ötztal-Bundschuh-Deckensystem
3 Innsbrucker-Quarzphyllit-Decke (Silvretta-Seckau-Deckensystem)
4 Nördliche Kalkalpen, allgemein
UNTEROSTALPIN
9 Unterostalpin, Berninagruppe
GLOCKNER-DECKENSYSTEM OBERE PENNINISCHE DECKEN
10 Zone von Gerlos
UNTERE PENNINISCHE DECKEN
11 Glockner-Decke
MODERECK-DECKENSYSTEM ALLOCHTHONE METASED. HÜLLE
12 Seidlwinkl-Modereck-Decke
13 Wolfendorn-Decke
14 Tulfer-Senges-Gruppe, ungegliedert
15 "Obere Eisbrugg-Lamelle"
16 Metasedimente
17 "Untere Eisbrugg-Lamelle"
VENEDIGER-DECKENSYSTEM POSTVARISZISCHE BECKEN
18 Riffler-Schönach-Becken
19 Pfitsch-Mörchner-Becken
HABACH-SERIE
20 Greiner-Synklinale (oder Greiner-Scherzone)
AUTOCHTHONE METASED. HÜLLE
21 Hochstegen-Zone
ZENTRALKRISTALLIN
22 Ahornkern
23 Tuxer Kristallinkern
24 Zillertaler Kristallinkern
25 "Altes Dach"
26 Subpenninikum, Südrahmen
PERIADRIATISCHE PLUTONITE ZENTRALKRISTALLIN
27 Rieserferner-Pluton
SÜDALPIN
29 Südalpin, ungegliedert
TEKTONIK
Deckengrenze

Abb. 330. Blick vom Hochfeiler nach Westen. Im darunterliegenden Ausschnitt wurden die geologischen Haupteinheiten zur besseren Orientierung eingeblendet. Auch die Hochfeilerhütte ist zu sehen (orangefarbener Pfeil). Legende für Abbildung 330, 333 und 335.

9 Auf dem Hochfeiler

Zählt man zu den Glücklichen, die an einem klaren (Früh-)Herbsttag auf dem höchsten Punkt der Zillertaler Alpen stehen, hat man eines der umfassendsten Bergpanoramen der Ostalpen vor Augen. Durch seine Höhe, die alle Gipfel im Umkreis von mehr als 50 Kilometern überragt, genießt man beinahe einen ungestörten Rundumblick. Nur im Norden wird die Sicht auf den Tuxer Kamm durch den nahen Hochferner etwas verdeckt. Links neben dem stumpfen, braun-erdfarbenen Gipfel erkennen wir die Furche des Pfitschtals, daneben die höchsten Erhebungen der Pfunderer Berge und darüber das Gipfelmeer der Stubaier und Ötztaler Alpen. Ganz am Horizont liegt das berühmte Dreigestirn von Königsspitze (3859 m), Zebru (3754 m) und Ortler (3905 m). Knapp rechts davon – in etwa über dem Gipfel der Grabspitze im Vordergrund und bereits weit im Westen gelegen – lugt der Piz Bernina (4049 m) im Engadin über die Kämme der Ötztaler Alpen. Er ist der Kulminationspunkt der gesamten Ostalpen und ihr einziger Viertausender.

Zur Geologie: Im Vordergrund erkennen wir quasi in Streichrichtung zwischen Seidlwinkl-Modereck-Decke und Hochstegen-Zone die braunockerfarbenen Sequenzen der Tulfer-Senges-Gruppe, die sich über die Gliderscharte westwärts zieht und den Zillertaler Kristallinkern von der überlagernden penninischen Glockner-Decke trennt. Die sich dahinter erhebenden Pfunderer Berge gehören ebenfalls der Glockner-Decke an und bilden den Rahmen ("Schieferhülle") des Tauernfenster-Westrandes. Die Berge der Stubaier und Ötztaler Alpen werden dem oberostalpinen Ötztal-Bundschuh-Deckensystem zugerechnet, das tektonostratigraphisch über den penninischen Einheiten liegt (SCHUSTER 2015). Auch der Ortler gehört zum Oberostalpin, zeigt aber im Gegensatz zu den in den Ötztaler und Stubaier Alpen vorherrschenden Kristallingesteinen gering metamorph überprägte, triassische Metakarbonate. Der Piz Bernina samt der gleichnamigen Gruppe wird dem Unterostalpin zugeschlagen.

Am freiesten ist die Sicht nach Süden über die Kette Niederer Weißzint–Hochwart und die Ausläufer der Pfunderer Berge hinweg ins oft sommerlich dunstschwangere Eisacktal. Hier erkennen wir das südwestliche Ende des Zillertaler Kristallinkerns im Vordergrund, das von penninischen Einheiten der Glockner-Decke der Pfunderer Berge umrahmt wird. Die über dem Eisacktal sichtbaren bleichen Kalktürme der Dolomiten gehören bereits zum metamorph kaum überprägten Südalpin. Letzteres wird vom bedeutendsten Störungssystem der Alpen überhaupt, der Periadriatischen Naht, vom Ostalpin abgetrennt. Entlang dieser vermutlich sehr alten Bruchlinie, die es bereits vor der Alpen-

Abb. 331. Die Aussicht vom Hochfeiler über den Gliderferner hinweg nach Süden gegen Eisacktal und Dolomiten (Südalpin) im Hintergrund ist bei guten Sichtbedingungen besonders beeindruckend.

Hauptauffaltung gegeben haben dürfte (OBERHAUSER 1980), und die sich von West nach Ost beinahe durch den gesamten Alpenbogen zieht, wurden ostalpine Einheiten kilometerweit angehoben, so dass sie heute über penninischen und helvetischen Einheiten an der Oberfläche zu sehen sind (siehe auch das Kapitel "Neogen" ab S. 25). Diese Linie wurde im Zuge der Alpenhauptauffaltung und der Kompression des Orogens durch den Südalpen-Indenter ("Adria", siehe das Kapitel "Neogen und Quartär" ab S. 27) sowie den daraus resultierenden, verstärkt ostwärts gerichteten Fluchtbewegungen quasi wieder reaktiviert. In der Folge konnten im Nahbereich der Periadriatischen Linie bis ins späte

Abb. 332. Ein Blick nach Südosten »über den Tellerrand«: Die charakteristisch trapezförmige Berggestalt des Hochgalls (3436 m) als Hauptgipfel der Rieserfernergruppe in Südtirol kennzeichnet den periadriatischen Rieserferner-Pluton, der im Paläogen in metasedimentäre, vorwiegend altpaläozoische Gesteine des Oberostalpins aufgedrungen ist. Das abgestumpft wirkende Horn des 3358 Meter hohen Schneebiger Nocks mit der Gletscherfläche unterhalb wird aus genau jenen Hüllgesteinen gebildet.

Abb. 333. Aussicht vom Hochfeiler nach Osten – zur besseren Orientierung wurden die tektonischen Haupteinheiten im unteren Ausschnitt überblendet. Der orangefaerbener Pfeil markiert den Standort des Furtschaglhauses. Legende zu b in Abbildung 331.

Paläogen (Oligozän) größere und kleinere Magmenkörper aus dem Erdmantel aufsteigen, von denen
wir den Rieserferner-Pluton als den drittgrößten im Hintergrund mittels der markant trapezförmigen 332
Gestalt des Hochgalls (3436 m) erkennen können. Diese Plutonite sind südlich unseres Standortes, in der Region um das Tauferer-Ahrntal, in oberostalpine Einheiten aufgedrungen, die heute Großteile der westlichen Venedigergruppe (Durreckgruppe) bilden.

Die Rieserfernergruppe bildet den Hintergrund der Berge im Südosten und steht (von unserer
Position aus gesehen) über den Gipfeln des Zillertaler Hauptkammes, deren Reihe wir über Hohen 333
Weißzint, Breitnock, Großen Möseler, Turnerkamp und Schwarzenstein bis zum fernen Großvenediger (3657 m) ostwärts verfolgen können. Die auffallend hellgrauen Gesteine gehören dem Zillertaler- beziehungsweise in letzterem Fall dem genetisch ähnlichen Venediger-Kristallinkern an. Diese grenzen nordwärts gegen die dünnen Bänder von Pfitsch-Mörchner-Becken und Greiner-Synklinale an den Tuxer Kristallinkern. Dieser formt markante Gipfel des Tuxer Kammes wie den Olperer und Hohen Riffler (Exkursion F). Östlich von diesem erkennen wir an der Realspitze gerade noch Gesteine des Ahornkerns. Und mit den bleichen Bergen der weit nordwärts gelegenen Kalkalpen – in diesem Fall vom Wetterstein- bis zum Karwendelgebirge – schließt sich die beeindruckende Gipfelschau nach Norden.

Für gewöhnlich ist man am Hochfeiler nicht allein und sitzt mit einigen Zeitgenossen inmitten der
Metasedimentgesteine der Aigerbach-Formation. Erst bei einem Blick von Osten – etwa vom Furt- 334
schaglhaus (Exkursion H) – gegen die jäh aufragende Hochfeiler-Nordwand wird das breite Band

*Abb. 334. Erst der Blick vom Furtschaglhaus gegen die Hochfeiler-Nordwand (vgl. mit Exkursion **H**) zeigt das breite Band der Aigerbach-Formation, das sich vom höchsten Punkt schräg nach rechts unten durch die Nordwand zieht. Unmittelbar rechts des markanten Vorgipfels und links des höchsten Punktes erkennt man ferner das schmale Band ähnlich hell gefärbter Hochstegen-Formation, das die autochthone, metasedimentäre Hüllserie des Zillertaler Kristallinkerns bildet. Dieser schließt sich nach links an (Foto © Hochgebirgs-Naturpark Zillertaler Alpen).*

an hellen Metasedimentgesteinen deutlich, das sich durch die Nordwand gegen den Hochferner zieht und mit einem zwischenliegenden dünnen Band der Seidlwinkl-Modereck-Decke die aufliegende Glockner-Decke konturiert.

10 Der lange Weg zurück zur 3. Kehre und zum Pfitscher-Joch-Haus mit einer ganz besonderen Abstiegsvariante

Auf dem Hochfeiler kann man stundenlang sitzen und schauen. Wir haben jedoch noch einen langen Abstieg das Glidertal hinaus und vor allem noch einen Gegenanstieg zum Pfitscher Joch hinauf vor uns. Etwa anderthalb Stunden braucht man vom höchsten Punkt der Zillertaler Alpen zurück zur
335 Hochfeilerhütte – dabei haben wir ein letztes Mal die ganz besondere Geologie dieses Südwestrandes des Tauernfensters vor uns.

Wer kein Gepäck mehr an der Hochfeilerhütte hat, kann in knapp drei bis vier Stunden vom Gipfel über den Standort der Alten Wiener Hütte zur 3. Kehre im Oberbergtal absteigen. Und wem der 600-Meter-Anstieg zum Pfitscher Joch dann doch zu viel des Guten ist, der sollte auf besagten, allerdings nur sporadisch verkehrenden Shuttle-Bus zurückgreifen, der von Pfitsch zur Passanhöhe fährt (die Busabfahrtszeiten stehen an der Bushaltestelle in der 3. Kehre der Pfitscher-Joch-Straße – bitte vorher notieren!).

Es gibt eine weitere Abstiegsvariante, die vom ehemaligen Zusammenschluss des Weißkares mit dem Glidertal in die Geröllwüste unterhalb des abschmelzenden Gliderferners führt. Dieser Abstieg bringt den Bergsteiger auf die gegenüberliegende Talseite unter der Gliderscharte und überwindet dort eine übergrünte Wandstufe mit zusätzlichen 200 Anstiegshöhenmetern. Er gewährt instruktive Einblicke in das Glidertal oberhalb des "Gliderganges", jener bereits zuvor genannten, schluchtartigen Verengung am markanten Talknick. Vor allem die Rückblicke auf den Hochfeiler mit "kontinentalem" Zillertaler Kristallinkern, seiner metasedimentären Hülle, den eingezwängten Deckenspänen und der breit aufliegenden penninischen Glockner-Decke erlauben einen würdigen geologischen Abschluss unserer Unternehmung.

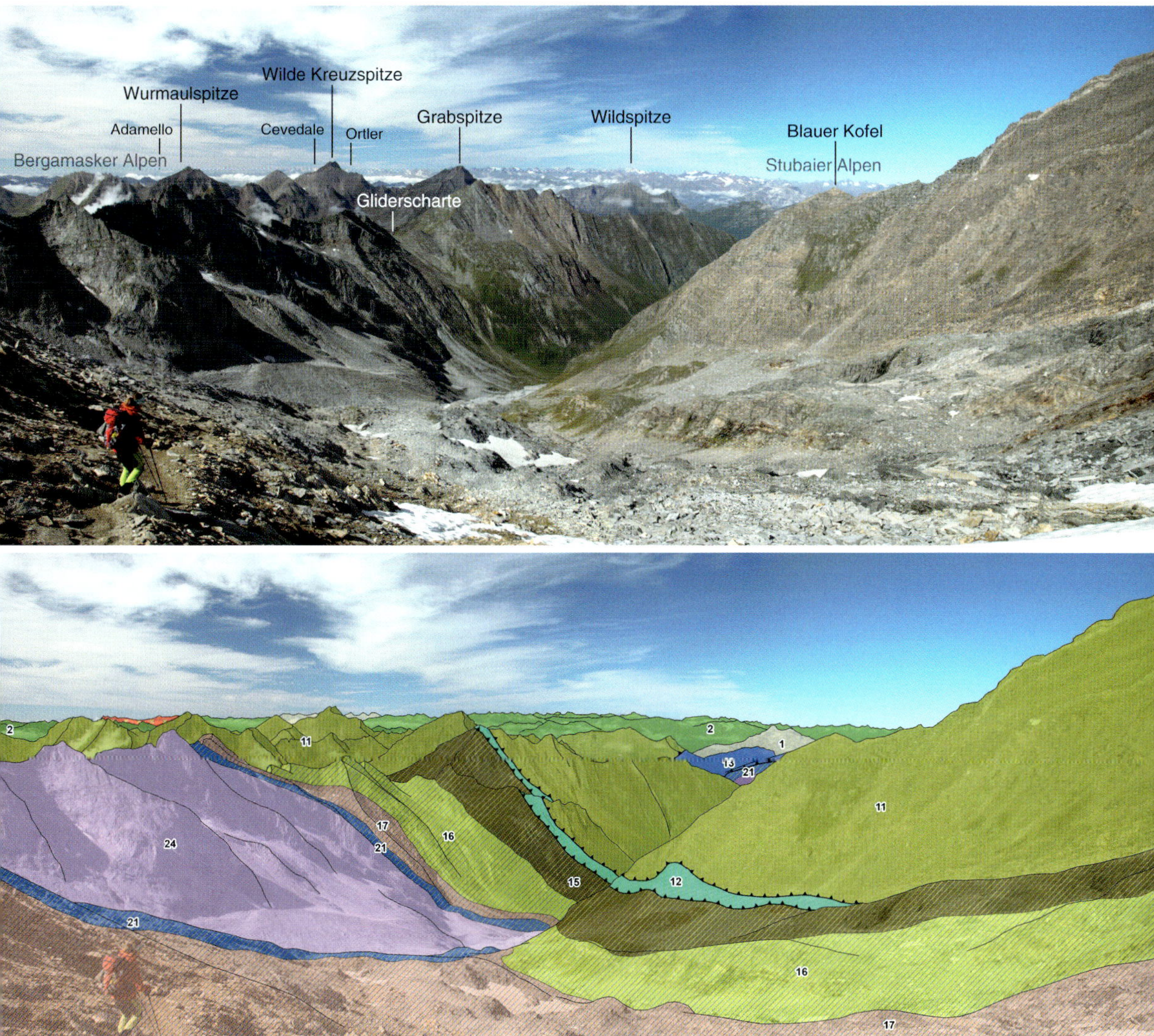

Abb. 335. Abstieg durch die weiten Karfelder oberhalb der Hochfeilerhütte (ca. 2950 m Höhe). Das untere Bild zeigt die überblendeten tektonischen Großeinheiten. Legende zu b in Abbildung 331.

Vorneweg muss gesagt werden, dass es bei der Durchquerung des Glidertals keinen Steig im herkömmlichen Sinne gibt, allenfalls undeutliche Steigspuren. Jedoch ist die Route sehr eng und gut sichtbar mit rot-weiß-roten Farbflecken und teilweise Pflöcken (Aufschrift "8A") markiert. Bei zweifelhaftem Wetter mit schlechter Sicht wird von einer Begehung dieser Route abgeraten, denn im weiten Geröllkar des Inneren Glidertals ist die Orientierung insbesondere bei Nebel sehr schwierig. Die schmale Steigspur zu finden, die in Richtung Gliderscharte ansteigt und dann in einen deutlich besseren Pfad übergeht, der das Äußere Glidertal hinab führt, ist dann praktisch unmöglich.

Der Abzweig "Gliderscharte" liegt, markiert mit einem leicht zu übersehenden Wegweiser, knapp unter der (im Sinne des Abstiegs) erstmaligen Querung des rauschenden Weißkar-Gletscherbachs und führt linkerhand in einen flachen Boden vor der auffallend blockigen und gut ausgebildeten "1850er"-Seitenmoräne des Gliderferners aus der "Kleinen Eiszeit". In diesem Bereich vereinigten sich vor etwa 170 Jahren Glider- und Weißkarferner.

Abb. 336. Abstieg im Gletscherzungenbereich des Gliderferners der »Kleinen Eiszeit« auf etwa 2350 Meter Höhe. Im Hintergrund sind Gliderscharte und Rotes Beil zu sehen. Rot punktiert ist der Verlauf der weiteren Route eingezeichnet. Dazu muss eine unter dem Roten Beil schräg gegen die Gliderscharte heraufziehende Wandstufe überquert werden, was mit einem Gegenanstieg von etwa 200 Höhenmetern verbunden ist.

Ein Markierungsstab kennzeichnet den
Abstieg über die steile, geröllige und
etwas brüchige Flanke der Seitenmoräne und führt hinab in den Bereich der
ehemaligen Gletscherzunge des Glider- 336
ferners. Dass man sich in einer Gegend
bewegt, die vor anderthalb Jahrhunderten unter einem schabenden Eispanzer
versteckt war, zeigen die wunderbar
erhaltenen Gletscherschliffe im Hoch- 337
stegen-Kalkmarmor. Wir befinden uns
wieder in der Hochstegen-Zone, die

Abb. 337: a, Polierter Gletscherschliff innerhalb der Hochstegen-Formation – vor knapp 150 Jahren floss hier noch zehnermeterdickes Eis. b, Gletscherschliff-Detail im mittäglichen Licht. Deutlich treten neben den in Eis-Fließrichtung (gelber Pfeil) orientierten, nur millimetertiefen Längs-Riefen auch sichelförmige Parabelrisse auf (gelb strichlierte Linie), die mit der konkaven Seite in Richtung der Gletscherbewegung zeigen. Sie entstehen, wenn große Blöcke ruckartig vom Eis über Felsflächen geschoben werden (Schreiner 1997).

den Orthogneisen des Zillertaler Kristallinkerns unmittelbar aufliegt. Die zahlreichen Schrammen, Kritzungen, Sichelbrüche und Parabelrisse wirken, als wäre hier "erst gestern" noch Eis geflossen und hätte mit seinen zahlreichen harten, kristallinen Gesteinspartikeln unterschiedlicher Größe den Kalkmarmor glattpoliert. Im zeitlichen Rahmen der Erdgeschichte betrachtet stimmt das ja irgendwie.

Der weitere Wegverlauf führt entlang der ehemaligen, tief in den Hochstegen-Kalkmarmor eingeschnittenen Gletscher-
338a Abflussrinne. Sie liegt ziemlich genau an der tektonischen Grenze zwischen Hochstegen-Zone (links im Sinne des Abstiegs) und den aufliegenden Paragneisen der Tulfer-Senges-Gruppe. Das stets fließende Schmelzwasser – der Hauptabfluss von Gliderferner und Weißkar-Gletscher verläuft heute knapp nördlich – hat in den verhältnismäßig
338b weichen Hochstegen-Kalkmarmoren tiefe Orgeln und Mühlen hinterlassen und mit der Hell-Dunkel-Bänderung des Gesteins interessante Anschliffe geschaffen.

Abb. 338: a, Der Abstieg auf den flachen tiefstgelegenen Karboden des Inneren Glidertals führt durch die ehemalige Schmelzwasserrinne des Gliderferners, die sich tief in den Hochstegen-Kalkmarmor eingeschnitten hat (Detailfoto b).

Die Überquerung des rauschenden Gliderfernerbaches verläuft in einem grobblockigen Schuttfeld unterhalb des einstigen Gletschertores des Gliderferners. Die teilweise metergroßen,
339b angerundeten Geschiebe wurden von sommerlichen Schmelzwässern vieler Jahre dort angehäuft und sind ebenfalls relativ frisch: Der weitgehend fehlende Bewuchs mit Flechten deutet darauf hin, dass die Schuttmassen erst in jüngster Vergangenheit dorthin verfrachtet wurden. Tatsächlich gibt es erst seit Anfang August 2022 wieder eine stabile
339c Metallbrücke über den Gliderfernerbach, nachdem einige Unwetter des Bergsommers 2020 die alte Holzbrücke wegegrissen und eine Passage nahezu unmöglich gemacht hatten.

339a Direkt über dem Schmelzwasser-Blockfeld liegen am Hangfuß unter dem Röteck und dem P. 2957 m neuzeitliche, teilerodierte Moränenreste der "Kleinen Eiszeit", die zudem von geringmächtigen, rezenten Hangschuttsedimenten überdeckt sind. Den flach auslaufenden Talboden rahmen die seichten, nur andeutungsweise erkennbaren 1850er-Endmoränen ein. Sie sind auf der Südseite etwas besser erkennbar als auf der Nordseite.

Nach Überquerung des Gliderfernerbaches steigen wir über Hang- und Murschuttfelder unter dem Röteck in Richtung Rotes Beil und Gliderscharte wieder bergan. Wichtig ist, den Startpunkt des bereits sichtbaren Steiges, der durch den unteren Abschnitt der schrofigen Flanke des Roten Beils schräg nach rechts aufwärtsführt, zu fixieren. Nach Überquerung eines kleinen Bergbaches beginnt dieser schmale, teilweise verwachsene Steig, steil in die Höhe zu führen, und erreicht bei etwa 2250 Meter Höhe eine Felsstufe, die im Folgenden über grasige Absätze mit einigen einfachen Kletterpassagen überwunden wird. Vorsicht ist vor allem bei Nässe oder

Abb. 339: a, Am Hangfuß von Röteck und P. 2957 m (Hochwart-Kamm) schneiden die Schmelzwasserschotter des Gliderfernerbaches Moränensedimente der Kleinen Eiszeit an (unterhalb der gepunkteten gelben Linie). Diese werden zudem von geringmächtigem, rezentem Mur- und Hangschutt überdeckt. b, Grobblockiger Schmelzwasserschutt. c, Seit August 2022 ermöglicht eine neu errichtete Brücke wieder die Überquerung des Gliderfernerbaches.

allgemein feuchten Bedingungen geboten – der zu querende Hang ist steil und bricht bald mehr als 100 Meter in den unteren Karboden des Glidertals ab.

Die hier anstehenden geschieferten Paragneise gehören zu den Metasedimentgesteinen der Tulfer-Senges-Gruppe, mit unterschiedlichem stratigraphischen Alter. Wie vorher bereits erwähnt, liegen diese in einer Art "Sandwich" zwischen der Unteren und der Oberen Eisbrugg-Lamelle. Während Erstere als schmales Band vom Röteck gegen die Gliderscharte zieht und vom Steig nicht berührt wird, befinden sich die einfachen Kletter- und Kraxel-Passagen in der "Oberen Eisbrugg-Lamelle". Wie 340
bereits auf der anderen Talseite beim gestrigen Anstieg zur Hochfeilerhütte, steigen wir durch Abfolgen dunkelblaugrauer, stark geschieferter Migmatite, teilaufgeschmolzener (migmatitischer) Orthogneise und granatführender Amphibolite. Kalkmarmore treten hier nicht auf beziehungsweise werden von unserem Steig nicht berührt.

Bei einem Wegweiser auf etwa 2300 Meter Höhe haben wir den letzten Anstieg des heutigen Tages geschafft. Nach links geht es weiter bergauf zur Gliderscharte, die man von diesem Punkt aus in einer knappen Stunde Anstieg erreichen kann. Wir wenden uns nach rechts und beginnen den zunächst flachen Abstieg gegen das Glidertal.

Die Aussicht von hier zurück zum Hochfeiler, dem Glidertal und dem nördlich vorgeschalteten Hochferner-Massiv mit seinen wechselnd blaugrünen bis braunen Metabasit- beziehungsweise Bündnerschiefern lohnt noch einen kleinen Zwischenstopp, in zweierlei Hinsicht. Um den ersten Aspekt fassen zu können, müssen wir uns nochmals gedanklich anderthalb Jahrhunderte gegen den Höhepunkt der "Kleinen Eiszeit" zurückbegeben. Die von hier in der Übersicht 341
gut erkennbaren Seiten- und Endmoränen des einstigen Gliderferners lassen seine damalige Größe gut erkennen. Zu dieser Zeit vereinigten sich Glider- und Weißkarferner nahe dem Abzweig der Abstiegsvariante. Ihre gemeinsame,

Abb. 340. *Gesteine der »Oberen Eisbrugg-Lamelle« liegen im letzten Teil unseres Anstieges unter der Gliderscharte.*

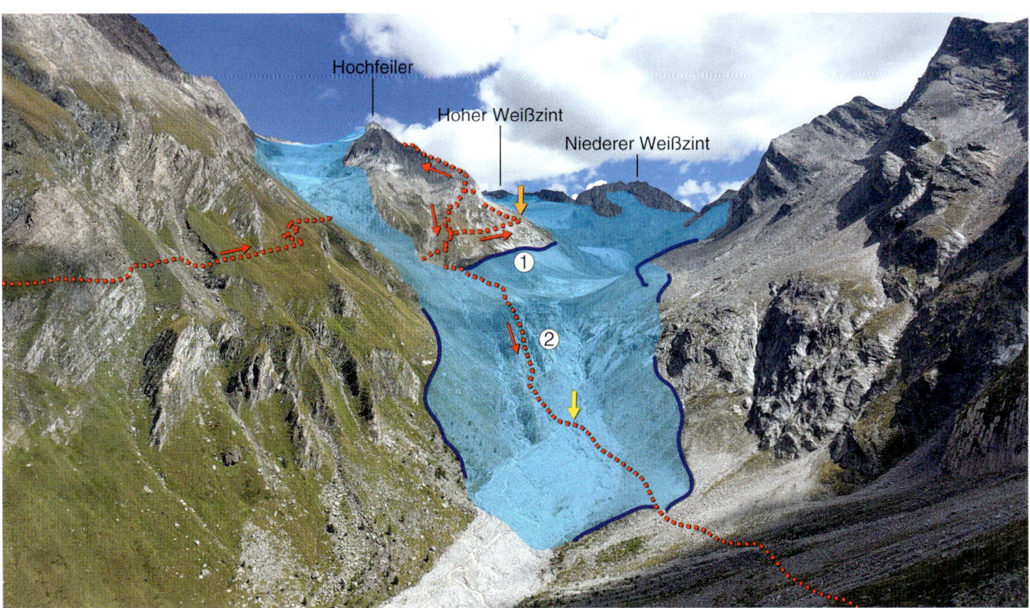

Abb. 341. *Die Rekonstruktion des höchsten Gletscherstandes des Gliderferners während der »Kleinen Eiszeit« vor mehr als 170 Jahren erschreckt mehr, als sie beeindruckt: Einst mit einer vermutlich kalbenden Gletscherzunge bis in den Karboden des Inneren Glidertals auf etwa 2100 Meter reichend, hat sich die heutige Gletscherzunge (Stand Ende August 2022) weit in den oberen Bereich des Tals zurückgezogen. Die Ziffern bezeichnen wichtige Wegpunkte: ① Gletscherschliffe beziehungsweise Rundhöcker im Hochstegen-Kalkmarmor (vgl. Abb. 336); ② Schmelzwasserrinne im Hochstegen-Kalkmarmor (vgl. mit Abb. 338). Unter dem gelben Pfeil liegt die neu errichtete Metallbrücke über den Gliderfernerbach. Der orangefarbene Pfeil markiert die Hochfeilerhütte.*

Abb. 342. Der Blick von der Gliderscharte zeigt die geologische Situation am Hochfeiler-Massiv nochmals in der Übersicht: Über dem Zillertaler Kristallinkern und seiner schmalen überdeckenden Hochstegen-Zone im Zentrum folgen die breite Zone der »Tulfer-Senges-Gruppe« sowie die vergleichsweise dünn ausgewalzte der Seidlwinkl-Modereck-Decke. Darauf liegen mächtige Einheiten der Glockner-Decke – so sieht es also aus, wenn ein Ozean auf einen passiven Kontinentalrand überschoben wird! Der orangefarbene Pfeil markiert die Hochfeilerhütte. (a), Glockner-Decke; (c), Seidlwinkl-Modereck-Decke; (i), Hochstegen-Zone; (j), Zillertaler Kristallinkern. Das Foto wurde freundlicherweise von Andreas Look und Elisa Köhler zur Verfügung gestellt.

vermutlich kalbende und tief zerfurchte Gletscherzunge reichte bis in den Karboden des Inneren Glidertals auf etwa 2100 Meter hinab. Heute haben sich die beiden Gletscherzungen weit voneinander entfernt, sind in ihre Täler "hinauf geschmolzen" und werden in vermutlich einem Jahrzehnt von diesem Standort nicht mehr zu sehen sein.

Für den zweiten Aspekt brauchen wir etwas abstraktes Vorstellungsvermögen und müssen ungleich weiter in die Vergangenheit zurück, denn von unserem Standort ist die beschriebene geotektonische Situation am Hochfeiler-Südabfall nochmals sehr gut im Überblick zu sehen: Der Bereich vom Hochwart über die Untere Weißzintscharte hinweg bis zu Niederem und Hohem Weißzint gehören dem Zillertaler Kristallinkern an. Die diesem autochthon aufsitzende Hochstegen-Zone mit der hellen Hochstegen-Formation zieht als schmales Band talparallel in die Höhe und bildet den Sockel des markanten Felskammes, der zum P. 3175 m des Hochfeilers führt. Links davon liegen Einheiten der Tulfer-Senges-Gruppe mit der leuchtend hellen Aigerbach-Formation, die über den schmalen Gipfel des Hochfeilers zieht, gefolgt von einem ebenfalls tektonisch stark ausgewalzten Band der Seidlwinkl-Modereck-Decke. Die riesigen Buckel von Blauem Kofel und Filtuidenkopf, deren Grat sich gegen Osten bis zum Hochferner fortsetzen lässt, kennzeichnen penninische Serien und einstige Ozeanbodenreste, die auf den Zillertaler Gneiskern samt metasedimentärem Deckenstapel übergeschoben wurden.

343 (margin, beside "sche Situation am Hochfeiler-Südabfall")

Bei unserem weiteren Abstieg queren wir jenes schmale, schuttbedeckte Band mit Seidlwinkl-Formation, das bis zum Gipfel des Roten Beils zieht und bereits vom gestrigen Anstieg zur Hochfeilerhütte zu sehen war (vgl. Abb. 314, S. 304). Der steilere Abbruch gegen das nun vor uns liegende Äußere Glidertal wird von grauen Bündnerschiefern sowie blaugrauen Metabasiten aufgebaut, deren

Abb. 343. Ein letzter Rückblick ins Glidertal.

Schieferungsflächen steil nach Norden einfallen. Besonders die Metabasite begegnen uns an frischen Anbrüchen der orographisch linken Talflanke (über die der gestrige Anstiegsweg verlief) sowie als glatt polierte Felsplatten im Gliderfernerbach.

Der Gliderfernerbach wird mittels einer Holzbrücke überquert. Im Weiteren folgt der Steig dem orographisch
rechten Ufer bis zu den verfallenen Unterberghütten – von hier haben wir einen letzten Blick hinein ins Glider- 343
tal und treffen bald leicht ansteigend auf den gestrigen Anstiegsweg, der uns in einer knappen Viertelstunde
absteigend zum Ausgangspunkt an der 3. Kehre der Pfitscher-Joch-Straße zurückbringt.

Weiterführende Literatur

BRANDNER, R. (2008): Überblick zu den Ergebnissen der geologischen Vorerkundung für den Brenner-Basistunnel. – Geo.Alp, 5: 165–174, Innsbruck.

BRANDNER, R., F. REITER & A. TÖCHTERLE (2008): Hochmetamorphe Keuperfazies (“Aigerbach-Formation”) und unterjurassische Kontinentalrandfazies (“Kaserer-Formation”), zwei Schlüssellithologien bei der Erkundung des Brenner-Basistunnels. – PANGEO 2008, J. of Alpine Geology, Abstracts, S. 14., Innsbruck.

HORNUNG, T. & J. ZASADNI (2023): Geologische Karte des Hochgebirgs-Naturparkes Zillertal, der Gemeinden Tux, Finkenberg und Brandberg, Maßstab 1:25000, 3 Kartenblätter, Hochgebirgs-Naturpark Zillertaler Alpen, Ginzling.

OBERHAUSER, R. (1980): Der geologische Aufbau Österreichs – 722 Seiten, Springer-Verlag, Wien.

OEHLKE, M., M. WEGER & B. LAMMERER (1993): The “Hochfeiler Duplex” – Imbrication Tectonics in the SW Tauern Window. – Abhandlungen der Geologischen Bundesanstalt, 49: 107–124, Wien.

PAWLICK, W. (2006): GeoFast-Karte der Republik Österreich, Kartenblatt 176 Mühlbach. – Geologische Bundesanstalt, Wien.

SCHREINER, A. (1997): Einführung in die Quartärgeologie. – E. Schweizerbart'sche Verlagsbuchhandlung (Nägele u. Obermiller), 2. Auflage, Stuttgart.

SCHUSTER, R. (2015): Zur Geologie der Ostalpen. – Abhandlungen der Geologischen Bundesanstalt, 64: 143–165, Wien.

TÖCHTERLE, A. (2011): Aspects of the Geological Evolution of the Northwestern Tauern Window – Insights from the Geological Investigations for the planned Brenner Base Tunnel – Dissertation Universität Innsbruck, 165 Seiten, Innsbruck.

VESELÁ, P., B. LAMMERER, A. WETZEL, F. SÖLLNER & A. GERDES (2008): Post-Variscan to Early Alpine sedimentary basins in the Tauern Window (eastern Alps). – In: SIEGESMUND, S., B. FÜGENSCHUH & N. FROITZHEIM (Ed.): Tectonic Aspects of the Alpine Dinaride-Carpathian System. – Geological Society, Special Publications, 298: 83–100, London.

Abendstimmung am Tettensjoch mit Blick gegen den Tuxer Kamm (links des Gipfelkreuzes; von links nach rechts stehen Nestspitze, Realspitze, Höllenstein, Schmittenberg und Kleiner Kaserer) sowie die südlichen Tuxer Alpen (rechts). Das Panorama reicht hier von der Gamskarspitze über Geier und Lizumer Reckner bis in das Gebiet der Nassen Tuxalm. Darüber stehen nahe am rechten Bildrand Torspitze, Eiskarspitze und Hippoldspitze (Foto © Hochgebirgs-Naturpark Zillertaler Alpen, Fotograf Thomas PFISTER*).*

Nachwort

Hier, am Schluss des Buches, sind Sie am Endpunkt einer geologischen Entdeckungsreise durch den Hochgebirgs-Naturpark Zillertaler Alpen mit hoffentlich vielen schönen Eindrücken und erdgeschichtlichen Ein- und Ausblicken angelangt. Wenn Ihnen Geologie und Erdgeschichte auf den vielen Kilometern und Höhenmetern durch die Hochgebirgslandschaft Freude bereitet haben, darf ich Sie einladen, mir im Nachfolgeband mit den Exkursionen J bis P vom harten Zillertaler Kristallinkern in die "weiche Schale" des nordwestlichen Tauernfensters zu folgen. Diese Zone reicht von den Dreitausendern in der Nordabdachung des Tuxer Kammes zu den stillen und einsamen Randzonen der südlichen Tuxer Alpen sowie des Gerloskammes rund um den Brandberger Kolm. Seien Sie sicher – auch dort finden sich spannende und erzählenswerte Erdgeschichten...

Geologisch-petrographisches Glossar

Akkretionskeil

Geologische Großstruktur, die im Zuge von plattentektonischen Vorgängen bei der Subduktion einer ozeanischen Kruste an der Vorderseite der oberen, überfahrenden kontinentalen Platte entsteht. Die Akkretion oder "Zusammenschweißung" äußert sich durch Anlagerung von Sedimenten, aber auch Aufschuppung von ozeanischer Kruste (Ophiolithen), und ist durch eine starke Deformation des Materials und viele büschelartig angeordnete Überschiebungen gekennzeichnet.

Albit

Auch Natronfeldspat genannt: Albit bildet das natriumreiche Endglied der Plagioklas-Gruppe. In reiner Form ist Albit farblos und durchsichtig.

Allochthon

Bezeichnung für Gesteinsbildungen aus ortsfremdem Material oder Gesteinskomplexe in tektonischen Decken, deren Entstehungs- beziehungsweise Akkumulationsort nicht dem letztendlichen Ablagerungsort entspricht.

Amphibolit

Gestein, das zu überwiegenden Anteilen aus Hornblende (= Amphibol) besteht, einem chemisch kompliziert aufgebauten Silikat.

Anatexite

Gesteinsarten, die durch tektonische Vorgänge in den obersten Erdmantel gelangen, dort aufschmelzen (sogenannte Anatexis) und wieder an die Erdoberfläche gelangen – etwa durch gebirgsbildende Prozesse (ähnlich: Migmatite).

Antiklinale

Falte mit nach unten auseinanderstrebenden Schenkeln (= Geologischer Sattel). In der geologischen Karte liegen deswegen im Sattelkern die ältesten Gesteine, gegen den Sattelrand werden die Gesteine zunehmend jünger. Das strukturgeologische Gegenstück ist die Geologische Mulde (Synklinale).

Aplit

Vorwiegend aus Feldspat und Quarz zusammengesetztes helles, kleinkörniges Ganggestein beziehungsweise Ganggefolge silikatreicher magmatischer Tiefengesteine.

Aplitgneis

Metamorphes Umwandlungsprodukt eines Aplits und Neusprossung beziehungsweise Einregelung länglicher Mineral-Akzessorien wie Glimmer.

Arkose

Meist rötlich gefärbter, feldspatreicher, grobkörniger und oft schlecht sortierter Sandstein (Psammit) – kommt meist in trockenen Klimazonen vor.

Arrête

Scharf zerzackter, von Gletschern während des Eiszeitalters zu keiner Zeit überformter Berggrat (nicht glatt- oder angeschliffen).

Augengneis

Metamorphes Gestein mit großen Einsprenglingen ("Augen"), die in einer feinkörnigen Matrix mit lagig eingeregelten Glimmern schwimmen und von diesen umflossen werden.

Autochthon

Am Bildungsort abgelagertes Sediment, gebildetes Gestein oder am Lebensort eingebettetes Fossil.

Biotit

Dunkler, eisen- und magnesiumreicher Glimmer, komplex aufgebautes Schichtsilikat.

Blast

Bezeichnung für das bevorzugte Wachstum einer oder mehrerer Mineralphasen während der Gesteinsmetamorphose ("Mineralneusprossung" oder Vorgang der "Blastese").

Blauschiefer

Bläulich gefärbte Gesteine, die im Zuge der Gesteinsmetamorphose relativ niedrige Temperaturen und hohe Drücke erhalten haben. Dementsprechend grenzt man im Metamorphose-Modell der Gesteine eine "Blauschiefer-Fazies" ab.

Detritus, detritär

Gesteinsschutt und durch mechanische Erosion zermahlene Organismenreste.

Diatexit

Metamorphes Gestein, das durch Mobilisation von einzelnen Mineralakzessorien im Modalgefüge bei hohen Temperaturen durch Teilaufschmelzung ein granitartiges Aussehen erhalten hat.

Diorit

Tiefengestein von dunkler bis schwarzgrauer, seltener auch hellerer Färbung mit einem hohen Anteil an Plagioklasen und einem relativ geringen Anteil aus Quarzen und Foiden. Das vulkanische Äquivalent ist ein Andesit.

distal

Weit entfernt – Gegenteil zu "proximal".

Dyke
Gesteinsgang, der größere und weitreichende Gesteinskörper in scharfer Linie senkrecht bis waagrecht durchschneiden kann und oft eine ganz andersartige Lithologie als das umgebende Matrixgestein zeigt (Beispiel eines dunkelgrünen Amphibolitgangs in hellem, feinkörnigem Gneis).

ELA
“Equilibrium Line Altitude”: Höhenbereich, in dem sich der Zuwachs (Akkumulation) und das Abschmelzen des Eises (Ablation) über ein Jahr betrachtet genau die Waage halten.

Exhumierung
Tektonisch oder isostatisch bedingter Aufstieg von Gesteinen an die Erdoberfläche. Dies kann in Ausnahmefällen auch durch eine beschleunigte Denudation beziehungsweise Erosionsrate geschehen.

Felsit
Zusammenfassende Bezeichnung für helle Gesteine mit entsprechend hellen Mineralien wie Quarz, Feldspat und Muskovit (Hellglimmer). Das petrographische Gegenteil sind dunkle, mafische Gesteine (Mafit).

Flysch
Wechselfolge von tonigen, kalkigen und grobkörnigen Gesteinen (meist Sandsteinen) als wiederkehrende Abfolge von Suspensionsströmen (siehe “Turbidit”) in einem tiefen Sedimentationsbecken.

Foide
In dunklen, basischen und an Silikatschmelzen stark untersättigten Tiefengesteinen können sich keine Feldspäte, sondern nur “Feldspatvertreter” bilden, zu denen die Foide gerechnet werden. Die wichtigsten Foide sind Leucit und Nephelin.

Gabbro
Kompaktes, relativ grobkörniges magmatisches Tiefengestein, das stark an Silikatschmelzen untersättigt ist und deswegen dunkel erscheint. Das vulkanisches Äquivalent ist ein Basalt.

Ganggestein
Brüche im umgebenden Gesteinskörper können durch aufdringende Schmelzen andersartiger Chemie wieder geschlossen werden, die nach Abkühlung und Auskristallisation “Ganggesteine” unterschiedlicher Gesteinschemie definieren (Beispiel: Aplit, Amphibolitgang etc.).

glazigen
Vom Gletscher geformt.

Gneis
Metamorphes Gestein mit einer Paralleltextur eingeregelter beziehungsweise neu gesprosster Minerale, das aus einem Granit hervorgegangen ist. Enthält mindestens 20 % Feldspat.

Granit
Petrographisch sehr variables, meist grobkörniges Tiefengestein, das beinahe komplett aus Quarz, Feldspat (mehr als 20 Vol.-%) und Glimmer mit wechselnden Anteilen zusammengesetzt ist. Das vulkanische Äquivalent ist ein Rhyolith.

Granodiorit
Eng mit dem Granit verwandtes Tiefengestein, das an der Erdkruste mehr als ein Drittel Volumensanteil hat und deswegen sehr weit verbreitet ist. Granodiorit führt mehr basische Akzessorien als ein Granit (z. B. Dunkelglimmer Biotit).

idiomorph
Voll entwickelte Eigengestalt eines Minerals, meistens unter Ausbildung eines flächenmäßig und geometrisch klar definierten Kristalls. Beispiele sind ein idiomorpher Pyritwürfel oder ein idiomorpher hexagonaler Bergkristall.

Interstadiale
Kurzzeitige Warmperioden zwischen Stadialen (Eisvorstößen) innerhalb einer Eiszeit-Periode (Glazial).

Intrusion
Eindringen von fließfähigem, oft magmatischem Material in einen vorher existierenden Gesteinskörper (z. B. Sedimente, bereits erstarrte Magmenkörper oder metamorphe Kristallinkerne) – man spricht auch von “intrudierten” Magmenkammern.

Intrusiva
Auch “Intrusivgesteine” genannt; glutflüssige Gesteinsschmelzen (Magma), die aus dem Erdmantel in den Bereich der Erdkruste eindringen und dort langsam auskristallisieren (Plutonit oder Pluton).

Isoklinalfalte
Enge tektonische Falte mit parallelen Faltenschenkeln.

Isostasie
Geologischer Schweregleichgewichtszustand zwischen der Erdkruste und dem darunter liegenden, zähflüssigen Erdmantel – ähnlich einem Eisberg auf dem Wasser. Je höher die Erdkruste, beispielsweise bei einem Gebirge, aufragt, desto tiefer reicht ihre Unterseite in den Erdmantel. Normalerweise sind dies circa 20 bis 30 Kilometer, unter einem Gebirge wie den Alpen oder dem Himalaya bis zu 70 Kilometer.

Jungpaläozoikum
Oberer Abschnitt des Erdaltertums (Paläozoikum): Zeitalter des Karbons und Perms.

Kalkalkaline
Gesteine mit vorherrschendem Kalziumgehalt: Die meisten Kalkalkaligesteine sind magmatische Gesteine wie Granit oder Diorit.

Klast, Klasten
Feste Gesteinsbruchstücke, die aus der Aufarbeitung beziehungsweise mechanischen Zerstörung anderer Gesteine stammen – dabei kann die Größe stark zwischen Komponenten der Block-, Kies-, Sand-, Schluff- bis hin zur Tonfraktion variieren.

Klinochlor, Klinochlorschiefer
Mineral aus der Ordnung der Silikate: mit monoklinem Kristallsystem und tafeligen bis blättrigen oder teilweise auch radialstrahligen Kristallen.

Konkordanz
Ungestörte und gleichförmige Überlagerung von älteren durch stets jünger werdende Gesteinsschichten ohne Schichtlücken. Dabei hat jede Gesteinsschicht eine annähernd gleiche Lage (Fallen und Streichen) im Raum.

Lakkolith
Aufgewölbter Tiefengesteins-Körper aus Magma mit uhrglasförmig nach oben strebender Oberseite, aber einer weitgehend flachen Unterseite. Das glutflüssige Magma dringt bei der Platznahme (Intrusion) in einen bestehenden, bereits fest auskristallisierten Gesteinskörper und wölbt diesen nach oben auf.

Leukogranit
Magmatisches Tiefengestein mit mehr als 95 % hellen Mineralbestandteilen, meistens als leukokrate (helle) Varietät des Granits.

leukokrat
Magmatische Gesteine mit einer relativ hellen Gesteinsfärbung beziehungsweise Farbtönung und somit einem geringen Volumensanteil an dunklen Kristalliten (Mafiten).

Leukosom
Heller, quarz- und feldspatreicher Bestandteil eines wieder partiell aufgeschmolzenen magmatischen Plutonites (Migmatit).

Lherzolith
Relativ häufiges, ultramafisches Peridotit-Gestein von tief- bis schwarzgrüner Färbung. Lherzolithe bilden einen Großteil des lithosphärischen Erdmantels.

Litoral
Uferregion eines einstigen Lebensraumes. Bezieht sich in der Geologie meist auf das Meer, kann aber auch das Ufer eines Sees oder eines Flusses beschreiben.

Mafit
Zusammenfassende Bezeichnung für dunkle Gesteine mit entsprechend dunklen Mineralien wie Amphibolen, Pyroxenen und Biotiten. Das petrographische Gegenteil sind felsische, helle Gesteine (Felsit).

massig
Sehr schlecht bis gar nicht geschichtetes oder gebanktes Gesteinspaket.

Melanosom
Dunkler, amphibol- und pyroxenreicher Bestandteil eines wieder partiell aufgeschmolzenen magmatischen Plutonites (Migmatit).

Metaplutonit
Allgemeine Bezeichnung für ein metamorph überprägtes Tiefengestein (= Plutonit).

Metasediment
Allgemeine Bezeichnung für ein metamorph überprägtes Sedimentgestein.

Migmatit
Partiell aufgeschmolzenes Gestein (auch Anatexit genannt) mit einem ausgesprochenen Fließgefüge, das unterschiedlich gefärbte Gesteinsbestandteile erkennen lässt: Während der dunkle Bestandteil ein rein metamorphes Gestein beziehungsweise Umwandlungsprodukt darstellt, wird der helle Bestandteil als Rest einer ehemals hellen magmatischen Gesteinsschmelze interpretiert.

Modalbestand
Das relative Verhältnis der Mineralien in einem Gesteinskörper wird als Modalbestand bezeichnet und gewöhnlich in Volumenprozent (Vol.-%) angegeben. Der modale Mineralbestand ist u.a. ein wichtiges Kriterium der Darstellung von Tiefengesteinen (Plutoniten) im Streckeisen-Diagramm.

Moräne
Sammelbegriff für vom Gletscher geschaffene geomorphologische Formen sowie transportiertes Material. Man unterscheidet vom Gletscher an dessen Endzunge sowie an seinen Seiten aufgeschüttete, wallartige End- und Seitenmoränen (meist Kies- bis Blockfraktion, komponentengestützt) von Grundmoränen (unter einem Gletscher(-strom) liegendes, fein zerriebenes, matrixgestütztes Material). Des Weiteren gibt es noch Obermoränen (z.B. auf den

Gletscher gefallene Sturzblöcke) sowie Mittelmoränen, die bei der Vereinigung zweier Gletscherströme aus deren Seitenmoränen entstehen.

Muskovit
Hellglimmer (komplex gebautes Schichtsilikat).

nivelliert
Eingeebnet.

Nunatakker
Einzelner, aus einem zusammenhängenden Eisstromnetz herausragender Felsen oder Berg, meistens am Rand von Eisschilden. Zahlreiche hohe Alpengipfel waren während der eiszeitlichen Vergletscherungen Nunatakker, während andere Berge mit vornehmlich gerundeten Formen komplett eisüberflossen waren. Deswegen sind Nunatakker oft durch dreieckig zugeschliffene Bergformen charakterisiert.

Ophicarbonat
Metamorphes Gestein, das neben Serpentin mindestens ein Karbonatmineral wie Kalzit, Dolomit oder Magnesit enthält und durch Reaktionen von Serpentiniten mit CO_2-haltigen Lösungen entsteht.

Ophiolithe
Bestandteile der ozeanischen Kruste (= Lithosphäre), die durch gebirgsbildende Vorgänge (etwa Ozean-Kontinent-Kollisionen) an die Oberfläche geschoben (obduziert) wurden. Der Begriff kann auch für ganze Deckenkomplexe verwendet werden, die keinen ursprünglichen Bezug mehr zur ozeanischen Kruste haben, also quasi "wurzellos" sind.

Orogen
Allgemein verwendeter Begriff für ein Gebirge, das bei einer Kollision von zwei Lithosphärenplatten entstanden ist (beispielsweise die Alpen, der Himalaya oder die Anden).

orographisch
Geographische Betrachtung eines Ortes in Bezug auf die Fließrichtung eines Gewässers: Mit "orographisch rechts" meint man entsprechend das in Fließrichtung rechtsseitige Ufer eines Baches oder eines Flusses.

Orthogneise
Metamorphe Gesteine, die aus magmatischen Gesteinen (Plutoniten) gebildet wurden.

Paragneise
Metamorphe Gesteine, die aus Ablagerungsgesteinen (Sedimenten) gebildet wurden.

parautochthon
Kennzeichnet beispielsweise Gesteinskomplexe oder Sedimente, die nur wenig gegenüber der ursprünglichen Unterlage oder ihrem Ablagerungsort verschoben wurden.

Pegmatoid
Gangartig angeordnete Struktur mit grob- bis riesenkörnigen Kristalliten unterschiedlicher Art und Genese: meist quarz- und feldspatreich, oft mit Cordierit, Biotit und Granat.

Pelit
Feinklastisches Sedimentgestein, das sich aus Lockergesteinen der Ton- und Schlufffraktion (< 0,02 mm) gebildet hat. Wird deswegen auch synonym zum Begriff "Tonstein" verwendet. Metamorph werden Pelite zu Metapeliten (Phylliten i. w. S. sowie feinen Glimmerschieferan). Ein Beispiel ist die Bündnerschiefer-Serie.

Peridotit
Ultramafisches Gestein, aus dem der größte Teil des Erdmantels besteht. Peridotit enthält zu mindestens 40 % das Mineral Olivin.

permokarbonisch
Gesteinseinheiten, die im Bereich zwischen Karbon und Perm (Jungpaläozoikum) zur Ablagerung kamen.

Phengit
Grüne Varietät von Muskovit.

Phyllit
Feinkristalliner, blättriger, teilweise auch mürbbrüchiger, glimmerreicher Tonschiefer. Ausgangsgestein war ein Pelit, also ein tonreiches Gestein. Das Endprodukt des Phyllits unterlag meist nur einer niedriggradigen Metamorphose mit moderaten Temperaturen und Druckbereichen.

Plutonit
Allgemeine Bezeichnung für ein magmatisches Tiefengestein wie zum Beispiel Peridotit, Gabbro, Granodiorit oder Granit (mit zunehmendem Silikatgehalt). Plutonite bilden sich in großer Tiefe und durch sehr langsame Abkühlung flüssiger Gesteinsschmelzen (= Magma). Aufgrund der langsamen Abkühlung zeigen sie eine großkörnige Textur. Das Ergussgesteins-Äquivalent hierfür ist der Vulkanit.

porphyrischer Granit
Sehr grobkörniger Granit mit großen, teilweise mehrere Zentimeter oder Dezimeter messenden Einsprenglingen (meistens Feldspäte).

Porphyroid
Metamorph beanspruchte saure bis intermediäre Effusiva (Vulkanite) beziehungsweise deren Tuffe und Tuffite im paläozoischen Schichtverband.

postvariszisch
Nach der variszischen Orogenese stattgefundene Prozesse wie zum Beispiel Sedimentation oder Tektonik.

Prasinit
Feinkörniges, massiges metamorphes Gestein, das innerhalb der Grünschieferfazies unter moderaten Temperaturen (300 bis 400° C) sowie vergleichsweise geringem Druck (2–8 kbar) gebildet wird. Massiger Pendant zum Grünschiefer, oft aufgrund enthaltener Chlorite leicht grünliche Färbung.

pristin
Ursprünglich, unverfälscht – demnach ein metamorph nicht alteriertes Mineral oder Gestein.

Protolith
Ausgangs- oder Ursprungsgestein für einen Prozess der Gesteinsmetamorphose. Dabei kann ein Protolith sowohl ein magmatisches als auch sedimentäres Gestein sein – oder bereits selbst ein Metamorphit.

proximal
Sehr nahe – Gegenteil zu "distal".

Psammit
Mittelklastisches Sedimentgestein, das sich aus Lockergesteinen der Schluff- und Sandfraktion (0,02 bis 2 mm) gebildet hat. Wird deswegen auch synonym zum Begriff "Sandstein" verwendet. Metamorph werden Psammmite zu Metapsammiten (Glimmerschiefer i. w. S.). Beispiele sind der Zweiglimmerschiefer oder der "Furtschaglschiefer" der Greiner Scherzone.

Psephit
Grobklastisches Sedimentgestein, das sich aus Lockergesteinen der Kiesfraktion (>2 mm) gebildet hat. Wird deswegen auch synonym zu den Begriffen "Konglomerat" oder "Brekzie" verwendet. Metamorph werden Psephite zu Metapsephiten (Metakonglomerate i. w. S.). Beispiele sind die Metakonglomerate der Greiner Scherzone sowie des Riffler-Schönach-Beckens.

Pyroxen
Mafische (basische) Mineralgruppe, die mit unterschiedlichen Varietäten reich an Mangan, Eisen, Magnesium, Kalzium und Natrium sein kann. Sie sind eng mit den Amphibolen verwandt, unterscheiden sich von diesen jedoch in ihrer Spaltbarkeit – der Spaltwinkel von Pyroxenen liegt bei 90°, der von Amphibolen bei 120°.

Regression
Begriff wird beinahe ausnahmslos als Kurzform für marine Regression verwendet, ein Abfall des Meeresspiegels oder das ozeanwärtige Vorrücken der Küstenlinie. Regressionen kommen meist infolge tektonischen Aufstiegs oder im Zuge von Eiszeiten vor, wenn große Mengen an Wasser in Inlands-Eisschilden gebunden werden.

Rundhöcker
Von fließenden Gletschermassen zu stromlinienförmigen Körpern und Buckeln geformtes, anstehendes Festgestein: Dabei ist die Luvseite (anfließendes Eis) stets durch hohen Eisanpressdruck und einen dabei entstehenden Wasserschmierfilm abgeschliffen und zeigt eine vergleichsweise geringe Neigung. An der eisstromabgewandten Leeseite hingegen friert das Eis wegen nachlassendem Druck fest und reißt kleine Blöcke entlang natürlicher Kluftflächen ab. Deswegen ist die Leeseite stets steil und zeigt eine unruhige Oberfläche.

saiger
Bezeichnung für senkrecht stehende Schichtkörper oder senkrecht geschiefertem Metamorphit.

Serizit
Besonders feinschuppige Art von Hellglimmer.

Serpentinite
Metamorphe Gesteine, die aus sehr dunklen (= ultramafischen) Gesteinen (in der Regel Peridotiten) in Wechselwirkung mit wässrigen Lösungen und unter erhöhten Druck-Temperatur-Bedingungen gebildet wurden. Heute an Land vorkommende Bereiche werden meistens als Ophiolithe bezeichnet.

söhlig
Bezeichnung für waagrecht liegende Schicht, Bank oder waagrechten Gesteinshorizont.

Sparit
Fein- bis kleinkristalliner Kalzit (Kristallite kleiner als 4 µm), der sekundär durch Ausfällig kalzitreicher Porenlösungen gebildet wird. Die aneinandergrenzenden Spaltflächen der Kristallite bewirken mitunter ein feines Glitzern auf frischen Bruchflächen.

Stadiale
Kälteperioden zwischen Interstadialen (Wärmephasen) innerhalb einer Eiszeit-Periode (Glazial).

Stratigraphie

Teildisziplin der Geologie: Gesteinsbeschreibung nach unterschiedlichen Kriterien; dient im Wesentlichen der relativen Altersdatierung und der Korrelation regional entfernter Gesteinseinheiten.

Synklinale

Nach unten gerichteter, schüsselförmiger Bereich einer Falte mit verschmelzenden Schenkeln, auch "Geologische Mulde" genannt. Auf der geologischen Karte liegen deswegen die jüngsten Gesteine im Muldenkern, die älteren Gesteine gegen den Rand der Synklinale. Das tektonische Gegenstück ist die Antiklinale (Geologischer Sattel).

Tektonostratigraphie

Gliederung von strukturgeologischen Elementen (tektonische Decken, Klippen, Gleitschollen, etc.) aufgrund ihrer Genese und zeitlichen Reihenfolge. Bestes Beispiel ist die Deckengliederung der Nördlichen Kalkalpen oder aber auch des Tauernfensters.

terrigen

Am Festland entstanden.

Textur

Dreidimensionale Anordnung von Gefüge-Elementen eines Gesteins hinsichtlich der Lage und Ausfüllung von Gesteinsbestandteilen. So können Mineralien ungeregelt kristallisiert sein oder lagenartige beziehungsweise lineare Gefüge ausbilden, beispielsweise in einem Metamorphit. Man spricht dann von einer Flaser- oder Fluidaltextur.

Till

Synonym für Geschiebemergel, der als Grundmoräne an der Basis eines Gletschers zur Ablagerung kommt.

Tonalit

Magmatisches Tiefengestein (Plutonit) mit der Gesteinszusammensetzung zwischen einem Granit und einem Diorit. Meist besitzen Tonalite ein graues bis dunkles Erscheinungsbild. Das vulkanische Äquivalent ist ein Quarzandesit.

Transgression

Begriff wird beinahe ausnahmslos als Kurzform für marine Transgression verwendet, ein Anstieg des Meeresspiegels oder das landwärtige Vorrücken der Küstenlinie. Transgressionen kommen meist infolge tektonischer Absenkung einer Landmasse oder durch klimatisch bedingte Freisetzung von Wasser aus Inlands-Eisschilden vor.

Tuffit

Gestein, welches sich zu mindestens 25 % und bis maximal 75 % aus Pyroklasten, einem vulkanischen Auswurfmaterial, zusammensetzt. Die restlichen Mengenprozente sind sedimentäre und klastische Komponenten.

Turbidit

Bezeichnung für ein Sedimentgestein, das durch einen Trübe- oder Suspensionsstrom, also eine Art "submarine Lawine" gebildet wurde. Diese gingen in wiederkehrenden Abständen als "turbulente" Sedimentströme von submarinen Steilhängen wie Kontinentalabhängen in tiefere Beckenbereiche ab und konnten dort kilometerweite Strecken zurücklegen, bevor sie sich letztendlich ablagerten. Da sich der Schwerkraft folgend zunächst schwerere und dann stets leichtere Gesteinsbruchstücke und Sedimentpartikel ablagerten, findet man in solchen Bänken oft von unten nach oben feiner werdende Gradierung. Klassisches Ablagerungsgebiet solcher Turbidite ist der Penninische Ozean: Nichtmetamorphe Serien finden sich im Rhenodanubischen Flysch (siehe "Flysch"), metamorphe Abfolgen in der Bündnerschiefer-Serie der Glockner-Decke.

variszische Orogenese

Phase der Gebirgsbildung im jüngeren Paläozoikum durch die Kollision von Gondwana und Laurussia zum Riesenkontinent Pangäa.

Vulkanit

Vulkanisches Erguss- oder Eruptivgestein, das infolge kontinentaler oder ozeanischer Aktivität unter rascher Abkühlung an die Erdoberfläche kommt und dort erstarrt. Aufgrund der Förderung an die Erdoberfläche und der teilweise schockartigen Abkühlung liegen in der Regel ein sehr fein- bis teilweise mikrokristallines Gefüge und eine entsprechend sehr feinkörnige bis glasige Textur vor. Das Tiefengesteins-Äquivalent hierzu ist der Plutonit.

Xenolith

In einem Plutonit- oder Vulkanitgefüge eingeschlossener "Fremdkörper" aus andersartigem Gestein, der mit dem Plutonit beziehungsweise Vulkanit in keinem genetischen Zusammenhang steht.